嬰幼兒膳食與營養

The Meal Plan and Nutrition
for Infant and Young Child

李義川◎著

自　序

　　「大樹」與「小樹」差在哪裡？為什麼大家都希望自己的孩子很快長成大樹！「舒潔」與「純潔」又差在哪裡？許多人會回答，差一個字就不是舒潔！這是網路上流傳很久的正名話題。根據聯合國農糧組織的規定，「大樹」與「小樹」到底差在哪裡？答案是「插在泥土裡」；而「舒潔」與「純潔」，則按照學校健康生活教育的規定，應該「擦」在屁股。而嬰幼兒膳食與營養，與成人膳食營養又到底差在哪裡？筆者育有一女一男，根據養兒育女的經驗，臺灣有句俚語說得很貼切，照顧第一個孩子是「照書」養；而養育第二個孩子則是「照豬」（發音也與書很接近）養，相信這也是很多父母的經驗。當生下第一個孩子時，由於沒有任何經驗，因此許多事情到處去詢問及請教，但是很多事情往往問不到答案，又擔心處理不當，影響到自己寶貝長成大樹，因此往往購買許多育嬰指南等書籍，期盼盡到當父母之責任，好好養育自己的心肝寶貝長大成人，因此照顧第一個孩子的許多情況，真的是「照書」所說的方式育兒；但是等到生第二個孩子時，由於養育過程大同小異，心中恐懼不安的程度已經大大降低，也比較能夠掌握與因應各種突發狀況，因此往往能夠放任孩子自由成長，所以說養育第二個孩子是「照豬」，確實也有其道理在。

　　《聖經》說男人是上帝用塵土做成的！《舊約聖經》創世紀第2章第7節：「上帝用地上的塵土造人，將生氣吹在他鼻孔裡，他就成了有靈的活人，名叫亞當」；而女人則是使用男人的肋骨創造出來的！創世紀第2章第22節：「上帝就用那人身上所取的肋骨造成一個女人」。因此男女的本質其實是不同的，一個是塵土，另一個則是肋骨；也因此男人比較土直（台語）與理性，女人則比較細膩與感性；但是對於養兒育女則均有愛心，只是光有愛心有時是不夠的，一定還要有智慧才行；否則像本書第一

章前言所舉的例子，筆者的研究所老師身材削瘦，自幼一直身體不好，腸道吸收能力很差，係因為小時候，他的父母為了好好疼惜他這個寶貝兒子，特別到賣舶來品的商家，購買當時「最貴的奶粉」，希望給自己的孩子，提供最好的營養；然而最貴的奶粉，可能因為一直沒有人買，放置太久，本身已經是「過期奶粉」，因此他吃了以後，不但沒有獲得最好的營養，反而導致腹痛及腹瀉不止，造成日後腸道的吸收能力變差，於是父母原本的愛心，反而害了他。

眼睛有兩種疾病，一種是兩顆眼珠子往裡面靠，叫「鬥雞眼」，一種則是兩顆眼珠子往外面飄，叫做「脫窗」；鬥雞眼如果由我們營養師來解決，往往建議請他「看開一點」即可；只是現代研究顯示，國人的營養問題在於營養不均，而非不足；國人普遍已知三高的問題：高脂肪導致心血管疾病與肥胖、高血糖導致糖尿病，而高血壓則造成心臟血管疾病；但是許多父母卻往往不知道，嬰兒如果攝取過量高蛋白質會傷害腎臟發育；另外，研究發現男性攝取過多鈣片，易罹患攝護腺癌；鐵質攝取過多與增加罹患大腸癌相關；民國 100 年 10 月 12 日《東森新聞》撥報「美國針對平均六十二歲的婦女，研究她們服用維他命的情況，驚訝地發現補充銅的人，死亡率反而要比平均值高了 18%，有服用綜合維他命，死亡率也較平均值高 2.4%，美國的研究結論，不鼓勵民眾吃維他命。」民國 100 年 7 至 8 月筆者公假參與國際醫療工作，至大陸西康（藏）參加臺灣國際醫療行動協會藏民社區健康營養促進計劃（**圖 1** 及**圖 2**），希望藉由評估及計畫補充藏民居住在高山地區無法攝取的營養素，期改善藏民營養狀況。結果經過深入調查藏民飲食，包括糌粑（Zamba，音沾巴）、酥油茶、甜茶、牛羊肉及青稞酒等發現，其中的酥油茶因為含有過高的氟，而與罹患大骨症及脂質過氧化有關，可能因此引起慢性關節痛、韌帶鈣化及骨硬化等骨骼疾病；清楚顯示出，礦物質等營養素攝取過多也有其危險性存在。也因此衛生署民國 100 年修訂國人膳食營養素參考攝取量修訂第七版中，規定幼兒自一歲開始，男女熱量的需求量分別訂定不同標準，維生素與礦

圖 1　筆者與四川省甘孜州石渠縣蝦扎鄉塔須村塔須寺的藏民合照

圖 2　筆者與全程接待的喇嘛小朱師傅等人於清藏高原合照

物質則自四歲開始分別訂定不同的標準；所以筆者往往基於現代人營養素攝取過多所造成之問題，而經常苦口婆心建議民眾要「吃壞一點」，即多吃蔬菜與水果及均衡飲食即可。

　　嬰幼兒膳食要如何製備，才能兼具健康與美味？筆者的建議是「凡事多一點點」；舉例來說，有兩個人在同一家公司上班，年齡相當，工作時間也差不多，工作都很賣力，但是一個不久就得到董事長賞識，一再被提升，從基層一直升到部門經理，另外一個像被人遺忘般一直在基層。有一天，被遺忘的工人實在忍無可忍，於是向董事長提出辭職，並大膽的指出，董事長沒有眼光，對於辛勤工作的人不提拔，偏愛熱衷吹牛拍馬的人，董事長聽完，他知道工人的工作辛苦，但是由於能力不足一直沒有升遷，如果直說肯定不服，於是董事長想出了一個辦法。他說：「也許是我的眼睛真的昏花了，不過我要證實一下，你現在到市集上，去看看有什麼賣的。」這名工人很快地回來了，並報告：「剛才市集上有一位老農民拉了一車的馬鈴薯在賣。」「一車大約多少斤？」董事長問。工人立即返回去，過了一會兒回來說：「車上有四十多袋馬鈴薯，每袋約 20 斤。」「多少錢一斤呢？」董事長又問。工人又要跑回去，但被董事長一把拉住對他說：「請休息一會兒吧！看看那位被升遷的工人怎麼做。」他派人把被提升的工人叫來，對他說：「請你馬上到市集上，去看看今天有什麼賣的。」不一會兒這名工人回來向董事長回報說：「市集上只有一個老農民，在賣馬鈴薯，有四十多袋，共 800 多斤，價格適中，質量很好，我已經帶回了幾個，請董事長過目。」他將馬鈴薯放在董事長的桌前，並說這位農民今天下午還會拉一車紅柿上市，據說價格還可以，他下午準備和這位農民再聯繫一下。被遺忘的員工，一直在旁邊看著，他的臉漸漸轉紅，他請求董事長把辭職報告還給他，現在他終於知道自己的問題的所在。一個成功者之所以能成功，其實並沒有多少秘訣，有時他們只不過比平常人多想幾步罷了，而在嬰幼兒膳食與營養設計及製備過程中，愛心與多想幾步是很重要的。

　　有關本書第八章營養教育教案之範例—「減」掉體重內容部分，感謝就讀國立中正大學成人及繼續教育學系四年級李竺逸提供（筆者長女），筆者由於過去曾多次擔任國內各學校與機構之講師，加上在各大專院校教書的經驗，總希望能將相關經驗分享、傳承，及提供有興趣者輔佐與參考，不過在撰寫過程中，理想總是太多，又加上公務煩忙，因此實際上不斷發現理想與現實有所差距，因此期盼諸多先進能不吝指正，以為改善。

李義川　謹誌於

高雄榮民總醫院營養室

2012 年

目　錄

Chapter 7　嬰幼兒營養障礙與營養支持　297

Chapter 8　營養教育　359

Chapter 9　結　論　391

參考書目　401

附錄部分　保母人員單一級技術士技能檢定學科歷屆試題　435

Chapter 1

概　論

學習目標

- ■瞭解嬰幼兒預防保健之重要性
- ■能夠計算嬰幼兒之理想體重
- ■瞭解嬰幼兒之營養問題
- ■瞭解嬰幼兒偏食原因並能避免

前 言

　　《黃帝內經》之內容，著重順應自然規則，即「春生、夏長、秋收、冬藏」；嬰幼兒屬於「春生與夏長」階段，因此其膳食設計，著重「生」與「長」；與成人之「秋收」及老人之「冬藏」策略不同。但由於養育者多半是父母，而父母又習慣以自己認為最好的食物，供應給嬰幼兒食用，於是錯誤的第一步，往往在於提供不適當的食物給嬰幼兒；俗話說，父母養育第一個孩子經常是「照書」養，而第二個孩子則是「照豬養」（臺語，代表像養豬般自由放任，不再約束）。然而第二個孩子，往往長得比較好，《易經》記載：「見群龍無首，吉！」，群龍無首意思是代表圓，而圓則代表一直持續進行春生、夏長、秋收及冬藏，因此養育之過程，其實只要順應自然，就會大吉！

　　以牛奶及素食是否適合嬰幼兒為例來探討，成人平時由於魚肉吃得多，蛋白質普遍攝取過多，胺基酸在代謝時產生了大量的「氨」，影響身體的酸鹼平衡，對健康不利，再加上環保意識高漲，認為要產生 1 磅肉，需要 5 磅穀物及 2,500 至 6,000 磅的水，較之生產 1 磅小麥只需要 60 磅的水多了很多，另外一間大型雞隻宰殺場，每天約需要使用 100 萬加侖的水，約等於有 25,000 人的城市之用水量，故而認為動物蛋白質不好，對健康及環保均不利。其實這個觀念以偏蓋全，以嬰幼兒為例說明，嬰幼兒的特色是生長，而在生長的過程中，「嬰兒」需要「高脂肪」及適量的蛋白質，「幼兒」則需要蛋白質及「適量」脂肪，而動物蛋白質由於屬於完全蛋白質，很適合嬰幼兒生長發育之所需，只是需預防伴隨動物蛋白質的飽和脂肪及反式脂肪；因此，父母要控制的是不利健康的飽和脂肪與反式脂肪的攝取量，而不是去限制食用動物蛋白質。

　　兒童是國家未來的主人翁，而嬰幼兒時期是人生關鍵的發育時期，隨著少子化趨勢，現代的孩童比起過去，擁有更多的資源與愛護。民以食

為天，可惜國人的營養知識普遍似是而非，更糟糕的是有些觀念積非成是，因此常因為一些錯誤的觀念，讓原本愛護的美意，到頭來卻反而傷害到幼兒；俗話說，錯誤的政策，比貪污更可怕；父母錯誤的營養觀念，嚴重者影響到孩子一輩子的健康。如筆者的研究所老師，於閒談時便曾提及，他的身材削瘦，自幼一直身體不好，腸道吸收能力很差，因為小時候，他的父母為了好好疼惜他這個寶貝兒子，特別到賣舶來品的商家，購買當時「最貴的奶粉」，希望給自己的孩子，提供最好的營養；然而最貴的奶粉，可能因為一直沒有人買，放置太久，本身已經是「過期奶粉」，因此他吃了以後，不但沒有獲得最好的營養，反而導致腹痛及腹瀉不止，造成日後腸道的吸收能力變差，於是父母原本的愛心，反而害了他。

　　嬰兒出生的第一年，屬於生命期中，生長最為快速時期，也是日後健康之基石，此階段的營養供應，非常重要；而如何配合此時期快速生長發育之所需，提供適當的營養供應，是一般人最關心的課題；另外，這段時期也是嬰兒日後飲食行為建立的關鍵期，所以供應副食品等其他食物時，須特別注意供應方式及內容，並幫助嬰幼兒建立及養成良好的飲食習慣，本書針對嬰幼兒時期各階段的飲食營養需求，及需要特別注意的事項，分別進行探討，期望能讓讀者有所依循。

　　約略於民國 79 至 82 年，筆者於前行政院院長郝柏村期間擔任衛生稽查人員，當時為了改變社會的不良風氣，政府下令加強稽查八大行業，記得在一次出勤時，到一家傳統理容院稽查，其中有一位婦女，家中正好育有嬰兒，她單純的想讓小孩贏在起跑線上，可是要如何贏在起跑線呢？這位婦女其實很有想像力，也有一些營養概念，但也很「天才」，她「突發奇想」的認為，母乳或牛奶所能提供的蛋白質數量有限，而孩童之成長需要大量蛋白質；因此如果能增加食物蛋白質供應的數量，那麼她的小孩，將可因此贏在起跑點上；於是她自行購買高蛋白質食物（含有 90％以上蛋白質之食物），額外添加於牛奶之中，供應給她的小孩食用；經稽查後，趕快予以制止，因為嬰兒的腎臟功能發育尚不完整，如果冒然給予

高蛋白質飲食，不但不能贏在起跑點上，反而可能因為腎臟細胞之負荷過重，而導致遭受損傷，這位天才媽媽很可能因為錯誤的營養觀念，傷害到小孩的腎臟，嚴重的有可能讓小孩提早退出人生的競賽。

現代人有錢，但不一定有閒，有愛心但不一定有耐心，加上速食文化及資訊傳遞快速的影響，似是而非的網路營養資訊，到處充斥，也因此產生許多的營養問題；例如外食高糖、高鹽及高脂肪的不健康飲食，加上父母工作忙碌，於是經常拿錢讓幼兒自行購買外食，解決三餐，致無法避免地攝取高脂肪、高糖及高鹽的飲食，長期的錯誤飲食方式，造成現代人罹患三高（高血糖、高血脂及高血壓）等疾病的持續增加。觀察現代人的十大死亡原因可以發現，癌症（惡性腫瘤）、腦血管疾病、心臟疾病及糖尿病等飲食不當所引起的慢性疾病，歷年來居高不下，原因都與飲食習慣及錯誤的營養觀念息息相關。

 第一節　嬰幼兒的預防保健

一般新生兒，是指剛出生至一個月之嬰兒；嬰兒指一歲以下（也有認為二歲以下都算）；而幼兒一般則指六歲以下，但是也有人認為小學三年級以下均屬於幼兒；小孩一般則是指四至十二歲者。臺灣過去因為推行家庭計畫，加上現在適婚男女的結婚時間普遍延後，再加上離婚率升高，有偶比率下降，且理想子女數減少等因素影響下，已逐漸形成人口高齡化且學齡人口減少，造成目前之青壯人口日後納稅負擔增加，逐漸變成新的社會問題。

先進國家以瑞典為例，為了因應少子化現象，在保險方面，開始發放兒童年金，並支付附加兒童年金（作為離婚、死亡、增產之保障），增加生育津貼，包括家庭津貼、父母津貼、兒童津貼、養育津貼及育嬰津貼；設計救助制度，針對單親、離婚及低收入戶提供養育所需之協助；在

社會福利之支持性作法方面，則包括設置母子保健中心，辦理免費健檢，提供營養補助費用，居家照顧（例如父母外出時）；而育嬰父母之工作工時，則由法定 8 小時降為 6 小時；另外，提供學前托育、課後日托、家事服務，設置產前及產後母子保護之家；替代性服務方面，則設置嬰兒院（即臺灣的孤兒院）及短期收容所；希望透過以上種種積極作法，增加適婚男女的結婚意願，以期增加生育子女人數，改善少子化之狀況。

一、嬰幼兒預防保健的重要性

　　世界衛生組織法第一條明文提出其宗旨：「使各國人民達到盡可能高的健康水準」，並將健康定義為：「達到身體、心理及社會的完全和樂（well-being）狀態。」而不僅是無病無恙，並強調享有可獲得的健康最高水準，是一項基本人權。

二、嬰幼兒預防保健

　　根據調查，臺灣屏東縣四十歲以上人口，糖尿病的盛行率為 12.7%、上海四十歲以上人口的糖尿病罹病率，約為 13.06%；而調查臺中市醫學中心糖尿病患者，發現 34.6% 的男性老人（六十五歲以上）並不知道本身已經罹患糖尿病。糖尿病並非只有成人才會罹患，特別是糖尿病第一型，多半發生在幼兒及青少年期。臺灣年紀最小的糖尿病患者，在新生兒時就已經發病。根據衛生署的統計資料顯示，民國 87 年，我國一至四歲之嬰幼兒死亡率，為十萬分之五十八點六二，其中一歲以下之幼兒死亡率更高達十萬分之九十七點二八（為一至四歲平均死亡率的 1.66 倍）。經查發生的主要原因，第一位是屬於意外傷害，第二位是先天性畸形，健保辦理兒童預防保健之服務，即是希望藉由健康篩檢，以期早期檢測出潛在幼兒的健康問題，進而提供照護，達到早期預防、早期治療的效果；另外，透過

健康檢查，還可檢測出耳朵積水或貧血等不易辨別而需要醫療照護之嬰幼兒。嬰幼兒一旦罹患這類難以察覺的疾病，如果延遲醫治，日後可能造成永久性的傷害，無法復原；另外，健檢尚可篩檢出遺傳性疾病等高危險群嬰幼兒，及發掘將來可能導致健康問題之生長型態、行為或發展異常（或遲緩）等。

(一)身體檢查

一般嬰幼兒在出生以後，醫師會先執行初步的身體檢查，之後則需由父母定期按規定時間，讓嬰幼兒接受健康檢查，直到六歲。

有關六歲前所需之健康檢查時間及步驟，在健保局之《兒童健康手冊》上面，都有相關的詳細記載及說明。父母需注意按時讓嬰幼兒接受疫苗接種，如此才不會感染易導致死亡的傳染病。健保提供給四歲以前幼兒的預防保健服務，共計六次，其中一歲以下四次、一至三歲一次、三至四歲一次；內容則包括評估兒童身體發展狀況、家族病史查詢、身高、體重、聽力、視力、口腔檢查及生長發育評估等。

■疫苗接種

民國 99 年臺灣因為 98 年施打新流感疫苗之後遺症陸續傳出，並經媒體持續報導，造成許多地區民眾，因為恐懼而出現緩打潮，更有部分國小低年級的長家，因為害怕觀望，甚至決定不再施打第二劑，造成連相關的季節性流感接種，也因此受到影響，導致流感疫情有可能擴大；為此衛生署署長在立法院備詢時，潸然淚下，心急民眾如果不接受施打疫苗，一旦當疫情失控時，死亡人數將大幅增加。

施打疫苗，固然可能有其風險，但是如果以新流感死亡率為十萬分之六來推算，如果不接種疫苗，以臺灣 3,400 萬人作為估計，應有 2,040 人會因為感染新流感而不幸死亡。至民國 98 年 12 月底，統計臺灣已經施打 500 萬劑，而確定與疫苗有關者，小於等於 1；假如以確定 1 人計算，

換算 3,400 萬人之死亡率，則為 6.8 人，因此接種與不接種兩者之死亡人數，如果依前衛生署長之預言（前衛生署長曾預言臺灣將因此會有 7,000 人死於此症），則相差 6,993 人；而如果依前疾管局長估算（前疾管局長預估死亡人數在 5,000 到 10,000 人間）則相差 4,993 至 9,993 人；假如以新流感死亡率十萬分之六計算，則相差 2,033；很顯然的，施打疫苗還是比不施打，對民眾有利。

臺灣在民國 98 年爆發疫苗含汞之問題，由於重金屬汞，可能會導致幼兒之神經發育異常，造成罹患自閉症之可能性，因而引發激烈之討論。許多先進國家目前已禁止幼兒疫苗含汞，主要是因為很多證據均指向與自閉症之發生有關，但因為資料不足，在媒體報導下造成父母降低讓幼兒接種之意願，而影響防疫工作的進行。

1930 年開始，汞即被使用於作為疫苗的保存劑，主要是能使疫苗保持質量穩定，防止微生物的增生；不過大部分國家，如英國、丹麥、比利時、瑞典、西班牙、奧地利、美國、加拿大、日本、俄羅斯及澳洲等國，都已先後禁止兒童疫苗含汞，因為發現疫苗所含的汞與自閉症或神經系統發展異常有關；臺灣過去並沒有自閉症發生率之調查，民國 80 年開始進行身心障礙登記，當年計有 28 人登記，一直到民國 94 年增為 5,359 名，共成長 191 倍。

國產的疫苗使用 0.01% 有機汞（thimerosal，硫柳汞）作為疫苗的保存（防腐）劑；衛生署解釋，因為汞的殺菌效果極強，所以國內外許多疫苗都會添加汞以為防腐，目前國內疫苗含有汞者，包括 B 型肝炎疫苗、白喉、百日咳、破傷風混合疫苗、類毒素、日本腦炎疫苗及部分流感疫苗等，所有疫苗之製作均依照公定基準進行檢驗，結果也均在合格安全範圍之內，所以政府希望國人不用過度擔心。另外，衛生署曾向孕婦提出警告衛教「別吃太多深海魚，小心汞影響胎兒發育」，建議孕婦及幼童等高危險群，宜小心因應。

嬰幼兒膳食與營養

The Meal Plan and Nutrition for Infant and Young Child

■兒童預防保健服務

由於幼兒之健康非常重要，因此幼兒之定期健檢，建議要找專業小兒科或家醫科專科醫師檢查，以期正確檢查判斷兒童聽力、視力（斜、弱視）、心雜音（先天性心臟病）、身高體重及頭圍，儘早確定是否發生異常，一旦篩選出來，便能儘早予以治療。

新生兒、嬰兒及幼兒健康的檢查，除檢查是否正常成長以外，更重要的是希望早期發現罕見或先天性的代謝疾病。目前篩檢的項目包括先天性甲狀腺低能、苯酮尿症、半乳糖血症、蠶豆症（葡萄糖 -6- 磷酸鹽脫氫酵素缺乏症）、高胱胺酸尿症及先天腎上腺增生篩檢外，還可檢驗有機酸、胺基酸及脂肪酸等先天代謝異常疾病。

因為科技之進步，所以當檢出罕見疾病時，透過及時適當的醫療，將可避免嬰幼兒日後導致心智障礙或發展遲緩等嚴重後果。另外，有些罕見疾病目前已經有藥物可供治療，以往這些治療藥物或營養品的開發製造，因只能供應少數人使用，而藥品的開發卻需要大筆經費，一旦未來的銷路小，製造廠商便沒有意願投資，使得這些病童就像社會孤兒一樣，這類治療藥物因而常被稱為「孤兒藥」。現階段臺灣已訂有「罕見疾病防治及藥物法」，罹患罕見疾病之嬰幼兒，只要一經篩檢出來，將可藉由政府的補助，獲得病患維生所需的藥物及特殊營養食品，所以只要越早篩檢出來，那麼先天代謝異常疾病患者透過早期診斷儘早治療，許多病童的未來將可與正常人一樣生活。

■幼兒用藥安全

民國 98 年衛生署藥政處及《康健雜誌》公布「2008 全國社區藥局大調查」及「2008 厝邊藥師大調查」，結果發現民眾到藥局買藥，其中完全不向藥師詢問有關用藥的問題者高達 40%，只有 50% 民眾會遵守藥師的說明，而 60% 的藥師解說時間不到 5 分鐘；所以，臺灣的民眾就像是將買藥當成買飲料般，把藥師當成雜貨店老闆，用藥安全非常堪虞。

民國 95 年臺灣屏東某診所，發生誤將降血糖藥當作抗過敏藥物（一般用於流鼻水及皮膚過敏之用），導致多名嬰幼兒發生昏迷之事件；還有嘉義醫院，醫生誤把 5cc. 解熱鎮痛藥漿，錯給成 5 粒藥錠，造成幼兒因為攝取了 10 倍的藥量，發生中毒就醫；另外還有天才父母，因為欠缺用藥安全觀念，竟然餵食幼兒服用成藥，這些成藥的劑量往往是幼童所需的 2 倍以上，嚴重時幼兒將可能猝死。根據民國 96 年醫改會之調查，臺灣有 70% 的父母，並不知道有專為小朋友特殊需求設計的兒童藥劑，原因往往由於政府、醫師或藥師未善盡告知之責任，才導致小孩吃成人藥。以下是**兒童藥劑**的成因說明：

1. 兒童藥劑：指針對小朋友特殊之生理特性及需求所開發出來的藥品、劑型及用法。一般為了讓小朋友方便吞食服用，會建議採用口服液劑、懸浮液或糖漿劑等用喝的水劑；另外也有供應咬碎吞服的咀嚼錠，及一經加水就會溶化的口溶錠、顆粒劑或散劑等多種。讓小朋友吃藥時選擇合適的兒童藥劑，便不用強灌不適合磨粉卻磨成粉、味道苦又有可怕味道的藥品，而發生兒童掙扎痛哭，造成嗆藥或嘔吐等狀況。

2. 設計兒童藥劑的目的：由於小朋友的身體狀況與成人不同，並非單純是成人的縮小版，身體的組織及器官均尚在發育之中，因此對於藥物進入身體之後的吸收、分布、代謝及排泄，均與成人用藥大不相同，所以對於藥物的選擇及劑量必須特別審慎；另外還要考量小朋友比較不會吞食藥丸，及用藥順從性比較低等特性，在藥品氣味及劑型上均需經過特別設計。

(二)健康篩檢

　　健康篩檢，即健康檢查，是預防保健的重要工作。臺灣地區十大死因，目前主要包括惡性腫瘤、心血管疾病、糖尿病、肺部疾病及感染性疾

病等，檢查民眾是否罹患這些疾病，便是屬於預防保健的重點，也是健康檢查的重要項目。研究顯示，透過健康檢查可以達到「早期發現、早期治療」之目標。

臺灣執行預防保健一般是以中央健保局「成人預防保健服務」內容為基礎，再依據疾病之狀況增加胸部 X 光檢查、心電圖及糞便潛血檢查等檢查項目；檢查內容包括病史詢問、理學檢查、多種生化檢查、健康諮商（如運動及飲食），及疾病預防措施（如施打流行性感冒疫苗）。

 第二節　嬰幼兒的健康檢查

民國 95 年，臺北市政衛生局發現，學齡前幼兒視力不合格及齲齒（蛀牙）之比率居高不下，且新生兒聽障人數有增加的趨勢；衛生局指出，民國 94 年辦理的學齡前兒童篩檢中，其中視力篩檢未通過的比率約為 20%，聽力篩檢未通過的比率約為 5%，口腔齲齒率為 65%。研究估計，幼兒聽障人數逐漸增多，每千名新生兒中，即有 1 名兩耳重度聽障、3 至 4 名屬中度兩耳聽障、12 至 13 名屬輕度聽力損失，其中以輕度及中度聽障不易被父母或老師察覺。這些數據顯示，嬰幼兒的健康檢查相當的重要，尤其是三至六歲的黃金治療期更不宜錯失。

一、視力

三歲以前是屬於幼兒語言及視力發展的關鍵時期，近視發生的越早，日後度數增加之速率，將會越快速，而弱視幼兒，如果未在關鍵期前進行矯正，視力就將無法改善。根據統計，臺灣國小學童近視比率，已經超過三成六（等於每三個就有一個近視），因此建議最好在三至六歲，讓幼兒做一次視力篩檢，不然等到三歲以後再發現時，就已經錯過黃金治療

時期，治療的效果將大打折扣。

　　現代許多幼兒的主要消遣是以打電動玩具及看電視為主，不少幼兒已愈來愈早戴上眼鏡了。除了近視眼以外，幼兒最常出現的視力問題是斜視及弱視，故建議在孩子三歲以後、六歲之前，做一次全面的視力篩檢，否則一旦到了六歲以後才發現眼睛有問題，由於眼球之發育已經定型，將比較難以矯正。至於幼兒常見的眼睛疾病有：

1. 砂眼：即慢性結膜炎。
2. 紅眼症：細菌或病毒之傳染性結膜炎。
3. 針眼：學名為麥粒腫，係皮脂線或毛囊因為金黃色葡萄球菌感染發炎而引起。
4. 先天性白內障：遺傳、染色體異常、感染等，致水晶體發育不良，出現混濁。
5. 無虹膜症：屬於罕見遺傳性疾病，由於第十一對染色體 PAX6 基因突變所導致。
6. 斜視：兩眼眼位不正，無法同時注視一個目標，又分為：
   (1) 內斜視，即鬥雞眼。
   (2) 外斜角，即脫窗。
7. 弱視：因為斜視、嚴重近視、遠視或散光等所導致。

　　眼睛保健之建議為，少揉眼睛、不共用毛巾或手怕。家長想要保護孩兒的眼睛，可在幼兒看電視或打電腦時，要求孩子定時讓眼睛休息。以下是幼兒視力保健建議：

1. 均衡營養：維生素 A、C 及 B 群為眼睛之健康相當重要的營養成分，建議幼童均衡飲食，多攝取玉米、番茄、深綠色蔬菜、水果、枸杞及胡蘿蔔素等食物。
2. 維持良好的閱讀環境及習慣：

(1) 適當桌椅高度：書桌檯燈燈光，要由左前方射來，以 60 燭光適宜，左撇子則採取相反方向。書桌高度以到腹部附近高度為原則。

(2) 保持良好閱讀環境：看電視要距離 3 公尺以上（為畫面對角線 6 至 8 倍）；畫面高度宜比兩眼平視時略低 15 度；看電視或看書時，室內燈光要全打開；看書或寫作業應保持 35 公分以上的閱讀距離。

(3) 看書姿勢：看書要坐正，不可彎腰駝背或趴在桌上。

(4) 其他：適當照明；書籍之印刷字體要清晰及字體要適當；每閱讀 30 分鐘，宜休息 10 分鐘；寫字握筆要正確，頭不可歪一邊；不在行進中搖晃的車上閱讀；不要躺著（趴著）看書及畫圖；下課走出教室，不要一直注視書本；睡眠要充足，多到戶外活動；看電視時間，不可過長，一天以不超過 1 小時為原則；望遠休息，看 6 公尺以外遠方景物；多向遠處眺望；望遠時，心情要放鬆及讓自己輕鬆自在。

3. 按摩：利用適當水柱之壓力（不可太強）進行 SPA，衝擊眼睛附近攢竹、魚腰、絲竹空、晴明及球后等穴道 10 分鐘；或者採取「雙手緊握、放鬆」等重複抓放動作。

4. 定期視力檢查：

(1) 每年定期一至二次，進行眼部常規檢查。

(2) 當接到通知，視力未達合格標準時，需至合格眼科醫師處進行複檢。

(3) 正確配戴眼鏡須讓眼科醫師檢查後，再配眼鏡。

二、身高、體重及頭圍

身高、體重及頭圍是屬於「生長曲線表」中最基本的「體位測量」，

也是最常用來評估嬰幼兒發育的指標。健康的嬰幼兒的「身高、體重、頭圍」經過詳細的調查及統計後，製成之曲線圖表，稱為**生長曲線圖**。滿一歲時的體重，大約是出生時的 3 倍，身高則為 1.5 倍；二歲以後生長速度會漸漸緩慢而趨穩定，大約每年以 2 至 3 公斤速度增長。

　　身高體重之測量，除了可以到醫院等專業機構進行外；體重之測量，也可直接藉由父母抱著幼兒，一起站在體重計上稱量後，再扣除父母的體重即可；而身高之測量，可讓幼兒站立在家裡一面牆的角落，靠著牆站直畫線以後，再用尺來度量；而針對還不能站立的幼兒，則可讓其平躺在床上或桌上，作前後標記以後，再使用尺進行度量；至於測量之結果是否符合標準，則可參考生長曲線百分比圖（見**圖** 3-1 至**圖** 3-6，見第 83 至 88 頁）。

三、聽力

　　早期嬰幼兒聽力篩檢，大多只靠檢查人員以眼力觀察幼兒，對於刺激音的行為反應；此時如果檢查人員的經驗及聽能專業知識不足，或受到其他不可控之聽力檢查環境噪音干擾時，嬰幼兒之篩檢結果及正確性，將會受到影響，判斷結果及治療品質也會受到質疑。隨著科技的發達及進步，透過設立特殊聽力檢查環境，及增加聽力檢查儀器設備，加上愈來愈多聽力檢查專業人員的投入，使得現今嬰幼兒聽力檢查的效率及準確性，已經提升許多。

　　嬰幼兒的聽力篩檢評估項目包括：中耳功能測試、行為觀察法、聽性腦幹誘發檢查及耳聲傳導檢查等。由於嬰幼兒早期對於聽覺刺激的接收能力將會直接影響到其日後口語之發展與學習，因此一旦檢出聽障幼兒，便需配戴助聽器，及接受聽能語言訓練與治療，故聽力的篩檢及評估的準確性，十分重要。

四、血壓

　　一份針對 3,937 位出生一天至六歲的正常健康幼兒的血壓及心跳的研究發現，新生兒出生第一天的血壓為 62.1/39.7/47.2 mmHg（收縮壓／舒張壓／平均壓）；而隨著年齡增長快速上升，至一週時為 72.7/46.9/56.6 mmHg（增加 17% ／ 18% ／ 18.6%），二個月時為 85.0/47.4/56.0 mmHg；之後，血壓隨著年齡增長，而慢慢緩緩上升。至於年齡相同的男女幼嬰，雖然性別不同，但是血壓並無差異。以嬰幼兒體重分析，血壓值隨體重增加而上升，血壓在體重 5 公斤以內者，收縮壓為 68.0mmHg；而體重在 5 至 10 公斤者，血壓則為 87.6 mmHg，增加 30%；代表嬰兒體重一增加，血壓也會受到影響而增加。

五、貧血

　　衛生署「國民健康白皮書」指出，學齡前幼兒缺鐵性貧血的問題很普遍，專家原本懷疑和喝母乳有關；不過小兒科醫師指出，母乳的含鐵量，雖然比牛奶低，但是因為嬰兒對於母乳之吸收能力，是奶粉的 3 倍，所以建議父母不必太過於擔心，而且嬰兒喝母乳，抵抗力會比較強，因此醫師還是贊成喝母乳比較好，只要注意幼兒在斷奶以後，要記得補充含有鐵質的副食品即可。

　　臺灣嬰幼兒發生貧血的狀況其實相當常見，主要原因為食物鐵質的攝取問題；另外，食用沒有添加鐵質的嬰兒配方，及延長餵食母乳（超過六個月）期間，卻沒有額外補充富含鐵質的食物，也可能因此造成鐵質不足。改善之建議，為當幼兒開始食用副食品後，提供幼兒添加鐵質的嬰兒米粉或麥粉，因為係屬於鐵質的良好來源，故建議補充這類食物；另外，全素食之母親（非蛋奶素者），其維生素 B_{12} 攝取量比較不足，故必須額外補充維生素 B_{12} 或葉酸，否則易罹患惡性貧血。另外，因為動物性食物

的鐵質吸收率要比植物性食物好，因此開始攝取副食品的嬰幼兒可以提供肉泥；而綠色蔬菜、蛋、桃、杏、梅乾、葡萄乾、加鐵全麥麵包及新鮮肝臟（建議一歲以後）等食物，都是屬於很好的含鐵食品來源，建議可多加納入副食品之菜單中。

六、外觀

　　俗話說「七坐八爬九出（長）牙」，嬰幼兒通常在六至七個月左右，會先學會坐起來，八至九個月左右則可以爬得很好，九個月左右，牙牙學語，一歲左右學習走路，二歲左右可以爬樓梯，而直到三歲左右，才可能真正學會控制小便；語言溝通方面，嬰幼兒在出生不久之後，就會自己微笑，直到四個月左右，才會對媽媽笑，六個月左右，怕陌生人，一歲左右，會揮手再見，一歲半左右，才會有意義的叫爸爸及媽媽。至於邏輯抽象思考方面，三歲以前的情緒反應，經常是伴隨著周遭環境的刺激，三到六歲左右才逐漸學會數數目等推理概念；而抽象的邏輯思考，要在六歲以後才逐漸發展，一直到青春期以後慢慢成熟。

　　二歲以內的嬰幼兒，每天大多是吃飽睡、睡飽吃，比較少有動作，趴睡俯臥時，則可以稍微抬頭，甚至可以抬頭至 45 度，且可以用手臂支撐住；到三個月時，成人抱著坐在大腿上時，頭部可以固定，不會再搖來搖去；四個月時開始學翻身；五個月可側躺、翻成仰臥，俯臥時可以使頭抬高約 60 至 90 度；六個月時，可以完全靠自己翻身，而此時手掌將會打開。打開手掌對於孩子的發展，是屬於一個非常重要的里程碑，因為要抓東西以前，一定要先將手掌放鬆及打開，才能順利握起，之後則會伸手拿東西及開始探索外面的世界。

七、牙齒

　　嬰兒之乳齒，約在五至九個月間開始長出，一歲時一般會有 6 至 8

顆牙齒，但也有僅 2 至 3 顆牙齒者，故牙齒數量多寡，並非重點，只要正確生長即可；而約等到二歲半時，20 顆乳齒均會全部長出；第 1 顆恆牙（Permaneat Teeth）則約在七歲時長出，乳牙此時會開始發生相對掉落的情形；七至十二歲間，平均每年更換 4 顆新牙（4×5 = 20）；第 2 顆恆臼齒，則約在十四歲時；第 3 顆恆臼齒，約在二十歲以後才會長出。要注意的是，攝取高糖分食品的嬰幼兒與日後罹患蛀牙有顯著正相關，故須避免或減少供應嬰幼兒糖果、蛋糕及餅乾等含糖食物；另外，天然糖類，如蜂蜜及楓糖漿等，也會損害牙齒健康，故亦需注意；而牛奶糖等黏性糖類，因為停留在牙齒的時間更久，所以造成之損害將會更大，最好是與正餐食物一起攝取；如果要讓嬰幼兒攝取糖果，建議採用一次吃完的方式，會比長時間分批攝取，或經常吃的方式要來得好。

嬰幼兒的乳牙很重要，透過咀嚼食物可以幫助頜骨及肌肉之發育，所以嬰幼兒的牙齒保健很重要，而影響牙齒健康的因素有：

1. 父母觀念不正確：嬰幼兒時期如果發生齲齒，將會影響日後恒齒之發展；而蛀牙以後，因為會導致嬰幼兒疼痛並影響其進食，加上部分父母以為乳牙不重要（心想反正將來還會長恆牙）的錯誤觀念，不知道乳牙如果發育不全或蛀牙，將會導致咀嚼不良，阻礙日後恒齒的生長空間，或影響到顎骨的成形，導致常見的牙齒排列不整齊。以下這些問題除咀嚼功能受到影響外，並將進一步影響語言的發展，也會因此影響到嬰幼兒日後的自信：

(1) 出牙：嬰兒最初乳牙長出時，經常會伴隨發生不適的症狀，一般稱為出牙。症狀包括牙齦疼痛、不能平靜、易怒、飲食睡眠習慣不規律、消化不良及大便變稀等。而一旦乳牙萌出後，細菌將開始在口腔聚集，因此應該開始清潔嬰兒之牙齒。

(2) 損傷：嬰幼兒發生摔倒、碰撞及挫傷等情形，於生長過程相當常見，而幼兒開始學習走路時，發生損傷口腔及牙齒也是屬於普遍的狀況，除非因此發生壞死，否則損傷以後，只要密切持

續觀察即可。

    (3) 牙齒衛生：預防兒童齲齒必須從嬰幼兒開始，建議於一歲時，便開始定期看兒童牙科門診。

2. 奶瓶：飲料及牛奶中，由於含有容易損害到牙齒的糖，所以絕對不可以讓嬰兒養成含著奶瓶睡覺的習慣，日後容易蛀牙。

3. 長時間母乳哺育：為避免蛀牙，不可過長時間的餵養母乳，此狀況比較可能發生在母子一起睡覺時。

4. 調味料：嬰幼兒開始食用副食品時，必須避免攝取過多含糖之食品。蔬菜及水果之中，因為已經含有天然糖分，所以嬰兒食品不必額外添加糖分，自己製備的嬰兒食品更絕對不要添加糖及鹽。

5. 零食：應該餵食低糖食物，避免黏性食物，否則日後易造成蛀牙。

6. 吸吮指頭：嬰幼兒吸吮指頭，係屬於自然正常的現象。一般嬰幼兒前幾年的滿足感，大部分來自於吮指，所以當嬰幼兒吮指時，不應予以喝斥；不過如果這種習慣，持續到四至五歲仍然發生時，就須積極處理；一般人以為會影響牙齒發育，其實除非過於依賴，而且長時期才會，因此建議五歲至上小學前戒除即可。

7. 安撫物：安撫物並非嬰兒所必須，建議由父母自己決定是否適合，但是照護者應該避免採用將糖或蜂蜜等食物放在安撫物，刺激嬰幼兒食用之方式。

八、嬰幼兒的理想體重

(一)錯誤資料的遺誤

    世界衛生組織曾發表報告，指出過去四十年因為醫生引用錯誤的「嬰兒標準體重表」，致使大部分的嬰兒因此發生營養吸收過量，導致日後過重或肥胖，進而造成長大後，易因此罹患糖尿病及心臟病。過去一般

嬰幼兒膳食與營養

The Meal Plan and Nutrition for Infant and Young Child

父母長期以來，都是根據「嬰兒標準體重表」所提供的資料，來研判嬰兒生長狀況；而因為望子成龍，許多父母一旦發現子女達不到「嬰兒標準體重表」所列的標準體重時，就會想盡辦法，為嬰幼兒增加營養，例如添加營養物質或提前攝取固體食物，以免發生營養不良。

這份使用了四十多年的「嬰兒標準體重表」，其實是建立在錯誤的研究數據上。世界衛生組織在研究當時所使用的資料，是屬於攝取配方牛奶的嬰兒數據，而攝取配方牛奶的嬰兒體重，其實會比正常攝取母乳的嬰兒之體重要增加很多，所以提供之數據，顯然並不準確。根據英國數據顯示，以母乳餵養嬰兒，在一周歲時的平均體重為 22 磅，而完全攝取配方牛奶長大的嬰兒，在一周歲時的平均體重則為 23 磅（多 4.54%）。以母乳餵養的嬰兒會長得比較慢，是因為嬰兒會主動調節自身所需的營養，母乳餵養嬰兒的新陳代謝速度較慢，睡眠方式也與攝取配方牛奶的嬰兒不同；而攝取配方牛奶的嬰兒，則因為吸收過多不必要營養，日後易造成肥胖。前述體重 5.2 公斤的嬰兒，血壓會較 5 公斤以下嬰兒高出 30%，已明顯說明體重過重之危害，家長應特別小心日後的體重問題。

一般攝取母乳的嬰兒，都會比攝取配方牛奶者相對上較瘦小，過去許多父母使用了錯誤的「嬰兒標準體重表」，為嬰兒添加了許多不必要的營養，於是造成目前全世界，許多兒童發生過度肥胖的情形；而超重的兒童，長大後將容易罹患糖尿病及心臟病。

(二)新的嬰幼兒理想體重及身高標準表

對比臺灣及 WHO 標準，發現臺灣女童之理想體重普遍較高；而男童則接近 WHO 標準，是否因為「重男輕女」所致，仍有待進一步研究（如**表** 1-1）。

表 1-1　WHO 及臺灣新的嬰幼兒理想體重及身高標準表

WHO 女童體重標準		臺灣女童體重標準		WHO 女童身高標準		臺灣女童身高標準	
初生	3.2 公斤	初生	3.3 公斤	初生	49.0 厘米	初生	49.1 厘米
1 歲	9.0 公斤	1 歲	10.5 公斤	1 歲	74.0 厘米	1 歲	80 米
2 歲	11.5 公斤	2 歲	15.5 公斤	2 歲	86.0 厘米	2 歲	98.2 厘米
3 歲	13.9 公斤	3 歲	17.5 斤	3 歲	95.0 厘米	3 歲	105.5 厘米
4 歲	16.0 公斤	4 歲	19 公斤	4 歲	103.0 厘米	4 歲	112 厘米
5 歲	18.2 公斤	5 歲	21.5 斤	5 歲	109.0 厘米	5 歲	117 厘米
WHO 男童體重標準		臺灣男童體重標準		WHO 男童身高標準		臺灣男童身高標準	
初生	3.4 公斤	初生	3.3 公斤	初生	50.0 厘米	初生	49.9 厘米
1 歲	9.6 公斤	1 歲	11 斤	1 歲	76.0 厘米	1 歲	82 厘米
2 歲	12.1 公斤	2 歲	15.5 公斤	2 歲	87.0 厘米	2 歲	99 厘米
3 歲	14.3 公斤	3 歲	17.5 公斤	3 歲	96.0 厘米	3 歲	106 厘米
4 歲	16.3 公斤	4 歲	20 公斤	4 歲	103.0 厘米	4 歲	113 厘米
5 歲	18.3 公斤	5 歲	23.5 斤	5 歲	110.0 厘米	5 歲	118 厘米

 第三節　嬰幼兒營養的問題

　　嬰幼兒營養不良的嚴重程度不一，臨床原因為攝取不足、過剩及必需營養素不均衡所致；導致之原因，包括原發性（涉及食用數量或品質）或續發性（營養需求、利用或排泄改變）等原因。兒童罹患營養不良屬於全球性問題，同時也是兒科死亡率最高的原因之一，可能原因有食物供應不適當、吸收不好、供應量不足、偏食、罹患代謝性疾病、有壓力狀況、使用抗生素治療，及情緒問題等因素。

一、含糖飲料攝取過多

　　現今孩童，將含糖飲料當開水喝，不愛喝白開水，喜歡有味道的飲料。民國 100 年 10 月新竹市政府推動全市國中小「喝白開水運動」，因為董氏基金會之前曾針對市售的飲料及白開水做非正式的調查，結果發現只有 13%（八分之一）的幼兒喜愛白開水，其餘的 87% 都喜愛含糖飲料；現在街上飲料店林立，年輕人人手一杯，因此喜愛含糖飲料之比率，應該更高；而一杯全糖珍珠奶茶熱量，往往超過 900 卡，比一個便當熱量還高。

　　飲料的糖分在進入人體後會轉化成額外熱量，導致嬰幼兒肥胖，也可能降低嬰幼兒的正餐食慾，導致體重過重卻有營養失調的情況，這對將來的生長發育及身體健康皆不利。美國的長期研究發現，兒童及青少年如果一天多喝一罐含糖飲料，日後發生肥胖之機率將會增加 60%；而研究發現，美國約有 24% 的肥胖兒童，主要原因是攝取含糖飲料、缺乏運動及食用高脂肪飲食。

　　幼兒長期飲用含糖飲料，可能導致正餐吃不下，造成過瘦，而如果是三餐照常攝取，則易因此食用過多熱量，造成肥胖，形成體重兩極化，此外也會增加蛀牙機會；另外，由於幼童的身體尚未發育完成，故在生理上對咖啡因的代謝並無法像成人那樣迅速，故不論是茶、咖啡、可樂等飲料中所取得的咖啡因，都會造成身體比較強烈的影響，長期飲用還會對咖啡因產生依賴、活動力下降、注意力不集中、影響腦部發育及智力發展。根據研究，小孩咖啡因容許量為每公斤體重 3 毫克，當同時有白開水及含糖飲料可選擇時，大部分幼兒會選擇含糖飲料，因此宜營造家中健康的飲食環境，避免儲放含糖飲料及零食等，以培養幼兒正確的飲食習慣。臺灣有近三成的家長，在沒有白開水或白開水喝完時，會提供含糖飲料給幼兒，因此準備足夠的白開水是很重要的，藉以減少幼兒攝取含糖飲料。調查發現，家長如果自己有食用含糖飲料的習慣，其幼兒也就會有食用含糖飲料的習慣，而當幼兒只有在家人或朋友喝飲品才會主動要求要跟著喝

時，便顯示了家長及其同儕對於幼兒具有示範作用。家長應以身作則，自己少喝含糖及含有咖啡因之飲品，以培養幼兒正確的口感。

市售的各式飲料，除了色素、香料及一些化學添加劑以外，其中最主要的內容就是糖水；幼兒長期飲用會嚴重影響正常發育，因為含糖飲料，會使口腔酸鹼值降低，增加蛀牙機會；建議可改為提供不加糖的養生茶類，如麥茶、洛神茶、決明子茶、梅子茶、青草茶、枸杞茶、菊花茶及紅棗茶等；鼓勵幼兒帶水壺出門，少喝含糖飲料。

二、高油、高糖及高鹽飲食

高油、高糖及高鹽的食材及烹調，會造成食用過量油、糖、鹽及熱量，養成重口味習慣，長期食用易導致日後肥胖，造成心血管的負擔，埋下心臟病、糖尿病及癌症等慢性病的隱憂，故建議飲食應儘量選擇清淡的烹調方式。幼兒時期由於屬於形成食物喜好的關鍵期，此時期所發展出對食物的喜好及判斷觀念，將會延續終身，對幼兒一生的健康，影響深遠，家長不可不慎。

二至三歲的幼兒，兩餐之間是否應該食用零食，一般可視情形給予點心，飯前 2 小時以不影響下一餐食慾為原則供應，量不宜過多；一般糖果、洋芋片、薯條、汽水、可樂、巧克力及炸雞，平日最好不要給予幼兒，如果幼兒一直吵著要吃，可改用別的食物來加以取代，如以烤雞取代炸雞。

另外，速食餐飲文化發展快速，外食機率增加，致使嬰幼兒從小就接觸速食，如炸雞及薯條等，這類食物因熱量過多、高油脂與高食鹽，且低膳食纖維、低維生素 A 與 C 及低鈣質，經常攝取日後會導致嬰幼兒健康上出現問題。

三、高膽固醇

常跟父母親外食的幼兒，調查發現其膽固醇值普遍偏高，這代表父

母將錯誤的飲食習慣傳給下一代，同時自己也攝取過多的脂肪及蛋白質，加上外食內容大都屬於肉類，缺乏蔬果及膳食纖維，其膽固醇值更形偏高。因此，經常外食的家庭，幼兒的膽固醇值通常也會比較高，如果不提前著手矯正，以後的健保將被拖垮，故宜自幼稚園即設置學校午餐，提早進行營養衛生教育工作。

四、垃圾食物的隱憂

幼兒攝取高熱量的垃圾食物，與父母拿錢讓幼兒自己飲食有關，是一種錯誤飲食方式的因果關係；幼兒由於不懂得選擇食物，自然會選擇自己喜歡的食物，進而養成攝取垃圾食物的飲食方式。許多研究報告指出，嬰幼兒期的肥胖與成年後的肥胖有正相關，且這些肥胖的嬰幼兒，將來罹患糖尿病、心血管疾病、腦血管疾病、消化道疾病以及癌症等的機率，均較其他嬰幼兒為高。

 ## 第四節　嬰幼兒的偏食問題

幼兒大多數的飲食行為，是由學習或經驗而來。幼兒成長過程，不僅學習到該攝取什麼，也可能養成對一些食物的偏好。偏食就是喜愛攝取某些食物，不攝取另一些食物，造成的主要可能原因包括成人偏食不喜歡某些食品就不買，或對食物有不好的評價、不愉快的經驗，如烹調方式不當或被強迫進食等偏食行為。而偏食的結果，會使幼兒營養吸收不均衡，影響生長發育。研究發現，幼兒的偏食行為跟食物的味道有著很大關聯，如洋蔥本身含有辛辣味、苦瓜含有苦味、青椒有種青澀味、魚肉及羊肉的腥臊味，這些都容易使幼兒因此不敢嘗試而不攝取。家長只要瞭解幼兒抗拒的真正原因，多付出一些關懷及耐心，多運用一些技巧，偏食問題就可

以改善。

　　幼稚園有個小男童說：「老師，我肚子痛，不要吃番茄。」因為該名
幼童不喜歡吃番茄，於是每次要吃番茄時便會裝「肚子痛」。又有一個小
女孩吃在午餐時，吃到一半拿出衛生紙舖在桌面上，挑出碗中的胡蘿蔔，
並將胡蘿蔔放在衛生紙裡。所謂**偏食**，顧名思義就是飲食時偏重某些食
物，進而厭惡某些特定食品，對食物選擇有偏差的行為。幼兒約自二至三
歲起，開始對於食物種類、味道、形狀、顏色及溫度等，有了自己的喜好
與厭惡的感覺，此時如果成人對食物也有批評、挑剔、營養觀念偏差，及
因食物烹調不得當等因素，均可能因此加深幼兒偏食；另外，父母如果過
於放縱幼兒挑食或自己本身也有偏食行為，只供給幼兒自己喜歡的食物，
久而久之自然養成幼兒只吃自己喜愛的食物。

一、偏食的原因

　　研究發現，幼兒容易發生偏食的情形，其中男孩偏食之比率又比女
孩稍高，而偏食的主要原因是不喜歡食物的某些味道。現在的社會因為平
均孩童生育人數偏低，家中的幼兒，幾乎集三千寵愛於一身，平均都會有
4 至 5 位成人同時關懷疼愛，往往也就養成許多不良的生活習慣。偏食的
造成有一部分是因為很多父母本身不喜歡某些食物，而幼兒因為從小與父
母一起用餐，日子久了也就學習到父母不良的飲食習慣；另一方面，因為
父母經常外食，或購買便當而不自行烹飪，讓幼兒往往也因此不敢嘗試新
的食物。

　　近年來因為社會經濟及生活型態快速轉變，加上西方速食盛行，已
經導致肥胖嬰幼兒逐漸增加。主要是因為父母自己偏食行為所導致，例如
父母自己不喜歡吃有骨頭的魚，因此在家中，自然不會提供有骨頭的魚給
子女，當嬰幼兒長大以後，自然也不會選擇吃魚；另外一個原因是烹調不
當引起嬰幼兒反感，如青菜沒有處理成適合嬰幼兒咀嚼能力的大小，造成

嬰幼兒食用時，不易咬斷，無法下嚥而吐出，經過幾次以後，幼兒自然視吃青菜為畏途，又如父母因為不吃香菇，又在嬰幼兒面前，提到香菇多麼可怕，造成嬰幼兒自幼產生錯誤觀念，日後也因此不喜歡嘗試香菇。以下為其他可能造成偏食之原因：

1. 父母缺乏正確的營養知識：認為多攝取肉，才對身體健康有益，才會強壯，而忽略了均衡飲食的重要性。有些父母本身就偏食，吃東西時挑三揀四，這些照顧者的飲食行為無形中影響著孩子的喜好，因此成人不宜在孩子面前批評食物的好壞及喜惡，而應中性、廣泛提供多樣化的食物選擇。

2. 過度矯正或強迫進食：父母過度的糾正行為，反而會導致孩子對於食物的厭惡，進而造成偏食。

3. 烹調方式不當：重複單調且一成不變的烹調方式，或未適當的處理食材，如小家庭習慣食用固定飯菜，缺乏變化。

4. 父母親過於放縱嬰幼兒：如只供應嬰幼兒喜歡的食物，幼兒愛吃什麼，就供應什麼，時日久了也會因此造成偏食；或者雖然購買健康食材，但因為烹飪技術不好，缺乏變化或做得沒有滋味，造成幼兒不愛吃。

5. 不愉快的進食經驗：如食材處理不當，導致幼兒食用時，不慎被魚刺哽到或遭到熱湯燙傷等不愉快的經驗，均會導致幼兒拒吃或害怕之心理。一般溫度太燙、口味太重及菜色重複單調等，都會影響幼兒對於食物之印象，進而造成挑食的不當行為。

6. 失敗的學習經驗：每個人對於食物的口味都有不同喜好，幼兒當然也不會例外。幼兒偏食有時是因為攝食的第一次經驗感覺不好，如供應的食物顏色很難看或味道奇怪，造成日後不吃這個食物。

7. 零食：經常攝取零食會造成胃腸道消化液因為不停的分泌，導致產生排擠效應，因此對於正餐飲食之食慾將下降。

8. 獨自吃飯：現代雙薪之父母因為工作忙碌，缺乏和幼兒進餐的時間；父母沒有辦法和幼兒一起吃飯，往往拿錢給幼兒自己解決，幼兒卻經常拿錢去玩電動玩具而沒有去吃飯，或者購買垃圾食物，於是造成肥胖及營養不良，日後不但影響學習也可能會影響到發育。

9. 餐桌氣氛不佳：父母關係不和，經常在餐桌上爭執或討論重要事情，造成幼兒吃飯時，精神緊張，沒有食慾，這種情形也會誘發幼兒的偏食行為。

二、偏食行為的危害

1. 喜歡零食捨棄正餐：零食含有許多糖精、色素及防腐劑等對幼兒生長發育不利之成分，進入身體後會影響正常新陳代謝，對幼兒的健康與生長非常不利。

2. 貪食導致肥胖：肉類含有較高的脂肪，過量攝取會導致肥胖症，並易罹患高血壓等疾病。

3. 厭惡攝取蔬菜和水果：蔬菜水果吃得少，會導致缺乏水溶性維生素、膳食纖維素，及抗癌成分，造成幼兒抵抗力降低，易罹患呼吸道感染等疾病。

4. 不喜歡五穀雜糧：飲食愈吃愈精緻，主食愈來愈少；結果維生素缺少，出現煩躁、夜驚等缺乏症狀。

5. 有可能產生情緒與蛀牙問題：研究發現，不喜歡攝取蔬菜的兒童，情緒上普遍比較不穩定。不吃蔬菜由於可能缺乏鉀的攝取，而鉀有助於安定情緒，反之高量肉類易導致高鈉，而鈉會使神經興奮。不喜歡攝取蔬菜的兒童，蛀牙也會比較多，蛀牙一多，就不能經常咀嚼，並影響到恆牙之生長，使得食物的攝取形成惡性循環。蔬菜水果等植物性食物含有高鉀（鈉多存在於動物性食

物），另外體內過剩的鈉是否能順利排泄，也需要鉀的協助，故幼兒缺鉀時，多餘的鈉將無法順利排出而殘留在體內，成為焦慮及情緒不穩定的原因。

6. 慢性疾病：高鈉飲食易罹患高血壓，而高鈉低鉀飲食則與癌症息息相關。根據衛生署調查國人高血壓的盛行率發現，十五歲年齡層有兩成罹患高血壓，小孩腰酸背痛比例也增加；而專家指出，小朋友腰酸背痛常與飲食生活習慣有關，有些小朋友的體質偏向酸性（高蛋白質飲食），肉類及甜食吃得太多，再加上缺乏運動，平日整天看電視及打電動玩具的時間一久，自然容易腰酸背痛。

三、偏食的改善

自嬰兒開始攝取固體食物起，其間可能需要經歷八至十次的接觸及品嚐，才能讓幼兒接受某種食物，因此家長及照顧者不要在歷經一、二次嚐試失敗後，就放棄而不再嘗試，筆者今日喜歡吃香菇，也是當年母親及姊姊一而再，再而三的鼓勵、勸導及說服，才由厭惡改為喜歡攝取。父母或照顧者在提供幼兒各個種類及多樣均衡食物時，應由幼兒自己決定攝取什麼及攝取多少；另外，餵食時則應該適時進行知識教育，讓幼兒知其然，知其所以然，建立幼兒對食物所應有的正確觀念。一般可利用帶幼兒上市場，進行生活機會教育，讓幼兒判斷如何均衡飲食，並從旁多加鼓勵及讚美，幼兒慢慢會自我管理，日後將能均衡攝食各種健康的食物。下面是對於幼兒偏食的改善建議。

(一)食物攝取方面

■母乳哺育

因為蔬菜本身具有特殊的味道及口感，一般都會有點苦味或酸味，加上高纖維質粗糙的質地，因而不易咀嚼，這些都不符合幼兒的口味；因

而不少婦女會採用母乳來哺育孩子,這在食物的口味上,含有母親攝取食物的各種味道,種類一定比奶粉多。因此,採用母乳哺育,對於孩子日後養成好的飲食習慣,也將有所幫助。

■ 改變食物種類的搭配

要引發幼兒的食慾,烹調方式要有所變化,或將幼兒喜歡的食物(原則上可多放一些)及不喜歡的(可少放一些)食物,混在一起供應,可使幼兒在不知不覺中攝取;之後再漸漸增加不喜歡食物的比例,以為矯正。平時的食物多採用蒸、水煮、滷烤及涼拌等低油烹調方式,以減少油脂使用量,並找出幼兒喜歡且能接受的方式。如果幼兒只是偶爾不吃某些東西,往往並不代表他真的不喜歡,可以隔一段時間後,改變食物切法或烹調方式,再試一試,儘量多次嚐試並廣泛提供多種類食物,以兼顧均衡營養。

孩子最喜歡攝取的食物是肉類,如香腸、炸雞腿及火腿等,然後是澱粉類食物,如炸薯條、蛋糕及麵包;而孩子最不喜歡的食物,是胡蘿蔔、萵苣及韭菜等;另外,同樣一種食物,孩子喜歡的是熟食,還是喜歡涼拌。瞭解孩子的特點後,只要適當利用,進行膳食搭配,將孩子喜歡與不喜歡的食物,搭配在一起烹飪,就可以增加不喜歡的食物攝取的機會。

■ 改變食物的型態與外觀

改變食物的型態與外觀的方式如:

1. 減肉加菜:開始幾週,每天先多供應一份水果或蔬菜。然後開始把豬排、牛排或雞肉的量逐漸減半,將肉排改成肉塊,將肉塊改成肉丁,將肉丁改成肉片,將肉片改成肉絲,將肉絲改成肉末,將肉末改成絞肉;或把小塊的肉切成肉絲與蔬菜熱炒,將幼兒不喜歡吃的蔬菜,切成小塊或絲狀,再與幼兒喜歡的菜餚混合烹調,並使其不易挑出;將幼兒喜愛及不喜愛的水果,也同樣的切成小塊,並改以什錦水果方式供應,或添加果凍製作成為水果

凍；如此一來，因為屬於緩和的改變，將會比一下子的重大改變，成功的機率增加很多。

2. 利用形狀及顏色技巧：調查顯示，幼兒的飲食習慣易受到食物條件而變動，如供應食物的形狀是幼兒最愛的星星形狀時，幼兒將會比較喜歡吃，食物的顏色如果是幼兒最討厭的黑色時，則會影響幼兒的進食意願。

3. 不攝取蔬菜時：改變蔬菜的外形，如將蔬果剁碎，做成泥狀或丸子形狀的食物，或弄成糊狀，或改做成沙拉；另外，幼兒不愛吃青菜，但是比較可能接受蛋類，因此可仿照「菜脯蛋」方式，把青菜切碎加入蛋中一起炒，既可增加營養，又可增加攝取青菜。

4. 不攝取水果：打成果汁、做成果凍，或雕刻成動物。

5. 不喝牛奶：做成冰淇淋與喜歡的水果打成果汁，添加可可或與其他食物一起沖泡。

6. 不攝取米飯：改為炒飯、燴飯，或做成飯糰。

■吃飯配菜習慣的養成

保持吃飯配菜之傳統飲食方式，避免吃菜配飯的習慣，因為衛生署之均衡飲食規定，人體每天所需的總熱量之 58% 至 68%（平均 63%）來自於醣類，即碳水化合物（澱粉），而油脂為 20% 至 30%，及蛋白質 10% 至 14% 最為理想。米飯及麵食之中，含有豐富之澱粉及多種必需的營養素，應作為三餐的主食。應注意的是，油脂每公克之熱量高達 9 大卡，而蛋白質及碳水化合物只各供應 4 大卡的熱量，因此菜一吃多，相對攝取的脂肪量也會增加，將因此容易導致肥胖。

(二)日常生活方面

■正面或中性面對食物

在不愉快的氣氛下，強迫幼兒進食某類食物時，可能因此產生負面效果；而鼓勵或獎勵，及溫馨和諧的進食氣氛等，有助於幼兒接受食物。

要注意的是，如果利用一些交換條件，誘使幼兒攝取食物是會產生反效果的，使幼兒更加不喜歡那種食物；因為當交換條件消失後，幼兒可能因此更不喜歡那種食物；故宜讓幼兒感受到用餐是快樂享受的時光，因此當幼兒不願意攝取某種健康食物時，那麼照顧者此時就需要耐心加以說明及鼓勵；如果幼兒仍堅持不願意嚐試時，則應該不動聲色的假裝不在意，自己表現吃得津津有味，等下一次再食用時，鼓勵幼兒嚐試即可。專家指出，如果太性急而想用強迫或威嚇，或用懲罰的方式，要求幼兒接受父母所謂的健康食物時，反而會造成幼兒將不愉快的感覺，與該食物聯結在一起，當下次看到該食物時，就會馬上聯想到挨打或挨罵的不愉快情景，於是反而會對該食物產生反感而永遠列入拒絕往來。

幼兒個性固執強硬，採用威脅強迫的方式往往會適得其反，造成罷吃，而這類小孩一般多屬於吃軟不吃硬類型，建議多用點耐心，好言相勸，讓幼兒明白，日後要長高、長大，就得均衡的攝取各類營養素，因為一種食物頂多只能提供一部分的營養，因此要均衡攝取各類不同的食物。千萬不要採用交換條件的方式，因為這種方式只能處理眼前的難題，且往往會製造出新的問題，並不能真正解決偏食的問題。

■身教重於言教

父母必須以身作則，做良好的示範。幼兒當眼見同桌吃飯者，都攝取某一種健康食物時，幼兒也會因為模仿而願意去吃，千萬不要期望幼兒會吃下父母自己都不吃的東西；父母必須自己先吃，幼兒才有可能接受。父母不但自己不可以偏食，不暴飲暴食或狼吞虎嚥，飯前也不要吃甜點，以免破壞食慾，也要避免不良的嗜好，如抽煙或不節制的喝酒。少攝取營養不均勻的垃圾食品，並要多喝白開水，避免市售飲料，因為其中含有高量糖分，只會導致蛀牙，糖分除了高熱量以外，本身並沒有什麼營養成分，光有熱量的食物易造成幼兒肥胖。

父母對於適當攝取膽固醇、飽和脂肪及鹽分之健康飲食原則，也要以身作則，利用身教讓幼兒學習，才能引導幼兒避免將來罹患三高疾病。

另外，切記絕對不可批評食物之好壞，如果幼兒不喜歡某種食物，建議改變型式，如幼兒不喜歡豬肉，可給予新鮮的魚，或改變供應型態，將豬肉做成水餃、珍珠丸子或獅子頭以引起食慾；另外，多讓幼兒參與戶外活動，及與同儕一起進食，一般幼兒會因好勝與好奇的心態驅使之下，改變其偏食或厭食的行為。

■ 其他

1. 教育及同儕討論法：如果幼兒已經上幼稚園，可請老師在團體討論時間，詢問每一位幼兒，在家吃了哪些健康營養的食物，並給予正面的鼓勵，以激發其日後攝取之動機，培養攝取健康營養食物的習慣。適時給予幼兒營養教育，慢慢培養他對食的感覺的正確營養觀念，漸漸地，幼兒也會願意嚐試口味普通，但是具營養健康價值的食物。

2. 生日及喜慶等場合宜多攝取健康食物：一般供應高脂食物之社會情境，往往會與獎賞及特別場合（如生日及喜慶）有關，可能因此加強了嬰幼兒對於高脂肪食物的喜好，所以類似生日及喜慶等愉悅的場合，更應該提供健康的食物。

3. 讓幼兒參與烹飪及食物的採購、製備及供應等工作：例如從幫忙拿菜、擺碗筷、洗菜、摘葉，到製作簡單菜餚（炒飯、沙拉、蒸蛋、三明治、包餃子等），除可增加幼兒對於食物的認識外，也可增進幼兒進食的興趣。

4. 親子共餐：有時幼兒偏食是為了引起父母親的關注，因此不妨多多利用親子共餐的機會，培養共同用餐之情趣。並以感恩的心共享餐食，現代許多父母因為都是上班雙薪族，往往只有晚餐才有機會與幼兒一起用餐團聚，共享天倫之樂，為促進家人之溝通及培養親情，建議飯前能禱告，以感恩之心領受用餐，透過感恩祝福、溫馨和諧之用餐氣氛，除了有助食慾以外，並可促進食物消化及吸收，使幼兒不至偏食。

問題與討論

一、嬰幼兒預防保健有什麼重要性？

二、嬰幼兒理想體重表過去曾出現什麼問題？有什麼影響？

三、請列舉三項嬰幼兒營養的問題並說明之。

四、請列舉三項嬰幼兒偏食的原因及其改善之道。

Chapter 2

嬰幼兒基本營養

學 習 目 標

■認識母乳及嬰兒配方
■瞭解嬰兒斷奶期、嬰兒期及幼兒期營養
■認識嬰幼兒各階段飲食建議
■能夠製作嬰幼兒副食品
■避免幼兒偏食

前　言

　　俗話說「三歲定一生」，這一句話某種程度可以說明，幼兒時期身心發展對其日後一生影響的重要性；因此，幼兒時期除應注意身體及大腦的發展外，更應培養良好的健康生活、飲食習慣及行為養成，故如何提供充足的營養、幫助建立良好生活飲食習慣及行為，即成為許多父母最關心的重點。本章將探討幼兒時期的營養需求、飲食環境營造、常見的幼兒飲食問題，及每日飲食之建議，另外尚說明如何建立幼兒的均衡飲食習慣及方法等，提供衛生營養教育活動參考。

　　本章將分析母乳及配方奶之差異。母乳哺育係屬全世界各國共同積極推動之項目，臺灣過去因為奶粉廠商等商業團體，經常過於誇大廣告效果，缺乏管制，造成國人母乳哺育率偏低，然而到底採用母乳哺育有什麼好處，為什麼值得政府大力推廣呢？首先要知道，母乳能完全提供嬰兒前六個月最適量的熱量、蛋白質、維生素、礦物質及水分等營養素；六個月後的嬰幼兒則建議補充適量之副食品，以為輔佐，而此時母乳中所提供的維生素及抗體，仍然對嬰幼兒提供了非常大的保護作用；一歲以後的幼童，大部分均已經開始食用普通飲食，不過假如能夠繼續食用母乳，仍有助於幼兒腸道益生菌之滋生、腦力及視力發展，也不會產生蛋白質過敏，更可持續提供免疫球蛋白，增加抵抗力。因此對於母乳哺育，建議嬰幼兒零至六個月，可以將母乳當成主食，六個月以後可當副食，滿一年後則可當零食；如此除將可實質幫助嬰幼兒成長外，對於建立嬰幼兒與母親之親子關係，擴展幼兒人際關係及安定情緒等都有幫助，而且也能避免肥胖，母親也比較容易恢復生產前的身材，不至於過胖；因此採用母乳哺育，不論對於母親或嬰幼兒都有好處；所以全世界各國均大力推廣。

　　醫學已確實證明，母乳哺育對於嬰幼兒、母親、家庭及社會均有極大的好處；母乳所含之營養素，無論對於促進嬰幼兒成長、健康及生長，

均明顯優於其他食品，尤其是對於早產兒。研究發現，採用母乳哺育，將能有效降低嬰幼兒罹患細菌性腦膜炎、菌血症、腹瀉、呼吸道感染、壞死性腸炎、中耳炎、泌尿道感染，及早產兒發生晚發性敗血症的機率；即使生病之時，也能降低疾病影響之嚴重度。另外，國外的統計發現，使用母乳哺育約可以降低滿月嬰兒 21% 的死亡率。對於母親而言，採用母乳哺育，則能增加子宮收縮、降低產後出血、減少月經出血量、提早恢復生產前之理想身材，也能降低日後罹患乳癌或卵巢癌的機率，並減少更年期後發生骨質疏鬆與股骨骨折的情形；而早產兒假如採取母乳餵食（需搭配補充營養品），研究發現三至八歲的智商（IQ），會比餵食嬰幼兒配方的孩童高，而且認知發展方面，也會隨著哺乳時間增加，其表現將更加明顯。除此以外，採用母乳哺育者更能改善視覺，降低早產兒視網膜病變發生機率及嚴重程度；而由於母乳之中，含有長鏈多元不飽和脂肪酸（LCPUFA），特別是 Docosahexaenoic Acid（DHA）及 Arachidonic Acid（AA）。

DHA 及 AA 在胎兒腦部及視網膜中含量極高，所以母乳能促進神經系統發展（如許多市售較大幼兒配方都添加有 DHA 及 EPA，並進行廣告）。另外，採用母乳哺育不僅有助於嬰幼兒正常健康的成長以外，對於日後的學術表現等，均有幫助；而對於低體重兒之影響，又將比正常體重兒的幫助更為顯著。綜合以上之研究，不論早產兒或足月兒，母乳哺育對於嬰幼兒視覺、認知及智力等均有幫助；母乳是屬於母親及嬰幼兒最珍貴與最理想的食物，加上藉由哺乳的過程，能增進親子彼此間的感情，可以因此促進嬰幼兒的心智發展；因此，世界衛生組織建議，為達到嬰兒適當的生長、發育及健康，應以母乳哺育六個月，之後建議可以適當添加副食品，並建議可以持續哺乳到二歲或甚至二歲以上；而確切停止母乳之時間，則建議不要硬性規定，由母親及嬰幼兒依據狀況決定。

第一節　嬰幼兒期營養

　　近年來兒童肥胖及慢性病發生的年齡，逐年下降，根據最新國民營養調查資料顯示，由於兒童的蔬菜食用量，明顯偏低，且許多兒童不攝取水果；研究發現，35%的慢性病與不良的飲食習慣有關，飲食習慣越好，日後的學習表現也將越好，體位也不致太胖或太瘦；因此建議幼兒必須從小開始培養良好健康的飲食習慣，並透過接觸食物及觀察成人的態度與行為，發展出對食物正確的喜好及飲食習慣。

一、初乳

　　表2-1為嬰幼兒膳食營養素參考食用量，讀者可參考後進行膳食規劃與設計。

　　母親在嬰兒生產後的二至三天內，所分泌之乳汁，稱為初乳。初乳中的營養成分非常濃稠，雖然數量很少，但其中的抗體含量，卻相對特別的多，可以預防新生兒嚴重下痢及增強抵抗力；惟當母奶分泌量不夠或母親不能親自餵食母奶時，則可改用嬰兒配方代替。

　　選擇嬰兒配方時，要注意價錢並不能代表品質，應避免選用推銷人員推薦沒有聽過的品牌，並應注意罐上標示成分及製造日期（或保存期限）。沖泡配方奶粉時，需依照各廠牌嬰兒配方食品罐上說明之濃度沖調，更換奶粉時，要特別小心注意各廠牌湯匙之差異。餵奶次數及餵奶量，宜依據嬰兒之食慾進行調整，不要一定要求按照自己設定的吃奶時間，勉強嬰兒遵行。在一歲前最好均採用母乳或嬰兒配方，不要因為業務人員之推薦，就冒然更換為較大幼兒奶粉。

表 2-1　嬰幼兒膳食營養素參考食用量

營養素	身高		體重		熱量 [II, III]		蛋白質 [IV]	鈣	磷	鎂
單位 年齡[I]	公分 （cm）		公斤 （kg）		大卡（kcal）		公克（g）	毫克 （mg）	毫克 （mg）	毫克 （mg）
	男	女	男	女	男	女				
0 至 6 月	61	60	6	6	100 ／公斤		2.3 ／公斤	300	200	AI=25
7 至 12 月	72	70	9	8	90 ／公斤		2.1 ／公斤	400	300	AI=70
1 至 3 歲 （稍低） （適度）	92	91	13	13	 1,150 1,350	 1,150 1,350	20	500	400	80
4 至 6 歲 （稍低） （適度）	113	112	20	19	 1,550 1,800	 1,400 1,650	30	600	500	120

註：I. 年齡係以足歲計算。

II. 1 大卡（Cal；kcal）＝ 4.184 仟焦耳（kj）。

III. 「稍低、適度」表示生活活動強度之程度。

IV. 動物性蛋白質在總蛋白質中的比例，一歲以下的嬰兒以占三分之二以上為宜。

V. 表中未標明 AI（足夠攝取量，Adequate Intakes）值者，即為 RDA（建議量，Recommand Dietary Allowance）值。

資料來源：行政院衛生署民國 100 年修訂之「國人膳食營養素參考攝取量」（Dietary Reference Intakes, DRIs）表。

二、嬰幼兒期飲食

嬰幼兒出生後隨著時間的增加，不同時期的飲食建議及菜單設計規劃，也有所不同。

(一)出生至滿四個月

此階段嬰兒的營養來源主要來自母乳或嬰兒配方，採用嬰兒配方奶粉者，只需依照奶粉罐上的說明沖調及餵食即可。如果擔心餵食量不足，可觀察嬰兒的排尿次數作為判斷，通常嬰兒一天尿濕六次或六次以上，均

屬正常，母乳部分如前所述。

(二)出生滿四至六個月

因為嬰兒的腸胃功能一般要等到四個月以後，才能發育到有能力逐漸接受米粉及果汁等副食品；因此，一般建議儘量避免太早供應副食品。出生滿四至六個月以後，才能開始供應副食品，而開始供應時，建議先從泥狀濃湯開始，供應之時間，以介於兩次餵奶時間中間為宜，餵食時父母要避免心浮氣燥或不耐煩。剛開始食用之食物，絕不可加調味料，以免日後養成重口味，開始餵食一個月之後，則可以增加餵食次數至二次。

1. 菜單：蘋果汁、蘋果細丁、胡蘿蔔汁、胡蘿蔔細丁、碎紅蘿蔔加稀飯、鮮橘汁土司加稀飯、弄爛南瓜稀飯、弄碎碗豆稀飯、豆漿稀飯、蘋果稀飯、餅乾稀飯、玉米香蕉片稀飯、番茄香蕉土司稀飯及青菜小魚稀飯等。

2. 副食品添加之時機：四至六個月的嬰幼兒是開始添加副食品之時機，可以開始添加新鮮水果汁，但是一開始時須注意應先稀釋；之後煮熟菜湯、米湯及米糊，都可逐漸讓嬰幼兒嘗試。

3. 添加方式及食物型態：應由液體開始，再轉變成半液體，然後再轉變成泥狀食物，且一次只能添加一種，等待嬰幼兒適應，確定沒有發生任何副作用以後，再更換另一種；一般建議採用之米粉及麥粉應使用開水調成糊狀後，再利用茶匙餵食，以訓練嬰幼兒咀嚼及吞嚥。

4. 四至六個月每日食物建議量：

食物類別	餵食型態	一天食用量
五穀根莖類	米漿、麥糊	3/4-1 碗
蔬菜類	蔬菜湯	1-2 茶匙
水果類	果汁	1-2 茶匙（30cc. > -40cc.）
奶類	母奶、沖泡奶	每天 5 次

5. 四至六個月一日食譜範例：

餐別	食物名稱	食用量
早餐	母奶或沖泡奶	
早點	母奶或沖泡奶	
午餐	米糊	1 茶匙
	稀釋果汁	15cc. 至 30cc.
	母奶或沖泡奶	
午點	母奶或沖泡奶	
晚餐	米糊	1 茶匙
	菠菜汁	1 茶匙
晚點	母奶或沖泡奶	

(三)滿六至八個月

六至八個月的階段尚不需要將嬰兒配方奶粉轉換為較大嬰幼兒奶粉，對於副食品則建議給予米粉及麥粉；另外，可以利用稀飯、麵線或煮爛的麵條替代副食品。七至九個月的嬰幼兒，因為已經具有良好的吞嚥能力，加上有的也已經長牙；除了應該增加奶類供應量外，食物供應量也需要增加，惟需要注意宜以原味（不加調味料）方式烹調：

1. 六至八個月每日食物建議量：

食物類別	餵食型態	一天食用量	一份食物之量	備註
五穀根莖類	米糊麥糊 饅頭 土司 麵包 稀飯 麵條 麵線	2.5-4 份	米糊 1 碗 麥糊 1 碗 饅頭 1/4 個 土司麵包 1 片 稀飯、麵條、麵線 各 1/2 碗	
蛋豆魚肉類	蛋黃泥 豆腐豆漿 魚或肉肝 泥	1-1.5 份	蛋黃泥 1 個 豆腐 1 塊 豆漿 1 杯 魚肉泥 肉泥或肝泥各 1 兩	肉泥、肝泥或魚肉泥 應八至十個月才開始 供應

蔬菜類	胡蘿蔔 菠菜 高麗菜	1-2 湯匙 （15cc. 至 30cc.）	
水果類	橘子 柳丁香瓜	1-2 湯匙 （15cc. 至 30cc.）	
奶類	母奶或沖 泡奶	每天 4 次	950cc. 至 1,000cc.

2. 六至八個月一日食譜範例：

餐別	食物名稱	食用量
早餐	米糊 母奶或沖泡奶	1/2 碗
早點	母奶或沖泡奶	
午餐	稀飯、魚肉泥、香瓜泥	1/2 碗、1/2 兩、1 湯匙
午點	母奶或沖泡奶	
晚餐	麵條、蛋黃泥（或菠菜泥）	1/2 碗、1 湯匙
晚點	母奶或沖泡奶	

■嬰幼兒長牙後的營養需求

　　嬰幼兒大約在六至九個月大時開始長牙，腸胃機能也比較成熟，此時光靠餵奶，往往已經無法滿足嬰幼兒生長之所需。這個階段宜視嬰幼兒發育狀況，提供蛋白質及五穀根莖類等副食品；加上嬰幼兒在六個月大的時候，下顎往往已經長出牙齒，故需要開始供應副食品。

　　嬰幼兒長牙後，因為已經具有咀嚼能力，所以長牙以後，會開始喜歡啃咬東西；因此宜添加蛋豆魚肉類、稀飯、麵條、土司麵包及饅頭等。雖然嬰幼兒可以開始食用副食品，但仍應以奶類（母奶或嬰兒配方）作為營養之主要來源。因為，嬰幼兒長牙時期喜歡啃咬，所以可用烤過的土司，取代市售的磨牙餅，但注意不可供應烤焦的土司。

　　製備副食品時，要注意食品衛生及容具之清潔，以現做現吃為原則，也可供應豆腐，讓嬰幼兒練習使用舌頭。六至九個月大的飲食，可少

量增加脂肪，菜單如什錦綜合菜粥、青菜小魚蛋花稀飯、番茄燴飯、餛飩皮湯、烏龍蔬菜麵、雞蛋什錦綜合菜羹、豆腐蔬菜湯、燕麥香蕉稀飯、豆漿番薯泥及豆腐波菜泥。

(四)滿八至十個月

供應的果汁、果泥、菜泥及米粉等副食品的數量，要較前一階段略多；而肉泥、肝泥及魚肉，也可以開始少量逐漸添加供應；每日供應量約 1 至 1.5 份，每份數量約等於二個蛋黃泥、或豆腐 1 塊、或魚肉泥、肝泥、肉泥 1 兩；副食品宜多加變化，最好不要重複給予同一種。

(五)滿十至十二個月

建議一天攝取三次副食品，對於嬰幼兒不喜歡的食物，不可強迫勉強進食，宜改用其他相同類食物替代，如用魚肉代替豬肉。菜單如鮪魚檸檬飯、洋蔥鮪魚豆漿飯、洋蔥奶油香菇飯、炒米粉、烏龍肉丸麵、餛飩湯、南瓜沙拉、雞肉番薯丁、炸花椰菜、魚肉豆漿高麗菜湯；允許用手抓，不用禁止，但要注意衛生及透過教導說明以後，再慢慢進行調整。

這個階段的嬰幼兒已經可以食用固體食物，宜讓幼兒自己學習進食；飲食力求均衡，並嘗試儘量以麵、飯及粥等多種類食譜，進行交替方式搭配，以豐富食物的口感來促進食慾，切莫操之過急，宜逐步增加供應量，一湯匙一湯匙逐漸增加。假如嬰幼兒於調整過程中，發生不舒服反應或反抗拒食時，切勿勉強，須注意觀察嬰幼兒進食新食物後的反應，假如發生皮膚或糞便異常時，應立即停止。

1. 十至十二個月每日食物建議量：

食物類別	餵食型態	一天食用量	一份食物之量
五穀根莖類	米糊、麥糊、饅頭 土司、麵包、稀飯、麵條、麵線 其他五穀根莖類	4 至 6 份	饅頭 1/2 個

嬰幼兒膳食與營養
The Meal Plan and Nutrition for Infant and Young Child

蛋豆魚肉類	蒸全蛋 豆腐、豆漿、魚肉、肝泥、肉鬆	1.5-2 份	魚鬆、肉鬆各 1/2 兩； 全蛋 1 個；肝泥或魚肉 泥 1 兩
蔬菜類	胡蘿蔔 青江菜、小白菜等剁碎蔬菜	2-4 湯匙 （30cc. 至 60cc.）	
水果類	橘子、柳丁等	2-4 湯匙 （30cc. 至 60cc.）	
奶類	母奶、沖泡奶（嬰兒配方奶 粉）等	每天 3 次	700cc. 至 800cc.

2. 十至十二個月一日食譜範例：

餐別	食物名稱	食用量
早餐	稀飯拌肉鬆 母奶、沖泡奶	1/2 碗 1/2 兩
早點	香蕉泥	2 湯匙
午餐	肉絲麵 麵條 肉絲 剁碎青江菜	1/2 碗 1/2 兩 1 湯匙
午點	母奶、沖泡奶	
晚餐	豆腐拌飯 乾飯 豆腐 剁碎胡蘿蔔	1/2 碗 1/2 塊 1 湯匙
晚點	母奶、沖泡奶（嬰兒配方奶粉）	

第二節　母奶（人奶）與牛奶

一、母乳與牛奶營養成分的比較

(一)蛋白質

蛋白質方面，母乳為 0.9% 至 1.1%，牛奶為 3.3% 至 3.5%（相差近 3.67 倍）；其中，球蛋白與白蛋白量差不多，但是母奶的酪蛋白比較少，而牛乳則為母乳的 4 倍，而酪蛋白的分子量大，許多人認為是過敏主因。以下是其他營養成分的比較：

1. 組胺酸（Histidine）：母乳 22（毫克／ 100 克）；牛奶 95（毫克／ 100 克）。

2. 白胺酸（Leucine）：母乳 100（毫克／ 100 克）；牛奶 350（毫克／ 100 克）。

3. 離胺酸（Lysine）：母乳 73（毫克／ 100 克）；牛奶 277（毫克／ 100 克）。

4. 甲硫胺酸（Methionine）：母乳 25（毫克／ 100 克）；牛奶 88（毫克／ 100 克）。

5. 苯丙胺酸（Phenylalanine）：母乳 48（毫克／ 100 克）；牛奶 172（毫克／ 100 克）。

6. 色胺酸（Tryptophan）：母乳 70（毫克／ 100 克）；牛奶 245（毫克／ 100 克）。

7. 羥丁胺酸（Threonine）：母乳 50（毫克／ 100 克）；牛奶 164（毫克／ 100 克）。

8. 纈胺酸（Valine）：母乳 45（毫克／ 100 克）；牛奶 129（毫克／ 100 克）。

(二)脂肪

　　脂肪方面均約 3.5% 至 4.5%，但是母乳之多元不飽和脂肪酸量為 8%，而牛奶只有 2%；母乳之油酸（Oleic Acid）量則為牛奶的 2 倍，因此比較容易吸收。消化率方面，牛奶的脂肪較不容易消化，故對於早產兒或較虛弱之嬰兒，食用牛奶易發生脂肪痢（Steatorrhea）者，宜改吃植物性脂肪或採母乳哺育。

(三)乳糖與水分

　　母乳的乳糖含量為 7%，牛奶為 4.8%；水分二者均約 87% 至 88%。

(四)礦物質

　　礦物質方面，母乳為 0.2%，牛奶為 0.8%；其他營養成分如下：

1. 鈣：母乳 33-34（毫克／100 克），牛奶 117-118（毫克／100 克）。
2. 磷：母乳 14-15（毫克／100 克），牛奶 92-93（毫克／100 克）。
3. 鈉：母乳 16（毫克／100 克），牛奶 50（毫克／100 克）。
4. 鉀：母乳 51（毫克／100 克），牛奶 144（毫克／100 克）。
5. 鎂：母乳 4（毫當量／升），牛奶 12（毫克／100 克）。
6. 鐵：母乳 0.5（微克／升），牛奶 0.5（毫克／100 克）；嬰兒零至四個月的鐵質，胎兒時期的儲存量即足以供應，但是在四個月之後應適當自食物中額外補充。

(五)細菌數

　　正常的母乳，應該無菌，但也有可能由於母親罹患乳房炎、結核菌、傷寒、B 型肝炎、德國麻疹及腮腺炎等疾病，而讓細菌進入乳汁中；牛乳則或多或少都有遭到污染，但是其中多數細胞均屬於對人體無害者，

但鏈球菌、白喉、傷寒、沙門氏桿菌及結核菌等病原菌，會利用牛乳當媒介，進行傳染，因此牛奶一定要先經過巴斯德低溫殺菌（殺死病原菌）處理後，始得供應食用。

二、母乳的優點

(一)對於嬰幼兒

1. 減少罹患疾病：母乳哺育能提升嬰兒免疫力，即使生病時，也能幫助嬰兒盡快恢復健康；其中原因包括：

    (1) 母奶含有分泌性 A 型球蛋白（Secretary IgA）、補體（Complement）及運鐵蛋白（Transferrin）等，均屬於目前尚無法以人工添加的額外成分。這些營養素可以有效增強嬰兒的免疫力，避免過敏、呼吸道及皮膚等疾病。

    (2) 預防蛀牙（齲齒）：採取母乳哺育者可以增加嬰兒之口腔吸吮運動，使下顎成長更加完全。

2. 容易消化及吸收：母乳所含的乳糖容易被人體所吸收及利用，在腸道可以產生酸性環境，抑制細菌生長，因此較不會發生腹瀉；母乳的脂肪及蛋白質等營養素，也比牛乳容易消化吸收，並含有嬰幼兒所需之量，對於嬰幼兒腦部及視網膜之發育，提供重要之功能。母乳鐵質的吸收率約為 50%，為牛奶的 2.5 倍。要注意的是，母乳之鈉質含量比則較少（即鹽分約僅牛奶的三分之一），假如攝取鈉太多，日後易罹患高血壓；因此嬰幼兒應該減少食用量，故宜避免太早食用含有調味品之食物。

3. 改善存活率：過去在物資缺乏的地區，出生第一個月的嬰兒，假如能夠採取母乳哺育者，存活率將相對比較高，且遠比採取其他任何措施有效。

4. 增強嬰兒神經系統及腦部發育：母奶因含有大量的 DHA 及 AA，可幫助嬰幼兒中樞神經系統與智力發展。

5. 避免營養不良：提供必需的營養以避免孩童發生營養不良。

6. 預防肥胖：過重及肥胖已經成為全球性流行疾病，影響健康與社會甚巨，採用母乳哺育可以避免肥胖。

(二)對於母親

1. 保護作用：母親如果採用母乳哺育，將可降低母親罹患乳癌、卵巢癌症及骨質疏鬆等疾病，而透過哺育的過程，可增加代謝效率，促進子宮收縮及消耗熱量，有助於維持身材。

2. 自然避孕：母乳哺育能自然避孕，並可拉長生育之間隔，降低非計畫性懷孕之風險。

3. 建立良好母子關係：母乳哺育時，母親與嬰兒持續進行身體緊密接觸，可直接傳達母親之關愛及安全感給嬰兒，建立良好的母子關係。

(三)其他

1. 經濟衛生及安全：母乳營養價值完整豐富，含有優質蛋白質及多元不飽和脂肪酸，容易消化吸收，利用率高，並含有許多消化酵素，有助於嬰幼兒不成熟的消化功能；母乳來源自給自足，毋須特殊花費製造，可以大量減少家庭費用之支出；另外，母乳哺育能減少壓力，滿足母親及嬰幼兒的安全需要。

2. 容易餵食：母親能夠獨立哺育嬰幼兒，隨時可提供乳汁，而且不需要額外的容器，可隨時隨地提供。

3. 環境保護：採取母乳哺育，係屬最自然、最環保的方法，因為不需要使用塑膠等人工製品，所以也沒有額外的資源耗損，或產生不必要的廢棄物，有利於環境保護。

三、嬰兒配方食品

嬰兒配方奶粉即一般俗稱的嬰兒奶粉，其實標準名稱是「嬰兒配方」，依據我國國家標準 CNS6849/N5174（行政院衛生署食品資訊網，2010）定義嬰兒配方為，「可代替人乳並符合嬰兒一般營養需要之粉狀或液態配方食品」，其中又可分為零至六個月大嬰兒配方，及六至十二個月的較大嬰兒奶粉。

市售嬰兒配方，很多是利用黃豆等蛋白取代牛奶，屬於不含牛奶及乳糖之配方，係使用黃豆蛋白、葡萄糖聚合物（有時為蔗糖）及植物油，作為配方之主要能源來源，適合對完整牛奶或黃豆蛋白過敏的嬰幼兒食用，由於牛奶蛋白質的分子量比較大，容易引起嬰兒發生過敏免疫反應；另外，許多嬰兒配方都不含乳糖，以避免乳糖不耐症的發生，但有可能添加中鏈三酸甘油酯，以促進脂肪的吸收。衛生署為鼓勵母乳哺育，針對嬰兒配方食品之販賣，訂定有「嬰兒配方食品及較大嬰兒配方輔助食品」規範，而違反以下之規定者屬於違規食品：

1. 在**醫療院所**之行為規範：
   (1) 不得直接或間接向孕婦及其家人提供樣品，及贈送足以促銷嬰兒配方食品之贈品或器皿（特別是奶瓶、餵奶巾等）。
   (2) 行銷人員在其業務範圍內，不得於公私立醫療院所及各級衛生單位，直接或間接尋訪、聯繫孕婦或嬰兒母親。
   (3) 各醫療院所需要之嬰兒配方食品，應以價購方式為之。
   (4) 不得於醫療院所及各衛生單位張貼嬰兒配方食品，及較大嬰兒配方輔助食品之海報與陳列樣品。
2. 公司編印育嬰手冊之規範：凡涉及嬰兒哺育之教育或資訊資料，無論是書面或視聽均應包含下列資訊：
   (1) 餵哺母乳的益處及母乳的優越性。
   (2) 母親所需的營養及如何準備，並持續餵哺母乳。

(3) 說明中斷母乳餵哺再恢復之困難。

(4) 有關嬰兒配方食品使用方法之資訊，應包括不必要或不當使用嬰兒配方食品對健康的影響，及使用時對社會及財力的影響。

3. 廣告及促銷之規範：

(1) 嬰兒配方食品及較大嬰兒配方輔助食品之廣告，可刊登於相關科學學會之專業期刊雜誌，不得刊登於一般性報章雜誌，並不得以廣播、電視、電影片、錄影物、報紙、看板、車體、海報、單張、通知、通告、說明書、樣品、招貼、展示、電腦網路等電子媒體，或其他文字圖畫或物品作為宣傳。

(2) 任何涉嫌與嬰兒配方食品同名的產品廣告行銷規範，嬰兒配方食品亦同。

(3) 不得有針對銷售點的廣告、贈送樣品，或任何針對消費者以達零售目的的促銷方式，如特別展示會、折扣券、優待券、廉價銷售及搭配銷售等。

(4) 不得申請小於 250 公克之包裝。

4. 標示之規範：對於特殊嬰兒配方食品之適用症狀及適用對象標示，規範如下：

(1) 嬰兒配方食品，不宜以適用症為名稱，如免敏、低過敏、低溢奶等，應依成分事實命名，如水解蛋白配方或無乳糖配方。

(2) 嬰兒配方食品，可標示特殊之營養成分，但不可有任何其他之訴求，如果需要標示適用症狀及對象時，則需提出臨床試驗證明及相關文獻報告，經衛生署送請專家審查後核定。

(3) 不得使用「人乳化」或「母乳化」等類似詞彙。

四、母乳與牛奶哺育的注意事項

(一)哺育時間

哺育時間建議視嬰幼兒的狀況與接受度決定。因為哺育過量，有可能會引發嘔吐或腹脹，而過少則可能造成脫水或發燒。一般滿月後之嬰幼兒，會自然的建立起自己接受哺育的時間表。

(二)減少吐奶的方法

很多嬰幼兒吃奶後，經常發生嘔吐，而防止嬰幼兒嘔吐的方法包括：

1. 少量多餐：餵食時應避免餵太多奶，假如嬰兒吃奶一段時間後，停止吸吮或把頭轉開，不要強迫嬰兒把奶喝完，建議稍等一會兒再試試看。

2. 不必設限定時定量：放棄固定的哺育時間表，儘量配合嬰兒的自然需求。嬰兒想喝就餵，千萬別按照自訂時間表餵奶，假如環境不允許 24 小時隨時哺乳，建議利用母乳簡易冷凍方法──用製冰盒，其中每一格，剛好可以裝約 30 克母乳，冷凍製成冰塊以後，再分割取出裝進塑膠袋，標示日期備用。

3. 避免吸進空氣：使用奶瓶餵奶時，要將奶瓶拿高，避免吸進空氣，否則容易引起脹氣。

4. 促使打嗝：餵奶時每隔一段時間，要輕拍嬰兒的背，促使嬰兒打嗝排氣。建議拍氣的姿勢為：

   (1) 將嬰兒身體抱直並靠在胸前，讓嬰兒的頭自然靠在肩膀上，然後輕拍嬰兒的背。

   (2) 將嬰兒整個身體朝下，趴在大腿上，然後一隻手支撐嬰兒，另一隻手輕拍他的背。

   (3) 將嬰兒挺起身體，側坐在膝上，其中一隻手支撐嬰兒胸部及下

巴，另一隻手輕拍他的背。

5. 喝奶後不要馬上躺下：餵奶後的嬰兒宜抱直坐在膝上，或坐在推車、或坐在嬰兒椅上約 20 分鐘後再躺下。

 ## 第三節　嬰幼兒副食品

副食品又被稱為**離乳食品**，係屬於嬰兒斷奶前除了母奶或配方奶粉以外的食品；主要作為補充嬰幼兒不足的熱量與營養素，並讓幼兒透過開始學習，食用副食品及其使用餐具，訓練咀嚼與吞嚥能力，作為適應成人飲食之過渡飲食。

隨著嬰幼兒的年紀增長，由於奶類供應量將逐漸減少，副食品量會相對逐漸增加，嬰兒也會因此慢慢適應固體食物，在嬰兒未停止發育前，都不應該斷絕奶類，否則容易發生營養不良，導致日後心理障礙，影響正常進食。**嬰幼兒斷奶原則**是只要嬰幼兒已經慢慢習慣副食品，能夠自三餐中獲取足夠的營養，食用副食品的量也充足時，仍應繼續維持供應奶類食品至青少年發育成熟期（因為奶類可以確保青少年長高之營養素），因此過去俗稱的斷奶，其實比較符合現代的說法應該是「斷奶瓶」。

一般嬰兒在四至六個月以後，便會開始添加副食品，建議宜先從澱粉類（如米粉）著手，原則上一次添加一種新食物（持續四至七天），這樣子如果發生過敏或不良反應時，才能確定到底是哪一種食物所引起。蛋白由於比較容易引起過敏，最好一歲以後再供應食用（所以一般都僅餵食蛋黃）。九個月大以後，嬰兒已經可以供應固體食物，因為此時期的幼兒已經開始長牙，加上咀嚼功能也逐漸成熟，及對於固體食物的咀嚼開始產生興趣，建議可使用嬰兒餅乾、麵包，或將土司烤乾後供應，食物的口味注意不宜太重，以免日後造成偏食的情形；菜色上應均衡及多變化；幼兒進食時，應注意不要限制太多，以免導致緊張的親子關係，影響到小孩日

後之自信心及獨立性。

一、供應副食品的目的

　　添加副食品可以增加熱量及營養素，會讓嬰兒更有精神、活動力更佳，也使嬰兒適應新食物。**嬰兒添加副食品的目的**，在於滿足嬰兒成長中所需的各種營養需求，訓練咀嚼及吞嚥能力，以適應成人的食物及飲食模式：

1. 補足營養素：在 1920 年以前，很少人會建議一歲前的嬰兒添加副食品，後來隨著醫學的進步，1920 年以後逐漸開始添加。最早添加的是魚肝油，目的是預防罹患佝僂病；添加柳橙汁，預防壞血病。在 1920 至 1970 年，六個月左右的嬰兒，更開始建議添加米粉、果汁及蔬菜泥，訓練嬰兒的咀嚼能力，以避免日後偏食。
2. 促進智力發展：嬰幼兒五個月大到三歲的期間，屬於腦部發育最快速的時期，故應添加副食品以供應足夠營養素，促進智力發展。
3. 增加抵抗力：均衡食用營養，才能有效幫助嬰兒，增加抵抗力，對抗病菌，減少生病機率。例如補充維生素 C，可以預防感冒及有助於傷口之癒合；維生素 A 則能保護細胞黏膜及增進抵抗力。

二、添加副食品的時間與內容

　　根據「世界衛生組織」對嬰兒餵食的建議，嬰兒宜在出生後 0.5 至 1 小時內，開始哺餵母乳，且在嬰兒零至四個月中，都應採取純哺餵母乳方式，而副食品則可在四至六個月左右，開始添加；至於六個月以後，所有嬰幼兒宜都增加副食品之供應：

1. 四至六個月嬰幼兒的副食品內容：稀釋果汁、菜湯汁、米糊及麥

糊等食物，食物之型態建議應為湯汁或糊狀。

2. 七至九個月嬰幼兒的副食品內容：由於嬰兒此時已經具有咀嚼能力，也開始長牙，宜給予適合咀嚼的食物；如魚及麥泥、菠菜及蛋黃麵糊，與黑豆及薏仁糊等。

3. 十至十二個月嬰幼兒的副食品內容：此時因為吞嚥功能已經發展成熟，可以開始供應全蛋、乾飯及固體類食物，如豌豆仁蒸蛋、芋頭肉末粥及番茄牛肉粥等。

4. 一至二歲嬰幼兒的副食品內容：如供應水果優格、魚片河粉、飯或餅乾等。

三、嬰幼兒添加副食品的原則

(一)副食品的供應原則

副食品的供應方面，一次只添加一種食物，數量由少量開始、樣式則由少樣至多樣、濃度由稀薄轉為濃稠；之後種類由一種轉成多種；食材方面以天然食物為宜，不需額外另外調味。供應原則如下：

1. 一次添加一種食材：剛開始添加副食品時，一次只添加一種食材，並需觀察嬰幼兒的身體、皮膚反應及排便情況；如果沒有異常問題，始可再為嬰幼兒添加另外一種。一次只能餵食一種新的食物，且應由少量（1茶匙）開始試吃，濃度也應由稀漸濃。

2. 注意餵食後的情況：每食用一種新的食物以後，應注意嬰兒的糞便及皮膚狀況；如果餵食三至五天後，沒有發生不良的反應，如腹瀉、嘔吐、皮膚潮紅或出疹等症狀，才可增加或更換另一種新的食物；如果糞便或皮膚發生變化，應立即停止食用該種食物，並帶嬰兒去看醫師，以確定是否發生過敏。

3. 由少量開始：剛開始添加副食品時，宜一湯匙一湯匙餵食，再依

嬰幼兒的狀況，漸進式的增加份量、濃度及種類。嬰幼兒的食量小，因此不要過分要求嬰幼兒一次攝取太多。

4. 注意食物的溫度：供應給嬰幼兒的食物溫度切勿過燙，以免燙傷嬰幼兒的口腔，留下不好的印象日後將拒食，造成幼兒偏食。

5. 少量多餐：嬰幼兒一天最好攝取五至六餐，採少量多餐的方式餵食副食品；先讓嬰幼兒攝取副食品後，再喝奶水。當嬰幼兒肚子餓時，先餵食副食品，再餵母奶或配方奶。

6. 固體食物建議原則：

(1) 最好將固體食物，盛裝於碗或杯內，以湯匙餵食，使嬰兒適應成人的飲食方式。

(2) 最好讓嬰兒養成先食用固體食物，再喝奶水的習慣。

(3) 製作固體食物時，最好以天然食物為主，儘量不要使用調味品。

(4) 製作固體食物時，除應將食物及用具洗淨外，雙手也應洗淨。如果購買市面上現成的嬰兒食品，除用具及手應洗淨外，並應注意有效期限，開罐後的嬰兒食品如果不能立即吃完，應冷藏於冰箱之中，並於 24 小時內食用完畢，否則應予以丟棄。

(二)副食品的添加原則

添加副食品是逐漸將母乳或嬰兒配方乳變成非主食，而慢慢增加其他食物，作為日後飲食之主食。添加副食品除了可以增加營養外，也是培養親子關係的時機，所以應該注意：

1. 開始供應時機：

(1) 當每天食用奶量，超過 1,000cc. 以上時。

(2) 當嬰兒體重，達到出生體重 2 倍時。

(3) 當嬰兒出生四至六個月以上：一般而言，嬰兒在四至六個月時每天食用的奶量，約為 1,000cc.，此時體重也會增為出生時的 2 倍，所以正常嬰兒的這三個時機是屬於一致的；而以營養學的

立場來看，一個正常的足產嬰兒如果攝食量正常，在四個月以前，無論是屬於母乳哺育或餵食嬰兒配方者，均可提供完整營養，讓嬰兒順利成長；負責消化的胰臟在四至六個月大時，才慢慢發展成熟，所以含有澱粉、蛋白質及動物性脂肪較多的食物，以在四至六個月之後開始供應為宜。

2. 食物形態：建議由液體→糊狀→半固體→固體之漸進方式供應，以逐漸讓嬰幼兒練習吞嚥。

3. 最好讓嬰兒養成先攝取固體食物，再喝奶水的習慣，以免喝飽奶水後，發生對副食品接受度變低的情形。

4. 讓幼兒學習使用匙及筷，製作食物時可調配成容易取食的形式，讓較大之幼兒吃不完時，再行餵食。

5. 幼兒點心：點心最好安排在飯前 2 小時供應，量以不影響正常食慾為原則。嬰幼兒期，由於生長發育最為快速顯著，活動量也比較大，因此每單位體重所需的營養素，相對要比成人多；但是這段時期因為消化系統尚未完全發育成熟，必須採用少量多餐的方式供應，宜在三餐之外，每日再額外增加供應一至二次點心，以補充不足的營養素。

6. 其他原則：

(1) 陪伴嬰幼兒用餐：較大的嬰幼兒可以慢慢學著自己攝取副食品，但是照顧者還是應該陪伴嬰幼兒攝取副食品，以免嬰幼兒發生噎著之意外。父母餵食嬰幼兒副食品時要有耐心，並多花一點時間，讓嬰幼兒慢慢習慣副食品。

(2) 用餐前禁食：用餐前不要供應嬰幼兒糖果及餅乾等零食，以免影響到按時吃飯；嬰幼兒口渴時儘量供應白開水，不要長期餵食葡萄糖水，否則易發生蛀牙。

(3) 提供舒適的用餐環境：建議布置一個舒適輕鬆的幼兒用餐環境。

(4) 培養嬰幼兒好的用餐習慣：剛開始時可以練習使用湯匙餵食，

並在半小時內餵食完畢，不要將餵食時間拖太久，以養成固定
用餐時間及在餐桌上用餐之習慣。八個月大的嬰幼兒已可以開
始訓練幼兒自己拿湯匙攝取副食品，十個月大以上的嬰幼兒，
則可以自己學習進食，建議準備一套嬰幼兒的專用餐具，並教
導嬰幼兒正確的用餐動作，如使用湯匙、碗、杯子及盤子的方
式。

(5) 嬰兒宜採坐姿或半坐臥姿勢飲食。

(6) 母親需以輕鬆愉快的態度餵食，以免影響到嬰幼兒的接受程
度；倘若發生拒食則勿強迫，可於次日再行嚐試；而如果二至
三天以後，仍然不願攝取時，則宜暫停，先隔一段時間後再嚐
試。

(7) 烹調後的食物不能放在室溫中太久，以避免食物發生腐壞。

(8) 食物之溫度不可太高，以避免燙傷嬰兒之口腔等接觸燙傷。

(9) 不要將食物放置在微波爐內加高溫，因為容易加熱不均勻，也
可能因此燙傷嬰兒之口腔，而且高溫會破壞食物的營養素，如
維生素 C。有些食物如果必須加熱，可先在微波爐內微溫，攪
拌均勻後才餵食。

(10) 不要在嬰兒食物內添加香料、味精、糖及食鹽，養成嬰幼兒食
用清淡食品之正確習慣。

(11) 不要供給嬰幼兒過量之食物。

(12) 不要強迫嬰幼兒將所有準備好的食物吃完。

(13) 餵食副食品時應提供嬰兒一個舒適及輕鬆的環境，並於用餐時
持續加以鼓勵。

(14) 餵食副食品時父母要有耐心，而且需多花一些時間陪伴嬰兒用
餐及餵食，注意不可以拿食品作為懲戒或獎勵。

(15) 最好以碗或杯盛裝固體食物，利用小湯匙餵食，訓練嬰兒吞嚥
及咀嚼食物的能力，使嬰兒逐漸適應成人的飲食方式。

(16) 讓嬰兒養成先食用固體食物，再喝流質食物（奶水）的習慣，並儘量以天然、新鮮的食材來製作固體食物，無需額外添加調味品。

四、副食品的基本製作原則

開始供應副食品時，許多媽媽因為急著讓嬰兒食用各種營養，所以往往會將所有食材都一起製作，煮出什錦粥給嬰兒，其實這種方式對嬰兒並不好，由於才幾個月大的嬰兒，消化系統尚不成熟，加上也不知道嬰幼兒對於哪一種食物會產生過敏，因此最好先以單一食物開始餵食嬰兒。以下為製作副食品的基本原則：

1. 避免複雜的食物：先以極低過敏性的米糊開始，嬰兒攝取幾天後，觀察如果沒有異狀，才可嘗試第二種食物，如馬鈴薯泥。因為已知對米糊不會過敏，在攝取馬鈴薯泥的同時也可以攝取米糊，當攝取了幾天馬鈴薯泥沒問題後，即可再嘗試第三種食物。如此可讓嬰兒的消化系統，慢慢接受母乳以外的各種固體食物，也可將食物過敏機率降至最低，並讓嬰兒享受到不同味道的食物。除了米糊和馬鈴薯外，其他建議食物如南瓜、紅蘿蔔、菠菜、梨子、蘋果、香蕉及木瓜等。因為並沒有一種食物可以提供全部生長的營養素，因此一歲或以上的幼兒，雖然已經能夠食用固體食物，仍建議每天補充約 500 至 600 毫升的奶類，才能供應足夠的營養。
2. 依照嬰幼兒的月齡，選擇食材及製作方式：按照嬰幼兒的月齡及發展狀況，選擇不同的食材，製作出不同質地的副食品。
3. 選擇當季之新鮮食材：選用新鮮的蔬果，如橘子、柳丁、番茄、蘋果、香蕉及木瓜等容易處理且農藥污染少，及病原感染機會較少的水果，製作嬰幼兒副食品前，記得先將食材洗乾淨。稀釋果汁則是將新鮮的水果榨汁，再加開水稀釋方式製成。

4. 注意烹調方式：魚、蛋、肉及肝臟，要新鮮且完全煮熟，以避免發生感染及引起過敏。

5. 注意手及器具之食品衛生安全：製作前要先將手洗乾淨，並將製作和盛裝副食品的器具洗淨，及利用熱水燙過再使用。於嬰幼兒的抵抗能力較弱，容易發生感染，故必須加強清潔及消毒工作。

6. 不要供應生雞蛋：由於生雞蛋中仍有可能含有沙門氏菌等細菌，在使用雞蛋前，宜先將雞蛋洗淨；供應嬰幼兒蛋黃泥時，應提防有些嬰幼兒，可能因為食材太乾而發生嗆到的情形；另外，不要先給嬰幼兒攝取蛋白，由於容易造成過敏，最好等十個月或一歲半後，再添加全蛋的副食品。

7. 調味料：不要用成人的口味標準來製作副食品，嬰幼兒的食品應儘量簡單及自然，不要添加其他調味料，如沙茶醬、番茄醬、辣椒醬、味素或鹽等。

8. 禁忌食物：花生及堅果等食物，因為容易導致嗆到，儘量不要供應；另外，選擇質地柔軟的質材，注意與成人不同的是，纖維多的食材、菜梗或肉筋，由於不易咀嚼，都建議避免供應，而蜂蜜因為含有桿菌胞子，導致嬰幼兒感染之機率高（嬰兒因為腸道功能不完整，耐受性低），最好一歲以後再提供給嬰幼兒食用。

9. 避免加工食品：由於加工食品中有可能含有防腐劑及色素，這些物質會對嬰幼兒脆弱的身體，產生不良的影響。

10. 預先嚐嚐味道：製作好的副食品宜先嚐一下口味，再讓嬰幼兒食用，這樣可以瞭解嬰幼兒的喜好。

五、攝取副食品不適時的處置原則

嬰幼兒由於消化系統尚不成熟，加上也不知道嬰幼兒對於哪一種食物會產生過敏或任何不適，因而當攝取副食品產生不適時，應先觀察嬰幼

兒的消化問題並及時給予適當的處置。

(一)觀察嬰幼兒消化問題

建議察看排便即可知道消化狀況，如果發生以下任何一種狀況時，如糊便帶酸味即代表消化發生異常，此時便不宜再添加副食品，否則可能因此增加腸胃道之負擔，進而導致嚴重之腹瀉：

1. 排便狀況：軟便、硬便、糊便或水便。
2. 排便味道：酸味、臭味或惡臭味。
3. 觀察生長是否正常。
4. 有無溢奶或吐奶。

(二)不適時的處置原則

嬰幼兒餵食副食品發生不適時的處置原則如下：

1. 腸胃不適：建議一次只餵食一種副食品，再觀察嬰幼兒腸胃是否適應，並注意副食品的添加分量，不宜過多，以免嬰幼兒產生不適而發生腹瀉。
2. 觀察嬰幼兒的接受性：添加副食品時，觀察嬰幼兒的喜愛程度，並可嘗試藉由不同的烹煮方式，帶給嬰幼兒不同口感及味覺之刺激。
3. 嬰幼兒食用副食品發生明顯排斥之處置原則：
   (1) 嬰幼兒不喜歡的食材：當嘗試某種食材後，如果嬰幼兒不喜歡，建議可以先嘗試其他食材，或許嬰幼兒就因此可以接受；例如嬰幼兒不喜歡肝泥，可先用肉泥替代。而針對嬰幼兒討厭的食材，則建議以後再找適當時機添加。
   (2) 嬰幼兒不喜歡的口味：嬰幼兒的副食品應儘量自然及維持原味，如果發現嬰幼兒排斥，建議先改變烹調方式或混搭味道，

如將嬰幼兒平時喜歡之食品與不喜歡之食物混合供應。

六、過敏嬰幼兒的飲食原則（含副食品）

以下為過敏嬰幼兒的飲食原則及其注意事項：

1. 建議先以母奶哺育六個月以上：母奶因為含有豐富的養分，可以增強免疫能力預防嬰幼兒過敏，如果已知父母其中一人屬過敏體質，則其嬰幼兒發生過敏的比例為 30% 至 40%；如果父母都是過敏體質，則嬰幼兒發生過敏的比例就高達 70% 至 80%；如果父母及第一胎都過敏，則第二胎嬰幼兒會過敏的機率將會更高，此時建議最好能先採用母乳哺育，讓嬰幼兒避免過敏；此外，哺乳母親最好能先瞭解導致兩個家族發生過敏的食物，如海鮮、雞蛋、花生、麥類及堅果，並在哺乳期間少攝取這類食物，以杜絕過敏來源。

2. 選擇部分水解蛋白嬰兒配方：如果嬰幼兒發生過敏，又不能採用母乳哺育，而必須攝取嬰兒配方時，最好給予低過敏嬰兒配方，如部分水解蛋白或完全水解蛋白的嬰兒配方來預防過敏；因為嬰幼兒，可能會對嬰兒配方中的蛋白（特別是酪蛋白）發生過敏；而攝取水解嬰兒配方的時間，建議必須長達九個月至一年，才能達到有效預防之目的。如果過敏嬰幼兒初期攝取水解蛋白嬰兒配方，在第二階段時想改換一般嬰兒配方，還是需要多加注意，由於有些嬰幼兒會對豆類食物過敏，建議在第二階段時，要避免豆類製成的嬰兒配方。

3. 副食品之食材：過敏嬰幼兒，最好不要在六個月內添加副食品，由於他們的腸胃道尚無法過濾過敏原，故最好與小兒科醫師討論添加副食品的時間。此外，也要選擇不易過敏的食材，如豬肉、雞肉、蔬菜、水果及五穀類，至於可能的過敏食材，如海鮮、雞

蛋、豆類、花生、麥類及堅果則建議與主治醫師討論後再添加，添加之後也要仔細觀察嬰幼兒的反應，再決定添加頻率。至於五穀類中的麥粉或刺激性之食材，因為容易引發部分幼兒發生過敏，最好延緩或避免添加。

七、市售副食品的選購原則

市售副食品種類多而繁雜，其選購原則如下：

1. 瞭解副食品的內容及是否符合嬰幼兒的月齡大小。
2. 父母最好先行試吃口味。
3. 避免重調味料的副食品。
4. 注意保存期限。
5. 注意是否有食品合格標誌。
6. 包裝是否完整。
7. 知名廠牌。
8. 嬰幼兒的副食品最好是玻璃瓶裝。
9. 由於易滋生細菌，副食品當天未吃完時，勿再食用。

八、嬰幼兒副食品製作範例

(一)副食品的製作器具

製作副食品之器具，如家中的湯匙及紗布等都是可以派上用場的，或是利用市售的製作器具等，均能輕鬆又快速的製作出嬰幼兒副食品。選擇餐具的原則如下：

1. 安全性：幫嬰幼兒選擇一套安全專用的餐具，最好屬於非易碎品。
2. 適用性：選擇適合嬰幼兒小手的碗筷及湯匙，讓嬰幼兒使用起來

得心順手。

3. 具吸引力：幫嬰幼兒選擇可愛造型的餐具，以吸引嬰幼兒的注意
力，讓嬰幼兒喜歡使用，增加用餐時的愉悅感。

(二)副食品製作範例

■葉菜類

1. 菜泥：將胡蘿蔔、南瓜、馬鈴薯、豌豆、高麗菜及莧菜等纖維
少，或嫩葉之蔬菜，洗淨、去皮及切片後放入鍋內，加入少量水
蒸煮，煮熟後使用湯匙壓碎成泥狀後供應。

2. 剁碎之蔬菜：將莧菜、菠菜、青江菜及空心菜等葉菜類之蔬菜，
洗淨及切碎後放入鍋內，加入少量水蒸煮，待菜蒸爛後盛出供應。

■水果類

1. 果汁：如橘子及柳橙，將橘子撥開或將柳橙切成兩半，將汁擠
出。初次餵食前加冷開水稀釋後餵食，濃度則宜由稀漸濃。

2. 蘋果、梨子、番茄及葡萄：
(1) 將蘋果或梨子，去皮及切片後，置於碗內。
(2) 將番茄或葡萄置於碗內，使用熱開水浸泡 2 分鐘後，將水丟棄
並去除果皮。
(3) 以乾淨紗布將蘋果、梨子、番茄或葡萄包起，利用湯匙壓擠出
汁。
(4) 初次餵食前加冷開水稀釋後餵之，濃度宜由稀漸濃。

3. 西瓜、香瓜及哈密瓜：將瓜肉以湯匙挖出，置於碗內，以湯匙壓
擠出汁。初次餵食前添加冷開水稀釋後餵食，濃度宜由稀漸濃。

4. 果泥：選擇熟軟、纖維少及肉多的水果，如哈密爪、木瓜、香蕉
及蘋果等。將水果洗淨後去皮，用湯匙刮取，壓碎成泥後供應。

■五穀根莖類

1. 米糊及麥糊：取適量之米粉或麥粉置於碗內，加入適量奶水或開水，調成糊狀後餵食。初次使用時，宜由原味米（麥）粉開始。

2. 餅乾、土司麵包及饅頭：嬰兒開始長牙時，可給予餅乾、烤過之土司或麵包（饅頭）。

3. 稀飯或米湯：將米熬煮成粥，取其上層之湯汁：

   (1) 薄粥：指將 1 碗飯煮成 3 碗粥之濃度的粥品。

   (2) 濃粥：指將 1 碗飯煮成 2 碗粥之濃度的粥品。

■肉魚豆蛋類

1. 肉泥及肝泥：選擇筋少之瘦豬肉、牛肉或雞肉，絞碎後蒸熟；豬肝或雞肝須蒸熟後切成小塊，搗成泥後供應。

2. 魚：選擇刺少及肉質細嫩之魚類，洗淨、蒸熟及搗碎後供應。

3. 豆腐：將豆腐以開水沖淨，即可餵食。

4. 蛋：將蛋置於清水中蒸（煮）熟，取出蛋黃以湯匙壓碎，加入少許開水餵食；或將蛋打入碗內，加入湯汁至八分滿攪勻，置鍋中蒸熟後供應。

 第四節　幼兒期營養

一、幼兒期營養

衛生署建議成人飲食三大營養素食用量占總熱量之比例為：蛋白質 10% 至 14%，脂肪 20% 至 30%，醣類 58% 至 68%，而成長與發育則是屬於嬰幼兒的特色；**成長**係指身體之型態增大，包括細胞數目及體積均增加；**發育**則是指身體組織、器官及代謝系統成熟，包括精神、心理及身

體，達到成人的標準。新生兒在嬰兒期、幼兒期及青春期之生長速率，不盡相同，而衡量嬰幼兒營養是否足夠最適切的方法，是參考體重及身高生長曲線，這是最能反映實際生長狀況的指標。

(一)幼兒期的特性

幼兒因為活動量增加，所以應該特別注意營養素的補充。幼兒因為與其他人的接觸機會增加，但相對上因為身體各種機能尚未成熟，因此對於疾病之抵抗力比較差，容易遭到感染而罹患疾病；加上活動力增加，對於外界環境充滿好奇，常常因此玩得太開心而忘了進食，而且喜歡觸摸各種東西，或順手將玩具放入口內，經常因此引起消化道疾病或意外；另外，因為開始對於食物產生喜惡之分，如果家長一味迎合，容易因此造成日後偏食。大部分幼兒均喜愛甜食，甜食攝取過多，易發生蛀牙、食慾不振或其他疾病。

(二)嬰幼兒營養

■嬰兒配方供應之營養素

市售主要三大嬰兒配方之品牌（如**表** 2-2），其中所供應的蛋白質量為 8.29% 至 8.33%、脂肪為 47.63% 至 49.45%、醣類為 42.05% 至 43.1%，與成人飲食內容比較是屬於低蛋白質及高脂肪之飲食。

表 2-2　市售主要三大嬰兒配方品牌供應之三大營養素一覽表

廠牌	每 100 克供應熱量	每 100 克供應蛋白質與比率	每 100 克供應脂肪與比率	每 100 克供應醣類與比率
A 廠商	528	11（8.33%）	29（49.43%）	56（42.42%）
B 廠商	529	11（8.31%）	28（47.63%）	57（43.10%）
C 廠商	526	10.9（8.29%）	28.9（49.45%）	55.3（42.05%）

■熱量

熱量之分配建議：(1)40% 至 50% 碳水化合物；(2)8% 至 14% 蛋白質；(3)35% 至 50% 來自脂肪（比成人的 20% 至 30% 高約 1.5 倍）。

嬰兒基本的**基礎代謝率**（Basal Metabolic Rate, BMR）約為每天每公斤體重 55 卡，成熟後逐漸減少 25 至 30 卡，當發燒 1℃時 BMR 需要增加 10%；**BMR** 是指用餐後 1 到 14 小時內，在室溫 20℃下，讓受室者體力活動及情緒狀態完全處於安靜狀態下，測出的受試者所需要之基本生存熱量。**特殊動力作用**（Specific Dynamic Action, SDA），是指食物食用及消化時，除了基礎代謝率外所額外增加的部分；一般消化代謝蛋白質會增基礎代謝率 30%，但是食用脂肪（4% 至 14%）與碳水化合物（6% 至 7%）則具有節省效應（Sparing），因此嬰兒之整體特殊動力作用，約增加 6% 至 10%。

以下為嬰幼兒各階段所需的熱量：

1. 零至三個月：每天每公斤體重 100 大卡；新生兒（出生一個月），每天需要熱量每公斤體重 55 大卡，以後每天約增加 10 大卡熱量／公斤；熱量主要用於維持體溫，一週大時，約每公斤體重 100 卡，50% 用於基礎代謝率、40% 用於生長、5% 用於蛋白質特殊動力作用、5% 則損失於尿液或糞便之中；早產兒較足月產兒的需要量為高，可達每天每公斤體重 150 大卡。

2. 三至六個月：每天每公斤體重 100 大卡；一般嬰兒在四至六個月以後，便會開始添加副食品；一般建議先從澱粉類（米粉、麥粉）著手，原則上一次添加一種新食物（持續 4 至 7 天），因為如果有發生過敏或不良反應時，才會確實知道是由於何種食物所引起；蛋白因為較易引起過敏，最好一歲以後再供應。

3. 六至九個月：每天每公斤體重 90 大卡；七個月以後的副食品種類可以慢慢增加，到九個月以後，則可以逐漸以固體食物取代；因

為此時幼兒已經開始長牙，且咀嚼功能已逐漸成熟，對固體食物的咀嚼也發生興趣，建議可以使用嬰幼兒餅乾、麵包，或將土司烤乾。

4. 九至十二個月：每天每公斤體重 90 大卡。

5. 一至四歲：每天 1,150 至 1,350 大卡／日；一歲以後的飲食與一般成人類似，可以採用以固體或半固體等易於咀嚼之食物為主，牛奶（母乳）為輔；適度增加供應纖維量，須注意食物的口味不宜太重，以免日後偏食；另外，應準備多變化及均衡的菜色，從旁協助嬰幼兒進食，並應注意不要限制太多，以免造成緊張的親子關係，及影響小孩日後的自信心與獨立性。有些小孩會因父母的經濟能力或營養知識不足，導致暫時性的營養不良，但是只要稍微注意及調整，很快就可以恢復正常的生長曲線。嬰幼兒在熱量需求量方面，差異很大，五至十二歲的熱量消耗其中基礎代謝占 50%、生長所需占 12%、體力活動占 25%，而由糞便流失的占 8%（比零至三個月流失量多，主要是脂肪未吸收所致，一般不超過 10%）。

6. 四至七歲：男生每日 1,550 至 1,800 大卡，女生每日 1,400 至 1,650 大卡。

(三)幼兒期營養分配

總熱量建議五穀根莖類等非精製醣類（Unrefined Complex Sugar，如澱粉質）占約 48%，精製醣（Refined Sugar，如蔗糖）占約 10% 以下；二歲以後，脂肪的食用占總熱量 30% 至 33%，「飽和脂肪酸」建議應低於 10%；二歲後膽固醇食用量，應低於 150mg ／ 1,000 大卡（或 300mg ／天），並需適度增加膳食纖維食用，但不宜過多；鹽不宜過多（少於 5 克／天），並適度增加鐵、鈣及氟的食用。飲食原則如下：

1. 少量多餐：幼兒的消化系統由於尚未發育成熟，胃容量小，三餐以外宜增加供應一至二次點心，以補充營養素及熱量。點心宜安排在飯前 2 小時供給，量以不影響正常食慾為原則。點心材料，最好選擇季節性的蔬菜、水果、牛奶、蛋、豆漿、豆花、麵包、麵類、三明治、馬鈴薯及番薯等；含過多油脂、糖或鹽的食物，如薯條、洋芋片、炸雞、奶昔、糖果、巧克力、夾心餅乾、汽水及可樂等，均不適合作為幼兒的點心。總而言之，食材方面宜選擇新鮮、優質及經濟的食物。

2. 食譜多變化：幼兒不喜歡的食物或烹調方法，可減少供應量及次數，但應配合他種食材逐漸增加供應量及次數，讓幼兒慢慢接受；幼兒對色彩十分敏感，可善用食物顏色搭配，以促進食慾；食物形狀應經常變化，可提高幼兒進食的興趣。

3. 避免事項：口味不宜太濃，並避免刺激性食品；注意幼兒的嗜好及食慾，不可強迫幼兒進食；定時、定量、不偏食、不亂攝取零食；不隨便將任何物品放入口內；掉在地上的食物須丟棄；不攝取不乾淨食品；不邊吃邊玩或邊看電視；吃飯時間不要超過 30 分鐘以上。

4. 其他：飯前洗手、飯後刷牙漱口；愛惜食物及不浪費；飲食前宜以快樂及感恩的態度，來接受食物；進餐時應細嚼慢嚥，不邊吃邊說話；保持愉快的進餐氣氛，進餐前後不做激烈運動。

二、幼兒期飲食注意事項

每日營養素應平均分配於三餐（如**表** 2-3）；至於點心則可補充營養素及熱量，須注意食物的質應優於量。以下為飲食攝取的注意事項：

1. 奶類：一天至少喝 2 杯牛奶，供給蛋白質、鈣質、維生素 B_2；豆漿也可供給蛋白質。

表 2-3　幼兒期每日飲食份量參考

食物＼年齡		一至三歲	四至六歲
奶（牛奶）		2 杯	2 杯
蛋		1 個	1 個
豆類（豆腐）		1/3 塊	1/2 塊
魚		1/3 兩	1/2 兩
肉		1/3 兩	1/2 兩
五穀（米飯）		1 至 1.5 碗	1.5 至 2 碗
油脂		1 湯匙	1.5 湯匙
蔬菜	深綠色或深黃紅色	1 兩	1.5 兩
	其他	1 兩	1.5 兩
水果		1/3 至 1 個	1/3 至 1 個

2. 豆魚肉蛋類：一天一個蛋，供給蛋白質、鐵質、綜合維生素 B 群；一至三歲幼兒一天需肉、魚、豆腐約 1 兩，四至六歲幼兒需 1.5 兩，以提供蛋白質、綜合維生素 B 群等；可補充動物肝臟，以提供蛋白質、礦物質及維生素。

3. 蔬果類：深綠色及深黃紅色蔬菜因為其中的維生素 A、C 及鐵質含量，都比較高，每天至少應該攝取 1 至 1.5 兩；而二歲以後，如果能攝取每天 3 份蔬菜（約 300 公克）、2 份水果（相當兩個中型的水果），可以有效預防便秘，減少肥胖，還能促進健康、增強免疫力。

問題與討論

一、母乳的優點有哪些？

二、減少吐奶的方法有哪些？

三、嬰幼兒營養中，零至三個月的熱量計算方式與一至四歲的計算方式
　　有何不同？

四、嬰兒與幼兒之脂肪需求量有何不同？

Chapter 3

嬰幼兒生理與心理

㊣ ㊣ ㊣ ㊣ 學 習 目 標

■瞭解嬰幼兒生理及心理特性
■瞭解嬰幼兒之生長與營養評估
■認識消化與吸收

嬰幼兒膳食與營養

The Meal Plan and Nutrition for Infant and Young Child

 前　言

　　「吃形補形」是中國人過去傳統的飲食觀念，如想藉由吃豬腦補腦，讓腦變的更加聰明；現在，則是許多患者在手術開完刀之後，會藉由食用一些表皮具有黏膜的魚，希望能夠因此對於開刀的傷口有所幫助，期盼早日讓傷口復原。然而，吃形真的能夠補形嗎？唐代名醫孫思邈，因為發現動物的內臟與人類的內臟無論在組織、型態或功能，都十分相似，於是提出以臟治臟及以臟補臟的飲食原則，成為日後中醫食療的重要基本法則。

　　現代專家則認為「吃形補形」的說法，有的雖然符合營養學，有的則是不科學的。如想要藉由食用豬血來補充人體的血，這部分確實是符合營養學原則，因為血中的鐵質屬於人體所必需的微量元素，也是造血的主要元素，鐵質主要存在於動物血液之中，且動物性血紅素鐵基質又比較容易為人體所吸收，在吸收的過程中，也比較不會受到植酸及草酸等植物性元素干擾；而黑木耳、海帶及芝麻等植物，雖然也含有高量的鐵質，但因屬於非血紅素鐵基質，吸收率較低；所以食用動物血，來補血的食療方式是可行的。然而吃腦補腦的說法則大有問題，因為豬腦已知其中的膽固醇含量很高，食用之後是否真能對腦部發育有所幫助，尚有待研究與證實，至少目前已知的高膽固醇，對於高血脂或動脈硬化患者而言，明顯的只會加重病情，甚至誘發腦中風。

　　以前認為「吃魚的孩子比較聰明」，因此吃魚頭，特別是深海魚的魚頭，由於其中富含多元不飽和脂肪酸 DHA 及 EPA，對於嬰幼兒腦部發育確實是有所幫助，可惜海洋現已嚴重受到汞等重金屬之污染，而汞對於嬰幼兒的腦部則具有毒性（因為幼兒對於汞的耐受性較低），要靠吃魚來補腦，所可能產生的危害將遠大於其利益。至於食用動物肝臟，是否能夠滋補人的肝臟？其實不但沒有幫助，甚至可能會引起反作用，脂肪肝的患

者係因長期食用脂肪及熱量過多，導致肝臟堆積脂肪所致，此時如果再額外增加食用動物性肝臟，不但一點幫助也沒有，反而會增加肝臟的額外負擔。上述例子不一而足。

食物攝取時的原本型式，均非人體所可直接利用，首先必須先被分解成為基本營養元素單位，如蛋白質分解變成胺基酸（蛋白質基本組成）、脂肪轉變成脂肪酸（脂肪基本組成）、醣類轉讓成葡萄糖（醣類基本組成）等，才能夠被吸收進入人體血液之中，並被運送至身體各細胞所利用；而消化就是將所吃、喝的食物，分解成身體可以利用的小分子，用於建構及滋養細胞並提供能量，這是特別要予以釐清的。

 ## 第一節　嬰幼兒生理

嬰兒出生的第一年，屬於生命期中，生長最為快速時期，也是日後健康之基石，而有關六歲前所需之健康檢查時間及步驟，在健保局之《兒童健康手冊》上面，都有相關的詳細記載及說明，本節針對嬰幼兒生理進行說明。

一、體重

新生兒男嬰重於女嬰，95% 的足月嬰兒體重介於 2.5 至 5.5 公斤之間。另外，出生到七個月大左右，男嬰長得比女嬰快；然而，之後到約四歲左右，女孩生長的速度反而比男孩快。

二、身高

新生兒平均身高約 49.9 公分，95% 的足月嬰兒，身高介於 50.2 至

57.9 公分。

一般嬰幼兒到周歲時，身高約 33 公分，一歲以後身高增加的速度開始明顯變慢；一般到了二歲以後，身高的增加約以每年增加 7 公分的速度在進行，一直到青春期。人的主要生長尖峰是在青春期；女生的青春期約在八到十三歲，男生則較慢，約在十到十五歲，生長期間則持續二到五年，即十至二十歲，都是屬於青少年的生長期；而一般女生到十五歲、男生到十六、十七歲時，發育會開始慢慢減緩，身體各項生理功能轉趨成熟。

三、頭圍

新生兒頭圍平均 34 公分。有趣的是，採母乳哺育的嬰兒在三個月以後，雖然體重身高增加較少，甚至會低於配方奶之嬰幼兒，但是其頭圍則是從零至十二個月，皆大於配方奶嬰幼兒；即攝取母奶長大的孩子，頭將會比較大；或許有可能會比較聰明，但目前尚無實驗數據可供支持。

四、呼吸頻率與心跳速率

呼吸頻率方面，新生兒（剛出生至一個月的嬰兒）為每分鐘 30 至 50 次；唯每個嬰兒之差異性大，如果有稍微超出仍屬於正常；而嬰兒啼哭之時的心跳則有可能每分鐘高達 133 次以上。

心跳速率方面，新生兒為每分鐘 120 至 160 次，常發生有過性心雜音，只要確定屬於功能性（由小兒心臟專科醫師判斷），大部分的心雜音在成長到五歲以後都會消失，所以只要持續定期追蹤即可。

五、進食量與進食次數

新生兒及嬰兒的**進食次數與數量**（新生兒與嬰兒一般是特別注意每

次的食用量,計算出來的量是要供每天總熱量計算之用)如下:

1. 出生至一週:每天進食次數約 6 至 10 次,每次進食量 60cc. 至 90cc.;每天約 360cc. 至 900cc. 左右。

2. 一週至一個月:每天進食次數約 6 至 8 次,每次進食量 90cc. 至 140cc.;每天約 540cc. 至 1,120cc. 左右。

3. 一至三個月:每天進食次數約 5 至 7 次,每次進食量 110cc. 至 170cc.;每天約 550cc. 至 1,190cc. 左右。

4. 三至七個月:每天進食次數約 4 至 6 次,每次進食量 150cc. 至 200cc.;每天約 600cc. 至 1,200cc. 左右。

5. 四至九個月:每天進食次數約 3 至 5 次,每次進食量 210cc. 至 240cc.;每天約 630cc. 至 1,200cc. 左右。

6. 八至十二個月:每天進食次數約 3 次,每次進食量 240cc. 以上 (一般已開始食用副食品)。

六、嗅覺與味覺

嬰兒剛出生或出生的幾天內,嗅覺即已發育良好,而且不僅有嗅覺,且能分辨不同的氣味,如酸味或香味等。味覺方面,嬰兒在出生時味覺即已發育良好,一開始均喜愛具有甜味的食物,但是對於苦味與酸味,則是呈現厭惡或不喜歡(自然界中苦味物質通常不是藥物,就是毒物;酸味可能是食物發生酸敗;應屬人類因應自然演化後之表現)。

七、其他

(一)褐色脂肪組織

褐色脂肪組織(Brown Adipose Tissue)為具有防止嬰幼兒體熱快速

嬰幼兒膳食與營養
The Meal Plan and Nutrition for Infant and Young Child

散失之脂肪保護層，其中含有豐富的粒線體，而粒線體係負責進行脂解及氧化作用，因此可以產生較多的熱能，以維持體溫。早產兒由於缺乏此種脂肪，因此保溫能力較差，故需要放在恆溫箱中保溫。

(二)排便

嬰兒食用食物以後至食物離開胃的時間，約 4 至 5 小時；而離開小腸的時間，約 7 至 8 小時；離開大腸的時間，則約 12 至 14 小時；故一般嬰兒出生的 24 小時內便會排出胎便。

新生兒在經過餵食三至四天以後，顏色開始轉變成棕色帶綠，含有乳塊的糞便；排便次數，則與餵食內容、次數及食用量有關。一般出生一週後的排便次數，約 3 至 5 次；2% 的新生兒，在出生一週內，至少有一天沒有排便；不過如果在出生的第二天以後，發生一天排便超過 6 至 7 次等次數較多的異常情形，反而屬不正常，此時則需要留意是否發生腹瀉。

(三)饑餓感

新生兒起初會不定時表現饑餓，約餵食一週後，父母可以透過訓練，養成嬰兒固定進食的習慣（約 2 至 5 小時 1 次）。

(四)水分

一週大每天每公斤體重為 120 至 150 毫克，50% 自尿液排出，50% 則由肺、皮膚及其他器官排出。新生兒由於腎臟功能發育尚不完全，尿素廓清（Urea Clearance）能力比較差，濃縮尿液的能力也有限，氨（Ammonium）與磷酸鹽廓清（Phosphate Clearance）的能力也有限。所以，一天大的新生兒血中尿素氮（Blood Urea Nitrogen, BUN）常會有輕微上升的現象；而小於一週大的新生兒，尿中由於含有大量尿酸鹽，因此顏色往往會呈粉紅色。

第二節　幼兒心理

　　嬰幼兒身心發展變化特別快，每個不同的年齡都有不同的變化，心理特徵亦各自大不相同。

一、幼兒飲食心理與對策

　　幼兒經常會以吸吮指頭，替代奶頭；如果吸吮期間愈久，幼兒日後愈容易變為情緒緊張與神經質。以下是各時期的幼兒飲食心理及對策：

1. 一至二歲期：此時期由於所供應的食物型態改變，會由過去習慣的液態，逐漸轉變成半流質或固體食物；所以當幼兒發生適應不良時，會因此產生厭食，有時甚至連平時喜歡攝取的食物也拒食；所以此時期要特別注意，千萬不要強迫進食，否則幼兒易因此感受挫折而拒絕攝取，情緒方面也將因此受到影響：
   (1) 喜歡用哭的方式索取食物：不要當幼兒一哭就給食物，否則日後會容易養成一遇到挫折，就拿食物來應付的情形，進而導致暴食或肥胖。
   (2) 會挑食物的味道、組織及顏色：建議一次一樣給予少量且單獨性之食物。
   (3) 容易邊走邊吃：建議陪伴幼兒在固定的地點，將食物吃完。
2. 二至三歲期：此時期的幼兒，由於生長速度開始變慢，因此食慾開始變差，同時對於食物也已發展出自己的喜好，加上味覺比成人還要敏銳，如果強迫進食，會頑強抗拒，易因此發生偏食：
   (1) 反抗心理：此時期的幼兒，易將反應「不要」等脾氣帶到餐桌上，要注意如果發生此狀況時，建議一開始先不要理他，等幼兒心情沉澱一會兒後，照護者只要假裝若無其事，陪伴他將飯

　　吃完即可。

　　(2) 可塑性大：建議開始訓練交替吃飯配菜，及進餐的基本禮節。

3. 三至四歲期：

　　(1) 攝取米飯的速度增快：所以要開始訓練細嚼慢嚥，否則日後易
　　　　由於攝取米飯的速度過快，食用過多而造成肥胖。

　　(2) 吃飯愛說話及不能安靜坐著：建議吃飯前先提醒與教育，避免
　　　　在發生時制止，而影響到用餐心情與食慾。

4. 四至五歲期：

　　(1) 食慾增加：建議設計不同菜單，以增加飲食均衡及多樣性。

　　(2) 肌肉發展良好：建議讓幼兒參與菜餚製作，順便進行食物認識
　　　　與營養知識之教導。

二、幼兒為什麼會哭

　　幼兒哭的可能原因分為生理與心理兩方面：生理方面，可能是由於
疾病等因素，導致身體不舒服而哭；心理方面，則因為幼兒也有其自然的
反應，所以當發生心理需要而哭時，父母要有耐心，要容許幼兒哭。建議
當幼兒哭的時候，儘量先給予溫暖的接納與關懷，再幫助找出原由，並一
起找出解決的方法，才能從小建立幼兒良好的情緒教育。

 ## 第三節　嬰幼兒的生長與營養評估

　　父母都非常關心自己的小孩生長發育是否正常，而要評估嬰幼兒成
長，最常用的是**體位測量**。

　　臺灣一般嬰兒，出生時平均 3.0 至 3.5 公斤重，49 至 50 公分長。
第一年平均長高 33 公分，增加 7.2 公斤。第二年平均再長高 10 至 11 公

分，增加 2.5 公斤。十二歲後到青春期時，因為生長激素與賀爾蒙作用，生長出現加速期，這段期間男孩平均增加 25 公分，女孩平均增加 12 公分。正常一般男孩在二十五歲、女孩在二十一歲之後，想要再長高的機會就不大，所以在這之前為其成長發育的黃金時期。

　　評估兒童營養不良的方式，多為飲食史調查及外觀檢查，如毛髮是否容易脫落、評估體重、身高、頭圍、成長率、手臂長短、皮膚皮摺厚度與生化檢驗值（抽血檢查）。

一、何謂嬰幼兒營養評估

　　營養評估是營養照護過程的第二階段，先藉由營養篩選確定出孩童是否需要全面的營養評估。**嬰幼兒營養評估**則為描述嬰兒、兒童或青少年目前的營養狀況，並設計出對其有利生長與發育的營養照護計畫。

　　營養評估是為了確定個人營養狀況、使用醫療、營養及藥物食用病史、身體檢查、體位測量及抽血檢驗數據，作為營養照護的部分過程，此評估需在特定區間，並依據孩童的需要或狀況完成及更新；一般病童在住院期間，應在合理時間（一般大醫院是 48 小時內）執行初步評估，並記載內容（如果沒有超過 30 天，可使用前一次或在住院前之評估）；報告則必須包括患童住院期間之紀錄，及任何重大的改變狀況。以下均可視為評估的一部分：

1. 之前及現在充足的養分食用。
2. 目前腸道飲食或周邊靜脈輸液處方及天數，及禁食天數。
3. 攝食行為及餵養技巧。
4. 食物經濟資源。
5. 不能耐受或過敏之食物。
6. 利用現有的體位測量及適當增長之成長歷史，進行生長評估。
7. 藥物可能影響養分狀態。

8.醫療歷史：包括改變攝食、消化、吸收或使用營養素之狀況。

9.實驗測試的營養影響。

10.體檢：包括營養不足及食量表現，及評估發育與活動能力。

11.宗教、文化、民族及個人的食物喜好。

二、嬰幼兒生長及營養評估

　　嬰幼兒的生長評估，包括頭圍、身高、體重、營養狀態及長牙情形等項目，其他評估項目尚有皮下組織與四肢長度。

(一)嬰幼兒的營養評估

　　嬰幼兒營養評估可視為是一種持續的監護過程，尤其在急性加護病房，由於臨床、醫療或手術等可能迅速發生變化，而需要改變嬰幼兒患者之營養評估；當急性期時，患者光靠餵食，是無法達到建議食用量；而在康復治療階段，評估重點則在營養照護計畫的餵食方法。

　　營養評估的內容應正確，以瞭解兒童及其家庭環境的營養狀況。營養評估適合急性蛋白質熱量營養不良（PCM）患者。PCM 發生時會增加患者手術併發症及死亡率，小兒普通外科及小兒心臟外科患者特別容易發生蛋白質熱量營養不良，故進行營養評估有其重要性。營養評估是屬於手術前後等過程評估的重要部分，作為瞭解手術期患者是否處於危險蛋白質熱量營養不良的情況中。

　　目前有很多文章討論到**兒科營養評估**，但兒科評估與成年人不同，由於變化很快，所以必須經常評估及監測；正式營養評估則應在門診及護理機構持續執行，透過營養篩選技巧，以找尋出營養不良的高危險群；另外，營養評估應針對個別患者，內容包括評估醫療過程、藥物治療史、營養史、餵養技巧，並分析過去與目前的飲食內容，進行身體檢查、測量結果及抽血檢查數據評估。

客觀及主觀收集到的數據，應以書面總結作為營養評估，明確區分營養危險層級及具體可行之建議，以納入營養照護計畫之中（內容包括蛋白質、熱量及微量營養素需要量，給予途徑、治療目標及監測）。營養治療目標，應該成為照護計畫的一部分；而營養監測及評估的頻率，則應根據患童臨床狀況而定。

(二)嬰幼兒營養不良後果

營養不良因為嚴重程度不一，臨床症狀係因營養素食用不足、過剩或必須營養素不平衡所導致，造成原因可能為原發性（涉及食用數量或品質）或續發性（營養需求、利用或排泄改變）。以下舉最為常見者進行說明：

■小兒營養不良

兒童營養不良可區分為消瘦（Marasmus）及夸西奧科兒症。兒童一旦長期嚴重蛋白質及熱量均不足時，將轉變為消瘦，特點是患者的脂肪及肌肉組織重量耗損，可觀察到比同年齡的孩童體重為低及低身高；而夸西奧科兒症（Kwashiorkor；或稱紅孩兒症）患童，則是身體的蛋白質耗損大於熱量，一般會因此而發生水腫症狀，主要是由於內臟蛋白消耗伴隨著肌肉耗損所導致。消瘦及夸西奧科兒症均會發生易怒、冷漠、食慾不振及疲倦等症狀。兒童營養不良是常見的疾病，死亡率在發展中國家對於五歲以下的兒童有近 40% 的影響力，如美國有 44% 的住院或門診的兒童因營養不良，導致罹患急性或慢性疾病。

目前大多數對於小兒營養不良的定義，是指蛋白質熱量營養不良（Protein-Caloric Malnutrition, PCM or Protein-Energy Malnutrition, PEM），不論是消瘦或夸西奧科兒症，均屬於蛋白質熱量營養不良，主要發生的原因是，長期飲食缺乏高品質的蛋白質所造成；除導致生長受阻外，生理方面的改變包括電解質及微營養素不平衡、血清蛋白及白蛋白值下降。

　　兒童發生蛋白質熱量營養不良，其胃腸功能可能因此改變，影響到免疫、巨噬細胞，及造成免疫的補體系統功能受損，改善方式主要是飲食上供應良好品質的足量蛋白質，即可改善；另外，兒童認知及行為方面的發展，也有可能因蛋白質熱量營養不良而受到不利的負面影響。

　　營養不良的兒童，於對抗急性或慢性疾病有不良作用，此外營養不良亦會對治療或復原有負面影響。發育期的胎兒及非常年輕的嬰兒，營養不良可能對其長期生命有不利之後果；兒童因為在發育期會增長，所以特別容易受到營養不良的影響。兒童是特別脆弱的，主要由於其不能自主需依賴成人照料所致，故須確保所需的營養需求得到滿足；母親的營養狀況，直接影響胎兒的成長及幸福發展；社會經濟、心理及家庭福祉則影響兒童的糧食供應情況。

　　營養不良係指食物供應不足或不恰當，可能是照護者疏忽照顧兒童或濫用食物，故針對營養不良，健保應提早預防及早期發現，建議應發展臨床及兒科門診，並採取具體之預防及偵測策略，以家庭為中心，提早預防及發現營養不良，改善及解決所有可能影響幼兒的不利因素。

■ 過重及肥胖

　　食用過多養分會導致兒童肥胖，而嬰幼兒食用過量的營養素，也可能會危害健康，故也可視為營養不良。

　　肥胖的定義係指體重對身高百分位，高於同年齡第 95 百分位，或身體質量指數（BMI）大於 30.0 kg/m^2；兒童肥胖是屬於健康問題，而嬰幼兒過度餵食也有可能導致肥胖，這在過去二十年來有明顯增加的情況，如美國上升約 8%；另外，肥胖會導致睡眠呼吸暫停、高血脂、脂肪肝及骨科等問題，照護者須注意這方面的問題。

　　影響兒童食慾的因素有心理障礙、下視丘、腦下垂體、腦部疾病或胰島素異常等，而肥胖的發生是由於脂肪細胞增多，或脂肪數目變大所造成，嬰兒哺乳期及一歲時期，是脂肪細胞增加最多的時期，此時期造成肥胖的環境因素則包括長期間當嬰兒一哭鬧，父母即給予奶瓶，導致養成習

慣，日後當遭遇挫折時，容易馬上習慣尋求食物，以為替代；另外，太早給予嬰幼兒不必要的高熱量食物，也是主因之一。二歲以下的體重較重之嬰幼兒，除非屬於病態性肥胖，否則建議不可減重，由於幼兒尚處於身體持續發育之階段；因此不能減重，只要適度控制，維持體重不再增加即可，幼兒身體由於會繼續增高，只要維持體重不再增加，待幼兒長高以後其相對 BMI 值即會下降，如果隨便減輕嬰幼兒體重，有可能會影響到日後的生長與發育。在孩童發育的人生黃金生長期裡，不論是錯過或錯誤做法導致生長停滯，都會是嬰幼兒一輩子的遺憾。

三、影響成長和發育的因素

(一)個體因素——遺傳

身高與遺傳有著顯著的相關，人的一生從出生、成長、發育到衰老之過程，因為受到遺傳、周圍環境及營養供應等因素影響，造成生長發育結果產生很大的差異。

嬰幼兒的身高，首先決定於先天遺傳因素。高大的父母，易生下高大的嬰幼兒；而瘦小的父母，自然容易生下瘦小的兒女；不過也有專家認為，光利用父母的身高來預測子女日後的身高，由於忽略到生長環境等因素，所以準確性非常有限，並且認為人的身高，可能受其祖父母或曾祖父母的遺傳之影響更大。歐洲科學家曾預測大陸籃球員姚明（後來參加美國NBA）之子姚小明日後可能的身高，推測計算之公式如下：

兒子成年身高（cm）＝（父親身高加上母親身高÷2）×1.08 ~ 1.2
女兒成年身高（cm）＝（父親身高×0.923加上母親身高÷2）

根據這個公式，姚明身高 2.26 米，其妻子葉莉身高 1.90 米，所以算出姚小明的身高應為 2.25 至 2.49 米，其女兒姚小莉身高應為 1.99 米。

遺傳因子也會影響到幼兒日後罹患疾病機率，大約每 1,000 名正常父母之初生嬰兒之中，就有 8 到 10 名患有先天性心臟病（0.8% 至 1%）；如果一等親中（父母或兄弟姐妹）有 1 人患有先天性心臟病，則其後代之發生率將增加到 3%（增加 3 至 4 倍）；有 2 人患病則增加到 9%（增加 9 至 11 倍）；有 3 人患病則增加到 50%（增加 50 至 62 倍）。另外，心臟病童會經常伴隨生長遲滯，研究發現先天性心臟病幼童 55% 身高低於第 16 百分位、52% 體重低於第 16 百分位，而 27% 的身高及體重均低於第 3 個百分位。如果能夠即早發現立即給予足夠的營養支持，將可以改善日後嬰幼兒成長狀況，即使將來由於病情需要手術開刀治療時，也能由於營養狀況的改善，支持其順利渡過手術期間；所以嬰幼兒是否有生長遲緩的情形，必須特別注意。

(二)環境因素

環境因素包括營養、病理（慢性感染或各慢性系統疾病）及社會經濟文化等因素，其中又以營養因素最重要。在成長過程中，提供均衡營養和適當的飲食，對正常生長發育是不可或缺的。

四、體位測量

嬰幼兒身高、體重與頭圍，為最基本的**體位測量**，也是最常用來評估嬰幼兒發育的指標；關於嬰幼兒的體位測量，衛生署均採用生長曲線圖來加以表現（如**圖** 3-1 至**圖** 3-6）。

(一)生長曲線圖

生長曲線是由衛生署針對全國嬰幼兒做「身高、體重、頭圍」進行調查與統計，並據以製作出的曲線圖表，分別包括國內男孩生長曲線圖（體重、頭圍）、國內男孩生長曲線圖（身高）、國內女孩生長曲線圖

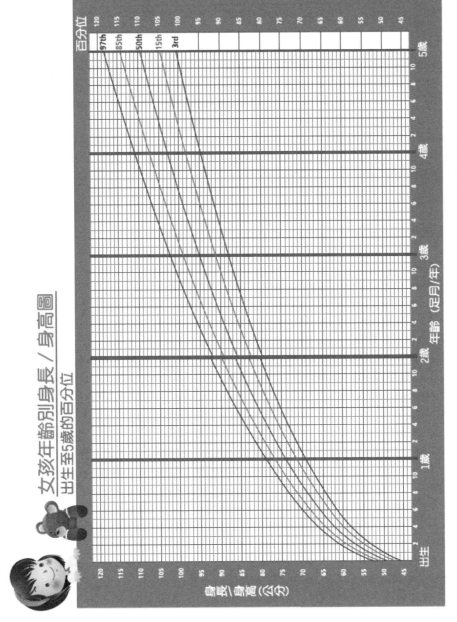

圖 3-1 零至五歲嬰幼兒／女孩身高百分位圖

資料來源：中央健保局（2010）。

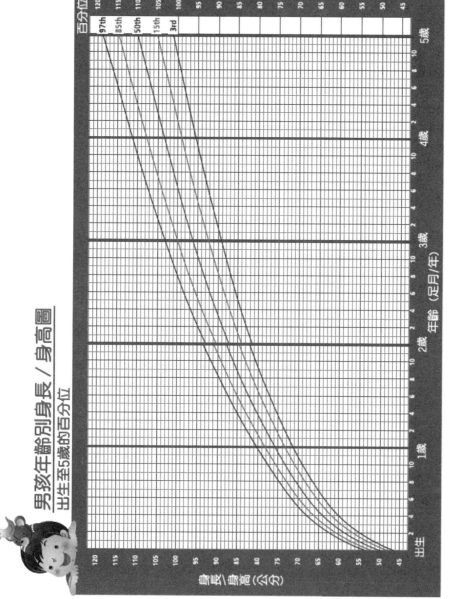

圖 3-2　零至五歲嬰幼兒／男孩身高百分位圖

資料來源：中央健保局（2010）。

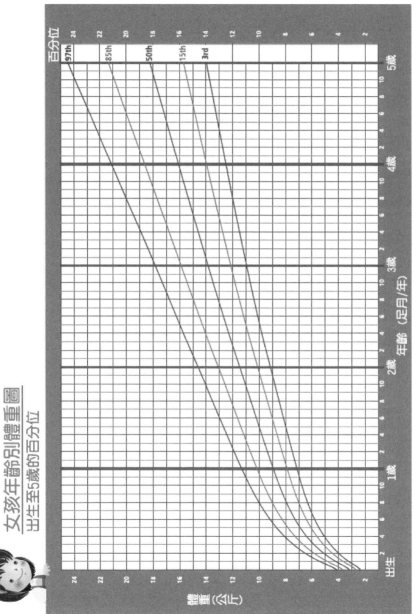

圖 3-3 零至五歲嬰幼兒/女孩體重百分位圖

資料來源：中央健保局（2010）。

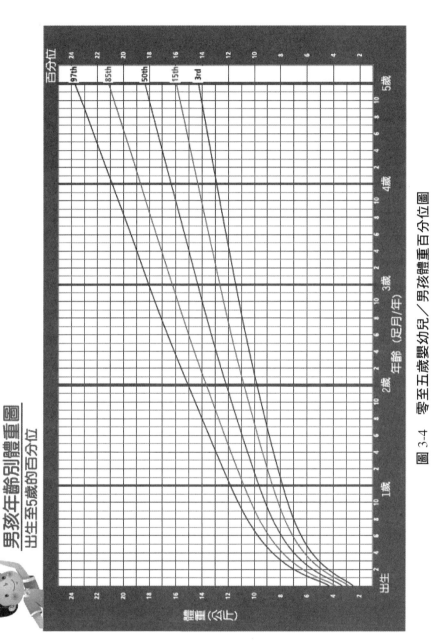

圖 3-4　零至五歲嬰幼兒／男孩體重百分位圖

資料來源：中央健保局（2010）。

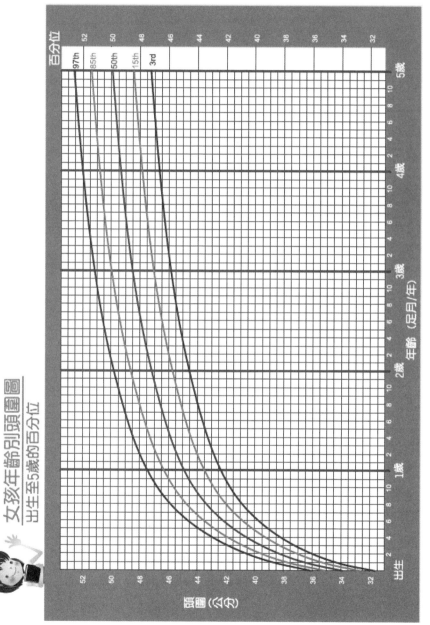

女孩年齡別頭圍圖
出生至5歲的百分位

圖 3-5　零至五歲嬰幼兒／女孩頭圍百分位圖

資料來源：中央健保局（2010）。

嬰幼兒膳食與營養

The Meal Plan and Nutrition for Infant and Young Child

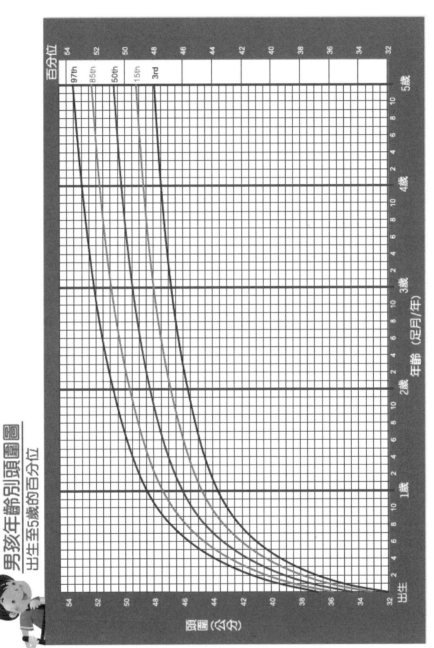

圖 3-6　零至五歲嬰幼兒／男孩頭圍百分位圖

資料來源：中央健保局（2010）。

（體重、頭圍），及國內女孩生長曲線圖（身高）；均屬於零至六歲的統計資料。

曲線圖上橫軸是月齡，縱軸則是各項數值，如體重的公斤值、頭圍或身長的公分值。嬰幼兒生長曲線是常用來評估嬰幼兒發育是否正常的重要指標，包括測量身高、體重與頭圍等的體位測量。生長曲線圖共有五條曲線（以前七條；分別為第 3、10、25、50、75、90、97 百分位）；中間的第 50 百分位代表正常嬰幼兒的數據平均值；而高出平均值以上曲線包括：「第 85 百分位」及「第 97 百分位」；低於平均值以下者則有「第 15 百分位」及「第 3 百分位」。嬰幼兒如果落在第 85 百分位以上的曲線圖時，代表嬰幼兒可能過重或肥胖；相反者，則為過輕或消瘦。

所謂百分位，是指將 100 人的身高等資料，由小至大排列出來；而位於中央者（即第 50 百分位）即指中等，排在第 60 位者，即為第 60 百分位，即 100 人中，由最小算起，排名第 60 名，也就是說贏過了 59 人。

(二)生長曲線判讀

基本上嬰幼兒的生長曲線，可以參考國內嬰幼兒生長曲線、各國或世界衛生組織（WHO）的資料；但是如果要參考各國生長曲線時，會由於遺傳與生長環境不同，導致標準不盡相同，彼此略有差異，這是必須要加以注意的；所以比較時，最好是參考臺灣或該地區的生長曲線。由於目前國內所使用的生長曲線表，進行統計的期間是臺灣過去母乳哺育率最低的時期，所以相關統計所引用的原始資料，均來自於哺餵配方奶的嬰幼兒；目前已知一歲前的生長曲線表，母奶哺育的嬰幼兒與哺餵配方奶的嬰幼兒，兩者之數值存在著很大差異，就連世界衛生組織也都已經注意到此一差異性的問題；三至八個月嬰幼兒的主要體重，以母乳哺育者低於配方奶嬰幼兒，並且隨著純母乳餵食之時間愈久，差異現象就愈趨明顯；但是二歲以後的生長曲線就沒有明顯的差異。

■**生長曲線第 50 百分位**

　　生長曲線第 50 百分位為嬰幼兒分布最多數的一群；而體重第 97 百分位數值者，代表在 100 名受調查的嬰幼兒中，其體重值贏過 97 位，而如此之體重顯然代表是屬於體重較重的一群；反之，第 3 百分位，就表示在 100 名受調查的嬰幼兒之中，只贏過 3 位，體重顯然相對較低；所以當嬰幼兒體重在第 15 百分位以下時，稱之為**體重過輕**；反之，超過第 85 百分位以上時，就列入**體重過重**。身高、頭圍也是如此。**正常範圍**是平均值加減 2 倍標準偏差，相當於第 3 到第 97 的百分位；也就是說，嬰幼兒的身高、體重或頭圍，其中如果有一項落在此範圍之外，就要考慮做進一步的檢查。

　　特別要注意的是，身高、體重及頭圍這三項，必須是與同年齡小孩比較，均在同一正常百分位，才是最正常的成長；例如一歲幼兒，身高75 公分、體重 10 公斤、頭圍 46 公分，屬於第 50 百分位，如果其中有一項或兩項數值偏高或偏低，那就要考慮是否發生其他問題；另外，一個身高、頭圍均在「第 50 百分位」的嬰幼兒，體重卻位於「第 97 百分位」，是否判定為「肥胖」，則需調查以往之成長史，如果嬰幼兒一直維持身高、頭圍在「第 50 百分位」，而體重也都一直在「第 97 百分位」狀況；則此情況屬於「體質性」的，並不算成長異常。但是如果之前嬰幼兒平常之「身高、體重、頭圍」一直都在「第 85 百分位」，但這次「身高、頭圍」在「第 85 百分位」，而「體重」卻位於「第 50 百分位」，雖然「第50 百分位」仍屬於一般正常，但是對此嬰幼兒而言，已經發生相對「體重下降」的情形，此時建議應找出其原因，並設法解決；所以生長曲線圖，並非單單查看身高、體重或頭圍數值是否符合標準即可；不過，一般嬰幼兒體重超過第 97 百分位以上時，就要注意身高及頭圍是否位於在同一正常百分位，如果「是」則屬於正常成長。因此，在使用生長曲線評估幼兒成長時，不能光看一個「點」，必須要參考以往的成長發育，做整體的綜合研判。

假設嬰幼兒屬於體重最差、身高其次、頭圍正常者，則多半是由於飲食食用不夠或熱量不足所導致；建議應該進行營養評估，給予正確的飲食計畫與指導；如果只有身高較差，則可能發生內分泌疾病或骨骼異常；而如果身高、體重及頭圍都差，那麼有可能罹患胎內感染，或懷孕時接觸致畸形物質、染色體或基因等疾病所導致，此時應回溯懷孕史，同時安排染色體或基因的詳細檢查。

■發育異常

發育異常係指嬰幼兒過於瘦小（身高或體重低於第 3 百分位者）、過重或肥胖（身高或體重高於第 97 百分位者，適當的幼兒餐點設計可參見第八章）：

1. 肥胖與過重：目前因為缺乏二歲以下嬰幼兒肥胖的定義，所以過去將嬰幼兒肥胖，定義為身體質量指數（BMI）超過該年齡層的「第 95 百分位」以上，介於「第 85 百分位」至「第 95 百分位」為過重：

   身體質量指數（BMI）＝體重（公斤）÷ 身高（公尺）^{平方}

   因此，當嬰幼兒超過「第 85 百分位」時，父母需開始留意。但是衛生署 1993 年的嬰幼兒 BMI 統計，時間已經很久，套用於現今的嬰幼兒身上，可能會失真，所以建議父母測出幼兒之 BMI 值後，還是應該與生長曲線相互對照與評估為宜。

2. 生長遲滯：利用生長曲線，大致上可以判別出 90% 二歲以前嬰幼兒生長遲緩的異常現象，所以父母一定要為嬰幼兒定期記錄，描繪曲線圖，當發現異常時，立即門診做進一步評估。一般如果嬰幼兒之生長曲線，位於第 3 百分位到第 97 百分位之間，則算正常，如果低於第 3 百分位，則可能發生生長遲緩的情形。

五、其他

(一)維持嬰幼兒正常成長的祕訣

　　所謂的維持嬰幼兒正常成長的祕訣無它，即充分睡眠、足夠運動及均衡營養。很多父母想尋找秘方，但是其實只要注意幼兒的睡眠、運動及營養，就是維持嬰幼兒正常生長的正確方法。由於人類的生長激素分泌在白天幾乎會停止，大約直到晚上睡著後 90 分鐘，生長激素才會一波一波開始接著分泌；而平均一個晚上，生長激素會有五至六波的分泌，所以嬰幼兒如果晚上受到干擾或有睡眠不足產生時，就可能會影響到生長激素的分泌。人體眼睛的視網膜神經節細胞（Gaoglial Cell），在受到光線刺激之後，會將反應傳到腦部的松果體，抑制褪黑激素之分泌，所以只有眼睛沒有遭受光線刺激時，身體才會開始分泌褪黑激素；因此觀光飯店套房的夜間睡眠燈光，一定要設計得比床的高度稍低，以免影響褪黑激素之分泌。

　　褪黑激素會影響身體質量（Body Mass）調節、新陳代謝速率及心臟 ATP 之合成；所以夜間工作者，其碳水化合物及脂肪代謝易因生長激素的分泌受到影響，日久易發生胰島素阻抗，造成容易罹患糖尿病、冠狀動脈心臟病、心肌梗塞及高血壓等疾病；而褪黑激素由於同時也是屬於抗氧化劑，具有對抗氧化壓力，刺激抗氧化酵素 Glutathione 的合成，並且可以減少細胞增生，抑制腫瘤細胞，對抗藥物或荷爾蒙免疫功能抑制；所以於夜間生理時鐘應為睡眠期卻經常接受光照者，免疫 T 細胞因為長久遭到壓抑，反而容易罹患乳癌與大腸直腸癌。

　　運動具有刺激生長激素之分泌效果，例如打籃球等跳動的運動動作，因為可以刺激腳底，致使身體分泌生長激素，此與過去有人採用每天腳踩竹片凸面之作用原理相同；只是對幼兒來說，絕對不可以採用每天腳踩竹片凸面方式，過度刺激生長初期或許效果明顯，但卻可能反而造成生長停止，反將得不償失。至於已經過了生長黃金期（如三十歲以後）的成

人們，則值得一試；另外，運動還具有促進食慾及幫助睡眠的功用，均有利於幼兒之生長。

有關均衡營養方面，供應的蛋白質量是影響生長的關鍵，其中鮮奶因為含有豐富鈣質，而且其中的蛋白質含量也高，所以在生長發育期間，鮮奶是筆者唯一建議補充的週期，由於成長後的身高，會大大的影響到日後幼童的生理（由於身高愈高，標準體重愈大，發生現代人肥胖之機率就會相對降低）與心理（特別是男生，如果少個 1 至 2 公分，日後對其心理影響層面是非常大的），而且影響期間往往長達一輩子，所以為了避免終身遺憾，筆者平時並不贊成以食用乳類方式補充營養，由於乳類的蛋白質含量太高，容易造成高尿鈣，但是對於發育中之青少年，則建議一定要補充。

(二)嬰幼兒性早熟

2007 年某媒體曾報導有一位家長，由於女兒發生下體出血，原本以為遭到性侵，而向醫院婦產科求診，經診斷後發現，原來是小女生的月事提前來潮，讓家長虛驚一場。另外有一個才十一個月還沒有斷奶的嬰孩，卻被發現她的乳房已經開始發育，調查結果發現，原來是母親長期使用豐乳霜所導致；豐乳霜由於其中含有激素，母親使用之後積蓄在母體，透過乳汁於餵奶時傳給了嬰兒，造成才十一個月大的嬰兒發生性早熟。

還有一例是一名七歲的幼兒，由於奶奶是衛生所家庭計畫的宣導人員，家中經常存放避孕藥品，幼兒誤將避孕藥當成糖果，經常偷吃，並且還與其他小朋友分享，沒多久，小朋友洗澡時被發現乳暈開始明顯增大，還直喊乳房脹痛，到醫院檢查後，才知道發生性早熟，那些一起吃過避孕藥的幼兒，也都陸續出現性早熟的現象。另外還有一名四歲的幼兒，由於生病住院，外婆聽說蜂王漿可以有病治病，沒病強身，增加抵抗力，於是拿給外孫食用蜂王漿，每天固定於晚上睡覺以前，挖 1 小湯匙和著牛奶餵食，之後幼兒果然因此食慾大開，身體開始長高，可是卻在六歲時發生明

顯性早熟，研究認為是蜂王漿所造成的結果。還有兩個幼兒被發現發育狀況明顯異於同齡期幼兒，彷彿已經變成青春期的少男少女，調查後發現，幼兒之父母係水果販賣商，因為經常餵食幼兒各種提早上市的水果；分析後認為，早熟之水果可能由於大量使用植物激素等藥物進行催熟，大量攝取此類水果，可能因此造成幼兒發育異常。另外，筆者的朋友也曾反應女兒發生早熟，懷疑可能與過去經常食用炸雞有關，認為肉雞可能使用荷爾蒙催熟所致。因此，要預防幼兒不正常發生性早熟，建議除了少給幼兒攝取非季節性水果、雞肉或蠶蛹等有可能添加促進生長等不明物質的食物外，也不要盲目給幼兒餵食蜂王漿、花粉、炸雞及雞胚等，並妥善存放避孕藥物及豐乳美容用品等，以免幼兒誤服或接觸。

第四節　消化與吸收

消化作用是指將食用的食物，經酵素作用分解成為小分子，然後被細胞吸收利用，而不能被分解利用的食物殘渣則形成糞便排出體外的過程。

一、消化系統

人體的消化系統，是由消化管加上消化腺所組成的系統。消化管包括口腔、咽、食道（Esophagus）、胃（Stomach）、十二指腸（Duodenum；小腸最前端）、小腸（前段為空腸，Jejunum；後段迴腸，Ileum）、大腸（Colon，結腸）、直腸（Rectum）及肛門（Analsphinctes）等，全部長約9公尺，分別負責容納、磨碎、攪拌及輸送食物。消化腺包括口腔唾液腺、胃腺、小腸腺、肝臟、膽囊、胰臟及大腸腺，主要負責分泌消化液（其中含黏液及消化酶）以滋潤及消化食物。身體的肝臟及胰臟等兩個消

化器官,分別負責分泌膽汁及胰脂解酶,並送達腸道之中,以幫助消化作用之進行。茲將身體各消化腺的功能分述於後。

(一)唾液腺

　　唾液腺(Salivary Glands)負責分泌出唾液澱粉酶,可以分解澱粉及肝醣,成為麥芽糖。(如圖3-7)人體的口腔共有三對消化腺,分別位於腮腺(兩耳之前)、頷下腺(Submandibular Gland,下頷兩側)及舌下腺(Sublingual Gland,口腔底部),各自負責分泌唾液及唾液澱粉酶。

　　澱粉酶可以消化澱粉及肝醣,使其分解成為小分子的麥芽糖,及短鏈的多醣。唾液屬於中性或弱酸(pH6.7),成分有澱粉酶、黏液素(醣蛋白)、澱粉酶鹽類及殺菌物質。唾液的功能包括溶解物質、誘發味覺及潤滑口腔,其中黏液素(醣蛋白)可以潤滑口腔及潤濕食物,使食物黏成糰塊,促使食物因此而容易吞嚥。

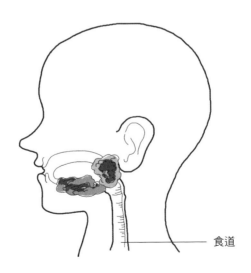

食道

圖 3-7　唾液腺

資料來源:陳建宏繪製。

(二)胃腺

胃腺（Gastric Glands）包括主細胞（Chief Cells）、壁細胞（Parietal Cells）及胃泌素細胞（G Cells），負責分泌胃蛋白酶，可以將蛋白質分解成為胜肽。（如圖 3-8）

主細胞負責分泌胃蛋白酶原（Pepsinogen），遇酸即解離變成胃蛋白酶（Pepsin）；壁細胞負責製造和分泌鹽酸（HCL）。胃泌素細胞則負責分泌胃泌素，可以刺激胃腺大量分泌出胃液。

(三)胰臟

胰臟（Pancreas）屬於內分泌及外分泌均十分重要的腺體，其中負

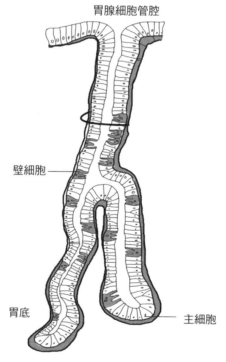

圖 3-8　胃腺

資料來源：陳建宏繪製。

責內分泌用途的蘭氏小島（Islets of Langerhans）則可以分泌胰島素，而胰島素與糖尿病息息相關。胰臟可以分泌：(1) 胰澱粉酶，可將澱粉及肝醣分解成麥芽糖；(2) 胰蛋白酶，可將蛋白質分解成為胜肽（peptides）；(3) 胰脂解酶，可將脂質分解成為脂肪酸及甘油；並分泌胰核酸酶，分解DNA 及 RNA 成為核苷酸。

■新生兒的澱粉酶

因為新生兒酶的活性低，僅有雙醣酶，所以只能消化簡單的醣類，如乳糖、蔗糖或麥芽糖等雙醣，約要等到四至六個月大時，才開始具有消化澱粉、脂肪與蛋白質的能力，這也是副食品嬰兒不宜過早添加食用的原因，所以三個月以下的嬰兒，如果提早供應澱粉類食物，多半會因為無法消化，而自糞便中排出。嬰幼兒一般至少要四個月以後，才可餵食含有多量的澱粉副食品；六個月大時，胰澱粉酶之活性仍低，不過採取漸進式的提高澱粉供應量的方式，可以刺激嬰幼兒提高澱粉酶的活性與產量。

■嬰兒的胰蛋白酶

嬰幼兒約一歲時，其分泌量將達到高峰，唯出生時嬰兒即具有消化奶類蛋白質之能力；但是一般新生兒係利用胞飲作用方式，吸收母體初乳之抗體（蛋白質），所以假如此時期供應其他蛋白質時，會容易因為胞飲作用的關係，造成易發生過敏之反應。

■嬰兒的胰脂解酶

嬰兒的胰脂解酶因為活性比較差，所以只能分解簡單或不飽和脂肪酸，對於母乳的脂肪，吸收率一般可達到95%，牛奶則只有80% 至 85%。所以如果供應過量脂肪，易造成嬰兒發生脂肪瀉（糞便顏色變白）的狀況，也容易因此導致維生素與電解質的流失，反而對嬰兒的健康有害。

(四)小腸腺

小腸腺可以分泌：(1) 腸胜肽酶，分解胜肽成為胺基酸；(2) 腸脂解

酶，可以分解脂肪，成為脂肪酸及甘油；(3) 腸核苷酸酶，分解核苷酸，成為含氮鹽基、五碳醣及磷酸；(4) 腸雙醣酶，分解醣類成為單醣。

小腸屬於營養素主要的消化與吸收之場所，所有的食物都是在此處分解成可以吸收的成分；而之後的大腸，只負責吸收水分與礦物質等少量營養素；因此多數的其他營養成分，均必須在小腸完成吸收。

(五)肝臟與膽囊

肝臟（Liver）的基本功能單位為肝小葉（Hepatic Lobules）。肝小葉的肝細胞（Hepatocytes）負責分泌膽汁，膽汁由肝臟負責製造，經微膽管（Bile Canaliculi）、膽管（Bile Duct）、肝管（Hepatic Duct）、總肝管（Common Hepatic Duct）、膽囊管（Cystic Duct）及總膽管（Common Bile Duct），送至膽囊儲存。

膽囊（Gall Bladder）只負責儲存及濃縮膽汁，屬於暫存膽汁的場所，要瞭解膽囊並不負責製造膽汁。

二、口腔

食物的消化始自口腔咀嚼、剪斷及研碎後，經食道、賁門、胃底（Fundus）、胃本體、胃前庭（Antram）、幽門（Pyloric）、十二指腸、大腸（盲腸、結腸、直腸），而抵達肛門。新生兒已經具有味覺，三個月大時味覺開始變得比較敏銳，故此時餵食口味過重的食物，日後容易罹患高血壓、心臟病及腎臟病，需要注意及避免。

剛出生或出生幾天內，嬰兒的嗅覺即已經發育良好，嬰兒出生時，不僅具有嗅覺且能分辨出不同氣味，如酸味或香味等；味覺因為會受到嗅覺的影響，出生時也已經發育良好。嬰幼兒對於甜味的反應，一開始是正向喜歡的，而對於苦味（藥物或毒物往往為苦味）與酸味（食物酸敗），一開始則是反向討厭的。

(一)舌頭

舌頭由骨骼肌構成，可以靈活運動，攪拌食物、幫助咀嚼及吞嚥食物；另外，舌頭表面有味蕾，主要的功用為負責味覺。

(二)味蕾

嬰兒期之味覺最為發達，老人則反而因數量減少而發生味覺遲鈍，此主要是由於味蕾的數目減少所致；其中甜味與鹹味的味覺，分布在舌尖；酸味在舌的兩側；而苦味則分布在舌的後端。通常嬰兒喜歡甜味，而厭惡其他味覺（鹹、苦與酸味）。

(三)牙齒

嬰幼兒之乳齒具有咀嚼、協助發音、刺激頜骨生長及影響臉部發育等功能；如果乳齒太早長出，吸奶時將造成母親疼痛及妨害吸奶；過早脫落則會妨害恆齒的正常生長，造成牙齒排列不整齊。

三、食道

食道主要藉由蠕動，將食物送入胃中，須注意並沒有發生任何消化作用。

四、胃──賁門與幽門

胃的上端以賁門（Cardia）與食道相連，下端則以幽門（Pylorus）與小腸相接（如圖 3-9）；分別設有括約肌（Sphinctor），以管控食物之進出；括約肌由環肌所構成，平時會緊閉縮住，以防止食物逆流至食道，及調解限制食物進入十二指腸，當遭到幽門螺旋桿菌感染時，會引發胃潰瘍及十二指腸潰瘍（胃與小腸接縫處）。因此，防止食道逆流係由賁門括約

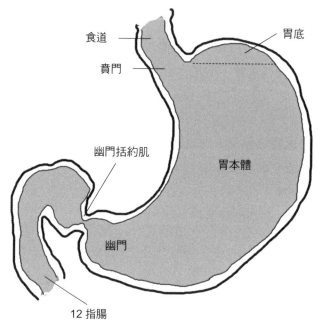

食道

賁門

胃底

幽門括約肌

胃本體

幽門

12 指腸

圖 3-9　胃

資料來源：陳建宏繪製。

肌負責把關，防止胃內鹽酸不當流出，避免損傷鄰近管道；也就是說，主
要具有防止胃部的食物逆（反）流入食道的功用；如果發生異常逆流時，
會因為含有胃酸之食糜刺激食道，造成產生灼心感等食道逆流的症狀；另
外，透過賁門痙攣瓣膜（Cardiospasm）所產生的時常收縮，因不易放鬆
而可以阻礙及管控食物通過。

(一) 胃本體

　　胃介於賁門與幽門之間，其中的胃底，雖然稱之為胃「底」，但其實
是位於胃的上方，呈弧形突起；胃腺則是隱藏在胃壁之中，負責分泌胃
液，含有鹽酸、黏液及蛋白酶：

1. 鹽酸：負責恆定胃的酸性環境，活化胃蛋白酶，防止食物發生腐敗，並具有殺菌作用。
2. 黏液：負責保護胃壁，避免受到酸性胃液侵蝕。
3. 蛋白酶：可將蛋白質消化分解成為胜肽。

　　胃壁的平滑肌可促使胃部收縮，當食物一進入胃中刺激胃壁時，會立即引起胃壁肌肉收縮，產生蠕動將食物搓碎，並使食糰與胃液進行混合。食物在胃內會先被消化成半流體粥狀的酸性食糜（原本大部分屬於固體）；酸性食糜可以刺激幽門的括約肌放鬆，使胃內食物順利通過緊閉的幽門，進入小腸（十二指腸）。

　　食物在胃內停留時間，以醣類最短，約 2 至 3 小時，脂肪最長，可達 6 小時以上。當胃中的食物處理得差不多時，食物即將排空，此時胃壁肌肉會因此產生強烈收縮（飢餓收縮），引發飢餓的感覺，嬰兒因為對饑餓的感覺比較強烈，有時的饑餓感甚至會產生疼痛感，故饑餓的嬰兒經常會因此而大聲啼哭。

(二)嬰幼兒胃的形狀

　　嬰兒二歲以前胃的形狀呈球狀，與成人之管袋型不同，如果上方之賁門括約肌發生收縮功能不良時，嬰幼兒易因此造成生理性食道逆流，如果幽門括約肌發育較強，胃底發育將相對較差，所以嬰幼兒如果吸氣或哭鬧時賁門容易被打開，於是胃內乳汁易逆流進入食道，因此而引發嘔吐；如果空氣由胃進入腸中，則易發生脹氣或絞痛；所以嬰兒餵奶以後，建議餵食者必須輕輕拍打嬰兒的背部，促使其打嗝，以確定已充分將胃中的空氣排出。一般建議最好採用右側臥姿，使頭略高於身體其他部位，避免激烈運動、過度興奮或哭鬧，此方式最利於預防吐奶或嘔吐。

　　嬰幼兒由於胃部容量較小，胃腸蠕動快速，再加上食用量有限容易發生饑餓感，因此飲食的方式，建議還是採用少量多餐的方式供應為優。

五、消化管肌肉

　　所謂的腸胃道（Gastric Intestinal Tract, GI Tract），係指自食道開始，而終止於肛管（門）之間的消化管道。（如圖3-10）消化管中的肌肉除咽頭及食道上部需要負責吞嚥，所以屬隨意肌（骨骼肌或橫紋肌）外，其他部位的消化管肌肉則均屬不隨意肌，所以雖然可以選擇吞嚥食物的時機，但是食物一旦吞下以後，將改由不自主的神經負責接管控制。

(一)黏膜層

　　消化管腔的內壁是由潮溼的黏膜（Mucosa）所構成，又可分為上皮、固有層、黏膜肌層及黏膜下層。黏膜之中含有微小腺體，可製造汁液，幫助食物消化：

1. 上皮（Epithelium）：位在消化管兩端靠近出口處，具有保護作用。
2. 固有層（Lamina Propria）：屬於蜂窩性結締組織（Areolar Connective Tissue）；其中的血管與淋巴管除了提供營養供應外，並

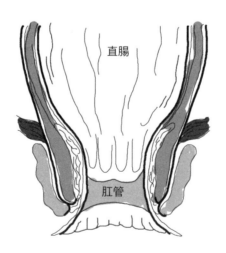

圖3-10　腸胃道

資料來源：陳建宏繪製。

結合上皮組織及下方的黏膜肌層。

3. 黏膜肌層（Muscularis Mucosa）：屬於很薄的平滑肌層，當黏膜肌層收縮時，可以造成內層上皮形成隆凸的皺摺，除了因此增加吸收之表面積外，也可確保上皮細胞和食糜能夠確實完全接觸。

4. 黏膜下層（Submucosa）：結合上皮和下方的肌肉層，其內部的血管中含有豐富之網路，主要負責控制黏膜與黏膜下層的上皮之分泌、吸收及血管收縮。

(二)肌肉層

肌肉層（Muscle Layer）為消化管的肌肉，會由食道的骨骼肌變為平滑肌（胃、小腸及大腸），再由平滑肌變為骨骼肌（肛門）。骨骼肌由於可隨意控制（Voluntary Control），所以又稱為隨意肌，以方便咀嚼及排便；平滑肌則分為內層（Circular Fibers）與外層（Longitudinal Fibers）兩層。

平滑肌收縮時，可以促使消化管道運動，而內側之環狀肌層（Circular Muscle）收縮時會變為細長，主要促使食物碎化、攪拌及混合；外側之縱走肌層（Longitudinal Muscle）收縮時則造成縮短，促使食物沿一定的方向往前持續推進。在環狀與縱走兩層肌肉互相作用之下，消化管因此形成有規律的波動，產生腸道蠕動（Peristalsis），看起來頗像海浪之波浪；而靠著蠕動，可使食糜能夠緩慢推進至下一器官，並確保消化作用的繼續進行。

六、消化作用

(一)消化酵素（酶）與消化激素

消化酵素（酶）包括酵素、鹽酸及緩衝離子，主要提供酵素適合作用的環境、黏液、水及電解質；消化激素則包括有膽囊收縮素、腎泌素、

小腸內泌素及胃酸抑制多胜肽素等激素：

1. 膽囊收縮素（Cholecystokinin, CCK）：由十二指腸負責分泌，促使胰臟減少分泌 HCO3-，而改分泌消化酵素，並促使膽囊收縮排空，放出膽汁及延緩胃排空時間。

2. 腎泌素（Gastrin）：腎泌素分泌增加的情況包括有飯後（胃前庭飽脹）、想吃（迷走神經受刺激，產生衝動）及胃中含有刺激之分泌物質，如部分水解蛋白質（Polypeptide）、肉湯（胺基酸含量多）、酒精及咖啡因等。腎泌素由胃前庭、十二指腸及空腸之黏膜細胞負責分泌，可使胃部產生胃酸以溶解消化物質，同時也是屬於胃、小腸及結腸內襯（黏液組織）生長所必須。腎泌素可以促進胃的壁細胞分泌胃酸、主細胞分泌酵素，及促使胃前庭部位產生移動；胃蛋白（Pepsin）也是由主細胞分泌用來分解蛋白質，不過剛分泌的胃蛋白元（Pepsinogen）必須先經過胃部的鹽酸（HCL）活化成胃蛋白，才能將蛋白質初步分解，並送至十二指腸進一步分解；有趣的是，胃分泌的酵素可以分解蛋白質，但是為什麼胃部的酸性汁液卻不會溶解其本身胃部的組織，其實這主要是因為胃腺分泌黏液，具有對抗此酸性汁液作用的能力，而人體如果缺乏此種能力時，就容易罹患潰瘍。

3. 小腸內泌素（Secretin）：係由十二指腸所分泌，其作用之方式正好與腎泌素相反，小腸內泌素促使胰臟分泌鹼性的 HCO_3^-，以中和稀釋由胃帶來的強酸，維持十二指腸微鹼性，以保護十二指腸，並提供適合胰液作用的鹼性環境，也刺激胃部產生胃蛋白，消化蛋白質，並同時刺激肝臟，產生膽汁。

4. 胃酸抑制多胜肽素（Gastic Inhibitory Polypeptide, GIP）：負責停止分泌胃酸及刺激分泌胰島素，幫助脂肪與葡萄糖的利用。

(二)消化作用

食物的消化始自口腔咀嚼、剪斷及研碎，下方為其消化流程並說明於後：

食道→賁門→胃底→胃本體→胃前庭→幽門→十二指腸→大腸（盲腸、結腸、直腸）→肛門

■胃底

胃底（Fundus）其實是位於胃部的「上」端（不是在底部），胃底具有貯存、拌合及控制食物等功用。當食物進入胃部之後，胃部必須貯存並調控所吞下的食物與流質，首先需要胃部先將上半部的肌肉放鬆，以接受來自食道送來的大量吞嚥物質，然後將胃底所拌合的食物與胃分泌的消化液，藉由胃下半部肌肉作用，執行混合的工作，並透過胃的排空動作，將胃已混合磨碎的酸性食糜內容物，逐漸緩慢的推入腸道之中。

成人的胃容量，約有 1,000 毫升（ml），而新生兒只有 30 毫升（僅成人的 3%）；而影響胃排空的因素，包括食物本身（如脂肪，需要消化時間比較久）、胃排空肌肉作用程度，及小腸接納胃食糜的速度。

■胃本體（胃中部）

當食物送達胃本體時，蠕動增加，促使食物更加碎化，拌合也更加激烈，而胃前庭的蠕動則開始減緩，使食物變成半流體，因而形成食糜（Chyme）。

■幽門

幽門設有括約肌以控制食物慢慢離開胃，進入十二指腸，使強酸性食糜有足夠的時間，能與鹼性的小腸液進行中和，以免食糜酸度過高，侵蝕十二指腸。

■ 胃脂解酶

嬰兒的胃中有凝乳（Rennin），能讓牛奶凝固，防止液狀牛奶快速通過胃，提供足夠時間予以慢慢消化。另外，影響胃液分泌的因素，包括神經刺激（如情緒）及刺激物質（如咖啡因、酒精或肉汁）。

■ 小腸

小腸（Small Intestine）長約 6.5 公尺，屬於消化管中最長及迂迴最多的部分，屬於消化食物和吸收養分的最主要部位（請注意不是胃）；另外，食物在小腸裡面約停留 3 至 8 小時，小腸分三部分：

1. 十二指腸（Duodenum）：位於小腸的前段，呈 C 字形彎曲；在小腸最前端，與胃連接，屬於最短的一段。
2. 空腸（Jejunum）：位於小腸的中段，約占小腸的五分之二（約 2.6 公尺），內部表面的環狀皺壁，十分發達。
3. 迴腸（Ileum）：位於小腸的末段，約占小腸的五分之三（4 公尺左右），內表面平滑。

大部分食物的消化及吸收，皆在小腸前兩段完成，因此要在這麼短的距離及消化時間內，完成消化與吸收的工作，所以小腸壁為此增加了接觸及吸收的表面積，以提高消化與吸收速率。

嬰兒的腸道長度約為身體的 6 至 8 倍（成人只有 4 至 5 倍），小腸與大腸的比率為 6：1（成人為 4：1）；所以，嬰兒相對具有較大的吸收表面積，吸收能力較強，以滿足其快速生長之所需；但由於腸道的彈性及平滑肌的功能較弱，因此食量有限，需要採用少量多餐，及以供應易消化食物的方式供食，而避免高纖維等太粗糙而難以消化之食物。

小腸中段的空腸內表面，具有明顯的環狀皺壁（Plicae Circulares），但是末段迴腸的內表面，則已經相當平滑（代表食糜的大部分養分，已經吸收完成，不再需要增加太多的表面積）。吸收的食物如果屬於水溶性食物（澱粉類及蛋白質類）則由微血管吸收（血液屬於水溶液）；而如果是

屬於脂溶性之食物（如油脂），則走乳糜管（因內有專門攜帶油滴的運輸工具——油水兼容攜帶蛋白，即脂蛋白）。

小腸運動時會產生蠕動，以推擠食物往前移動，另外小腸還會產生分節運動，並不用推進食糜，但透過局部的交替收縮，可以使食糜與消化液攪拌混合均勻；小腸內含有三種消化液（膽汁、胰液及腸液），呈鹼性，可中和胃酸，小腸分泌小腸內泌素及腸促胰激素（Pancreozymin，或稱促胰酶素），刺激胰臟分泌胰液，送至腸道，以中和酸性食糜；膽汁則由肝臟分泌，貯存於膽囊，當脂肪進入十二指腸時，刺激分泌膽囊收縮素，刺激膽囊收縮，排出膽汁；膽汁中的膽酸，在腸道能將脂肪乳糜化，溶解成水樣物質，有點像在廚房使用清潔劑，將油炸鍋中之油脂溶解一般。

小腸的黏膜上面有著無數的絨毛，可以藉此增加與食物接觸的面積，小腸酵素包括：

1. 胰蛋白酶（Trypsin）及胰凝乳蛋白酶（Chymotrypsin）：使蛋白質分解成為胜肽。
2. 胜肽酶（Peptidase）：作用於多胜肽與雙胜肽，分解成雙胜肽或胺基酸。
3. 澱粉酶（Amylase）：將澱粉及肝醣，分解成麥芽糖及葡萄糖。
4. 脂解酶（lipase）：將中性脂肪（三酸甘油酯）分解成脂肪酸、甘油、單酸甘酯與雙酸甘油酯。

■大腸

大腸（Large Intestine）係由盲腸、結腸及直腸所組成（如圖 3-11）。盲腸又稱為闌尾，呈小指狀的突起，功能已經退化（或尚未知）不具有消化功能（但可能與免疫力有關）；所謂的**闌尾炎**（盲腸炎）係指食物誤入闌尾之中而引起之發炎。結（大）腸呈倒 U 字形，負責吸收水分和鹽類，內含許多細菌，可將食糜中殘留的養分繼續分解，及合成人體所需的

維生素 B 及 K。

　　大腸（盲腸，Cecum；結腸，Colon；直腸，Rectum）的功能包括暫時儲存未能消化吸收的食物殘渣；吸收部分的水分、維生素及礦物質；主要的目的是負責吸收水分、鈉、礦物質、胺基酸及維生素等，計可細分為六個區段（見**圖** 3-11）：

1. 盲腸（Cecum）：因為大腸只吸收水分及電解質，並不吸收營養物，故不能輕易讓食物隨意離開小腸，進入大腸；所以在小腸末段的迴腸與大的盲腸交接之處，設有迴盲瓣（Ileocecal Valve），內有迴盲括約肌（Ileocecal Sphinter），管控食物的進入，功能類似胃與十二指腸的幽門。

2. 升結腸（Ascending Colon）：為大腸初段，由下往上升，位置固定。

3. 橫結腸（Transverse Colon）：本段之大腸，受腸繫膜（腹膜的一部

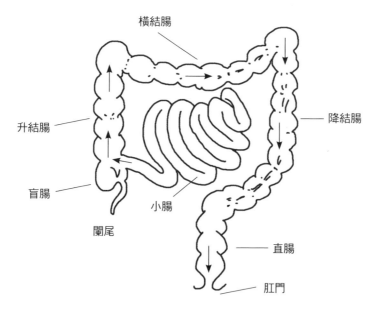

圖 3-11　大腸

資料來源：陳建宏繪製。

分）上、下動脈雙重動脈供應。

4. 降結腸（Descending Colon）：由上往下降，位置固定。

5. 乙狀結腸（Sigmoid Colon）：自肛門上面那一大段，就是乙狀結腸。

6. 直腸（Rectum）：直腸為大腸的末端，直接通向肛門，主要功能為形成糞便，而糞便的內容為食物殘渣、脫落的腸道細胞、大腸中的細菌、消化道的分泌物及少量水分。

現代人因為飲食缺乏纖維，造成大腸蠕動緩慢，使得排出糞便的時間延長，因而容易引起便秘。嬰兒食物離開胃的時間，約 4 至 5 個小時，離開小腸的時間，約 7 至 8 個小時，離開大腸的時間，約 12 至 14 個小時。嬰兒排便是由直腸自動排空，並無法受到肛門括約肌控制，約在二至三歲經過訓練以後，才可以隨意控制排便。

七、營養素的吸收作用

關於嬰幼兒的營養素方面，本文僅就營養素的吸收與運輸作用進行說明，其他有關六大營養素，如蛋白質、脂肪、醣類、維生素、礦物質與水份的組成，包括蛋白質之胺基酸；脂肪之飽和脂肪酸、單元不飽和脂肪酸，及多元不飽和脂肪酸；醣類之單醣、雙醣、寡醣與多醣；維生素之脂溶性維生素及水溶性維生素；礦物質之巨量礦物質及微量礦物質等；吸收至人體後之新陳代謝，及其分別與六大類食物（奶類、肉魚豆蛋類、五穀根莖類、蔬菜類、水果類與油脂類）之較深入而全面的部分，則請參見第四章。

(一)營養素的吸收

1. 蛋白質的吸收：蛋白質由胃中的酵素開始進行消化，而進一步的消化及吸收則在小腸完成（蛋白質→胜肽→胺基酸→吸收）。

2. 少量大分子蛋白質的吸收：利用胞飲作用方式吸收；而以此種方式進入人體者，將可保存原有蛋白質的型態、結構及活性，如嬰兒母奶的抗體（γ-球蛋白）。但是過敏原（其他蛋白質）如果也透過此途徑誤入人體，則會導致人體發生過敏。

3. 脂肪及脂溶性物質的吸收：係靠簡單擴散（Simple Diffusion）作用，通過細胞膜而被吸收。脂肪等吸收後，長鏈脂肪酸由淋巴系統經周邊組織，輾轉至肝臟；而短鏈及中鏈脂肪酸，則直接由肝臟門靜脈系統，進入肝臟。

4. 醣類的吸收：澱粉受到唾液與胰臟汁液的酵素分解成麥芽糖，然後小腸的內襯酵素（麥芽糖酶）將麥芽糖再進一步分解成葡萄糖分子，吸收後經血液送達肝臟中，進行貯存或是轉成能量使用。蔗糖則被酵素分解成葡萄糖與果糖；乳糖被分解成葡萄糖與半乳糖後，始可被小腸吸收進入血液。

5. 葡萄糖的吸收：葡萄糖的吸收靠主動運輸，須先額外耗掉能量物質三磷酸腺苷〔也稱作腺苷三磷酸、腺嘌呤核苷三磷酸（Adenosine Triphosphate, ATP）〕；採用此種吸收方式者，尚包括半乳糖、鉀、鎂、磷酸、碘、鈣及鐵。

6. 水分、小顆粒水溶性物質及電解質的吸收：由細胞膜的細孔（Pore）進入。

7. 胺基酸、單醣的吸收：靠攜體（Carrier，或稱載體，等於人體內的交通工具）帶入細胞膜，如維生素 B_{12} 係由內在因子（蛋白質組成）當攜體；因此，當身體缺乏胃所分泌的內在因子時，將會因為缺乏維生素 B_{12}，而罹患惡性貧血。

(二)營養素的運輸

1. 水溶性（單醣、胺基酸、短鏈及中鏈脂肪酸）營養素：走門靜脈（Portal Vein）進入肝臟，再經血液循環送達全身各處。

2. 脂肪酸、甘油及脂溶性維生素：長鏈脂肪酸會先在空腸前半部，形成三酸甘油酯，再與蛋白質形成乳糜微粒（Chylomicron），走乳糜管與淋巴系統，經胸管進入血液循環系統。

3. 膽汁及腸肝循環（Enterohepatic Circulation）：膽汁中含有膽酸（Bile Salt）、膽色素（Bile Pigment）、無機鹽、蛋白質、未分解膽固醇及卵磷質（Lecithin）；而所謂的腸肝循環，係指膽汁由肝臟分泌進入十二指腸，脂肪食物混合後進入迴腸末段，膽鹽等成分再被吸收進入血液，經肝門靜脈進入肝臟之循環；每天約會循環 3 至 15 次。大量攝取脂肪時，將導致大量膽汁被肝臟分泌送至腸道之中（之前儲存於膽囊之中），膽汁功用在於乳糜化脂肪，脂肪因此才能變小，而被吸引進入人體之中。

值得一提的是，如果膽汁中之膽酸沒有在小腸迴腸末段被回收，那麼抵達大腸時，因大腸中含有許多的細菌，容易將多餘的膽酸氧化分解成二級膽酸，又稱為次膽酸，屬於致癌物質，會促進腫瘤發生及導致腸內隱窩細胞繁殖增生，加速腔內細胞游離脂肪酸，易對腸內上皮細胞產生破壞，成為刺激大腸發生病變的危險致癌物質；因此現代人高脂肪的飲食方式，會在腸道產生大量膽酸，導致轉變成為次膽酸的致癌機率跟著增加。因此，高脂肪低纖維飲食是罹患大腸癌的危險飲食，改善之道為低脂肪高纖維飲食。纖維分為可溶性纖維與不可溶性纖維；不可溶性纖維，在腸道之中，具有包裹阻隔有毒的次膽酸與腸道接觸的機會，也可以增加糞便體積，刺激腸道蠕動變快，使腸道吸收膽酸減少及抑制腸道厭氧菌等功效，進而達到預防大腸癌之效果，也因此衛生署會推行「天天蔬果五七九」，希望藉著增加蔬果攝取，提高纖維的攝取量來預防癌症。

嬰幼兒膳食與營養
The Meal Plan and Nutrition for Infant and Young Child

問題與討論

一、單就幼兒心理方面，試問吸吮指頭是否不當？及應當如何處理？

二、遺傳如何影響嬰幼兒的成長和發育？

三、胰臟與身體的消化與吸收有什麼相關？

Chapter 4

嬰幼兒營養素需求

學 習 目 標

■清楚嬰幼兒的營養需求

■瞭解嬰幼兒與醣類、蛋白質、
脂肪、維生素、礦物質與液體
（水）的相關性

 前　言

　　每個父母都希望自己的孩子，很快長成大樹；期盼自己的孩子，聰明有智慧，並比其他孩子更強，贏在起跑線上；然而，會影響嬰幼兒的記憶問題，除了營養失調以外，還包括腦部外傷、肝臟功能、電解質不平衡、甲狀腺功能過低、梅毒及腦部血管硬化等問題。

　　嬰兒配方俗稱嬰兒奶粉，究其實只是嬰兒配方，並不是奶粉，其中的成分也與奶粉差很大；建議應該正名，才不至於搞錯，否則因為臺灣的醫護人員，一直將嬰兒配方稱為「嬰兒奶粉」，另外也將「灌食」稱為牛奶，造成民眾搞不清楚，於是發生安養院給老人吃「克○奶粉」，以為如此一來，營養就會足夠，而這是非常錯誤的觀念。同樣的，假如給嬰兒吃奶粉，因為其中的蛋白質含量太多，此時就有可能傷害到嬰兒尚發育不完全的腎臟，實不得不慎！

　　幼兒在每一階段所需要的營養內容均不一樣，所以對出生期的嬰兒，母乳當然是首選最好的營養品，母乳確實是上帝為小嬰兒所準備的禮物；由於嬰兒配方均經過製造廠商的刻意調配，使其接近母乳成分，但是父母要注意到，有些奶粉是含有過量的蛋白質的，特別是較大兒童奶粉，這類配方奶粉並不適合給嬰兒食用。雖然蛋白質是屬於人體所必需，但是嬰兒因為腎臟發育尚不完全，食用過多的蛋白質，反而容易造成嬰兒的身體負擔，因此千萬不要迷信高價位的奶粉，或只憑著業務人員口傳推銷之說詞，建議父母還是得詳讀嬰兒配方罐上的營養成分表及說明；另外，切記避免一次購買過多，以免過期變硬與變質；還有，餵食時應按照標示方式沖調，切勿沖泡過濃或太淡，請注意湯匙大小的差異（不同品牌的差異有時會高達 1 倍，要特別注意）。

　　嬰兒配方奶主要的蛋白質成分，是屬於乳清蛋白及酪蛋白；嬰兒配方的醣類，則以乳糖為主，乳糖對於嬰兒比其他醣類好，主要是因為乳糖

具有穩定血糖的特性，且比葡萄糖及蔗糖的甜度要低，比較不會導致負擔；另外，乳糖屬於神經纖維的必要組成，可維持中樞神經的正常發育；加上乳糖在腸道中，可以分解為乳酸，降低腸道的 pH 值，促進礦物質鈣及鎂的吸收，並與鈣、鎂及錳合成可溶性的乳糖鹽類複合物，以提高吸收率，並促進腸道有益菌乳酸桿菌的增生，幫助腸道預防病原性細菌的侵襲，維護嬰兒腸道的健康。維生素 D 則可幫助穩定血鈣及骨骼正常，故適合骨骼發育中的嬰兒攝取，缺乏維生素 D 時，易罹患佝僂症，也會影響到幼兒的正常發育；鈣質方面，鈣質屬於人體中含量最高的礦物質，特別在嬰幼兒期、兒童期及青春期等生長發育期間，更需要適時補充鈣質，以促進骨骼及牙齒等的發育。

當人體發生葉酸缺乏時，會導致巨球性貧血及生長遲緩，這在嬰幼兒期時須特別予以注意。人體缺乏葉酸時，會影響紅血球形成，造成紅血球的數目減少、體積增大，所以會產生巨球性貧血；而生長遲緩的情形，則是因葉酸與骨髓紅血球的合成有關，缺乏時會間接影響體細胞的生成，使得生長變得較為緩慢，需多加注意。

很多嬰兒配方會額外添加鐵質，而母乳則比較缺乏鐵質，特別是四個月後的嬰兒，由於體內出生時所儲存的鐵質逐漸耗盡，更需要額外補充。鐵質是屬於血紅素及肌血球素中攜帶氧氣的重要物質，也負責提供氧氣給體內各組織器官及肌肉之所需；另外，鐵質可促進免疫及智力功能的正常運作，因此缺鐵將導致對冷的忍受度降低，容易感覺手腳冰冷；孕婦懷孕後期，胎兒會由母體中獲得足夠的鐵質含量，儲存在其肝臟之中，以因應出生後四個月內之所需；因此，嬰兒出生四個月以後需要額外從外來食物中補充鐵質，否則容易因缺乏鐵質而導致貧血。

磷屬於人體內第二高量的礦物質，主要存在於骨骼及牙齒中，不適當比例的鈣磷比，可能會引起佝僂病及痙攣，常見的牛奶含量中，鈣磷比約為 1：3，但這對嬰兒而言含量仍偏低，宜需要再增加鈣質供應量或將磷的攝取量減少。水分可以維持血液循環系統的流暢，並幫助廢物的代

謝，也能散發多餘的熱量，一般成人所需的水分，約占體重的 68%；嬰兒則約為 80%，所以當水分供應不足時，將對嬰兒產生極大的傷害（嬰兒容易因為脫水而導致喪命）。

 第一節　嬰幼兒的熱量需求

　　一般來說，嬰兒所需的熱量為每公斤體重 100 至 120 大卡，年紀愈小者，所需要的量愈高。以體重為單位來計算，嬰兒的熱量需求約為成人的 3 至 5 倍（成人 25 至 30 卡／公斤體重；嬰幼兒 75 至 120 卡／公斤體重）。

　　嬰兒出生之第一年，因為活動力愈來愈強，所以活動所需的熱量也將逐漸增加；嬰兒的熱量來源之分配（碳水化合物、脂肪及蛋白質），如果與成人進行比較，之間有著很大的不同，所以父母假如光憑自己的喜好來供應時，勢必將會提供不適當與不符合嬰兒需要的飲食。最適合嬰兒的飲食，其實是屬於高脂肪及高碳水化合物的食物，主要是因為嬰兒需要高熱量，但是卻因為胃的容納量很小，所以每次只能攝取很少的食物；因此必須少量多餐，而脂肪因為熱量密度最高，因此特別適合嬰兒的需要。另外，嬰兒腦部的發育需要脂肪酸及熱量，所以必須供應高脂肪的飲食，才能符合嬰兒腦部成長之所需。

一、熱量的需求評估

　　嬰兒每天所需要的熱量，等於其基礎代謝量，加上食物的特殊動力作用及體力活動所需的熱量，其中食物和特殊動力作用，嬰兒約增加 7% 至 8%；體力活動所需熱量，嬰兒基本基礎代謝占 50%、生長所需占 12%、體力活動占 25%，因此體力活動部分所需的熱量，嬰兒約為每天每公斤體重 15 至 25 卡，而當運動量大時可提高 50 至 80 卡。以下為嬰兒每天所需的總熱量：

1. 零至三個月：100 大卡／公斤，而此時間的嬰兒平均體重為 5 至 6 公斤，所以每天的總熱量約為 500 至 600 卡。

2. 三至六個月：100 大卡／公斤，此時期的嬰兒平均體重為 6 至 7 公斤，所以每天的總熱量約為 600 至 700 大卡。

3. 六至九個月：90 大卡／公斤，此時期的嬰兒平均體重為 7 至 8.5 公斤，所以每天的總熱量約為 630 至 765 大卡。

4. 九至十二個月：90 大卡／公斤，此時期的嬰兒平均體重為 8.5 至 12.7 公斤，所以每天的總熱量約為 765 至 1,150 大卡。

5. 一至四歲：每天 1,150 至 1,550 大卡。

6. 四至七歲：男生每天 1,550 至 2,100 大卡；女生則為每天 1,400 至 1,900 大卡。

綜合上述，熱量分配建議碳水化合物 55%（衛生署建議成人為 58% 至 68%）、蛋白質 15%（成人 10% 至 14%）、脂肪 35% 至 50%（成人 20% 至 30%）。

熱量即一般所謂的 1 卡熱量，係指 1 大卡路里（Calorie，Cal 或 kcal），等於能讓 1 公斤（1,000 毫升）的水，由 14.5℃ 升高溫度至 15.5℃ 所需要的熱量。嬰幼兒需要供應足夠的熱量，以維持其身體代謝及增長之所需，**表** 4-1 及**表** 4-2 列出了美國及臺灣嬰幼兒的熱量需求預估（嬰兒時期所需要的熱量計算方式，包括有 Harris-Benedict 公式及每天建議允許量表等間接熱量方式）。

表 4-1　**估計熱量需求（美國）**

年齡	千卡（大卡／公斤體重）
0 至 1 歲	90-120（臺灣 90-100）
1 至 7 歲	75-90
7 至 12 歲	60-75
12 至 18 歲	30-60
＞ 18 歲	25-30

表 4-2　臺灣嬰幼兒及兒童的熱量需求

營養素	熱量 II, III	
單位／年齡 I	大卡（kcal）	
0 至 6 個月	100／公斤	
7 至 12 個月	90／公斤	
1 至 3 歲	男	女
（稍低）	1,150	1,150
（適度）	1,350	1,350
4 至 6 歲	男	女
（稍低）	1,550	1,400
（適度）	1,800	1,650
7 至 9 歲	男	女
（適度）	1,800	1,650
（稍低）	2,100	1,900
10 至 12 歲	男	女
（稍低）	2,050	1,950
（適度）	2,350	2,250
13 至 15 歲	男	女
（稍低）	2,400	2,050
（適度）	2,800	2,350
16 至 18 歲	男	女
（低）	2,150	1,650
（稍低）	2,500	1,900
（適度）	2,900	2,250
（高）	3,350	2,550

註：I. 本表另列舉出十八歲以下者，且年齡係以足歲計算。

II. 1 大卡（Cal；kcal）＝ 4.184 焦耳（kj）。

III.「低、稍低、適度、高」表示工作生活強度之程度：

　　①低：主要從事輕度生活活動，如看書、看電視，一天約 1 小時不激烈的動態活動，如步行或伸展操。

　　②稍低：從事輕度生活活動，如打電腦、做家事，一天約 1 至 2 小時不激烈的動態活動，如步行。

　　③適度：從事中度生活活動，如站立工作、農漁業，一天約 1 小時較強動態活動，如快走或爬樓梯。

　　④高：從事重度生活活動，如重物搬運、農忙工作期；或一天中約有 1 小時激烈運動，例如游泳或登山。

二、每天總熱量需求的計算方法

　　嬰幼兒對於熱量的需求，隨著年齡而有所不同，其中的變異性很大，因此世界衛生組織針對嬰幼兒熱量及蛋白質需要量的建議，為「只要有可能的熱量需求，應根據其支出，而非只注意攝取量」。例如九個月大的心臟病童，每天假設只喝 100 毫升，供應熱量為 670 卡，但是如果他一天需要 900 至 1,230 卡時，就必須增加熱量密度（心臟病童往往因為控制疾病之需要而被要求限水，也就是限制喝奶量，故無法靠增加奶量來提高熱量供應），始能提高每天熱量的供應，以符合其生長的需要。因為，體重 1,000 公克的嬰兒，體內約只有四天的營養儲存量，所以足月的嬰兒假如沒有適時供應營養，將無法存活超過一個月；而嬰幼兒的熱量需求，也因著不同性別、身體組成及季節，而有不同的差異。

　　以下為高雄榮民總醫院所提供的八類計算公式。

(一)每天總熱量需求計算公式一

　　發育中的小孩，應提供足夠的熱量以滿足生長之所需，並每三至六個月監測一次身高、體重的發育情形：

　　1. 每天總熱量需求計算方法一：
　　　(1) 體重＜ 10 公斤：100 大卡／公斤。
　　　(2) 體重 10 至 20 公斤：100 大卡／公斤＋ 50 大卡／公斤。
　　　(3) 體重＞ 20 公斤：100 大卡／公斤＋ 50×10 大卡／公斤（11 至
　　　　　20 公斤部分）＋ 20 大卡／公斤。
　　2. 每天總熱量需求計算方法二：
　　　(1) 年齡一歲以下：1,000 大卡（一歲內）。
　　　(2) 二至十一歲：每年增加 100 至 2,000 大卡。
　　　(3) 青少年（十二至十五歲）：

① 男：2,000 大卡＋ 200 大卡／年。

② 女：2,000 大卡＋ 50 至 100 大卡／年。

(4) ＞十五歲：依成人熱量需求量方式計算。

(二)每天總熱量需求計算公式二

以每天熱量消耗（Energy Expenditure, EE）方式估算：

熱量消耗（EE）＝基本熱量消耗（BEE）× 活動因子（見**表** 4-3）
× 壓力因子（見**表** 4-4）

1. 嬰兒（小於一歲）＝ 22 ＋（31× 體重）＋（1.7× 身高），故身高 90 公分、體重 12 公斤的十一個月半的大嬰兒，每天的總熱量需求為：

$$22 ＋（31×12）＋（1.7×90）＝ 547$$

2. 身高 90 公分、體重 12 公斤的十一個月半的大嬰兒，男性與女性的基本熱量消耗（BEE）公式為：

男性 BEE ＝ 66 ＋（13.7×W）＋（5×H）－（6.8×A）
女性 BEE ＝ 655 ＋（9.6×W）＋（1.8×H）－（4.7×A）

其中，

W ＝實際體重；H ＝身高（公分）；A ＝足歲年齡

3. 身高 90 公分、體重 12 公斤的十一個月半的大嬰兒的活動因子如**表** 4-3；壓力因子如**表** 4-4：

表 4-3　活動因子表

臥床	1.2
輕度活動	1.3
中度活動	1.4

故其每天總熱量為：

547×1.2 ＝ 656.4 卡（嬰兒臨床為主，因此活動因子為 1.2）

656.4×1.4 ＝ 919 卡（嬰兒屬於生長中，因此壓力因子為 1.4）

4. 身高 90 公分、體重 12 公斤的十一個月半的大嬰兒的活動因子如
   表 4-4：

表 4-4　壓力因子表

正常	1.0
輕度飢餓	0.85-1.0
小手術或癌症	1.2
腹膜炎	1.05-1.25
骨折、骨骼創傷	1.3
每發燒 1℃	1.13（體溫每升高 1℃，熱量需求增加 13%）
生長	1.4
懷孕	1.1
哺乳	1.4
敗血	1.4-1.8
燒傷，占全身 30% 者	1.7
燒傷，占全身 50% 者	2.0
燒傷，占全身 70% 者	2.2
癌症惡病質	1.2-1.4

故其每天總熱量為：

$$656.4×1.4 ＝ 919 卡$$

另外，一般正常人的壓力因子為 1.0，要進行減重等的調控時，計算
方式如下：

1. 要增重時的每天總熱量為：EE×1.5。
2. 要維持體重時的每天總熱量為：EE×1.15 ～ 1.30。

3. 要減重時的每天總熱量為：EE×0.5 ～ 1.0。

(三)每天總熱量需求計算公式三（EEE）

每天總熱量需求**公式三**（Ireton- Jones Energy Expenditure Equation, EEE）中：(1)S（Sex）＝性別，男性＋1，女性＋0；(2)T（Trama）＝創傷，是＋1，否＋0；(3)B（Burn）＝燒傷，是＋1，否＋0；(4)O（Obesity）＝肥胖，是＋1，否＋0；**公式三**的計算方式如下：

1. 肥胖者：

   EEE（S）＋629 －（11× 年齡）＋（25× 體重）－ 609（O）－ 500 ～ 1,000 卡

2. 無呼吸器者：

   EEE（S）＋629 －（11× 年齡）＋（25× 體重）－ 609（O）

3. 有呼吸器者（Ventilator, V）：

   EEE（V）＋1,784 －（11× 年齡）＋（5× 體重）＋ 244（S）＋ 239（T）＋ 804（B）

(四)每天總熱量需求計算公式四

每天總熱量需求**公式四**——Harris-Benedict 公式的計算方式如下：

1. 男性的靜態休息之能量消耗值（Resting Energy Expenditure，簡稱 REE）：

   REE ＝ 66.5 ＋（13.75× 體重）＋（5× 身高）－（6.75× 年齡）

2. 女性的靜態休息之能量消耗值：

   REE ＝ 65.5 ＋（9.56× 體重）＋（1.85× 身高）－（4.67× 年）

(五)每天總熱量需求計算公式五

每天總熱量需求公式利用基礎代謝率（BMR）（見**表** 4-5）來加以計算，公式如下：

表 4-5　各年齡層之基礎代謝值（BMR）

年齡	男性（Kcal/kg/min）	女性（Kcal/kg/min）
7 至 9 歲	0.0295	0.0279
10 至 12 歲	0.0244	0.0231
13 至 15 歲	0.0205	0.0194
16 至 19 歲	0.0183	0.0168
20 至 24 歲	0.0167	0.0162
25 至 34 歲	0.0159	0.0153
35 至 54 歲	0.0154	0.0147
55 至 69 歲	0.0151	0.0144
70 歲以後	0.0145	0.0144

1.WHO 建議值（World Health Origination, 1989）：（**表** 4-6）

表 4-6　WHO **建議** REE **值**

年齡	男性 REE（大卡／天）	女性 REE（大卡／天）
0 至 3 歲	（60.9×Wt）－ 54	（61.0×Wt）－ 51
3 至 10 歲	（22.7×Wt）＋ 495	（22.5×Wt）＋ 499
10 至 18 歲	（17.5×Wt）＋ 651	（12.2×Wt）＋ 746
18 至 30 歲	（15.3×Wt）＋ 679	（14.7×Wt）＋ 496
30 至 60 歲	（11.6×Wt）＋ 879	（8.7×Wt）＋ 829
60 以後	（13.5×Wt）＋ 487	（10.5×Wt）＋ 596

2.根據體表面積估算：體表面積可用身高（H）及體重（W）計算，公式如下：

體表面積（平方公尺）＝ 0.007184×W 0.425×H 0.725

按照個人年齡及性別查**表**4-7（杜氏代謝體型之基礎代謝率表）獲得單位體表面積所對應的 BMR 值，公式如下：

BMR 值＝杜氏代謝體型之基礎代謝率表標準值 × 體表面積（平方公尺）×24

表 4-7　**杜氏代謝體型之基礎代謝率表標準值**

年齡	大卡／（公尺）² ／小時		年齡	大卡／（公尺）² ／小時	
	男	女		男	女
14 至 16 歲	46.0	43.0	40 至 50 歲	38.5	36.0
16 至 18 歲	43.0	40.0	50 至 60 歲	37.5	35.0
18 至 20 歲	41.0	38.0	60 至 70 歲	36.5	34.0
20 至 30 歲	39.5	37.0	70 至 80 歲	35.5	33.0
30 至 40 歲	39.5	36.5	--	--	--

增加例子加以說明如下：

1. 以 14 歲男性、50 公斤、166 公分、中度活動者為例：

每日的 BMR 值＝ $46 \times 0.007184 \times 50^{0.425} \times 166^{0.725} \times 24$
　　　　　　＝ 1,702 卡

2. 以 14 歲女性、49 公斤、158 公分、中度活動者為例：

每日的 BMR 值＝ $43 \times 0.007184 \times 49^{0.425} \times 158^{0.725} \times 24$
　　　　　　＝ 1,522 卡

(六)每天總熱量需求計算公式六

每天總熱量需求計算**公式六**——Miffin-St. Jeor 公式如下：

1. 男性 BEE ＝ $10 \times$ 體重 ＋ $6.25 \times$ 身高 － $5 \times$ 年齡 ＋ 5
2. 女性 BEE ＝ $10 \times$ 體重 ＋ $6.25 \times$ 身高 － $5 \times$ 年齡 － 161

增加例子加以說明如下：

1. 以 9 歲男童、39 公斤、149 公分、中度活動者為例：

　每日的 BEE 值 = 10×39 + 6.25×149 − 5×9 + 5 = 1,281 卡

2. 以 9 歲女童、36 公斤、145 公分、中度活動者為例：

　每日的 BEE 值 = 10×36 + 6.25×145 − 5×9 − 161 = 1,060 卡

(七)每天總熱量需求計算公式七

以每公斤體重每小時大約需要 1 大卡熱量來進行估計，公式如下：

REE ≒ 1 大卡／小時／公斤體重

1. 男性每天 REE = 1× 時間（小時數）× 體重（公斤數）
2. 女性每天 REE = 1× 時間（小時數）× 體重（公斤數）×0.9
3. 估計一日之大卡數 = 1×24×（50 ～ 70）≒ 1,200 至 1,680 大卡／
　天

(八)每天總熱量需求計算公式八

直接依據年齡與性別查詢**表** 4-2 得知。

第二節　嬰幼兒的蛋白質需求

蛋白質（Protein）來源為豆魚肉蛋奶類，屬於含氮物質，基本結構是胺基酸。蛋白質的希臘文為 "proteios"（意思是最為重要－ of the most importance），代表蛋白質是人體最重要的成分。

新生兒及兒童的蛋白質需要量依年齡而異（如**表** 4-8），同時對蛋白

表 4-8　臺灣嬰幼兒及兒童的蛋白質參考攝取量

營養素	身高		體重		熱量 [II,III]		蛋白質 [IV]		蛋白質 [IV]	
單位 年齡 [I]	公分（cm）		公斤（kg）		大卡（kcal）		公克（g）		公克／每公斤 體重（g）	
	男	女	男	女	男	女	男	女	男	女
0 至 6 月	61	60	6	6	100／公斤		2.3／公斤		2.30	
7 至 12 月	72	70	9	8	90／公斤		2.1／公斤		2.10	
1 至 3 歲 （稍低） （適度）	92	91	13	13	 1,150 1,350	 1,150 1,350	20		1.54	
4 至 6 歲 （稍低） （適度）	113	112	20	19	 1,550 1,800	 1,400 1,650	30		1.50	1.58
7 至 9 歲 （稍低） （適度）	130	130	28	27	 1,800 2,100	 1,650 1,900	40		1.43	1.48
10 至 12 歲 （稍低） （適度）	147	148	38	39	 2,050 2,350	 1,950 2,250	55	50	1.45	1.28
13 至 15 歲 （稍低） （適度）	168	158	55	49	 2,400 2,800	 2,050 2,350	70	60	1.27	1.22

註：I. 本表另列舉出十八歲以下者，且年齡係以足歲計算。

　　II. 1 大卡（Cal；kcal）＝ 4.184 焦耳（kj）。

　　III.「稍低、適度」表示生活活動強度之程度：

　　　　①稍低：主要從事輕度生活活動，如看書、看電視，一天約 1 小時不激烈的動態活動，如步行或伸展操；打電腦、做家事，一天約 1 至 2 小時不激烈的動態活動，如步行。

　　　　②適度：從事中度生活活動，如站立工作，農漁業，一天約 1 小時較強動態活動，如快走或爬樓梯。

　　IV. 動物性蛋白在總蛋白質中的比例，一歲以下的嬰兒以占三分之二以上為宜。

資料來源：行政院衛生署 91 年修訂國人膳食營養素參考攝取量（Dietary Reference Intakes, DRIs）。

質的需求數量也高於成人。因為嬰幼兒合成某些胺基酸的能力有限,因此更需要提供足夠的蛋白質,以免導致身體缺乏。

一、蛋白質的功用

人體可以利用胺基酸形成蛋白質,而蛋白質是構成酵素、攜鈣素組織蛋白、膠原、角質素、彈力蛋白、血紅素、脂蛋白、鐵蛋白、肌動蛋白、肌原蛋白、激素、免疫球蛋白、干擾素、血纖維蛋白及白蛋白的成分,分別具有以下之功用:

1. 電解質、水分及酸鹼平衡:血漿中的蛋白質(如白蛋白)負責維持血液滲透壓,當身體蛋白質不足,將因滲透壓無法維持而使水分滲出血管,流入組織間隙,導致水腫;蛋白質也負責酸鹼平衡,緩衝血液酸鹼度變化,避免導致酸中毒或鹼中毒等病症。
2. 保衛作用(Protection):抗體由免疫細胞合成,具有專一辨識作用,可辨識外來物質,並加以破壞清除,如免疫球蛋白、干擾素、血纖維蛋白;使生物體能夠防衛異種生物侵入體內,或保衛自體免受到體內其他系統的傷害。
3. 催化作用(Catalytic):酵素(Enzyme)能催化各種合成或分解的生化反應,幾乎所有生物體內的化學反應,皆由酵素進行催化。
4. 結構作用(Struction):如膠原、角質素、彈力蛋白,提供組織支援、賦予硬度、韌性或彈性。
5. 運送作用(Transportation):如血紅素運送氧氣、二氧化碳,及脂蛋白運送膽固醇及鐵蛋白運送鐵質。
6. 收縮作用(Contraction):如肌動蛋白及肌原蛋白,使細胞或生物能夠收縮、改變形狀或移動。
7. 激素作用(Hormone):如胰島素、甲狀腺素、副甲狀腺素等,及生長激素等。

8. 調節作用（Regulation）：如攜鈣素組織蛋白，可以調節生理作用或化學反應。

9. 基因調節（Gene Regulation）：如組織蛋白，與基因的表現有關，通常細胞核內的基因組（Genome）所含的訊息，只有部分被表現出來。

二、蛋白質的組成

　　蛋白質的組成除了含有碳、氫及氧等元素外，還有氮及少量的硫與磷等，胺基酸的官能基有兩個：一為羧基（Carboxyl Group），一為胺基（Amino Group）；胺基酸及胺基酸間，則以胜肽（Peptide Bond）為鍵結。蛋白質經過適當消化後，將分解成為胺基酸，然後被人體所吸收；人體再將吸收之胺基酸，依據實際之需求，由 DNA 及 RNA 控制，合成身體所需要的各種蛋白質。人體對於部分胺基酸，具有自製能力，這些胺基酸，稱為非必需胺基酸（Non-Essential Amino Acid）；而某些胺基酸，因為身體不能自製，或自製之數量並不足以供應身體所需，而必須從食物攝取，否則會出現缺乏營養素的疾病症狀者，則稱為必需胺基酸（Essential Amino Acid）。

(一)胺基酸的種類

■ 必需胺基酸

　　必需胺基酸（Essential Amino Acid）為身體所不能自製，或自製之量不足以供應身體所需，必須自食物補充的胺基酸者；小孩計有九種，分別為組胺酸（Histidine）、異白胺酸（Isoleucine）、白胺酸（Leucine）、離胺酸（Lysine）、甲硫胺酸（Methionine）、苯丙胺酸（Phenylalanine）、色胺酸（Tryptophan）、羥丁胺酸（Threonine）及纈胺酸（Valine）；而成人則少了組胺酸，計為八種；另外，胺基酸中的酪胺酸，身體可以利用胺

基酸苯丙胺酸來合成，胱胺酸則可由甲硫胺酸來合成，因此有時酪胺酸及胱胺酸，被列為非必需胺基酸；但如果當身體缺乏苯丙胺酸及甲硫胺酸時，由於缺乏製造的原料，而無法合成酪胺酸及胱胺酸，所以這兩種胺基酸，有時也被列為必需胺基酸。

■半必需胺基酸

半必需胺基酸（Semi-Essential Amino Acid）屬於身體可自製，但合成量不夠身體需求，因此必須自食物中獲得，如嬰兒成長所需要之胺基酸組胺酸；另外，苯丙胺酸（Phenylalanine）可轉變成酪胺酸（Tyrosine），而當食物攝取酪胺酸數量足夠時，苯丙胺酸之需求量將減少，所以酪胺酸，又被稱為半必需胺基酸。

■非必需胺基酸

非必需胺基酸（Non-Essential Amino Acid），指身體能夠自行合成足夠量的胺基酸，包括：甘胺酸（Glysine）、丙胺酸（Alanine）、胱胺酸（Cysteine）、天門冬胺酸（Aspartic acid）、天門冬醯胺酸（Asparagine）、麩胺酸（Glutamic acid）、絲胺酸（Serine）、羥脯胺酸（Hydroxy proline）、麩醯胺酸（Glutamine）、半胱胺酸（Cysteine）及脯胺酸（Proline）及等 11 種。

■非蛋白質 α-胺基酸

以下胺基酸雖不屬於蛋白質（即以下胺基酸並非用來合成蛋白質之用），但對哺乳類而言，係屬於具有重要功能的胺基酸，故仍列出供讀者參考：

1. 鳥胺酸（Ornithine）：為非必需胺基酸，身體能夠自己製造，由精胺酸（Arginine）代謝成尿素時產生；為羥丁胺酸（Threonine）及甲硫胺酸（Methionine）等新陳代謝之中間物質；同時是瓜胺酸（Citrulline）、脯胺酸（Proline）及麩胺酸（Glutamic Acid）的前

趨物；能誘使身體釋出生長激素，幫助脂肪代謝；也參與免疫系統的正常運作，因此在受傷的部位都有鳥胺酸；另外，肝臟去除氨的毒性及肝臟的再生等都需要鳥胺酸的參與。

2. 高半胱胺酸（Homocysteine）：甲硫胺酸（Methionine）的中間代謝物質，與心血管疾病有關。

3. 瓜胺酸（Citrulline）：尿素（Urea）生成的重要物質。肝臟在進行脫氨（氨對於哺乳類具有毒性，因此身體會利用肝臟的尿素循環，將氨轉成尿素，再透過腎臟排出體外）作用時，需要瓜胺酸的參與，否則氨一旦累積，將影響到身體的健康。

4. 多巴（Dopa）：黑色素（Melanin）的前趨物質（Precursor）。

■其他非 α - 胺基酸

1. 牛磺酸（Taurine）：

(1) 主要功用是製造其他胺基酸及膽汁，膽汁屬於脂肪代謝時所不可缺少的物質，作為乳化劑用，所以高牛磺酸，將可以降低膽固醇；也因此人體缺乏牛磺酸時，易動脈硬化、心臟病及高血壓。

(2) 牛磺酸具有防止鉀從心臟肌肉內流失所導致的心律不整，及有保護頭腦的作用，所以當患者發生焦躁不安、癲癇發作、活動過度及腦機能低下時，便利用牛磺酸輔助治療；牛磺酸搭配礦物質鋅，可以共同維持視力及防止癲癇發作，所以如果二者同時缺乏時，視力將會因此受損。

(3) 人體內的牛磺酸，主要密集存在於心臟肌肉、白血球、骨骼肌肉及中樞神經系統；其餘則幾乎存在於所有生物之中；含量最豐富的是水產（如墨魚、章魚、蝦）、貝類（牡蠣、海螺及蛤蜊等）及魚類（青花魚及竹莢魚）；魚類的魚背發黑的部位所含的牛磺酸含量比較多，約是其他白肉的 5 至 10 倍，故攝取

此類食物將可因此攝取較多的牛磺酸。

(4) 牛磺酸容易溶於水中，所以用餐時宜飲用魚貝類的湯，而除了牛肉外，一般肉類的含量較少，僅為魚貝類的 1% 至 10%，因此海產品的牛磺酸含量最為豐富。過去的人常說「吃魚比較聰明」，自有其道理存在，但現在因為海洋已經遭到重金屬汞的污染，而汞易損傷幼兒的腦部，現代人魚類如果攝取過多，反而可能對其智力的發育不利。

2. γ - 胺基丁酸（Gamma-Amino Butyric Acid，簡稱 GABA）：γ - 胺基丁酸係擔任中樞神經系統的神經傳導物質，可以抑制中樞神經系統過度興奮，對於腦部具有安定作用，進而具有促進放鬆及消除神經緊張的效果；幫助維持腦機能的正常，屬於腦代謝所必不可少的物質，另外具有鎮靜作用。一般鎮靜藥會有上癮問題，而 γ - 胺基丁酸則不會，故常被用來治療癲癇及高血壓，也可以抑制性慾衝動。

(二)胺基酸的功能

■色胺酸

色胺酸（Tryptophan，簡稱 Try），屬必需胺基酸，也是大腦製造血清素（Serotonin）的原料。而血清素具有讓人放鬆、心情愉悅，及減緩神經活動引發睡意的效果，所以屬於天然的精神鬆弛劑，可以改善睡眠、減輕焦慮及憂慮，並改善頭痛，加強免疫功能及減少罹患心臟血管疾病的機會。

飲食攝取色胺酸不足時，人體會因此易於發生憂鬱、焦慮及罹患暴食症，這是因為人體不能自行製造足夠的色胺酸，必須仰賴食物的供應，而當不能從食物中攝取足夠數量時，便會由於血清素的製造量不足，引發抑鬱、焦慮及情緒失調。缺乏血清素，會導致情緒因此受到影響，導致憂鬱症或季節性情緒思調等障礙，另外，血清素又與褪黑激素的合成有關，

而褪黑激素具有安定情緒的功用。

褪黑激素係由大腦內的松果腺體（Pineal Gland）所分泌，當眼睛接受到光線刺激時，人體會抑制褪黑激素的分泌，反之當外界光線之刺激消失時，褪黑激素就會開始分泌；因此當環境開始變暗、光線減弱甚至消失時，身體便會開始分泌褪黑激素，而每天透過分泌量的消長，進行控制清醒及睡眠。嬰兒剛出生時，由於褪黑激素的分泌功能尚不完全，因此有時候會在白天睡覺，而在晚上哭鬧，等到身體分泌褪黑激素功能慢慢運作正常以後，日夜顛倒的狀況就會改善正常；而老年以後，因為褪黑激素分泌量又開始減少，許多老人因此會睡不好。

■苯丙胺酸

苯丙胺酸（Phenylalaine，簡稱 Phe），屬於必需胺基酸，也是腦部及神經細胞製造神輕傳導物—新腎上腺素（Norepinephrine）的原料。新腎上腺素可以保持警覺、改善記憶及對抗憂鬱，故常使用於治療關節炎、憂鬱症、偏頭痛、肥胖、帕金森症及精神分裂。

苯丙胺酸屬於必需胺基酸，必須從飲食中攝取，在人體可以被轉換成酪胺酸（Tyrosine），人體的神經係利用新腎上腺素（Norepinephrine）進行訊息傳遞（新腎上腺素與學習及記憶密切相關），正常的嬰幼兒會利用苯丙胺酸合成神經傳導物質新腎上腺素，所以必須提供足量的苯丙胺酸幫助嬰幼兒腦部正常發育。

■離胺酸

離胺酸屬於必需胺基酸（Lysine，簡稱 Lys），其功用包括：

1. 幫助鈣質吸收。
2. 促進膠原蛋白形成，修復身體內各組織的損傷。
3. 幫助抗體、荷爾蒙及酵素的製造。
4. 為兒童成長及骨骼形成所必需。
5. 促進葡萄糖代謝。

6. 解除疲勞，提高集中力。

7. 強化肝機能，減少血中脂肪及膽固醇。

8. 可以輔助治療單純性泡疹及老年人的帶狀皰疹。

9. 製造荷爾蒙，提高受精率。

■ **甲硫胺酸**

甲硫胺酸（Methionine，簡稱 Met），屬於必需胺基酸，具有防止頭髮、皮膚及指甲的病變，並幫助脂肪代謝、降低膽固醇濃度、降低肝臟脂肪、防止中毒及協助腎臟排泄氨（Ammonia）等功用。

甲硫胺酸也是抗氧化劑，由於含有大量的硫，可以抑制自由基，過去在判定植物性黃豆蛋白（Soy Protein）品質時，由於黃豆所含的胺基酸甲硫胺酸（Methionine）數量比較少，造成進行餵食實驗老鼠時，發生生長發育不良的情況，因而遭到判定黃豆蛋白，屬於不完全蛋白質（Incomplete Protein）。當初評價蛋白品質的方式，係採用 PER（Protein Efficiency Ratio）的方式，即以攝食每克蛋白質所能增加老鼠的體重量，來作為判定測試動物（白老鼠）的成長率是否良好，並據以斷定食品蛋白質的品質。

由於實驗的白老鼠毛髮多（與人類相比較時），所以對於甲硫胺酸的需求量比較高，而黃豆的蛋白質，甲硫胺酸含量較少，雖然無法滿足老鼠生長所需；但是由於人體對於甲硫胺酸的需求與白老鼠不同，因為人的毛髮沒有老鼠那麼多；因此，過去的動物實驗結果，雖然確實證明黃豆蛋白不利於老鼠生長，但是並不能就此推論，黃豆蛋白同樣會對於人體的生長不利。1991 年，美國食品藥物管理局（Food & Drug Administration, FDA）改採新的蛋白質評價法，利用 PDCAAS 評價法（Protein Digestibility Corrected Amino Acid Score, PDCAAS，胺基酸評價指數），來進行評價人體所需之必需胺基酸型式、需求量及可消化性。評價的結果，發現黃豆蛋白的評價指數為 1.0，屬於最高評價，與動物蛋白（如酪蛋白 Casein，卵白 Egg White 等，均為 1.0）均相同，自此又重新

認定黃豆是屬於好的蛋白質，然而之前的錯誤實驗認定，導致建議美國人應該多攝取肉類及奶類，埋下現代美國人罹患肥胖及心血管疾病之病因。

■白胺酸及異白胺酸

白胺酸（Leucine，簡稱 Leu）及異白胺酸（Isoleucine，簡稱為 Ile），屬於必需胺基酸，身體與能量代謝、腦中及與警覺性有關的神經傳導物。

■羥丁胺酸

羥丁胺酸（Threonine，簡稱 Thr），屬於必需胺基酸，是人體的膠原蛋白及牙齒法瑯質的重要成分，可以防止肝臟脂肪堆積及促進胃腸道功能。

■纈胺酸

纈胺酸（Valine，簡稱 Val），屬於必需胺基酸，具有促進腦力，改善肌肉協調及安定情緒的功能。

■胱胺酸

胱胺酸（Cystine，簡稱 Cys），具有清除自由基、延緩老化及抗輻射、抗空氣污染及中和毒物等功用，屬於皮膚構造的重要成分（約占 10% 至 14%），可幫助皮膚再生，促使燙傷及外傷加速癒合。

■精胺酸

精胺酸（Arginine，簡稱 Arg）功能包括：

1. 屬於膠原（collagen）的成分，有利於新骨及腱細胞的生長。
2. 輔助胸腺生產與免疫有關的 T 細胞，增加對抗細菌、病毒及腫瘤的免疫力。
3. 參與生長激素的製造。
4. 促進傷口癒合，強化結締組織。

5.幫助肝臟代謝，保持肝功能正常。

6.促進肌肉形成及減少脂肪囤積。

7.增加精子數量。

8.維持胰島素的生產，增加糖耐受性，避免罹患糖尿病。

9.維持腦垂體的機能正常。

■酪胺酸

　　酪胺酸（Tyrosine，簡稱 Tyr）是腦中的神經傳導物質，可以協助克服憂鬱、改善記憶及促進甲狀腺、腎上腺及腦下垂體功能。

■甘胺酸

　　甘胺酸（Glycine，簡稱 Gly）的功能是協助血液釋放氧氣到組織細胞，幫助荷爾蒙的製造，加強免疫功能。

■絲胺酸

　　絲胺酸（Serine，簡稱 Ser）則是幫助肌肉及肝臟儲存肝醣，協助抗體的製造，合成神經纖維外鞘，維持中樞神經系統的機能及攝護腺的健康。

■麩胺酸

　　麩胺酸（Glutamic Acid，簡稱 Glu）又稱為腦細胞的食物，具有提高腦部功能、促進傷口癒合、減輕疲勞及酒癮等功用。

■天門冬胺酸

　　天門冬胺酸（Aspartic Acid，簡稱 Asp）具有增加精力、消除疲勞及幫助熱能代謝等功能，特別可以輔助氨（Ammonia）的代謝，以免身體累積氨過多時（如肝昏迷），傷害到腦部機能，故天門冬胺酸具有保護腦組織及神經系統的功能。

■組胺酸

組胺酸（Histidine，簡稱 His）屬於人體血紅素的主要成分，可以治療類風溼關節炎、過敏疾病及貧血，缺乏時會導致聽力減退。

■脯胺酸

脯胺酸（Proline，簡稱 Pro）可維持關節、肌腱正常功能及強化心肌。

■丙胺酸

丙胺酸（Alanine，簡稱 Ala）屬於肌肉組織及腦部中樞神經的能源之一，可以幫助產生抗體，協助糖類及有機酸的代謝。

三、蛋白質的需求量

市售主要嬰兒配方其中所供應的蛋白質量為 8.29% 至 8.33%，與成人飲食內容相比較，屬於低蛋白質飲食，而衛生署對於蛋白質的建議，每公斤體重為 0.8 至 2.4 克（成人及嬰兒），美國著名的《Krause's 應用膳食療養學》一書則建議 0.75 克。

雖說蛋白質很重要，但是實際上與其他脂肪及碳水化合物的人體需要量比較起來，水分、蛋白質的需求量並不高（成人醣類建議量為 58% 至 68%、脂肪為 20% 至 30%、蛋白質為 10% 至 14%），只是嬰幼兒由於消化及吸收率較差，所以需要多補充一點供應量。

新的研究顯示，無論是正常人、糖尿病或腎臟病患者，為了健康，蛋白質的攝取量建議應該降低至 0.4 至 0.6 公克／公斤體重（此為本書的探討值，讀者的實際蛋白質建議量應聽從醫師或營養師的指示，尤其是有罹患疾病時）；也就是說假如體重 55 公斤，那麼一天所需的蛋白質是 27.5（55×0.5）至 44 公克（55×0.8），約 4 至 6 份豆魚肉蛋奶類，假如以 0.4 至 0.6 公克／公斤體重計算，則約只有 3 至 5 份豆魚肉蛋奶類。

　　實際上，現代人的蛋白質攝取量，已遠遠超過建議量甚多。例如消費者在餐廳點一份 8 盎司牛排，就等於是豆魚肉蛋奶類的 6 至 7 份，假如再加上喜歡喝可樂等碳酸飲料，想要採用低蛋白質飲食，並不容易；以可樂為例，其飲品成分中內含有許多磷，消費者若偏好飲用，將造成鈣磷比不足（磷的攝取量增加了，但是鈣質的攝取量卻未相對增加），高磷食物將因此導致鈣質吸收的降低，造成人體易罹患骨質疏鬆；現代人因為生活水準提高了，要採用低蛋白質飲食較為可行的方式，是將紅肉（牛肉或豬肉）改以白肉、禽肉或魚肉替代；或將肉排改為肉塊、肉塊改為肉片、肉片改為肉絲等方式，進行攝取減量蛋白質的方式，是比較可行的；但是，嬰幼兒由於處於發育生長期間，則必須供應足夠的蛋白質量，始能維持正常生理之所需。

　　評估一般兒童所需要蛋白質的方式，包括分析生長與身體組成、氮平衡及血漿胺基酸濃度等方式；在足月至六個月大的嬰兒，其蛋白質需要量的估算，可依兒童食用母奶量作為評估依據。不成熟的早產兒，對於蛋白質的需要量比較高；低出生體重的嬰幼兒，大約需要每天 2 至 4 克／公斤的蛋白質，始足以維持類似在子宮內的增長速度；早產兒則需提高至每天約 3.0 克／公斤蛋白質，始可維持足夠成長速率及維持氮平衡。須要注意的是，蛋白質並非攝取量愈多愈好，當供應蛋白質每天每公斤體重超過 4 克時，反而可能造成身體異常；當給予極低出生體重兒蛋白質量每天達 6 克／公斤時，可能產生的不良後果包括氮質血症、發熱、較高斜視率及低智商等；因此建議低出生體重兒或早產兒的蛋白質（或胺基酸）量，大約是每天每公斤體重 3 至 4 克；滿足月的新生兒蛋白質，估計每天每公斤體重 2 至 3 克，如此大致已經足夠。對於重症患者要注意的是，儘管已經供應足夠的蛋白質，仍不可避免地會呈現負氮平衡，主要是因為疾病產生的壓力造成基礎代謝率增加所致。

　　兒童從一到十歲，建議供應的蛋白質量要逐步緩慢下降至每公斤體重每天 1.0 至 1.2 克；一般青春期的男生比女生需要較高的蛋白質建議

量;而對於已經住院,在疾病代謝壓力狀況下的兒童,每天每公斤體重則建議增加至 1.5 克蛋白質;上述均是由於生長及應付疾病所需,故需增加的蛋白質供應量。

四、嬰幼兒每天的蛋白質需要量

出生零至六個月者,每天每公斤體重需要 2.4 至 2.0 克蛋白質;出生六個月至一歲者,每天每公斤體重需要 2.0 至 1.7 克蛋白質;出生一至三歲者,每天需要 20 克蛋白質;出生四至六歲者,每天需要 30 克蛋白質;而九種嬰兒必需胺基酸(成人則為八種,組胺酸除外),分別為組胺酸、異白胺酸、白胺酸、離胺酸、甲硫胺酸、苯丙胺酸、色胺酸、羥丁胺酸及纈胺酸,如果發生蛋白質及胺基酸代謝異常時,嬰幼兒會罹患所謂的先天性代謝機能障礙疾病,以下即為缺乏相關胺基酸所產生的疾病:

1. 組胺酸(Histidine):組胺酸血症。
2. 異白胺酸(Isoleucine)、白胺酸(Leucine)及纈胺酸(Valine):楓糖蜜尿症。
3. 離胺酸(Lysine):離胺酸血症。
4. 甲硫胺酸(Methionine):甲硫胺酸血症、同型半胱胺酸血症。
5. 苯丙胺酸:苯丙酮尿症(PKU)。
6. 色胺酸(Tryptophan):色胺酸血症。
7. 羥丁胺酸(Threonine):羥丁胺酸血症。
8. 胱胺酸(Cystine):胱胺酸尿症。
9. 脯胺酸(Proline)及羥基脯胺酸(Hydroproline):脯胺酸血症。
10. 麩胺酸(glutamic acid):焦麩胺酸血症。
11. 酪胺酸(Tyrosine):酪胺酸血症、白化症(Albinism)。
12. 甘胺酸(Glysine):甘胺酸血症。
13. 絲胺酸(Serine):絲胺酸血症。

第三節　嬰幼兒的脂肪需求

2005 年臺灣中醫藥委員會研究發現，針對注意力缺失過動障礙兒童（即過動兒），假如採用西醫的治療方式，並沒有明顯改善，甚至會產生副作用；而觀察發現，過動症患者其中有超過 80% 者，均都屬於胃熱的體質，亦即手腳心容易出汗、晚上睡覺容易踢被子、常便秘、小便有油光及晚上容易尿床者；要小心的是，一般幼兒所喜愛攝取的巧克力、甜食及油炸食物，由於都會誘發胃熱，將惡化過動兒症狀，而過動兒如果攝取甜食，將會更加惡化；所以建議過動兒，應該少攝取炸雞、薯條、巧克力及洋芋片等肥甘厚味食物。

一、必需脂肪酸

必需脂肪酸（Essential Fatty Acid, EFA），係指人體無法自行合成，或合成量不足所需，而必須自飲食中攝取補充的脂肪酸；如飲食缺乏亞麻油酸（n6, C18: 2）、次亞麻油酸（n3, C18: 3）及花生油酸等多元不飽和脂肪酸時，身體不但會停止生長，而且會有皮膚炎、脂肪肝（當脂肪含量，超過肝臟 10% 以上時，稱為脂肪肝；超過 10% 至 25% 屬於中度脂肪肝；超過 20% 至 50% 時，則為重度脂肪肝）及微血管病變等現象，因此將這三種不飽和脂肪酸，稱為必需脂肪酸，有些書籍則將之稱為「維生素 F」。嬰兒缺乏時，會出現濕疹及皮膚發炎的現象，同時會生長發育不良。

二、嬰幼兒的飲食脂肪攝取建議

對於兒童脂肪攝取建議量，目前仍存在著相當多的爭議，由於相關建議量之辯論，已經超過二十年，也因為美國兒童罹患肥胖之增加速率非常驚人（國內亦有逐步升高的趨勢），目前幾乎已經有四分之一的美國兒

童,體重發生過重或肥胖,在過去百年之增幅已經超過 20%,有人擔心這種趨勢,將會增加成人肥胖及相關高脂血症、高血壓及第二型糖尿病等併發症,因為研究數據已經確實指出,脂肪與心血管疾病危險有關,所以建議兒童及成人應該減少**總脂肪、飽和脂肪**及**膽固醇**之攝取量。

(一)嬰幼兒的脂肪需求注意事項

動物性脂肪在分解後所產生的脂肪酸,多為飽和脂肪酸,屬於長鏈(碳原子數多),在常溫下為固體。**植物性脂肪**分解後所產生的脂肪酸,則為多元不飽和脂肪酸(中長鏈)及單元不飽和脂肪酸(短鏈)等不飽和脂肪酸較多,在常溫下為液體;但是植物系的椰子油及棕櫚油,與一般植物性油不同,由於其飽和脂肪酸含量高,並不適合作為取代動物性油脂之來源,故不能說植物油就一定是好的油,這是讀者要思考與判斷的。一般會建議以含有高單元不飽和脂肪酸之植物性油脂,替代動物性油脂,以減少攝取飽和脂肪酸,並增加不飽和脂肪酸之攝取;所以多攝取動物性脂肪,易造成壞的膽固醇,多攝取單元不飽和脂肪酸,則可形成好的膽固醇 HDL;多攝取高單元不飽和脂肪酸之植物性油脂,身體中好的膽固醇 HDL 多,就可協助身體將多餘的膽固醇送回肝臟,製造膽汁,幫助脂肪消化,另外也可以避免身體多餘的膽固醇遭到氧化,而堆積在動脈管壁造成血管阻塞。

兒童因為快速生長及發育的需要,對於養分的需求明顯與成人不同,因此假如兒童減少攝取脂肪,對於正在成長的孩子是否會造成 ω-3 等必需脂肪酸因此不足,而影響到正常生長與發育;另外,也有可能因此造成脂蛋白(運輸身體膽固醇的交通工具)合成量減少。攝取脂肪內容不健康時,由於可能增加攝取有害的反式脂肪酸及飽和脂肪酸(取代優質的單元不飽和脂肪酸),所以易使血脂肪量升高,可能反而造成日後易罹患心血管疾病,所以有關脂肪攝取,目前似乎認為與其限制總脂肪攝取量,反而不如注意食用脂肪的內容來得重要,至於食用脂肪的攝取則建議攝取

高單元不飽和脂肪酸、適量多元不飽和脂肪酸及低飽和脂肪酸及反式脂肪酸；以下分別說明之。

■飽和脂肪酸

月桂酸（棕櫚油及椰子油）、肉荳蔻酸（奶油、椰子及棕櫚油）及棕櫚酸等飽和脂肪酸，因為最容易導致血膽固醇上升，其中又以肉豆蔻酸的影響最大，其次為棕櫚酸及月桂酸。

研究顯示，飽和脂肪酸攝取量每增加 1% 總熱量，血膽固醇將因此相對增加 2.7 mg/dl，且**飽和脂肪酸**會使壞的膽固醇（低密度脂蛋白，LDL）增加，而身體壞的膽固醇一增加，將因此易罹患動脈硬化症。值得一提的是，經過人工部分氫化的植物油所產生的反式脂肪，造成心血管疾病的機率約高出飽和脂肪的數倍。

■反式脂肪酸

反式脂肪酸（Trans Fatty Acids, TFA）廣泛存在於經過氫化的加工食品中，自然界的植物油並不含有反式脂肪酸，而是因為不飽和脂肪酸經氫化作用加工後所產生。天然植物脂肪酸一般都屬於順式結構，而氫化過的植物油，部分結構將由順式轉成反式，並且不再回復，稱為反式脂肪酸；因此含有氫化油脂者，又稱為**反式脂肪**（Trans Fats），如氫化植物油、氫化棕櫚油、植物乳化油或植物酥油。

◎氫化目的

植物油因為含有大量不飽和脂肪酸，因此容易發生氧化及酸敗，且不耐久炸，為了改善此缺點，油脂業者利用氫化技術，將不飽和脂肪酸予以氫化，使植物性油脂因此增加了飽和度（不飽和脂肪酸則因為氫化而減少），可以因此更耐高溫、存放更久且不易變質敗壞，並且具有酥脆口感、不油膩，增加食品加工的方便性與降低成本。

日常生活中，塗抹麵包所使用的油脂或油炸用油、烤酥油、人造奶油及奶精油脂等，都可能含有反式脂肪酸；但是吊詭的是，市售類似產品

許多卻標示其中的反式脂肪酸量為 0，值得衛生主管單位的重視；一般硬式乳瑪琳所含的反式脂肪酸量較軟式乳瑪琳高（油脂質地越硬，代表氫化的程度越高，形成反式脂肪酸的機率越大）；天然食物的反式脂肪酸，含量比較少，主要存在於牛肉、奶油及牛乳脂肪；薄脆餅乾，因為製作時，含有部分氫化植物油，所以含有 3% 至 9% 之反式脂肪酸；一般點心則約含 8% 至 10% 反式脂肪酸。

　　食品工業發展研究所曾引用國外相關的研究表示，人工反式脂肪不僅與飽和脂肪一樣，會提高人體血中壞膽固醇及三酸甘油酯，還會降低身體具有淨化動脈的好膽固醇；還可能影響嬰幼兒及青少年的生長與發育，並且會誘發氣喘、糖尿病及過敏等疾病，所以認為反式脂肪，比含有飽和脂肪的豬油及牛油更有害健康。反式脂肪酸，其實是屬於油酸的異構物，而與 PUFA 比較，其造成血膽固醇升高程度較高，但又比月桂酸及肉豆蔻酸等飽和脂肪酸升高膽固醇程度低。目前飲食建議，係將奶油換成軟式乳瑪琳，以降低反式脂肪酸的攝取（或儘量減少食用次數），另外也需要搭配減少總脂肪及飽和脂肪攝取量。

◎反式脂肪酸限制量

　　為了國民健康，許多國家已經開始規定標示反式脂肪酸的限制量。丹麥自 2003 年 6 月起，禁止任何含反式脂肪酸超過 2% 的油脂；瑞典與荷蘭則規定須在 5% 以下；法國在 3.8% 以下；美國在 2006 年開始，要求包裝食品標示反式脂肪酸，紐約市更在 2008 年開始，全面禁止餐廳使用反式脂肪；臺灣則在 2007 年 7 月 19 日起，規定市售包裝食品營養標示規範，必須標示出飽和脂肪及反式脂肪，其中的有關規定為：

1. 對熱量、營養素及反式脂肪含量標示之單位：食品中所含熱量應以大卡表示，蛋白質、脂肪、飽和脂肪、碳水化合物及反式脂肪應以公克表示，鈉應以毫克表示，其他營養素應以公克、毫克或微克表示，如飽和脂肪酸 18 公克。

2. 熱量、蛋白質、脂肪、碳水化合物、鈉、飽和脂肪、糖及反式脂肪等營養素若符合下表之條件，得以「0」標示（**反式脂肪**係指食用油經部分氫化過程所形成的非共軛反式脂肪酸）。而得以「0」標示之條件為：

飽和脂肪酸	該食品每 100 公克之固體（半固體）或每 100 毫升之液體所含該營養素量不超過 0.1 公克
反式脂肪	該食品每 100 公克之固體（半固體）或每 100 毫升之液體所含該營養素量不超過 0.3 公克

3. 標示事項及方法之範例：若所採用營養標示格式係為需加標每日營養素攝取基準值之百分比者，反式脂肪部分不需加註每日攝取基準值百分比：

營養標示格式一	
營養標示	
每一份量	○○○公克（或毫升）
本包裝含	○份
每份含量	
熱量	○○○大卡
蛋白質	○○○公克
脂肪	○○○公克
飽和脂肪	○○○公克
反式脂肪	○○○公克
碳水化合物	○○○公克
鈉	○○○毫克
宣稱之營養素含量	○○○公克
其他營養素含量	○○○公克

營養標示格式二	
營養標示	
每 100 公克（或每 100 毫升）	
熱量	○○○大卡
蛋白質	○○○公克
脂肪	○○○公克
飽和脂肪	○○○公克
反式脂肪	○○○公克
碳水化合物	○○○公克
鈉	○○○毫克
宣稱之營養素含量	○○○公克
其他營養素含量	○○○公克

營養標示格式三	
營養標示	
每一份量○○○公克（或毫升）	
本包裝含○份	
每份	每 100 公克（或每 100 毫升）
熱量	○○○大卡
蛋白質	○○○公克
脂肪	○○○公克
飽和脂肪	○○○公克
反式脂肪	○○○公克
碳水化合物	○○○公克
鈉	○○○毫克
宣稱之營養素含量	○○○公克
其他營養素含量	○○○公克

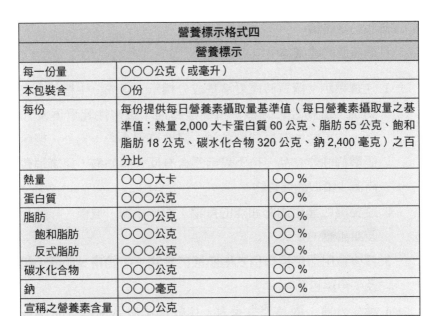

營養標示格式四		
營養標示		
每一份量	○○○公克（或毫升）	
本包裝含	○份	
每份	每份提供每日營養素攝取量基準值（每日營養素攝取量之基準值：熱量 2,000 大卡蛋白質 60 公克、脂肪 55 公克、飽和脂肪 18 公克、碳水化合物 320 公克、鈉 2,400 毫克）之百分比	
熱量	○○○大卡	○○ %
蛋白質	○○○公克	○○ %
脂肪	○○○公克	○○ %
飽和脂肪	○○○公克	○○ %
反式脂肪	○○○公克	○○ %
碳水化合物	○○○公克	○○ %
鈉	○○○毫克	○○ %
宣稱之營養素含量	○○○公克	
其他營養素含量	○○○公克	

營養標示格式五		
營養標示		
每 100 公克（或每 100 毫升）	每 100 公克（或每 100 毫升）提供每日營養素攝取量基準值（每日營養素攝取量之基準值：熱量 2,000 大卡蛋白質 60 公克、脂肪 55 公克、飽和脂肪 18 公克、碳水化合物 320 公克、鈉 2,400 毫克）之百分比	
熱量	○○○大卡	○○ %
蛋白質	○○○公克	○○ %
脂肪	○○○公克	○○ %
飽和脂肪	○○○公克	○○ %
反式脂肪	○○○公克	○○ %
碳水化合物	○○○公克	○○ %
鈉	○○○毫克	○○ %
宣稱之營養素含量	○○○公克	
其他營養素含量	○○○公克	

◎採購脂肪之建議

採購脂肪的建議為：

1. 注意標示：購買時應看清楚成分標示，當成分中標示含有氫化植物油、植物性乳化油、精製植物油、植物性乳瑪琳及人造奶油者，均可能含有反式脂肪酸，需要特別小心；另外，標示不含膽固醇的油炸食品，也不表示不含有反式脂肪酸，建議消費者應同時減少攝取油炸食物。

2. 避免攝取氫化油脂油炸的食物：如炸雞腿、薯條、洋芋片、油條及甜甜圈。

3. 減少食用可能含有反式脂肪酸的食物：如奶精、奶酥、起酥麵包及牛角麵包等。

4. 減少外食：因為外食業者，比較會使用氫化植物油作為烹飪用油，而且會多次及大量重複油炸使用；所以危險程度比較高，也易因此含有反式脂肪酸。

■ 多元不飽和脂肪酸

1. ω-6 多元不飽和脂肪酸（ω-6 PUFA）：如亞麻油酸，如果以亞麻油酸取代飽和脂肪酸，可降低壞的膽固醇及好的膽固醇；ω-6 多元不飽和脂肪酸，每增加攝取 1% 總熱量，約可使血液總膽固醇量降低 1.4 mg/dl；所以減少飽和脂肪酸攝取，降低血膽固醇的效果（2.7mg/dl），是增加攝取同量多元不飽和脂肪酸攝取效果的 2 倍。值得注意的是，大量攝取多元不飽和脂肪酸，將會增加壞的膽固醇的氧化作用，反而易造成動脈硬化，所以並不推薦；故一般建議 ω-6 PUFA 攝取量，不可超過總脂肪的 10%。

2. ω-3 多元不飽和脂肪酸（ω-3 PUFA）：如 EPA 及 DHA，魚油中之 ω-3 多元不飽和脂肪酸含量高，研究發現魚油並不影響血總膽固醇，而可以降低三酸甘油酯；而且劑量越高，效果越大，所以

臨床會推薦給內生性三酸甘油酯症患者；需注意 $\omega 3$ 多元不飽和脂肪酸會影響血液凝集、血壓及免疫功能。ω-3 多元不飽和脂肪酸，屬於前列腺素的前驅物（原料），而前列腺素具有降低凝血作用及減少血栓形成，因此可以降低冠狀動脈疾病罹患率。

3. 前列腺素：可以由 ω-3 的 α-次亞麻油酸，轉變為第三類前列腺素，而前列腺素之功用為強力抑制血小板凝集，但是前列凝素則相反，會促使血小板凝集。魚油的 EPA 屬於 ω-3 脂肪酸，可形成第三類前列腺素（PG3、TX3），具有抗凝血作用；因為 PG3（PG 指前列腺素）屬於強抗凝血，TX3（TX 指前列凝素）則為弱凝集，因此平衡後趨向不凝集；所以攝取高劑量的 EPA 及 DHA，將會延長凝血時間，故在手術進行前必須停止服用。

■單元不飽和脂肪酸

飽和脂肪酸會造成身體壞的膽固醇（LDL）量升高，而多元不飽和脂肪酸雖會讓身體壞的膽固醇下降，但同時也會導致好的膽固醇（HDL）量下降，所以為了降低身體中的壞的膽固醇量，以往之設計都是使用不飽和脂肪（多元及單元不飽和脂肪酸）來取代飽和脂肪酸。目前因為單元不飽和脂肪酸的效果更好，其 LDL 比較不容易被氧化，但因氧化的 LDL 非常容易促進動脈血管中斑塊的形成，所以降低總脂肪是最理想的做法，就是使用單元不飽脂肪酸取代飽和脂肪酸，而不是添加單元不飽和脂肪酸；如此一來，將有利於好的膽固醇，同時也可以降低三酸甘油酯。由於當飲食屬於極低脂肪及極高碳水化合物之內容時，身體反而會升高三酸甘油酯，也會因此而降低好的膽固醇，而使用單元不飽和脂肪酸來取代飽和脂肪時，就可以避免這種情形的發生。單元不飽和脂肪酸含量高的油脂有橄欖油、紅花籽油、茶樹油及芥菜油等。

油酸的來源有橄欖油、菜籽油及花生油等，可使血清膽固醇、壞的膽固醇降低，但對好的膽固醇無影響；當 MUFA（單元不飽和脂肪酸）攝取量超過總熱量 15%、總脂肪攝取量超過總熱量的 35% 時，好的膽固

醇將輕微增加或不變（與較低脂肪飲食一起比較）；因此當總脂肪占總熱量低於 30%，且 MUFA 占總熱量低於 15% 時，則會使好的膽固醇下降；而這就是為什麼地中海地區的國家，雖然食用高脂飲食，但是血中膽固醇值卻不高，罹患冠狀動脈心血管疾病率也低的原因，因為總脂肪攝取量高（> 35%）且其脂肪主要脂肪來源屬於含高量 MUFA 的橄欖油。

如上所述，**飲食脂肪**分為飽和脂肪酸、多元不飽和脂肪酸及單元不飽和脂肪酸；而**身體脂肪**，則有三酸甘油酯、膽固醇，分別利用脂蛋白在血液之中運送，而血中之脂肪則有乳糜微粒、極低密度脂蛋白、低密度脂蛋白及高密度脂蛋白等。雖然較高脂肪飲食（搭配低飽和脂肪酸、高單元不飽和脂肪酸）可使血膽固醇降低，但由於為高脂肪飲食，其熱量密度相對也高，容易導致肥胖及造成動脈硬化，地中海地區國家飲食，或許是因含有蔬菜水果及堅果，其中物質提供較多的保護作用，才使得這些國家的民眾，血膽固醇不高，罹患冠狀動脈心血管疾病之機率也低的原因。

(二)嬰幼兒的脂肪攝取建議

市售主要的嬰兒配方（一歲以下食用）所供應之脂肪為 47.63% 至 49.45%（衛生署成人的攝取建議量為 20% 至 30%），與成人飲食內容相比較，屬於高脂肪飲食；而美國心臟協會及國家心臟、肺及血液研究所，另建議年齡超過二歲之兒童者，所攝取之適度脂肪量為：(1) 總脂肪 < 30% 的每天總熱量；(2) 飽和脂肪 < 10% 的每天總熱量。至於二至六歲之兒童，則應由過去毫無限制的脂肪攝取，逐漸轉為適度的脂肪攝取。

一般嬰兒在出生第一年時，由於對於養分及血脂的需要量高，是而嬰兒的飲食並未限制脂肪的攝取；而出生後第二年的脂質需要量，因為屬於嬰兒過渡到成人的飲食，目前並未有明確界定。過去大多數的資料建議，脂肪在這個年齡組不予以限制；但是近期的研究卻發現，十二及十八個月的嬰兒，食用低脂飲食是不夠的；相反的，芬蘭的研究數據顯示，一

歲前開始食用低飽和脂肪和膽固醇飲食，將可獲得低的低密度脂蛋白及不變的高密度脂蛋白，而且並不會影響到五至六歲的兒童之生長及發育，或整體營養攝取；而二歲以後，許多組織目前已同意，建議應該逐漸將脂肪減量，從原本不予以限制的方式，轉而為建議：(1) 總脂肪目標＜ 30% 總熱量；(2) ＜ 10% 的飽和脂肪攝取百分比。美國幼兒科學院已經建議，五歲的兒童應由原本不予以限制的脂肪攝取，改為中度適度脂肪飲食；之前有一項針對 2,802 名四至八歲的美國兒童，每天自發性攝取脂肪約＜ 30% 的熱量的研究，結果顯示並沒有顯著增加營養不良；而青春期則建議應該從高脂肪飲食，轉成適度脂肪飲食；因為持續性的高脂肪飲食，對於生長、發育、脂蛋白及免疫功能，將有不利的影響。

　　研究指出，五歲兒童如果自嬰兒期，就食用低脂肪及低膽固醇飲食，結果其神經系統發育相當於控制組，同時又可以獲得降低血膽固醇值的好處；所以至目前為止的研究證據似乎指出，應該鼓勵降低脂肪之攝取，鼓勵兒童攝取低脂乳製品、水果、蔬菜及穀物；由於飲食的攝取會影響兒童營養、生長及發育，故對於兒童，最重要的重點仍應是避免過度攝取熱量，多增加體力方面的運動，消耗掉多餘的熱量；以下是與飲食有關的具體脂肪攝取之建議：

1. 1% 至 2% 的熱量，應該來自亞麻油酸（ω6）。

2. 0.5% 左右的熱量，來自 α- 亞麻酸（ω3），以防止必需脂肪酸的缺乏。

3. 假如發生創傷或手術時，因為身體將需要增加脂肪酸及酮體之產量（因創傷或手術會促進脂肪分解及增加生酮作用），以供應熱量之所需；而據估計約有 75% 至 90% 的術後所需之熱量係來自於脂肪代謝，其餘大多來自儲存之蛋白質；因此，足月兒至一歲嬰兒，應允許無限制的脂肪攝取；一至二歲，則應該減少限制，或根本不限制脂肪攝取；二至五、六歲兒童飲食中之脂肪內容，則應由過去的高脂肪飲食，建議改為適度脂肪飲食（少於 30% 的總

熱量及飽和脂肪少 10%，如**表** 4-9）。

表 4-9　**嬰幼兒脂肪供應差異**

年齡	脂肪需求量	飽和脂肪酸	備考
0 至 2 歲	不限制	不限制	毫無脂肪限制
2 至 6 歲	< 30% 每天總日量	< 10% 每天總日量	適度脂肪限制

■脂肪及酸價

　　2009 年 7 月，衛生署稽查食品油炸油之酸價，其中發現許多國際大型連鎖餐飲檢測結果不符合規定；在 2009 年共稽查全國 1,580 間相關食品業者，其中連鎖業者占 44% 抽檢酸價結果不合格比率為 7.2%。所謂的**酸價**，是指油品中之游離脂肪酸，占整個油脂全部脂肪酸的比值；當油品使用後開始劣變時，會持續釋出游離脂肪酸，而酸價是用來研判油品劣變或酸敗的間接指標。當檢出油品酸價值愈高時，代表油品變質也愈加的嚴重。一般除了利用酸價來判別油品之好壞外，因為油品酸敗時也會發出獨特的酸敗或油耗味道，所以當油品發出異味時，亦代表了油品不新鮮。

■影響血脂肪之因素

　　有些研究顯示，採取低脂肪飲食來進行減肥之方式，並不優於低熱量的均衡飲食，雖然有些證據表明，低脂肪飲食可能有利於保持減肥的長期效果，但是研究發現低脂肪飲食的減肥效果，實際上並不優於其他的減肥飲食方式，反而會因為影響人體膽固醇的攝取，進而影響了血脂肪，飲食因素包括有：

1. 飽和脂肪酸：增加了低密度脂蛋白膽固醇；其主要來源有牛肉、豬肉、羊肉、家禽、牛奶、起司、奶油、椰子油、棕櫚油等。

2. 單元不飽和脂肪酸：分為兩類：

　(1) 順式脂肪酸（cis-Fatty Acids）：來源有橄欖油、芥花油、花生

油、花生、胡桃、杏仁果及酪梨等。

(2) 反式脂肪酸（trans-Fatty Acids）：來源包括人工合成的乳瑪琳、牛肉、奶油、牛奶中的脂肪及烘培的食品；與飽和脂肪酸一樣，會導致血膽固醇值上升，也必須避免攝取。

3. 纖維：纖維可減少膽固醇及低密度脂蛋白膽固醇。

4. 食物膽固醇：減少飲食攝取膽固醇及飽和脂肪量，可減少低密度脂蛋白膽固醇。

5. 鈣：研究顯示，一天 1,200 毫克碳酸鈣，加上採用高血脂第一階段飲食，將可減少膽固醇及增加高密度脂蛋白。

6. 酒：適量攝取葡萄酒可增加高密度脂蛋白。

■脂肪酸的代謝與肉鹼

1. 肉鹼（Carnitine）：肉鹼係由胺基酸甲硫胺酸及離胺酸合成，屬於長鏈不飽和脂肪酸，為通過線粒體膜時所必須。當脂肪酸進入粒線體以後，就會進行 β-氧化作用，以產生熱量；肉鹼可以自飲食補充及由內源性自行合成；另外，由於嬰兒之自行合成能力有限，肉鹼可能屬於新生兒長期周邊靜脈營養所必需。

2. 肉鹼缺乏：肉鹼之功用在於運送脂肪酸進入粒腺體代謝，而脂肪酸一進入粒線體中，將進行 β-氧化作用，產生能量；肉鹼（Carnitine）在肝臟合成製造；肉鹼屬水溶性維生素，或稱肉酸、卡尼丁，營養書籍則多半稱其為肉鹼或肉酸，主要功能在於使肝臟、骨骼肌及心肌的脂肪酸氧化，產生能量。肉鹼能促進並加速脂肪酸產生能量之作用，缺乏時，脂肪酸會因此堆積在細胞內（粒線體外），而代謝物如果累積在粒線體中，將會產生毒性，並使身體所需的能量因為缺乏，而出現疲勞、肌肉無力、肥胖及血脂升高等現象。

第四節　嬰幼兒的醣類需求

　　肝醣為身體醣類主要的儲存型態，儲存量成人約占（小於）體重的 1%，嬰兒則比較高，約占 3.5%。另外，醣類代謝異常的疾病包括有糖尿病、肝醣囤積疾病（Glycogen Storage Disease）、半乳糖血症、乳糖不耐症（Lactose Intolerance）及葡萄糖耐受不良等；其中以乳糖不耐症及葡萄糖耐受不良等較為常見。

醣類的新陳代謝

　　大部分的醣類在經過身體消化之後，會由多醣（如澱粉）轉變成葡萄糖進入血液，成為血糖的主要來源；其他血液的葡萄糖來源，尚有來自肝臟的肝醣分解（肌肉有肝醣，但是與肝臟之肝醣不同的是，肌肉肝醣分解成葡萄糖後，由於肌肉含有利用葡萄糖的酵素，會直接將葡萄糖氧化產生能量，並不會釋放葡萄糖進入血液之中）及醣質新生作用（如乳酸及胺基酸等，可在肝臟中透過醣質新生作用，轉變成葡萄糖）；而人體降低血糖的方式，則包括利用細胞氧化葡萄糖，產生能量，肝臟利用過多的葡萄糖合成肝醣、脂肪或其他相關物質（如乳糖、核糖及醣脂類）等；一般當血糖濃度超過 180 mg/dl 時，因為已經超過腎臟回收的極限（閾值），所以會由尿中排出，即產生糖尿病的症狀；而人體血糖的升高及降低，則由下列激素（荷爾蒙）進行控制：

1. 胰島素（Insulin）：胰島素為身體唯一能夠降低葡萄糖的激素，如發生缺乏胰島素時，就會造成糖尿病。胰島素由胰臟所分泌。胰臟的主要功能包括外分泌及內分泌兩部分：外分泌是製造消化酵素（分解脂肪及蛋白質），並分泌到腸道中，以協助食物之消化；而胰臟尾端，有著許多細胞所聚集而成的小島，稱為「蘭氏

小島」，主要功能則是負責分泌賀爾蒙，此即屬於內分泌，也就是與糖尿病有關的部分。蘭氏小島又分為 α、β、γ、δ 等四種細胞，各分泌不同賀爾蒙，其中之一的 β 細胞主要分泌胰島素；而胰島素的主要功用是增加細胞膜對於葡萄糖的通透性（讓葡萄糖容易通過），促進葡萄糖進入肌肉，促進肌肉及肝合成肝醣，以及促進肝細胞使用葡萄糖合成脂肪等多種方式，幫助血糖降低。

2. 升（昇）糖激素（Glucagon）：由胰臟的 α 細胞負責分泌，而其升高血糖的方式與腎上腺作用方式大致相同，係促進儲存於肌肉及肝臟中的肝醣分解，與促進胺基酸及乳糖的糖質新生作用（Gluconeogenesis），產生葡萄糖釋入血液，避免血糖過低。

3. 腎上腺素（Epinephrine）：身體分泌腎上腺髓質（Adrenal Medulla），可促使肝醣分解釋出葡萄糖，讓血糖快速上升，而腎上腺素就是當人體面臨壓力時，身體所分泌的壓力荷爾蒙；當我們面臨緊急狀況時，身體會因此分泌腎上腺素，以期整合協調各器官，抵抗外來的壓力。

4. 生長激素（Growth Hormone）：由腦下前體之前葉負責分泌，可促使脂肪自脂肪組織釋放出來，並且促進細胞改為利用脂肪酸產生熱量，並同時減少利用葡萄糖，藉此調整方式使血糖濃度上升，故會增加細胞代謝胺基酸，促進蛋白質分解與代謝，同時降低細胞吸收葡萄糖，及增加細胞氧化脂肪之作用，以供應所需之能源，補足能量之不足。

5. 促腎上腺皮質素（Adrenocorticotrophic Hormone）：具有刺激脂肪細胞，釋放出脂肪酸，以減少利用葡萄糖，促使血糖濃度上升。

6. 糖（性）皮質固醇（Glucocorticoid）：屬於固醇類激素；糖皮質固醇上升血糖的作用方式係增加蛋白質的分解作用，增加肝臟對於胺基酸的吸收，促進誘導糖質新生作用及降低組織對於葡萄糖之利用。

7. 甲狀腺素（Thyroxine）：當身體血糖處於非常低值時，甲狀腺會因此分泌甲狀腺素，促使肝臟進行肝醣分解及醣質新生作用，以提升血糖的濃度，並促進小腸增進吸收葡萄糖的能力。

第五節　嬰幼兒的維生素需求

維生素（Vitamin）共有十三種，即維生素 A、B 群（B_1、B_2、B_6、B_{12}、菸鹼酸、生物素、泛酸及葉酸等八種）、C、D、E 及維生素 K 等。

維生素是由拉丁文的 vita（生命）及 -amin（氨）縮寫而成，因當初認為維生素都屬於胺類（Amines，後來證明並非如此）。在中文中，過去曾譯為維他命、威達敏、生活素及維生素等詞，可分為脂溶性及水溶性維生素。研究發現，缺乏維生素葉酸時，容易造成染色體斷裂；缺乏維生素 D，容易老化；而缺乏維生素 B_{12}，將產生惡性貧血及影響染色體。

一、脂溶性維生素

脂溶性維生素有 A、D、E、K 等，不溶於水，吸收時需要脂肪輔助。

(一)維生素A及類胡蘿蔔素

一般二至三歲的幼兒，由於比較容易缺乏，所以嬰兒宜每天攝取 400 微克；較大嬰兒及兒童，則增加需要量到 500 至 700 微克。

■維生素 A 的來源與功用

維生素 A 有維持正常視覺功能、維持上皮細胞正常型態與機能，及維持正常骨骼發育的功用。至於維生素 A 的來源有肝、蛋黃、牛奶、牛油、人造奶油、黃綠色蔬菜與水果（如青江白菜、胡蘿蔔、菠菜、番茄、黃紅心番薯、木瓜、芒果等）及魚肝油等。

　　維生素 A 屬於脂溶性，吸收時需要膽汁輔助，主要動物來源為眼睛、肝臟及腎臟；維生素 A 也存在於綠色及黃色蔬菜水果中，係以類胡蘿蔔素（Carotenoids）形式存在；胡蘿蔔素屬於脂溶性，吸收前必須溶入脂肪之中，因此攝取蔬菜及水果時，仍需搭配脂肪才容易進行吸收；因此，胡蘿蔔的吸收率方面，生食胡蘿蔔汁的吸收率僅約 1%，煮熟的胡蘿蔔素吸收率可達 5% 至 19%；假如再搭配脂肪，將刺激膽汁分泌，更將有利於維生素 A 及胡蘿蔔素的吸收。

■維生素 A 的缺乏與中毒

　　幼兒童容易缺乏維生素 A，缺乏時因為呼吸道上皮發生角化，氣管、支氣管易受感染，可能因此引起支氣管肺炎，及眼睛對於黑暗的適應能力下降，即從光亮的環境中突然轉入黑暗處所時，眼睛看清楚暗處物體的時間需要延長；嚴重時，由於在暗光之下，無法看清物體，將成為夜盲症。嚴重的維生素 A 缺乏者，還會引起乾眼病，結膜乾燥皺摺及增生變厚，眼球結膜及角膜光澤減退，淚液分泌減少或不分泌淚液；更嚴重的狀況是引起角膜潰瘍、穿孔，甚至造成失明。研究發現，假如睡眠時不關燈將會增加幼兒罹患近視眼的可能性，睡在燈光下的兩歲以下幼兒，與睡在黑暗中的幼兒相比較時，其近視發病率，將高出 4 倍，因為嬰兒在出生後頭兩年，屬於眼睛及焦距調節功能發育的關鍵階段，光明與黑暗的時間長短，將影響到幼兒視力的發育，故建議多注意補充維生素 A，並避免在光亮的環境中睡覺。

　　維生素 A 缺乏將導致夜盲症、角膜軟化症、毛囊性皮膚角化症、結膜乾燥症（角膜乾燥或退化）、乾眼病（Xerophthalmia）、皮膚乾澀、癩皮病、眼睛酸澀、常流眼淚、眼睛容易疲勞、容易感冒、咳嗽、骨骼及牙齒發育不良及長不高；而此類維生素 A 缺乏的疾病好發於嬰兒及小孩身上。一般缺乏症狀輕微者，會發生皮膚乾燥、表皮層脫落，嚴重者則導致乾眼病症、角膜軟化症、毛囊性皮膚角化症及皮膚乾燥症等。維生素 A 在補充攝取時，切勿過量，以免發生中毒。中毒分為急性及慢性二種：急

性中毒是一次（或少數幾次）食用很大劑量，例如小孩一次食用 30 萬以上的國際單位（IU）；慢性中毒者如每天食用 7 至 10 萬國際單位，持續數月以上時即會發生。

在補充維生素 A 時須注意，一般長期食用超過 50,000 IU 時，即會導致維生素 A 中毒，但只要停止攝食數天後，症狀即會消失；另外，當胡蘿蔔素攝取過多時，會導致皮膚橘紅色素的沉澱，但對於健康並無大礙，而僅只會在皮膚及眼睛呈現出黃顏色。

■維生素 A 的單位換算

國際單位向來被用來作為評估維生素 A 與 D 兩種營養素的計量單位，後因無法實際反應真實維生素 A 之生理價值（如會導致植物來源中主要的 β - 胡蘿蔔素被高估），而改用視網醇當量（RE）作為維生素 A 的計量單位：

1. 1 微克視網醇當量（RE）＝ 1 微克視網醇（Retinol）＝ 6 微克 β - 胡蘿蔔素（ β -Carotene）＝ 3.33 國際單位視網醇（A1）＝ 10 國際單位（IU）。

2. 1IU（國際單位）＝ 0.3 微克視網醇（維生素 A）。

3. 1IU ＝ 0.6 微克 β - 胡蘿蔔素。

4. 假設攝取維生素 A 1,000 IU 及 β - 胡蘿蔔素 1,000 IU 時，換算結果則為：

$$（1,000 \div 3.33）＋（1,000 \div 10）＝ 400（RE）$$

另外，維生素 A 分為維生素 A_1 和維生素 A_2，胡蘿蔔素則分為 α - 胡蘿蔔素及 β - 胡蘿蔔素等型式。A_1 存在於哺乳動物及海水魚類肝臟之中，而 A_2 存在於淡水魚的肝臟中；β - 胡蘿蔔素是由兩分子維生素 A 合成，所以 β - 胡蘿蔔素經身體分解以後，可以形成兩分子維生素 A；因此，含有 β - 胡蘿蔔素的蔬果，也是屬於維生素 A 良好的來源。研究指

出，糖尿病患者由於不能將 β-胡蘿蔔素，轉化成維生素 A，故日久易欠缺維生素 A，造成眼睛病變，導致視網膜剝落等問題。

(二)維生素D

維生素 D 分成 D_2（Ergocalciferol）及 D_3（Cholecalciferol），吸收時需要有膽汁（脂溶性）的存在。

■維生素 D 的來源與功用

維生素 D 的來源有魚肝油、蛋黃、海魚、牛油、魚類、乳酪、沙丁魚、肝及添加維生素 D 之鮮奶等。魚肝油中除富含維生素 D，也有大量維生素 A，動物性肝臟則是維生素 D 含量最多的器官，如牛肝及豬肝等。經由保健食品補充時，建議限量 5 微克以下。

飲食中的 7-脫氫膽固醇（7-Dehydrocholesterol）屬於動物性來源，人體攝取之後，先會轉變成 7-脫氫膽固醇後，再傳送至皮膚，經日光紫外線照射後，始轉變成維生素 D_3，所以經常曬太陽，也是補充維生素 D 的良好方法；而飲食中的麥角固醇（Ergosterol）則屬於植物性來源，也可經紫外線照射後，轉變成維生素 D_2，主要存在於酵母及菇類。

維生素 D 的生理功能有：(1) 負責調節鈣及磷的吸收與新陳代謝；(2) 幫助骨骼鈣化；(3) 與甲狀腺及副甲狀腺共同維持血鈣濃度正常；(4) 協助免疫細胞 B 細胞及 T 細胞的熟成。

■維生素 D 的缺乏與中毒

缺乏維生素 D 時會導致血鈣濃度偏低，骨骼無法順利鈣化，小孩將會發生腿部彎曲變形，呈現 O 型或 X 型腿，膝蓋關節腫大，肋骨及肋軟骨連接處腫大突起，形成如佝僂型串珠，即「佝僂症」。

嬰幼兒缺乏維生素 D 時，易形成佝僂病或軟骨病。假如嬰兒每天食用維生素 D 2,000 至 4,000 國際單位，或成人食用 1 至 30 萬國際單位以上，且長期服用時會有中毒現象；另外，食用大量「活性維生素 D」時特

別容易發生，嚴重時會造成腎臟鈣化，導致尿毒症而有致死的危險，一旦早期發現，立即停止服用維生素 D 及鈣，即可復原；但是發育中的兒童只要發生一次高血鈣時，將會生長完全停滯達 6 個月或更久，而這種身高不足可能將永遠無法完全改善。

以母乳哺育的嬰兒，其維生素 D 的自然來源主要是胎兒時期的儲存，及皮膚曝曬陽光後所製造，僅少部分來自於人類乳汁。由於人類獲得充分維生素 D 的正常自然方法，是經由日光照射而非飲食；雖然母乳僅含少量的維生素 D，數量不足以預防佝僂病，但是只要適當曬太陽，足可以避免缺乏，因此所謂的純母乳哺育將增加嬰兒維生素 D 缺乏及發生佝僂病的風險，這種說法並不正確，真正的原因是嬰兒沒有適當日曬。嬰兒能接受適當日曬將不會缺乏維生素 D；舉列來說，小於六個月以純母乳哺育的嬰兒，只穿尿褲每週日曬 30 分鐘，或穿上衣服不戴帽子，一個星期日曬 2 小時，就可以達到足夠的維生素 D 量。

2009 年，臺灣清華大學成功地研發出人類有史以來第一個類太陽光色的有機發光二極體（OLED），這項發明改寫了人類用電照明二百年來的照明史。有機發光二極體可以發出像太陽的自然光色（色溫），一種十分接近日光的光色；臺灣清華大學透過簡單的電壓改變，獲得 2,300 到 8,200K（絕對溫度）的色溫變化，其中涵蓋日出的 3,000K、日落的 2,500K，及晴天正午的 5,500K。這項發明對於冬天或長期無陽光照射的地區，如北歐，將有重大幫助，特別是有些人由於長期照不到日光，而易發生嚴重憂鬱甚至自殺者，更可以因此獲得改善。

■維生素 D 的單位換算

維生素 D 單位換算如下：

1. 1IU = 0.025 微克維生素 D_3。
2. 維生素 D 係以維生素 D_3 為計量標準。1 微克 = 40 IU 的維生素 D_3（即 1 毫克等於 40,000 IU）。

(三)維生素E

維生素 E 英文名稱為 α-Tocopherol，又名生育醇或抗不孕維生素。自然界的維生素 E，計有八種，分別是 α-、β-、γ-、δ-，另外四種則是其異構物，生理活性以 α 型最為重要。

■維生素 E 的來源與功用

維生素 E 的來源有穀類及堅果類等。其中，動物食品以蛋黃、肝臟及肉類為主，植物來源則為小麥胚芽油、胚芽油、米糠油、棉子油等植物油，以及深綠色蔬菜、蛋黃、未製過植物油、大米胚、黃豆及其他豆類。維生素 E 在吸收時需要有膽汁（脂溶性）存在，保健食品維生素 E 在補充時，建議限量 3 至 13 毫克以下。

維生素 E 主要參與細胞膜抗氧化作用，預防動物不孕（抗不孕效果以 α 型最好，功效為 $\alpha > \beta > \gamma > \delta$）及防止溶血性貧血，抗氧化的功能以 δ 型最好（$\alpha < \beta < \gamma < \delta$），細胞代謝過程中，因為會產生「自由基」，自由基會攻擊細胞膜，或細胞內各成分膜（如粒腺體膜）上的不飽和脂肪酸，造成細胞膜及細胞功能受損；因此維生素 E 可減少維生素 A、胡蘿蔔素、多元不飽和脂肪酸和磷脂之氧化作用。又與動物生殖、性激素和膽固醇利用相關。維生素 E 抗氧化性很強，尤其是對於多元不飽和脂肪酸及維生素 A 的抗氧化作用；因此要避免細胞氧化，攝取多種維生素（如維生素 A、C、E），會比攝取一種效果要好。

■維生素 E 的缺乏與中毒

維生素 E 缺乏時易發生溶血、輕微的貧血、神經、肌肉功能損傷、肌肉營養不良、雄性不育、雌性流產、肌酸尿、巨球性貧血及紅血球容易破裂等情形；嬰兒則會因為體內紅血球數目下降、血色素降低，引起黃疸。目前尚無維生素 E 過多的中毒報告，但曾有一名四十一歲的男子，因為每日攝食劑量達 4,000 毫克（mg），連續三個月，造成下痢、腹部疼痛、嘴、舌頭、嘴唇疼痛。此例應屬精神方面的病態性行為，因為以藥

品及維生素為例，一顆 500 毫克，每天也需要吃上 8 顆，而如果是小麥胚芽油提煉，則 1 顆約 50 毫克，每天還得吃上 80 顆，才能達到 4,000 毫克的劑量。

■維生素 E 的單位換算

維生素 E 單位換算如下：

1. 1mg β - tocopherol 以 α - 生育醇當量（ mg α -TE ）計算 = 0.4 mg α -T.E. = 0.6 IU。

2. 1mg γ - tocopherol 以 α - 生育醇當量（ mg α -TE ）計算 = 0.1 mg α -T.E. = 0.15 IU。

3. 1mg δ - tocopherol 以 α - 生育醇當量（ mg α -TE ）計算 = 0.01 mg α -T.E. = 0.02 IU。

4. 即：

1 IU（國際單位）= 1 mg dl-α -tocopherol acetate（生育醇醋酸酯）
1mg dl-α -tocopherol acetate=0.67 mg α-T.E.（生育醇當量）
1mg α -T.E. = 1mg α-tocopherol（生育醇）
1mg α -T.E. = 1.49 IU

(四)維生素K

維生素 K 計有 K_1、K_2 及 K_3 等型式，主要功用是負責凝血，身體受傷時的傷口血液凝固時，需要維生素 K 的功用。

1929 年，丹麥科學家使用低膽固醇飼料餵養雞隻，幾個星期以後發現雞開始出血，之後雖然增加低膽固醇量飼料，也不能促使其恢復健康，後來經過演變與研究，因而發現維生素 K，故稱此化合物為凝血維生素，而之所以會稱為維生素 K，是由於最初的研究發表係在德國發表，而德文稱維生素為 Koagulations 所致。

■ 維生素 K 的來源與功用

　　維生素 K 來自於綠葉蔬菜，如菠菜及萵苣，這二種是屬於維生素 K 的最好來源，蛋黃與肝臟則含有少量。維生素 K 屬於脂溶性維生素，吸收時需要膽汁（脂溶性）存在；須要注意的是，使用磺胺藥劑、大量的維生素 A 及 E、抗菌素等，均會干擾到維生素 K 的吸收。

　　維生素 K 的最重要功能是凝血。血液要凝固前，須先由肝臟分泌凝血酶元（Prothrombin），再轉變成凝血活酶（Thromboplastin）與鈣離子結合，變成凝血酶（Thrombin），然後將血球中可溶性纖維蛋白元（Fibrinogen），變成不可溶性網狀纖維蛋白（Fibrin），之後就可將血球凝固，封住傷口，讓身體停止流血。

■ 維生素 K 的缺乏與中毒

　　缺乏維生素 K 時，身體血液凝固的時間會延長，易造成皮下出血。

　　由於人體腸道中的細菌會製造維生素 K，補充人體之所需，所以一般除非服用抗生素及抗凝血藥物（如 Warfarin），才會發生維生素 K 缺乏，否則少有缺乏的現象產生。當嬰幼兒缺少維生素 K 時，要注意補充寡糖及乳酸菌。寡糖屬於細菌的食物，補充寡糖可以很快培養出腸道中的益生菌。

　　大陸曾有報告指出，一名二十四個月的幼兒因罹患腦出血，半身癱瘓，不會說話，住進了兒科病房，經查出幼兒是在正常玩遊戲時突然倒地，而後出現癱瘓、嘴歪及失語等症狀，經診斷為腦出血。一般嬰幼兒罹患腦中風及腦出血極為罕見（近期有逐年增多的趨勢），究其原因可能是因為新生兒體內缺乏維生素 K，而易發生顱內出血所致，而以一般外傷及維生素 K 的缺乏為嬰幼兒罹患腦出血的主要因素，故應儘量避免幼兒受傷、碰傷、跌傷及摔傷等。

　　嬰幼兒會缺乏維生素 K，可能是胎兒出生以後，因為腸道尚未建立正常可以生產維生素 K 的菌群，加上母親懷孕時如果不當使用抗生素，將抑制嬰幼兒腸道正常菌群的生長，造成維生素 K 合成量減少，導致嬰

兒無法自母體獲得足夠的維生素 K。嬰兒假如罹患消化道疾病，如發生腹瀉或吸收不良時，均會造成維生素 K 不能及時吸收利用，而易發生維生素 K 不足；故當母乳的維生素 K 少，而嬰兒又沒有即時添加補充時，才會容易發生嬰兒缺乏維生素 K，因此為了要預防嬰兒維生素 K 缺乏，哺乳之母親用藥以前，一定要在醫生的指導下用藥，切忌自行購買藥物，特別是使用抗生素時；其次，也要調整懷孕期及哺乳期的飲食，多補充富含維生素 K 的食物，例如菠菜、黃豆、胡蘿蔔、動物肝臟、雞蛋及魚類等；另外對於採用母乳哺育的嬰兒，出生後可以根據需要，採用肌肉注射維生素 K，以為補充。

二、水溶性維生素

水溶性維生素（可溶於水）有維生素 B 群及 C 等；維生素 B 群有維生素 B_1、B_2、B_6、B_{12}、菸鹼酸（Niacin，又稱維生素 B_3、維生素 PP）、泛酸（Pantothenic Acid，又稱 B_5）、生物素（Biotin，又稱維生素 H）、葉酸（Folic Acid，又稱維生素 M）、膽素（Choline）及肌醇（Inositol）等。

(一)維生素C

維生素 C 由於具有抵抗壞血病的效用，因此又稱為抗壞血酸，是屬於形成膠原之所必需。在酸性環境下（pH5 以下）相當穩定，如果 pH 值升高至 7 時，就會變得不穩定，對熱及鹼敏感，易因為接觸光及重金屬而遭到破壞。19 世紀末，嬰兒壞血病在歐美等國常被報告，主要發生原因是由於食用加熱牛奶，及飲食中缺乏維生素 C 所致。

1912 年，學者在天竺鼠實驗中，成功的引發維生素 C 缺乏，並且使用食物添加方式治癒；此後被應用在臨床上，利用新鮮水果或蔬菜汁，補充餵食喝加熱牛奶的嬰兒以後，便很少再有類似案例發生。目前在先進國

家極少有嬰兒壞血病，只有老人或酒癮者，由於水果或蔬菜攝取量較少，可能會引起缺乏症；另外，嬰兒如果因為醫療、經濟及社會因素，而造成維生素 C 攝取不足時，也是屬於可能缺乏的高危險群。由於母體可以經由胎盤傳輸儲存維生素 C，因此很少會有七個月以下的嬰兒罹患壞血病，國際間也無嬰兒壞血病發生率的相關報告。

嬰兒維生素 C 缺乏的主要原因，包括攝取不足、長期飢荒、極端偏食及錯誤食用水果與蔬菜（如過度煮食）。嬰兒壞血病如果病情嚴重時，將會導致心臟衰竭，甚而造成嬰兒猝死；較輕者則視侵犯不同器官引起之出血情形而異，如果是在大腿骨及小腿骨膜下發生出血，可能引起極難忍受的疼痛。二歲以下的嬰幼兒（發生的高峰期在六至十二個月大時），一旦缺乏維生素 C，即容易引發壞血病，其症狀為最初表現虛弱、嗜睡或者激動不安，更換尿片時常會引起大腿激烈疼痛，此一劇痛可能會引發假性肢體麻痺，嬰兒下肢常呈現青蛙腿般的姿勢（髖部及膝蓋微屈而外轉），因如此才能感到較舒適；一至三個月後，會出現呼吸短促及四肢關節疼痛，其他缺乏症狀，還包括皮膚變粗糙、易瘀青出血、牙齦似海棉般鬆軟，容易發生出血、牙齒鬆動掉落、傷口不易癒合，及情緒快速變化等，也可能發生口腔乾燥及乾眼症；缺乏一段時間後，會發生黃疸、全身水腫、乏尿、神經病變、發燒、抽搐、血壓偏低、肋軟骨交界鼓起及胸骨向下凹陷（與軟骨症念珠狀突出不同）、骨折及脫臼與眼球下垂（因眼窩出血）等現象。維生素 C 攝取不足，對於嬰兒的主要後遺症包括有甲狀腺機能亢進、慢性牙齦炎、肌肉炎、慢性疲勞及體重減輕、骨質退化鈣化不全、發育不良、生長遲滯及感染率增加；另外，為避免嬰兒發生維生素 C 缺乏，需要注意以下事項：

1. 沖泡嬰兒奶粉之水溫切勿過熱：臺灣許多家長，喜歡使用熱水方式沖泡嬰兒奶粉，由於比較容易沖泡，但是維生素 C 因無法耐受高溫，加熱對維生素 C 將會產生明顯的破壞作用，並且會影響其抗氧化的功能，所以為免破壞奶粉中維生素 C 的含量及活性，切

記不要使用高溫熱水沖泡奶粉。

2. 切勿過量服用維生素 C：研究顯示，長期且過量服用維生素 C 可能會導致血管硬化，甚至進而造成腦中風及心肌梗塞等。當人體維生素 C 含量過多時，由於抗氧化劑的雙鍵過多，反而會因此容易產生自由基，抵銷原本的抗氧化功能。

3. 蔬菜及水果烹調過程切勿過熱、過久：維生素 C 容易遭到空氣、光及熱等的破壞，因此儲存過久或烹調過程不當都會導致流失；所以蔬菜為了要保存維生素 C，建議冷藏予以保鮮，烹調前再快速清洗，並且不要浸泡過久，另外宜等到要炒之前再切。炒青菜時宜先加鹽，而且不要加太多水，烹調時間不宜太長，上桌後要儘快食用。水果攝食時則儘量連表皮一起攝取；假如皮不能攝取，則要在削皮或剝開之後儘快食用。打果汁時則應儘快飲用，如果一次喝不完，則一次不要打那麼多。

■維生素 C 的來源與功用

維生素 C 主要的食物來源為蔬菜及水果，如柑橘、柳丁、深綠及黃紅色蔬菜、青辣椒、青椒、番石榴、番茄、油柑、山楂果實、刈菜、綠茶、白文旦、紅文旦、芽菜、花椰菜、紅辣椒、芥藍菜、波菜、龍眼、包種茶、石榴、紅高麗菜、檸檬、葡萄、捲心菜、白菜、草莓及番薯等。

維生素 C 負責以下之生理功能：

1. 膠原（Collagen）的形成；使細胞排列更為緊密。
2. 參與氧化還原反應。
3. 參與酪胺酸形成黑尿酸的過程；也參與四氫蝶呤、肉鹼、膽汁的形成。
4. 充當抗氧化劑，促進鐵質的吸收；抑制致癌物亞硝胺之形成（亞硝胺於製造香腸時經常添加）。
5. 形成腎上腺類固醇激素（Adrenal Steroid Hormone）。

■維生素 C 的缺乏與中毒

缺乏維生素 C 時會發生壞血症，而以五至十一個月的嬰兒，容易罹患壞血症，兩歲以上兒童則比較少。

由於維生素 C 與膠原的形成有關，缺乏時將導致結締組織、骨骼及牙齒均受到影響；而當嬰幼兒骨骼生長受影響時，容易發生骨折；缺乏會有牙齦發炎、暗紅、水腫易出血、貧血、出血塊、易感冒、流鼻血及消化不良，而造成過敏、動脈硬化、風溼症、光禿頭、高膽固醇、膀胱炎、感冒、血糖過低、心臟病、肝臟病、肥胖超重、蛀牙、容易緊迫及易長痱子；另外，當嬰兒身體有不明原因的瘀青時，很有可能是維生素 C 缺乏的癥候之一，必須特別注意。

一般來說，維生素 C 缺乏易發生於寒帶國家的晚冬時期，以及遠洋魚船的船員身上，二者都是因為比較少攝取新鮮蔬菜及水果所致。另外，維生素 C 於補充時須注意劑量的控制，大劑量似乎沒有毒性，但是如果一次攝取大量，易發生皮膚發疹或下痢，而如果發生上述狀況，則應降低劑量或暫停攝食，用量改為 1 國際單位（IU）＝ $50\mu g$ 抗壞血酸。

(二)維生素 B_1

維生素 B_1 又稱為硫胺（Thiamin）或抗神經炎維生素，缺乏的症狀主要是腳氣病，著名的例子是 1894 至 1895 年中日發生甲午戰爭，日本陸軍死於腳氣病者的數目是戰死者的 4 倍之高。

■維生素 B_1 的來源與功用

維生素 B_1 來源有胚芽米、麥芽、米糠、肝、瘦肉、酵母、豆類、蛋黃、魚卵、全麥麵包、穀類、麵粉、動物內臟、家禽、魚、堅果、牛奶及綠色蔬菜等；維生素 B_1 廣泛存在於動物性及植物類食物中，如未經過精製加工的穀類、瘦肉、牛奶、肝臟、酵母及豆類，都含有豐富的維生素 B_1。

維生素 B_1 在酸性條件下,較為穩定,特別在 pH5 至 pH6 的中性狀態下會不穩定。碳水化合物攝取量增加時,維生素 B_1 的需求量也要相對增加,飲食上假如每餐蛋白質或脂肪攝取較多,維生素 B_1 則可以減少攝取,尤其是高蛋白質飲食者。至於經由保健食品補充時,建議限量 5 毫克以下。

維生素 B_1 又叫硫胺,其功用為構成輔酶參與人體的正常代謝,促進胃腸蠕動,作用神經組織,因此又稱為抗腳氣病因子或抗神經炎因子;維生素 B_1 是屬於脫羧及轉酮作用時的輔酶,主要參與碳水化合物及脂肪代謝,如將葡萄糖轉成焦葡萄糖,及焦葡萄糖轉成乙醯輔酶 A 後,而可能進入熱量代謝循環;另外也參與 α-酮酸(蛋白質胺基酸,經過脫氨作用以後之剩餘產品)脫羧反應時,擔任輔酶的角色;因此 B_1 與碳水化合物、脂肪及蛋白質三大營養素代謝均有關聯;而維生素 B_1 擔任輔酶時的型式為 TPP(Thiamin Diphosphate 或 Thiamin Pyrophosphate,簡稱 TDP 或 TPP);而因為歷次營養調查,均顯示出國人維生素 B 群攝取不足,所以建議嬰幼兒宜額外補充 B_1,每日 0.3 至 1.4 毫克。

■ 維生素 B_1 的缺乏

維生素 B_1 攝取不足,會在缺乏二至三個月後,出現缺乏症狀──腳氣病。孩童的症狀主要為多發性神經炎、心臟疾病及失音,甚至可能導致死亡;嬰幼兒缺乏時會吃奶無力、渾身發軟、嘔吐腹脹、心率快,及心臟輕微腫大。

穀類食物為維生素 B_1 的主要來源,缺乏維生素 B_1 的主要原因係長期食用研磨過分精細的穀物(如白米)所造成。穀物在加工時由於會去除大量外殼米胚,而維生素 B_1 恰巧存在於這些部分中,含量最多,高達 80%;另外,米淘洗過多,蔬菜切後浸泡過久,及烹調加鹼燒煮等方式,均可能導致維生素 B_1 的大量損失;而當哺乳的母親,身體嚴重缺乏維生素 B_1 時,其哺育的二至五個月齡幼兒,相對上容易發生嬰兒腳氣病。

維生素 B_1 缺乏時幼兒咽喉會發生水腫及失聲，形成獨特的喉鳴聲音，屬於嬰兒維生素 B_1 缺乏病獨特的哭聲。嬰兒腳氣病發病時，從開始至死亡的時間非常快速，往往只有一至兩天，故若延誤治療其死亡率相當高。由於嬰兒食品均有添加足夠的維生素 B_1，所以採用母乳哺育的婦女，應特別注意及維持均衡飲食，才能防患於未然，不至於缺乏。

(三)維生素 B_2

維生素 B_2 又稱為維生素 G 或核黃素（Riboflavin），在乳中則稱為 Lactoflavin，在蛋黃中稱為 Ovalflavin；為核糖及核黃素（Flavin）合成的化合物，可溶於水，對熱穩定，但是對於光則很敏感，易因為受光照射而遭到破壞，特別是紫外線。

現代人由於飲食過於精緻（如白米、白麵、白饅頭及白土司），多半缺乏維生素 B 群，由於米飯麵食於精製過程中會去掉外殼，造成維生素 B 群盡失。根據臺灣過去的營養調查結果，臺灣人普遍缺乏維生素 B_1、B_2、菸鹼酸、B_6 及 B_{12} 等維生素，一般精製的甜點及糖果，將可以直接轉換成葡萄糖，供應腦部燃料使用，但是當身體維生素 B 群（B_1、B_2 或菸鹼酸）缺乏時，將造成葡萄糖進行糖解作用受阻，於是葡萄糖因此轉為形成焦葡萄糖酸，而當焦葡萄糖酸堆積於體內時，易導致腦部昏昏沉沉及感覺疲倦不已。

維生素 B 群有助於腦內化學物質的合成，幫助神經組織傳遞訊息，維持神經系統的正常運作；因此假如 B 群攝取不足，情緒容易因此而不穩定、易焦躁不安，嚴重時則會出現腳氣病、皮膚發炎或貧血。

■維生素 B_2 的來源與功用

維生素 B_2 的來源有酵母、肉臟類、牛奶、蛋類、花生、豆類、綠葉菜及瘦肉等；牛奶是最好的來源，其次是肉類、肝臟、腎臟、心臟、蛋及酵母等食物；而植物性食物，因為含維生素 B_2 的量較低，所以素食者較易發生缺乏，需要適度額外補充。

維生素 B_2 可以合成磷酸酯，形成兩種輔酶：其中一種輔酶為單核酸黃素（Flavine Mononucleotide, FMN）；另外一種輔酶為雙核酸腺嘌呤黃素（Flavine-Adenine Dinucleotide, FAD）；此兩種輔酶均與熱量代謝有關，所以當嬰幼兒攝取熱量較多時，維生素 B_2 也需相對增加供應量。

■ 維生素 B_2 的缺乏

維生素 B_2 缺乏的症狀包括畏光、視力模糊、口腔及舌頭疼痛、厭食、體重減輕、虛弱、頭痛等。容易發生口角處泛白、潰爛、發紅及疼痛，即口角炎；舌頭呈紫紅色，舌乳頭腫大；而鼻子兩側有脂肪性分泌物；及眼睛畏光、眼瞼發癢等症狀。根據國人的膳食調查結果顯示，國人飲食中維生素 B_2 攝取未達建議量，明顯攝取不足；如生長快速兒童，需要增加維生素 B_2 的供應量；發生感染或創傷的兒童，均會增加維生素 B_2 的排泄量；肝炎及肝硬化等疾病，會減低吸收維生素 B_2 的能力；以上這些狀況都會增加維生素 B_2 缺乏的危險性，都需要額外的補充及供應（每日 0.3 至 1.6 毫克）。

(四)維生素 B_6

維生素 B_6 又分為比多醇 Pyridoxine（R=CH₂OH）、比多醛 Pyridoxal（R=CHO）及比多胺 Pyridoxamine（R=CH₂NH₂）三種。

維生素 B_6 對熱、強鹼及強酸均很穩定，在體內與磷酸結合後，轉變為 Pyridoxal Phosphate 或 Pyridoxamine Phosphate，屬於為胺基酸新陳代謝的主要輔酶。維生素 B_6 可以維持神經纖維穩定，有助於消除焦慮及安眠，在腦中幫助血清素合成轉變成褪黑激素，因此有助於安眠。人類睡眠深沉時，GABA（Gamma Amino Butyric Acid，γ-胺基丁酸，能穩定情緒、降低憂鬱）含量會升得很高，而當有維生素 B_6 時，GABA 容易提高，較容易入眠深睡，因此要讓腦細胞休息，除褪黑激素外，補充維生素 B_6 將能使睡眠品質提升；維生素 B_6 除了可以幫助製造血清素外，與維生素 B_1、B_2 一起作用，可以讓色胺酸轉變成菸鹼酸，因為人體缺乏菸鹼酸

常會導致焦慮及易怒，進一步讓人睡眠品質不好；因此，菸鹼酸常用來改善因憂鬱症引起的失眠，並能減少失眠患者夜間醒來的次數。

■維生素 B_6 的來源與功用

維生素 B_6 的來源有肉類（特別是肝及腎臟中含量豐富）、魚類、蔬菜類、酵母、麥芽、肝、腎、糙米、蛋、牛奶、豆類、花生。

維生素 B_6 的生理功能如下：

1. 轉胺作用（Transamination）：轉胺酶 GPT（Glutamic Pyruvic Transaminase）及 GOT（Glutamic Oxaloacetic Transaminase），是存於肝臟的參與轉胺作用的酵素，常作為研判肝臟功能是否異常的判斷指標，當血液 GPT 及 GOT 值上升異常時，即表示可能罹患肝炎。

2. 脫羧作用（Decarboxylation）：麩胺酸形成 γ-胺基丁酸（GABA）。

3. 轉硫作用。

4. 參加絲胺酸（Serine）及羥丁胺酸（Threonine）的脫水脫胺作用。

5. 與血紅素生成有關。

6. 輔酶：

(1) 肝臟水解作用：維生素 B_6 使 Glycogen Phosphorylase 加速肝醣分解成葡萄糖與脂肪酸。

(2) 亞麻油酸（Linoleic Acid-18 個碳脂肪酸）轉化成花生油酸（Arachidonic Acid-22 個碳脂肪酸），因此缺乏時會導致皮膚龜裂，嚴重時會因為細胞膜變性，而引起身體不適。

(3) 與類固醇荷爾蒙功能有關。

■維生素 B_6 的缺乏

維生素 B_6 的缺乏症狀有：

1. 成人最初缺乏症狀為神經炎，但幼兒的最初症狀卻常是腹瀉，另外有失眠、虛弱、精神抑鬱、口唇病變、口炎鼻唇部位皮脂漏、皮膚炎等；後期症狀是周邊神經病變及中樞神經系統異常，包括過動及痙攣；幼兒維生素 B_6 缺乏時，會煩躁、肌肉抽搐、驚厥、嘔吐、腹痛、食慾不振、食物利用率低、體重減輕、嘔吐、下痢及體重下降；嬰兒長期維生素 B_6 缺乏時，還會停止增長、低血色素性貧血、長粉刺、貧血、關節炎、小孩痙攣、憂鬱、頭痛、掉髮、易發炎、學習障礙及衰弱；一般係因為長期營養不良，伴隨發生維生素 B_6 欠缺；其他原因則包括藥物干擾（如使用肺結核藥物 Isoniazid，會由於與 B_6 結合，而干擾其利用）

2. 嬰兒抽筋：研究發現，部分係因為奶粉經過高溫沖泡以後，使得其中的維生素 B_6 受到完全的破壞，導致嬰兒維生素 B_6 不足，而易因此發生抽筋。

(五)維生素B_{12}

維生素 B_{12} 又稱為抗惡性貧血因子，分離肝臟層析上層液，可獲得紅色結晶化合物，稱之為維生素 B_{12} 與造血功能有關；由於其中含有鈷及磷，因此呈現出紅色，因此又稱為鈷維生素（Cobalamin）；如果缺乏會導致惡性貧血的原因，包括外源性（食物中）及內源性（胃中），而此兩項原因均與肝臟功能有關。另外，維生素 B_{12} 易受酸及鹼破壞，因為維生素 B_{12} 在小腸時，需要有胃分泌的內在因子輔助，才能順利吸收，而內在因子屬於胃液的黏液蛋白，維生素 B_{12} 必須與內在因子結合後，才能吸附在小腸迴腸黏膜細胞，並經由胞飲作用，進入人體。

■維生素 B_{12} 的來源與功用

維生素 B_{12} 來源有肝、腎、瘦肉、乳、乳酪、蛋等；維生素 B_{12} 幾乎只存在於動物性食物（特別是肝、肉類、奶品及腎臟），高等植物之中幾乎根本不存在，故素食者不額外補充時，將容易發生缺乏症狀。保健食品

補充時建議限量 5 微克以下。

維生素 B_{12} 的生理功能如下：

1. 維生素 B_{12} 的生理作用與葉酸有關，可以促進葉酸的代謝正常，與四氫葉酸（Tetrahydrofolic Acid-THF）交互作用及參與去氧核酸（DNA）的合成。
2. 與腦神經細胞髓鞘形成有關，維持神經組織的功能正常。
3. 合成氰鈷胺甲基先驅物質（Methyl-Cobalamin），其中涉及轉甲基的作用。
4. 促進紅血球成熟。

■ 維生素 B_{12} 的缺乏

素食者比較可能發生維生素 B_{12} 缺乏，新生兒則通常不太會缺乏，主要由於肝臟在出生時已經大量儲存，除非採用母乳哺育，而母親本身飲食又缺乏維生素 B_{12} 者，才有可能發生維生素 B_{12} 缺乏，如餵哺母乳的素食母親，一般以全素者（不吃蛋、奶及其相關製品）最具可能性；另外，幼兒及孩童可能會由於內分泌及免疫功能不正常，造成胃部萎縮及分泌功能異常，導致維生素 B_{12} 吸收不良，因而產生惡性貧血；其次是如果小腸有寄生蟲或細菌及動過迴腸手術者，均會造成維生素 B_{12} 吸收減少，而易發生缺乏。

維生素 B_{12} 的攝取量方面，嬰兒的需要量由於母乳中的維生素 B_{12} 含量，每公升約為 0.4 微克，嬰兒每天攝取量約 0.4 微克，便大致足夠，但是如果屬於素食母親所哺乳的嬰兒，由於每天維生素 B_{12} 攝取量低於 0.02 至 0.05 微克，因此嬰兒易出現明顯缺乏症狀；如果嬰兒每天能夠口服補充 0.1 微克維生素 B_{12}，則症狀將可以痊癒；故建議嬰兒每天宜供應 0.4 微克，四歲以上的兒童每天建議量則為 1.2 微克；十至十三歲增加至 2.4 微克。

(六)菸鹼酸

菸鹼酸（Niacin）又稱維生素 P、維生素 PP、菸鹼酸或尼古丁酸，也叫菸鹼酸醯胺（Niacin Amide），對熱、光及鹼都很穩定；一般人體的腸道細菌可以藉由色胺酸（Tryptophan）合成菸鹼酸，但是由於其中的合成量很微小，並不足以供應人體全部之所需。

■菸鹼酸的來源與功用

菸鹼酸的來源有肝臟、酵母、糙米、全穀製品、瘦肉、蛋、魚類、乾豆類、綠葉蔬菜、牛奶等。菸鹼酸為糖解作用及呼吸作用的輔酶 NAF 及 NADP 的成分，也是體內合成長鏈脂肪酸所必需。

■菸鹼酸的缺乏

嬰兒缺乏菸鹼酸時，會引起嚴重的腹瀉。過去亞、非、美及南歐等地區曾經發生缺乏菸鹼酸，今日墨西哥及拉丁美洲地區，因為仍然以玉米作為主食，由於玉米缺乏菸鹼酸，故將玉米浸泡石灰，使其中的菸鹼素較易消化及利用以後，可以避免發生缺乏。

菸鹼酸缺乏時，會造成糙皮病，症狀為皮膚炎、腹瀉及痴呆，甚至會造成死亡。最初皮膚像是受到曬傷般，會出現紅斑、會癢且有灼熱感；急性發作時，會變成水泡及潰瘍，並且易發生感染。一般紅斑的特徵是皮膚突起、角質化，並有鱗屑，接著有棕色色素產生，也會發生口角炎、直腸及肛門發炎，甚至延伸至小腸，造成腹瀉及吸收不良；在神經方面，則會發生虛弱不適、焦慮妄想及精神錯亂等。

牛奶因為其中幾乎不含菸鹼酸，所以嬰幼兒缺乏菸鹼酸的情形，相當的普遍，以致經常因此引起嚴重腹瀉，缺乏時容易產生憂鬱症候群，在服用菸鹼醯胺幾個小時內，即可恢復正常。輕微缺乏菸鹼酸時，舌頭上會由於細菌孳生，長滿舌苔、口臭、口角潰瘍、口腔炎、緊張易怒，頭暈、失眠、復發性頭痛及記憶力減退等；皮膚則出現類似日曬般灼傷，假如再曬到太陽時，將造成更加惡化，接著皮膚變黑，乾燥、脫皮，同時產生貧

血及消化不良，胃部則由於無法分泌足夠的消化酵素、消化液及胃酸，導致便祕及腹瀉會交互發生，並且很快因此變成持續性腹瀉，假如繼續嚴重缺乏，將導致痴呆、沮喪及多疑。罹患癩皮病後，易轉變成具有有暴力傾向、知覺喪失及精神恍忽，其實醫院或長期照護中心裡，可能有很多這類缺乏菸鹼酸之患者。

■菸鹼酸的單位換算

菸鹼素包括菸鹼酸及菸鹼醯胺，以菸鹼素當量（N.E. 即菸鹼酸當量）表示之：

1mg NE ＝ 1mg NE 菸鹼素＝ 60mg 色胺酸

(七)葉酸

母親如果於懷孕期間葉酸攝取不足，將來容易產下低體重胎兒，且日後罹患心血管疾病的機率會提高。葉酸實際化學名稱為蝶酸單麩胺酸（Pteroylmonoglutamic Acid），但是由於過去一直習慣使用葉酸一詞，因此沿用至今。

1935 年，科學家在肝臟及酵母菌中發現可抗猴子貧血的物質，又稱為維生素 M；1939 年，在肝臟中發現可抗小雞貧血的物質，被稱為維生素 Bc；1940 年，一種可促進乳酸桿菌（Lactobacillus Casei）生長的物質被發現，同年發現也具有促進鏈球菌（Streptococcus Lactis）生長的功用，後來就被命名為「葉酸」（Folic Acid）。葉酸對中性、鹼性及熱相對穩定；而在酸性溶液中加熱則會很快分解，對光也比較不穩定。

■葉酸的來源與功用

葉酸主要的食物來源包括有肝臟、酵母、綠葉蔬菜、豆類及一些水果；當攝取酒類、煙草、咖啡，或於疾病狀態時，則需要額外補充。

葉酸在生理功能方面可以幫助胎兒的神經發育，因此孕婦宜多攝取深色蔬菜、豆類、五穀及肝臟等食物。葉酸主要參與人體的單碳代謝

反應，參與合成嘌呤和甲基化尿嘧啶去氧核酸為胸嘧啶核酸，因此與細胞的分裂關係密切；而葉酸的衍生物四氫葉酸（Tetrahydro Folic Acid, THF），屬於代謝重要輔酶，主要的作用是參與單碳基團的轉移作用，包括同半胱胺酸甲基化為甲硫胺酸；而甲硫胺酸，是形成 SAM（S-Adenosyl-Methionine）的重要來源，因此對於體內所有的甲基化反應非常重要。

■ 葉酸的缺乏

由於葉酸參與合成 DNA 及胺基酸代謝，與細胞分裂有關，因此當缺乏葉酸時，會導致**巨球型貧血症**（Megaloblastic Anemia）及生長遲緩等現象。嬰兒假如葉酸攝取不足、吸收不良、受藥物影響或葉酸的需要量增加時，容易導致缺乏，其他可能缺乏的狀況包括：

1. 慢性腹瀉、腸炎或使用廣效型抗生素者，將造成葉酸吸收不良。如果葉酸缺乏，嬰幼兒在六至十二週大時會發生生長遲緩，嚴重者會罹患巨球型貧血。維生素 C 可以防止葉酸被氧化，有利於葉酸正常功能的發揮，缺乏葉酸時巨紅血球細胞的成熟，將受到影響，易因此造成罹患巨紅血球性貧血，建議補充葉酸及維生素 C，故癌症患者，當接受化療造成白血球下降時，假如想要增加白血球數目時，除嚴重時會建議施打白血球生成劑外，也會補充葉酸及維生素 C。

2. 出生時體重過輕的嬰兒或早產兒：新生兒在初出生的數週內可能會發生缺乏，建議給予補充劑，直到體重超過 2,000 公克為止。

3. 罹患溶血性疾病的新生兒易發生葉酸缺乏，一般的嬰兒，只要每天達到攝取 300cc. 配方奶時，就比較不會缺乏。

4. 如果服用口服避孕藥的母親正在哺乳，嬰兒便有可能因此發生葉酸缺乏。

5. 長時間加熱牛乳或嬰兒配方，因為加熱會造成葉酸遭受到破壞。

6. 以羊奶哺育嬰兒：羊奶因為葉酸含量非常低，因此如果完全使用

羊奶哺育嬰兒時，易發生嚴重缺乏。

目前葉酸的定量方法，是使用微生物定量法，指食物以酵素（Conjugase）水解處理後，再以微生物 L. Casei 進行定量分析所得之總葉酸量。

 ## 第六節　嬰幼兒的礦物質需求

礦物質種類繁多，各有其特殊功用。與心臟（血糖及血壓）有關的礦物質包括鈉、鎂、鉻、釩、鋅及銅；與腦（神經傳導）有關礦物質包括鉀及鉬；與骨骼、牙齒及禿頭有關的礦物質包括鈣、磷、硫、氟、矽、錫及硼；與補血、細胞代謝、增氧有關的礦物質包括鎂、磷、硫、鐵、鎳、鈷、鍺、鉬及鑭；與抗老化有關的礦物質包括鋅、銅、硒、錳及鍺；與促進荷爾蒙有關的礦物質為碘；與調解體液有關的礦物質包括氯鋅、鈉及鉀。

新生兒在出生時的礦物質約占體重 3%，成人則約 4.3%，其中 83% 在骨骼、10% 在肌肉；主要陽離子為鈣、鎂、鉀及鈉，主要陰離子為磷酸根、硫酸根及氯。飲食缺乏鐵質會貧血，缺乏硒則遺傳物質 DNA 容易損傷；身體缺乏礦物質，容易老得快；老人記憶衰退原因，除了老年失智、腦中風、腦小血管硬化、腦外傷、肝功能差、長期酗酒、甲狀腺功能過低及梅毒外，主要原因就是營養不良，特別是礦物質（電解質）不平衡所致。

人體體內存在的礦物質種類很多，約有二十二種，而十六種為人體所必需，其中的鈣（Ca）、磷（P）、鈉（Na）、鉀（K）、鎂（Mg）、硫（S）及氯（Cl）等七種，由於在人體中含量很多，需要量也較大，都大於 100 毫克，因此被稱為巨量礦物質；另外九種如鐵（Fe）、銅（Cu）、碘（I），錳（Mn）、鋅（Zn）、鈷（Co）、酪（Cr）、鉬（Mo）及氟（F），由於身體含量少，需要量也少，因此稱為微量礦物質。

嬰幼兒膳食與營養
The Meal Plan and Nutrition for Infant and Young Child

一、鈣質

鈣質（Calcium）不只是素食者，也是非素食者易缺乏的養養素；中式食物，因為普遍缺乏鈣，所以需要注意補充。人體內的礦物質以鈣質最多，99% 的鈣分布在骨骼及牙齒，而約有 1% 分布於血清、肌肉及神經。

嬰幼兒鈣質的攝取與吸收量的多寡，影響骨骼發育甚大，將乳品與魚類相比較可以發現，牛奶及乳製品的鈣質量較高（**表** 4-10 牛奶及乳製品之鈣質量，平均量為 929 毫克），吸收率也高（40% 至 80%）；魚類較乳品低（**表** 4-11 魚類之鈣質量，平均量為 469 毫克），吸收率也低（20% 至 40%）；不過魚類也有高鈣食品，如小魚乾 2,213 毫克／ 100 克

表 4-10　牛奶及乳製品之鈣質量

編碼	名稱	鈣（毫克／ 100 克食物）
1	高鐵鈣脫脂奶粉	1,894
2	脫脂高鈣奶粉	1,743
3	高鈣高纖低脂奶粉	1,707
4	奶粉（脫脂即溶）	1,411
5	低脂奶粉	1,261
6	低脂低乳糖奶粉	1,246
7	羊奶粉	1,069
8	高纖奶粉	984
9	全脂奶粉	905
10	羊乳片	860
11	調味奶粉（果汁）	736
12	嬰兒奶粉 S-3	598
13	乳酪	574
14	冰淇淋粉（香草）	453
15	嬰兒奶粉 S-2	434
16	嬰兒奶粉 S-1	360
17	煉乳	264
18	淡煉乳（奶水）	225
平均		929

食物（**表** 4-11）；然而，不論是乳品或魚類，由於都屬於蛋白質來源，而高蛋白質飲食會引起高尿鈣，所以分量不宜過高，以免嬰幼兒未蒙其利已先受其害。保健食品補充時，建議限量 2,500 毫克以下。

(一)鈣質的來源與功用

哈佛大學曾在 1980 年針對「護士的健康」進行研究，對從不攝取鈣補充品的 77,761 名女護士做了長達十二年的追蹤研究，發現每天至少喝 2 杯（1 杯為 240cc.）牛奶者的骨盆骨折及前臂骨折風險，比每月最多僅喝 1 杯牛奶者，反而各增加了 45% 及 5%，因而建議需要注意牛奶攝取要適量，每天絕不可超過 1 杯，而飲食如果屬於高蛋白質者（大魚大肉），更

表 4-11　**魚類之鈣質量**

編碼	名稱	鈣（毫克／100 克食物）
1	小魚乾	2,213
2	蝦皮	1,381
3	髮菜	1,263
4	魚脯	966
5	雙帶參	864
6	海帶（昆布）	737
7	鶴鱵	595
8	鰻魚罐頭	359
9	黑星銀拱（金鼓）	267
10	薔薇離鰭鯛	260
11	甜不辣	207
12	紫菜	183
13	旭蟹（蝦姑頭）	178
14	竹輪	175
15	正牡蠣（生蠔）	149
16	扁甲參	136
17	魚肉鬆	133
18	小卷（鹹）	120
平均		469

需要減少蛋白質的攝取量，否則高蛋白質飲食，加上再攝取大量牛奶（牛奶也是高蛋白質）時，不但不能補充鈣，反而會由於高尿鈣造成大量鈣質流失。人體在三十五歲前是屬於骨骼建造的重要高峰期，要避免日後罹患骨質疏鬆，便要在此時期以前透過適當的補充鈣質及運動，增加儲存骨本，而兒童及老人是屬於易缺乏鈣質的高危險群。

■ 鈣質的來源

牛奶為鈣質的最主要來源；動物性食物如牛肉及豬肉等均含有鈣質，臺灣本地的小魚或魚乾、蝦類、蛤及牡蠣等，也都是很好的來源，建議連骨頭食用，嬰幼兒由於沒有或牙齒不夠堅硬，可以使用細碎機或果汁機攪碎後混合食用；植物性食物雖然也含有不少鈣質，但是由於植物性的鈣質，多存在於較粗硬的葉片纖維、穀粒或種子外皮（Seed Coat）裡，由於屬於高纖維，故會促進胃腸道蠕動快速，反而造成減少鈣質的吸收。

■ 鈣質的功用

鈣質之生理功能包括：

1. 控制神經感應性及肌肉的收縮：血鈣偏低時（ < 5mg/100ml），神經興奮性增加將導致抽筋。
2. 構成骨骼及牙齒的主要成分。
3. 維持心臟的正常收縮：過多心搏較慢，過少心搏較快。
4. 幫助血液凝固。
5. 控制細胞膜的通透性。

(二)影響嬰幼兒鈣質的攝取與鈣質的缺乏

2010 年 7 月 30 日媒體報導紐西蘭的研究發現，一般許多民眾有吞服鈣片之習慣，想要藉此補鈣及預防骨質疏鬆，然而研究發現，卻反而會導致日後增加心臟病發作之風險。現代人習慣服用鈣片，希望能夠因此預防骨質疏鬆，卻不知道這種行為，反而會增加 30% 心臟病機率。主要是由

於鈣片之中，富含高濃度的活性維生素 D 及鈣質；而當血液受到活性維生素 D 作用，導致體內維持高鈣之狀況時，將可能因此引發血管結塊，所以反而容易引發中風及死亡；因此研究人員建議，宜改為攝取自然高鈣食物，並採取如運動、戒菸及維持健康體重來避免骨質疏鬆，而非一昧的補充鈣片；因此嬰幼兒要增加鈣質的攝取，也應該利用攝取自然高鈣食物方式，必須避免服用鈣片等補充劑，以免弄巧成拙，反而影響嬰幼兒的正常發育與健康。

■ 影響嬰幼兒鈣質攝取的因素

影響嬰幼兒鈣質的攝取因素包括有：

1. 食物含量：假如要利用攝取蛋白質之食物（豆魚肉蛋奶類）來增加鈣質時，由**表** 4-10 及**表** 4-11 可以發現，乳品由於其中的鈣質含量高，加上吸收率也高，因此作為鈣質來源，將優於魚類。
   (1) 草酸（Oxalic Acid）及植酸（Phytic Acid）：草酸及植酸均會與鈣結合，形成不溶性鈣鹽，如菠菜。
   (2) 磷：磷的攝取量會影響到鈣質的吸收，攝取過多的磷，將使鈣質吸收不良。
   (3) 腸道蠕動過快：腹瀉或膳食纖維攝取過多時，腸道蠕動變快，鈣質停留腸道的時間，將因此相對減少，而減低鈣質吸收。
   (4) 藥物：長期服用利尿劑及含鋁藥物（如 $AL(OH)_3$）會減少鈣質的吸收。

2. 食物的烹調方式：魚類不同的燒烤溫度與時間，會影響到其鈣質含量，以鯖魚為例（如**表** 4-12），鯖魚因不同的燒烤時間其鈣質含量會有所不同，如攝氏 150 度、30 分鐘，其鈣質量最高，攝氏高達 180 及 210 度時，其鈣質量反而降低；而同樣燒烤 150 度時，烤 30 分鐘（15 毫克）比烤 10 至 20 分鐘（5 毫克）為高；故為求高鈣，嬰幼兒食用的魚類，顯然適合低溫而長時間的烹調方式。

表 4-12　鯖魚不同燒烤與時間之鈣質含量比較表

燒烤溫度與時間	鈣質含量（毫克／ 100 克食物）
鯖魚（烤）150 度，30 分	15
鯖魚（烤）180 度，10 分	8
鯖魚（烤）210 度，10 分	7
鯖魚（烤）150 度，10 分	5
鯖魚（烤）150 度，20 分	5

3. 維生素 D 的攝取：維生素 D 可促進鈣質吸收，除可藉由曬太陽補充外，飲食中牛奶、肝臟、蛋黃及鮭魚、沙丁魚等均含有維生素 D。維生素 D_3，具有幫助鈣質吸收的功能，但是維生素 D_3 必須先經過肝及腎臟活化，成為荷爾蒙後，才能發揮功能，因此肝及腎功能不好者，比較容易發生骨質疏鬆；兒童及老人由於腎功能比較差，因此也是屬於缺乏的高危險群。

4. 壓力及情緒不穩定。

■鈣質的缺乏

鈣質嚴重缺乏時，將會引起肌肉痙攣，成人會使骨質軟化及罹患骨質疏鬆等病症，嬰幼兒會有佝僂病、牙齒損壞或脫落及罹患軟骨症，因此要注意補充，而多攝食含鈣多的食物，如豆腐、豆乾等豆製品，小魚乾、黃豆、堅果（如腰果）、帶骨的魚類加工食品、綠葉蔬菜（芥菜、青江菜、莧菜、紅鳳菜）等；值得注意的是菠菜及芥藍菜等植物食品，雖然其中之鈣質含量多，但由於草酸含量也多，易與鈣質結合成不溶性的草酸鈣，會妨礙鈣吸收，因此不建議常攝取。

以下為增加鈣質攝取方式：

1. 去除植酸及草酸：草酸及植酸均會與鈣結合，形成不溶性鈣鹽，在表 4-13 菠菜及肉類鈣質量比較表中可以發現，菠菜的鈣質（77 毫克／ 100 克食物）遠高於肉類（平均 43 毫克），但是由於菠

表 4-13　菠菜及肉類鈣質量比較表

品名	含鈣量
菠菜	77
蛇肉	157
豬肉酥	90
DHA 火腿	59
豬腳	55
萬巒豬腳	40
小排（豬）	38
大排（豬）	28
鴨賞	26
雞爪	25
熱狗	23
臘肉	18
牛肉乾	16
膽肝	16
雞肉鬆	16
平均	43

菜中含有植酸，而植酸假如與鈣質結合成植酸鈣時，因為溶解率降低，將影響到鈣質的吸收；所以要提高菠菜鈣質吸收率，必須先將菠菜用熱水燙過，讓植酸溶入熱水之中，再倒掉熱水除去植酸，再烹調菠菜，這個做法可以增加菠菜的吸收率。雖然熱水也會影響到維生素 A、B_1 及 C（溶於熱水或受熱破壞）吸收，但由於菠菜本來就不是屬於這些營養素的主要來源，因此建議如此處理。

2. 減少攝取含磷食物：磷的攝取量會影響到鈣質的吸收，攝取過多的磷，將使鈣質吸收不良，因此飲食中鈣磷的比例最好是約 3：1至 6：1。身體吸收鈣時，有其一定的鈣磷比，而一罐可樂約含有50 毫克的磷，自然界中的蔬果鈣磷比約 1：1.3（如**表 4-14**），假設某一項食物的鈣質 50 毫克、磷 50 毫克，攝取 1 罐可樂後，將

嬰幼兒膳食與營養

The Meal Plan and Nutrition for Infant and Young Child

表4-14　自然界蔬果鈣磷比（前22名，超過2：1者）

食物品名	鈣	磷	鈣磷比
黑甜菜	238	41	5.8:1
芥藍	216	39	5.5:1
川七	115	22	5.2:1
桔子	68	15	4.5:1
紅鳳菜	142	34	4.2:1
皇冠菜	168	41	4.1:1
芥菜	98	25	3.9:1
紅莧菜	191	53	3.6:1
九層塔	177	53	3.3:1
青江菜	87	28	3.1:1
莧菜	167	54	3.1:1
椰子	21	7	3.0:1
青蔥	81	28	2.9:1
小白菜	106	37	2.9:1
油菜	112	38	2.9:1
甘薯葉	85	30	2.8:1
芫荽	104	37	2.8:1
金棗	38	14	2.7:1
鳳梨	18	8	2.3:1
空心菜	84	37	2.3:1
蘿蔔	27	13	2.1:1
芹菜	66	31	2.1:1

造成磷攝取量加倍，此時鈣質假如沒有加倍攝取，在一定鈣磷比吸收狀況下，將會導致鈣質減半吸收；所以幼兒假如經常攝取可樂及加工食品（如含重合磷酸鹽等品質改良劑之食品）過多，將埋下日後罹患骨質疏鬆之病因。

3. 身體需求量：當生長期、懷孕期及哺乳期等身體需要量增加時，鈣的吸收率將隨之增加。鈣質在小腸上段（十二指腸）被吸收，進入血液，一般食物鈣的吸收率約在 20% 至 30%，有時也會降至

10% 或更少，可依身體需求量的狀況而定，即身體缺乏時鈣質的吸收率會增加，反之則減少。

4. pH 值：鈣質在酸性環境下，比較容易吸收。

5. 維生素 D：維生素 D（活性維生素 D 指 1，25-(OH)$_2$-D$_3$，具有荷爾蒙功效）可以促進小腸鈣質吸收。

6. 乳糖：鈣可與乳糖形成複合分子，有利於吸收。

7. 蛋白質：胺基酸的絲胺酸、精胺酸及離胺酸可以幫助鈣的吸收，惟蛋白質如果攝取過量，反而會促使鈣質排出，導致高尿鈣，反而造成鈣質之流失增加。

8. 鎂：鎂會抑制骨骼鈣化。兩價陽離子（如鎂離子）因為在腸道會與同樣兩價的鈣質發生競爭吸收的狀況，造成鈣質吸收減低。

9. 游離脂肪酸：游離脂肪酸過多會與鈣質結合成不溶性的肥皂，將阻礙鈣質的吸收。

(三)新生兒的高血鈣

衛生署新竹醫院曾發現一位十個月大女童，因為腎臟超音波異常而就診，女童合併有脫水、便秘及噁心症狀，腎臟超音波檢查，發現兩側腎臟有擴散性鈣化沉積，抽血檢驗後發現其血鈣值，高達 16.8mg/dL，約為正常值的 2 倍；另外也發現血液中維生素 D 的濃度高至 331 ng/ml（正常值為 10 至 40 ng/ml）；調查後發現，女童因為服用藥妝店推薦介紹的鈣粉將近五個月，因此診斷出是屬於維生素 D 中毒所致的高血鈣、高尿鈣及腎鈣化沉積症；後來該鈣粉送檢結果，維生素 D 含量高達 847,520 IU/100g（而其外包裝標示為 12,000 IU/100g），是外標濃度的 70 倍，而由於女童一日攝取補充 3 匙，結果攝取量，是一般建議劑量的 200 至 400 多倍。

高血鈣症臨床較常見的症狀是屬於腸胃方面的症狀，包括噁心、嘔吐、便秘、腹痛；腎臟方面症狀有結石、腎鈣化、高尿鈣症及腎性尿崩症

合併脫水；神經學方面症狀有肌無力、抽筋及意識不清；心血管方面症狀為高血壓、心律不整及血管鈣化；其他也有骨頭痛及關節痛等症狀。而依據衛生署之建議，一般嬰幼兒每日鈣的攝取量，六個月以下為 400mg ／天，七歲以下為 800mg ／天，維生素 D 則是每天 25 至 50 微克（1 微克等於 40 IU）；因此每天長期攝取維生素 D 大於 2,000 IU 時，將會有導致中毒的危險；而由於一般嬰兒配方之中，已有足夠的鈣及維生素 D，母乳也不會缺乏，因此其實不用補充過量鈣粉。研究發現，新生兒高血鈣可能導致的原因包括：

1. 體內磷酸鹽缺乏：如生病時，使用低磷高鈣的全靜脈配方。
2. 維生素 A 過量：維生素 A 酸（Retinoic Acid）會刺激骨細胞活性，及產生蝕骨作用。
3. 新生兒有副甲狀腺的疾病。
4. 新生兒有與分泌副甲狀腺素相關蛋白質的腫瘤。
5. 維生素 D 攝取過多。
6. 其他：如基因異常及遺傳疾病等

(四)鈣質的建議攝取量

基於鈣質是國人比較容易缺乏的礦物質，建議參照美國標準，逐步提高嬰幼兒的攝取量（包括婦女懷孕及哺乳期）至 1,200 毫克／天（衛生署的建議量，三個月以下為 300 毫克，十二個月以下為 400 毫克，一至三歲為 500 毫克，四至六歲為 600 毫克，七至九歲為 800 毫克，十至十二歲為 1,000 毫克，十三至十八歲為 1,200 毫克）。

二、鐵質

鐵質（Iron）存在於血紅素、肌紅蛋白、細胞色素、少數酵素（觸酶內）、網狀內皮細胞、肝臟及骨髓內。研究發現，嬰幼兒假如缺鐵，不論

在智力發育、學習語言、身體平衡及活動的靈巧度都會因此受到影響。

幼兒缺鐵會貧血，將出現易怒、注意力不集中及頭腦昏沉沉，所以如果發現嬰幼兒臉色蒼白或免疫力降低等症狀，便需格外注意。瑞典研究發現，如果食物之中同時含有鈣質及鐵質，則因為鈣質會降低鐵質的溶解度，會導致鐵質沉澱於腸胃道，進而影響鐵質的吸收。

要提高鐵質的吸收，最好將高鐵食物與含鈣食物隔餐錯開，才不致彼此互相拮抗及干擾；而由於鈣質會抑制鐵質的吸收，故市售標榜的高鈣奶粉其實反而會誤導民眾，導致鐵質的不足，因此影響到嬰幼兒的智力發展。亞太幼兒營養學會研討會指出，因為過去嬰兒奶粉大幅取代母奶，加上營養攝取失衡，全世界約有四分之一的嬰幼兒出現缺鐵現象，就連澳洲及紐西蘭等盛產牛奶的國家，也都有約一成的幼童缺鐵，美國雖然已經實施加強飲食鐵質的計畫，但一至二歲幼兒的缺鐵比率仍高達 7%。

兒童缺鐵的主要原因是日常飲食鐵質攝取不足。過去的嬰兒由於經常食用配方奶粉，而配方奶粉的鐵質吸收及利用率較低，因此假如不足一歲的嬰兒，飲食來源光只靠牛奶，未補充肉類或其它副食品時，將可能導致缺鐵；另外食物中的鐵質，由於必須在消化道中先轉化成亞鐵，才能順利被吸收（因此高鐵質食物，必須配合食用維生素 C，才能順利將鐵質轉成亞鐵，而易於吸收），但是這種轉化過程，容易受到牛奶中的高磷或高鈣的影響，造成鐵質與牛奶中的鈣及磷，結合成為不溶性的鐵化合物，造成不能轉成亞鐵，並且難以吸收，導致體內的鐵質更加不足。

民間有一食療秘方，採用牛奶加蜂蜜（一歲以下嬰兒則不可以嘗試，由於蜂蜜中易含有肉毒桿菌的胞子，會造成嬰兒發生食物中毒），蜂蜜由於富含維生素 B 群（可補牛奶的不足）及天然維生素 C 及鐵質，維生素 C 則屬於抗氧化劑，可以輔助鐵質還原成為亞鐵。此外嬰兒如果提早斷奶，便應補充肉食、含鐵類穀物或豆類等副食品，以補足鐵質；值得注意的是，嬰兒配方的鐵質，只能吸收約 40%，因此奶粉廠商必須刻意提高其中鐵質的含量，但是如此一來又將造成嬰兒腎臟因為必須處理

60%無法吸收的鐵質而增加負擔，故不建議額外補充。

鐵質屬於輸送氧氣的血紅素及製造肌血紅素所必需，屬於人體最多的微量礦物質，缺乏時會引起貧血、血紅素降低、呼吸困難、心跳加速、虛弱、疲倦、感染、頭髮指甲易脆斷及便秘，對於兒童還可能造成降低學習能力的問題，當激烈運動、重量訓練及大量流汗時，均會增加身體氧的輸送而消耗掉鐵質，因此平常便須注意鐵質的補充。除此之外，癌症、風濕關節炎、皰疹梅毒感染、久病、消化不良及攝取磷（如啤酒酵母與可樂）、咖啡及茶等過量時，都會造成鐵質的缺乏。

研究顯示，素食兒童的紅血球量比非素食兒童還低，故排經期女性、孕婦、素食者、兒童及耐力運動者，均必須特別注意鐵質的補充；另外，也有研究指出，當人體遭到細菌感染時，應該停止補充鐵質，因為細菌也需要利用鐵質以繁殖生長，所以當感染時，人體便會將鐵質暫存，而當鐵質積存體內時，可能會因此產生毒性，造成頭昏、腹絞痛、肝腸損壞及皮膚變色等症狀，這是要特別予以注意的。

動物性食物中的血紅素鐵，比植物性的非血紅素鐵，更容易吸收；維生素 C 因為可以將三價鐵還原成二價鐵，故有利於鐵質的吸收（身體只能吸收二價鐵），因此鐵質及維生素 C 一起攝取時，鐵質的吸收效果將更好；部分專家建議所有嬰兒配方，應該添加鐵質 10 至 12 毫克／升（大於每攝取 100 卡熱量時 6.7mg）。雖然鐵質對於嬰幼兒很重要，但是市場卻仍有低鐵嬰兒配方存在，主要是因為過去的營養學家對於是否要添加鐵質，仍然存在有不同的爭議，由於鐵質屬於金屬物質，添加時可能會因此催化加速自由基的氧化，造成胃腸及行為方面的問題。要不要加鐵質，由於爭吵了一、二十年，目前專家仍分裂成兩派，有非常反對與贊成的；反對的理由如上，在此建議父母自行注意。

(一)鐵質的來源與功用

鐵質含量最多的食物是肉類、菠菜、海產類、肝臟及全穀類等；特

別是肉類及肝臟的鐵質吸收率最佳，肉類中紅色愈深者，含鐵量愈高；而蛋黃、菠菜及全麥等植物，因為其中含有磷酸、植酸及草酸，會干擾鐵質的吸收。一般飲食中的鐵質吸收率約為 5% 至 6%，如果屬於貧血患者，則其鐵質吸收率將升高至 35%。

鐵質的生理功能如下：

1. 血紅素及肌紅蛋白的鐵質，負責氧及二氧化碳的運輸。
2. 細胞色素內的鐵質，負責呼吸鏈中的電子傳遞及能量合成。
3. 構成酵素的成分，如抗氧化酵素（Peroxidase）、催化酵素（Catalase）、細胞色素（Cytochrome）。
4. 與細胞免疫有關聯：人體缺乏鐵質時免疫能力會下降，減少感染抵抗力及影響體溫維持的能力。

(二)鐵質的代謝

鐵質是血色素之主要成份，因此貧血幼兒及婦女（定期有月經血液流失），需要攝取足夠的鐵質，以補充血液製造時之所需；然而同樣重量的食物，紅肉（如牛肉）比白肉（如雞肉）鐵質含鐵量高；而同樣重量的鐵質，動物性（如牛肉）比植物性（如波菜）之鐵質容易吸收；吸收時維生素 C 含量高者比較容易吸收，因為可以將鐵還原成亞鐵，而鐵質只能以亞鐵型式，被吸收進入人體。

■鐵質的吸收

飲食中的鐵質計分為兩種：(1) 一種是血基質鐵，存在於血紅素及肌紅蛋白中，如肉類的鐵質，是由鐵及 Porphyrin（血紅素中非蛋白的多環狀結構部分）形成的複合血基質鐵；血基質鐵占總飲食總鐵量的 5% 至 10%，容易吸收（吸收率約 25% 左右），吸收率比較不受飲食成分或腸道環境（pH 值）的影響；(2) 另外一種為非血基質鐵，多存在於非動物性食物中，吸收率較低（約 5% 左右），且易受磷酸、草酸及植酸的含量影

響（合成不溶性化合物，將阻礙鐵質的吸收），降低吸收率。

以下關於鐵質吸收的建議：

1. 素食者宜攝取新鮮的全穀類、豆類及添加酵母的烘培食品（酵素可以分解植酸）。

2. 用餐後 2 小時以後再喝茶及咖啡，以避免降低 35% 至 64% Fe^{+3}，代表 3 價鐵 Fe^{+3} 的吸收率。

3. 適量的鈣質，可以幫助結合影響鐵質吸收的磷酸、草酸及植酸。

4. 烹煮莢豆前宜先泡水，以利於先將其中的植酸溶出。

5. 多攝取發酵食品，如優格及東方發酵大豆製品，因為有機酸可以預防不溶的植酸鐵或鋅。

6. 建議使用鐵製廚房用具或鋼鍋，使酸性食物可以溶出鐵。

7. 攝取補充劑時，需注意避免單一攝取鐵及鋅的方式，否則將無法增加營養，因為銅與鋅之間會產生拮抗作用，當銅吸收增加後，會抑制鋅的吸收，導致血清的鋅值下降；鐵與銅也會互相拮抗，因為兩者吸收時，均需要共同的腸道運輸蛋白——運鐵蛋白；一般身體之中含有足夠運鐵蛋白，來同時吸收鐵及銅；然而如果攝取過量的銅鹽，如補充單一劑量時，則將導致運鐵蛋白不足，於是造成鐵的吸收受到抑制，主要原因是銅比較容易與運鐵蛋白結合所致。

■鐵質的運輸

進入小腸的二價鐵，一送到血中立刻被氧化成三價鐵（鐵在腸道吸收以後就進入血液，而在血漿中變成原來的三價鐵），並送到骨髓的網狀血球內，與前吡喀紫質（Protoporphyrin）形成血基質（Heme），再與球蛋白結合成為血色素。

■鐵質的排泄

在紅血球破裂時，會釋放出鐵質，大部分將再形成運鐵蛋白，或送

到骨髓以製造血色素，因此鐵質由尿中排出的量很少。銅（Cu）是促成鐵質轉變成運鐵蛋白的重要礦物質，因此造血時，銅屬於不可或缺的物質，惟其需要量比鐵質少，其他如維生素 C、E、B$_{12}$ 及葉酸等，因為可以幫助血球形成，也是屬於不可或缺之成分。

(三)鐵質的缺乏與建議攝取量

缺鐵會發生小球性貧血（Microcytic Anemia），多半是因為飲食不當或罹患潰瘍，造成大量血液（鐵質）流失所致；由於身體平時對於鐵質的排泄量很低，因此在正常狀況下，應該不致於發生缺乏，所以除非發生過度失血、懷孕、哺乳、嚴重感染及不適當飲食（如高醣及低蛋白質飲食），或胃腸消化吸收功能不良等狀況，才會發生缺鐵性貧血。

鐵質的建議攝取量，零至六個月 7 毫克，七至十二個月嬰兒，建議 10 毫克／天；十至十八歲建議 15 毫克／天（美國則建議 8 毫克／天，這是因為美國人攝取牛肉等紅肉量比較多，建議量也就不一樣）；另外，因為日常國人在膳食中，鐵質的攝取量並不足以彌補孕婦懷孕分娩失血及分泌的損失，故建議當懷孕第三期至分娩後二個月，每天另以鐵鹽供給 30 毫克的鐵質。

三、鈉

鈉（Sodium）屬於細胞外液的主要陽離子，與氯及重碳酸鹽等陰離子共同負責細胞的酸鹼平衡，維持體液的滲透壓，而身體要維持細胞外液的正常體積，主要是透過控制細胞的通透性，並控制肌肉的感應性。腎臟會根據細胞外液中鈉的含量，進行調節尿鈉的排出，由於國人飲食中鈉質攝取超量甚多，因此保健食品不建議補充，三個月內的嬰兒，自母乳或配方奶中的鹽分攝取就已足夠；三個月以後的嬰兒，隨著生長發育，腎功能逐漸健全，鹽的需要量將逐漸增加，此時則可適當配合增加，但原則是須

於嬰兒六個月以後,方可將每天的食鹽供應量控制在 1 克以下。

小於十歲的兒童,建議不要攝取醃製食品,由於醃製品(鹹魚、鹹肉、鹹菜等),其中所含的鹽量太高,而高鹽飲食已知易誘發高血壓,其次,醃製品因含有大量亞硝酸鹽,研究資料顯示,如果小於十歲就開始攝取醃製品的幼兒,日後成年後患癌的可能性,將比一般幼兒高出 3 倍。

(一)鈉的來源與功用

根據新聞報導,臺灣自從開放鹽自由進口以後,大量各種外國鹽開始進入國內市場,而大量的中國鹽有些是以工業用途名義進口,但最後卻被混充為食用鹽進行販售,假如民眾誤食,長期食用可能易罹患甲狀腺腫大,幼兒食用後也易損害腦部。而為什麼會發現此一問題,主要是因為自從鹽品專賣取消、市場開放自由進口鹽以後,統計發現,2005 年食用鹽量卻反而比 2004 年減少了 18,000 多公噸,照常理,臺灣一般食用鹽的年總消費量,應該不至於有太明顯的差異,所以合理懷疑所減少的鹽應是被大陸進口的工業鹽混充取代所致。

由於工業用鹽並沒有額外添加碘,長期食用時易因此造成碘缺乏而罹患甲狀腺腫大,對於一歲以下的幼兒,有可能會損傷腦部的發育,故專家建議購買食用鹽時,應認明 GMP 標章,不要隨便購買來路不明,或者非常便宜的鹽。大多數的食物均含有鈉,而大部分的鈉都是來自於加工食品,特別是醃漬、罐頭食品、濃縮的湯料、醬汁及各種零食,如洋芋片等均添加有高量的鈉;食鹽及醬油中之含鈉量最多,加工過食品如鹹菜、醃肉、火腿、鹹蛋、乾酪、奶油、熟魚乾、加工食品罐頭、餅乾及海產食物(蚌蛤、牡蠣)等食物,也都含有大量的鈉;健康人一天 5 克食鹽(等於2 克鈉,由於 10 克鹽等於 4 克鈉)就足夠,有高血壓的患者,則建議每天攝取量低於 5 克以下。

鈉在人體的生理功能是在進入身體後開始作用,食物中的鈉大部分(約 95%)會被吸收,攝取量越多,吸收量也就越多,吸收後的鈉在體

內作用後，由腎臟過濾排出，但是其實大部分的鈉，會在腎臟被重新再吸收。維持體內鈉平衡是由腎臟的腎上腺皮質激素負責，當血液中鈉含量升高時，腦下視丘會隨之刺激人體產生口渴的感覺，人體飲水後調整體內滲透壓，降低鈉濃度；而如果血鈉量過低時，則會分泌腎上腺皮質激素，增加對鈉質的再吸收率，並因此減少排出量。

(二)鈉的控制攝取

鈉雖然是屬於身體的主要及重要成份，但是國人由於飲食西化，加上經常外食，調味品使用增加及口味偏重，導致鹽、味素及醬類食物攝取增加，鈉質攝取量超過，係造成高血壓患者愈來愈多之主因；因此為了幼兒的健康，建議鈉必須控制攝取量。

以下是如何避免攝取太多鈉（鹽）的建議：

1. 國人食用鹽的攝取往往超量，建議可多採用天然香料代替，以增添香氣及味道減少鹽的用量。
2. 少量食用麵包及其製品：一塊重 1 磅（454 克）之麵糰，約可製成 6 塊麵包，以鹽巴使用量 1.0% 至 1.5% 計算，每一塊麵包會產生 0.8 至 1.135 克的鈉含量。換句話說，每吃一塊麵包，就已經用掉一天四分之一的鹽巴量，這是值得高血壓患者及喜歡吃麵包的人，特別小心與注意的。
3. 冷食：餐食低溫時其鹹味的感覺會增加，而甜食則在攝氏 34 至 37 度時感覺最甜，故建議對於嬰幼兒的食材可採低鹽、低溫調理，口味上不宜太重，否則會增加日後罹患高血壓的機率。
4. 多選擇新鮮食物並自行製作。
5. 少用含鈉量高的調味品，如鹽、醬油、味精等。
6. 少攝取含鹽的食品，如洋芋片、薯條、加鹽的堅果類、乳酪、醃漬物、醃燻及加工肉品。
7. 少攝取含鈉量較高但卻不易被人察覺的食品，如麵線、油麵、甜

鹹蜜餞、甜鹹餅乾等，由於都添加了含鈉量極高的鹼、蘇打、發粉或鹽，必須忌食。

8. 少攝取罐頭、冷凍、速食及已加工的半成食品。由於在食品加工的過程中，都加入了鹽或一些含鈉的食品添加物。

9. 選購食品時，要先閱讀食品標示，不要買含鈉量太高的食品。

10. 含鈉量較高的蔬菜有紫菜、海帶、胡蘿蔔、芹菜、發芽蠶豆等，不宜大量食用。

11. 市售的低鈉醬油要注意其鉀含量甚高，須按營養師指示食用。

12. 餐館的飲食常使用較多的食鹽、味精等調味，儘量避免在外用餐。萬一無法避免時，則忌食湯汁、醃製食品。

(三)鈉的缺乏

鈉缺乏時會發生嚴重腹瀉及嘔吐，嬰幼兒應較少會發生鈉的缺乏，故如有腹瀉及嘔吐的狀況時須小心檢視，是否是發生鈉的缺乏；另外，人體在高溫下持續工作、運動或大量流汗等狀況下，易導致低血鈉症，而低血鈉的情況會有噁心、疲倦、腹部、腿部抽筋及體內酸鹼無法維持平衡症狀。

四、氟

氟（Fluorine）屬於骨骼及牙齒中不可缺少的成分，少量氟將可促進牙齒的琺瑯質，抵抗細菌酸性腐蝕，防止蛀牙；水中加氟，以 1ppm 為最適宜；不過由於氟假如添加過量，反而具有毒性，目前由於缺乏定量氟的檢驗試劑，所以過去公共衛生學者，雖然一直想藉由在水中加氟方式，預防蛀牙，卻一直無法有效落實執行。

身體的氟由汗腺及腎臟排出，缺氟地區建議可以藉由在牙膏中加氟的方式，改善蛀牙，保健食品則不建議補充。

　　氟的生理功能是防止齲齒（蛀牙）、構成骨骼的礦物質結構，與治療骨質疏鬆症。另外，氟的食物來源除飲水外，還包括海藻類、海產類及添加氟的牙膏。

五、鋅

　　鋅（Zinc）可以促進身體發育、生殖器官發育、傷口復原、膠原質製造、蛋白質的代謝及合成、碳水化合物的代謝與 DNA 的複製，以及保護肝臟免於遭受化學破壞。約翰霍普金斯（Johns Hopkins）大學的研究發現，鋅可以降低嬰兒死亡率。

　　鋅屬於人體第二多的微量礦物質，缺乏鋅時，對於素食兒童所造成的影響，將遠比成人要大。與成人相比，兒童每公斤體重需要更多的鋅，同時兒童無法像成人在低鋅時可調高鋅的吸收率。鋅參與身體很多酵素的活性功用，如鹼性磷酸酯解酶、蛋白質合成酵素活化、正常的味覺、嗅覺及攝護腺功能、體內細胞分裂、成長及修護酶及免疫系統功能正常所必需。研究顯示，所有生育年齡女性，每天服用含 15 至 20 毫克鋅的綜合維生素，約可降低 7% 至 59% 體重不足早產兒的機率。

　　鋅之食物來源有蛋白質含量較高的食物，特別是海產中的牡蠣、蝦、蟹及肉類（如牛肉）；植物食品因含有多量纖維及植酸，易與鋅結合而影響吸收。保健食品補充時，建議限量 15 毫克以下，要注意過量的鋅會引起嘔吐、腹瀉、腎損壞、銅與鐵的缺乏及貧血。

　　鋅缺乏會減緩身體及生殖器官發育、降低食慾及免疫力，孕婦、哺乳期及嬰兒要特別攝取足夠的鋅，以維持胎兒與嬰兒正常發育，避免產下體重不足的早產兒。血清中鋅含量偏低會導致下痢、妄想症、口腔及肛門皮膚炎，而長期缺乏鋅則會導致生長遲緩、個子矮小、傷口癒合不佳、肝脾腫大、性腺機能減退、第二性徵不明顯、血清鹼性磷酸脂解酶含量低及貧血（嚴重小球性低血色素貧血），故須特別注意；另外，純素食、腹

瀉、肝硬化、腎病、糖尿病、酒精及流汗（如耐久運動）等狀況，也會導致鋅的缺乏，這是以母乳哺育者要注意的地方；而牛奶含有高量酪蛋白及鈣質，也會降低鋅的吸收，母乳則不會，因為母乳的蛋白質含量較低，這是以牛奶餵養者要注意的地方。

第七節　嬰幼兒的液體（水）需求

人體內的水可分為細胞內液、細胞外液及細胞間液：(1) 細胞內液，指細胞內的水分，約占體重的 40%；(2) 細胞外液，指血漿、淋巴、脊髓液及身體的分泌液，約占體重的 20%；(3) 細胞間液，約占體重的 20%，指存在於細胞及細胞間的液體。人體內 99% 的細胞間液可藉血管上的小孔與血液互相交通，流通情況則受血液蛋白質（如白蛋白）所形成的膠體滲透壓所控制，當身體的細胞間液因故積聚太多，而無法順利排除時，就會發生水腫的情況。

一、水分的功用與需求的計算

嬰幼兒由於調節水分之能力較差，因此如果水分攝取不足時，容易發生脫水，而危及其脆弱之生命；而人體內的水擔負著生理的重要功能，任何器官的作用都需要適當的水分，居間協調才能維持人體的正常運作，其生理功用如下：

1. 水屬於細胞間液、分泌液及排出液的成分：如血液、淋巴、消化液、膽汁、汗液及尿液，皆需要適當水分，始能維持身體正常的運作。

2. 調節體溫：身體產生的熱量，隨體液分散至身體各部位，體溫過高可藉由排汗、呼吸、尿液及糞便的水分排泄至體外，進行體溫

調節。

3. 促進正常的排泄作用：尿液、糞便及汗液中的水，可溶解及稀釋體內的廢物，避免傷害體內細胞，並使廢物順利排出體外。

4. 潤滑作用：唾液可潤滑食道幫助食物的吞嚥；腸道、呼吸道及泌尿道的分泌液，有滑潤黏膜的作用；關節間的液體，則可防止骨骼間的磨損。

5. 構成細胞的成分：細胞內的化學變化，皆需要在有水分的情況下進行。

6. 溶劑：消化後的產物，溶解於水中才能被小腸絨毛吸收，送入血液循環。

(一)水的需求計算

依據人體對熱量需求的計算，成人每卡路里至少需要 1 毫升的水、嬰兒每卡路里需要 1.5 毫升，故建議每天熱量需要 1,000 卡的嬰幼兒，每天的水分攝取量最少為 1,500 毫升。評估管灌飲食嬰幼兒的水分攝取時，一般水分攝取建議量有兩種：

1. 根據體重計算，每公斤體重的建議量為 30 至 40 毫升，例如 20 公斤的女童，建議每天飲水 600 至 800 毫升（20×30 至 20×40）。

2. 根據熱量需要量，每大卡熱量應給予 1 至 1.5 毫升的水分，因此每天需攝取 1,250 大卡熱量者，其水分建議攝取量為 1,250 至 1,875 毫升。假如每天需要 1,600 大卡的熱量，其水分建議攝取量為 1,600 至 2,400 毫升。商業配方的管灌飲食會有營養標示，通常 1 毫升含熱量為 1 大卡，因此 1,000 毫升將提供 1,000 大卡的熱量，其水分含量自 780 至 880 毫升不等。假如每天總熱量需求為 1,250 大卡熱量，水分約供應 975 至 1,100 毫升不等，因為一般均建議，每天熱量需要 1,000 卡的嬰幼兒，每天至少應補充 1,500 毫升以上的水分，因此食用商業配方時，便需要額外補充 500 至 700 毫升

水分。嬰幼兒最好有水分攝取的紀錄,以利於判斷水分攝取是否足夠。

(二)水分的攝取與建議量

水分的排除主要經由腎臟、皮膚、肺臟及腸道排出,人體每天經由糞便排出 100 至 200 毫升、尿液 1,000 至 1,500 毫升、肺臟呼出水分 250 至 400 毫升、汗水 400 至 1,600 毫升,合計約 1,750 至 3,700 毫升。

營養素代謝氧化所產生的水為 100 克脂肪氧化後約可產生 107 毫升的水分、100 克醣類氧化約可產生 56 毫升的水分、100 克蛋白質氧化約可產生 41 毫升的水分,故 2,000 卡路里的飲食:240 克醣類、170 克蛋白質及 40 克脂肪,氧化後約可以產生 247 毫升的水分;至於直接攝取的水分可分為飲用水分、飲料及湯汁。食物中所含的水分,牛奶約 87%、蛋 75%、肉類 40% 至 70%、蔬菜水果 70% 至 95%、五穀類 8% 至 20%、麵包 35%,因此平均每天自食物中約可獲得 1,000 毫升的水分。

上述這些都是在水分的攝取上需要考量進去的因素,以下則在上列條件下所做的水分建議攝取量的計算:

$$（1,750 \sim 3,700）-（247 + 1,000）= 500 \sim 2,500 \text{ 毫升（每天約需補充的水分）}$$

二、液體（水分）的需求計算

嬰幼兒對液體需求量的計算如下:

(一)公式一　依年齡計算

水分依據年齡計算時,嬰幼兒一週大的水分需求約需每天每公斤體重 120 至 150 毫升,其中 50% 由尿液中排出,50% 由肺、皮膚或其他方式排出。新生兒由於腎臟發育不完全,尿素廓清（Urea Clearance）較差,

濃縮尿液能力有限，製造銨（Ammonium Ion）及磷酸鹽廓清（Phosphate Clearance）能力也有限，所以新生兒血中尿素氮（Blood Urea Nitrogen, BUN）會輕微上升，故需求量會較低，以下為依出生時間所列的需求量：

1. 出生三天：一天需水量 250 至 300cc.，每天每公斤體重，需要 80 至 100cc.；平均體重約 3 公斤。

2. 出生十天：一天需水量 400 至 500cc.，每天每公斤體重，需要 125 至 150cc.；平均體重約 3.2 公斤。

3. 出生三個月：一天需水量 750 至 850cc.，每天每公斤體重，需要 140 至 160cc.；平均體重約 5.4 公斤。

4. 出生六個月：一天需水量 950 至 1,100cc.，每天每公斤體重，需要 130 至 155cc.；平均體重約 7.3 公斤。

5. 出生九個月：一天需水量 1,100 至 1,250cc.，每天每公斤體重，需要 125 至 144cc.；平均體重約 8.6 公斤。

6. 一歲：一天需水量 1,150 至 1,300cc.，每天每公斤體重，需要 120 至 135cc.；平均體重約 9.5 公斤。

7. 二歲：一天需水量 1,350 至 1,500cc.，每天每公斤體重，需要 115 至 125cc.；平均體重約 11.8 公斤。

8. 四歲：一天需水量 1,600 至 1,800cc.，每天每公斤體重，需要 100 至 110cc.；平均體重約 16.2 公斤。

9. 六歲：一天需水量 1,800 至 2,000cc.，每天每公斤體重，需要 90 至 100cc.；平均體重約 20 公斤。

10. 低出生體重：每天每公斤體重，約需要 85 至 170cc.；新生兒黃疸接受光照治療者，則需要增加 20%。

(二)公式二　依體重計算

兒科液體需求量依據體重計算時，有一簡單的體重計算公式：

1. 嬰兒 3 至 10 公斤：100 毫升／公斤，每天約 300 至 1,000 毫升。
2. 體重超過 10 公斤的兒童（10 至 20 公斤）：1,000 毫升＋ 50 毫升／公斤，如 12 公斤者＝ 1,000 ＋ 50×2 ＋ 1,100 毫升。
3. 超過 20 公斤者：1,500 毫升＋ 20 毫升／公斤。

(三)公式三

公式三計算方式如下：

1. 每攝取 100 卡飲食時，需要 100 毫升的水。
2. 每天攝取 500 卡者，需求 500 毫升；每天攝取 800 卡者，則要 800 毫升。

大約每 24 小時需 40 毫升／ 100 千卡，以補足看不見的流失，然後再加上 60 毫升／ 100 千卡的尿液損失，因此每天需要 100 毫升／ 100 千卡或者 1 毫升／千卡，以供應身體液體所需。

沒有發生腹瀉，由糞便所流失的水分可說是微乎其微，反之發生腹瀉時，由於液體損失顯著增加，就必須額外補充。而急性體重減少，通常反映著身體水分的流失，故當發生任何急性快速體重減少的狀況時，應該適時的補充液體。另外，發燒會增加呼吸及皮膚的失水，因此當嬰幼兒身體溫度高於 38°C 時便必須額外補充水分，約每天每公斤體重增加 5 毫升。

三、嬰幼兒的脫水現象

嬰幼兒如果發生體液不足或脫水，會發生意識狀態改變、嗜睡、頭昏、昏厥、便秘、皮膚張力變差、黏膜乾燥、腋下無出汗、心搏過速、姿勢性低血壓及大於 3% 的體重減輕等，輕度脫水（體液不足僅 1 至 2 公升）時，只要經口補充水分即可改善。發生消化道異常或有意識障礙的嬰

幼兒，則宜改由靜脈補充生理食鹽水，但是須特別注意，矯正的速度假如太快時，有可能會因此造成發生腦水腫，不得不小心。

為避免嬰幼兒脫水，預防勝於治療；對於高危險群嬰幼兒，最好能營造容易取得水且願意喝水的環境；有吞嚥困難的嬰幼兒，可以在每天供應的定量水中添加增稠劑，避免喝水時發生嗆到。至於幼兒因易罹患輪狀病毒，造成發燒及上吐下瀉，須特別小心這方面的感染；根據統計，二歲以下的嬰幼兒，因急性腸胃炎住院的病例，約有四成是屬於輪狀病毒感染所引起，故輪狀病毒屬於高致病性的病毒。

輪狀病毒係屬於 Rotavirus 病毒，因為在電子顯微鏡下面觀察時，病毒外型看起來像車輪般而得名，此病毒可以在短時間內，進行大量的複製，剛開始會出現發高燒及嘔吐等類似感冒的症狀，但當嘔吐現象趨緩時，會因為腸道的上皮細胞已受到嚴重破壞，失去原本製造乳糖酶、吸收養分及水分等功能，而導致嚴重腹瀉、水樣瀉，且糞便會因此發出濃濃酸臭味；此時便極有可能會伴隨脫水、電解質不平衡的現象，甚至發生抽搐、昏迷或死亡。

輪狀病毒的感染，一年四季都有可能會發生，其中又以秋冬季節為流行的高峰期，因而也稱為冬季腹瀉。**輪狀病毒**可經由糞口傳染，主要對象是六個月至三歲的幼童，幼童罹病的原因，一方面是由於免疫能力不夠健全，另一方面是沒有養成良好的衛生習慣所致；而除了幼兒以外，其實免疫力較差的成人，也有可能遭到感染。因為輪狀病毒，具有多種型式，所以即使曾經感染，仍有可能被其他型的病毒再感染，目前尚未有專門治療輪狀病毒感染的用藥，因此防止脫水是治療此病的首要任務。近來研究發現及早補充口服電解液，可避免病情惡化，早期進食容易消化吸收的營養則可促使腸黏膜絨毛的修復，加速身體康復，但是幼兒假如發生持續嚴重腹瀉時，則應立刻就醫治療。

問題與討論

一、嬰幼兒營養需求中,熱量的計算方式與成人有何差異?

二、影響醣類代謝的激素(荷爾蒙)有哪些?

三、請列舉出幼兒所需要的必需胺基酸,並說明與成人之不同。

四、幼兒肥胖時與脂肪細胞數目之相關性為何?

五、維生素如何分類?哪些是脂溶性維生素?

六、如何增加身體對於鈣質的攝取?

七、請舉出一項兒科液體需求量公式,並加以說明。

Chapter 5

嬰幼兒膳食設計

學習目標

■瞭解嬰幼兒膳食設計的原則

■如何為幼兒餐點設計菜單

嬰幼兒膳食與營養
The Meal Plan and Nutrition for Infant and Young Child

前　言

　　對於嬰幼兒膳食，平常經常聽到的廣告詞是這麼說：「孩子！我要給你最好的，希望你趕快長成大樹！」；只是這是成人的觀念，一般人經常用自己的眼光，拿自己認為是「最好」的東西，供應給嬰幼兒，而這所謂「最好」的東西，卻有可能對嬰幼兒來說是不適合的，反而造成傷害。

　　過去中南部的民眾，為了給自己的嬰兒最好的，到舶來品商店購買最貴的奶粉，可是對於嬰兒而言最好的食物就是母奶；另外，有人到藥局要買最好的奶粉，誤信藥局所推銷添加一大堆有的沒的奶粉，認為添加這麼多營養素，應該可以因此比別人攝取更多營養素，而更快長成大樹；但是卻因為奶粉是藥局自行聯合向國外奶粉廠訂製的，缺乏營養專業，沒有注意到鈣磷比率，導致嬰兒食用後，因為鈣磷比不對，影響骨骼發育，造成一輩子長不高。也有媽媽自認聰明，購買高蛋白質食物給嬰兒，希望真的可以長成大樹，卻不知嬰兒最適合的食物內容，是高脂肪低蛋白質，與一般成人不同，高蛋白質可能影響到嬰兒發育尚不完全的腎臟，造成小孩在還沒有長成大樹前，就先損傷到腎臟功能。

　　上述這些例子可說是層出不窮，不管是家長或是膳食設計者，對於嬰幼兒膳食設計，宜採用衛生署建議的均衡飲食方式，配合自然界的春生、夏長、秋收及冬藏的概念，才能達到《易經》所謂的「見群龍無首，吉！」（在《易經》中，「群龍無首」是吉利詞；代表「圓」之義——也就是「圓滿、生生不息之意」），本章在討論膳食設計時將食物的五行、五味一併列入討論，這是與坊間有較多殊異的地方。

第一節　嬰幼兒營養膳食設計

嬰幼兒膳食設計除應對每日總熱量及三大營養素（蛋白質、脂肪及醣類）進行妥適之比率分配外，食物的酸鹼性也是民眾尤為注意的項目，膳食設計時尤須考量進去。現代人普遍認為初生嬰兒體質多屬弱鹼性，隨著外部環境的污染及不當飲食習慣所致，體質逐漸轉為酸性；再加上現代人因為生活步調失常、壓力及情緒緊張，及過量的食用肉類等酸性食物等因素，如肉類、乳酪製品、蛋、牛油及火腿等，造成體質偏酸，而成為許多疾病的根源；所以，為了防止酸性過多或中和酸性，維持酸鹼平衡，建議平日宜多攝取蔬果（各種蔬菜及水果多屬於鹼性）。事實上，為避免嬰幼兒發生便祕，多食用蔬果及水分也確實是預防良方之一。

一、嬰幼兒膳食設計原則

針對家中嬰幼兒飲食的製備，職業婦女如果想要快速完成製備及上菜，建議掌握四項訣竅：(1) 多收集食譜；(2) 處理程序繁瑣的食材宜減少選用；(3) 前一晚先準備妥當；(4) 善用快速烹調的方法。至於團膳設計方面，則除了以上原則外還需注意：(1) 瞭解市場趨勢；(2) 順應節氣與養生等原則。茲說明如下。

(一)瞭解市場趨勢

幼兒的團體膳食市場由於變化很大，所以在設計嬰幼兒膳食時，首先必須瞭解所在地的市場供給趨勢；如日本的奈良便當便是因應市場而與奈良女子大學食品營養系合作，利用當地食材，推出具有奈良特色的便當，因此在製備飲食時，宜先瞭解市場之趨勢。換句話說，好的膳食設計取決於市場需求。例如配合針對銀髮族需求方面，日本廠商將商品的標示

字體加大，及推出將餐食運送到府之服務；以及針對女性推出強調健康烹調，口味清淡，並標示適合女性熱量的產品；好的措施，市場反應良好，自然會受到消費者的喜愛。沒有事先瞭解消費市場，改變策略，縱使頂著高名氣的光環，一樣無法站穩市場，訂定嬰幼兒的膳食營養計畫也是一樣，必須清楚瞭解嬰幼兒營養的生理、心理及需求，搭配合適的飲食原則，才能成功的設計出符合嬰幼兒的營養膳食計畫。

臺灣嬰幼兒市場，由於少子化的影響而轉趨成熟，開始走向 M 型兩極化：平價化及高價化、大眾化及精緻化；在這兩極分明的態勢下，設計者必須專業化，才能創造出市場價值，需要瞭解及重新摸索臺灣餐飲市場成功法則，以 2009 年的市場為例，由於經濟風暴，價格取代了便利，便宜成了王道，造成消費者不得不非常注意荷包，斤斤計較，低價便宜策略已經勝過以前講求便利的原則。

(二)瞭解嬰幼兒其他常見飲食的攝取問題

■咖啡因及茶

針對從未攝取咖啡因的兒童進行研究，假如每天提供每公斤體重大於 3 毫克的咖啡因，約相當於茶飲料 15cc.、可樂 23cc.，結果顯示會造成兒童緊張不安、肚子痛、嘔吐或神經質等不良影響。國外的研究則曾針對有頭痛現象的六至十八歲兒童及青少年進行戒斷研究，原本每天至少喝 1.5 公升（約 192.88 毫克）的含咖啡因飲料，當戒掉以後，即不再頭痛。

成長中的兒童及青少年，對於咖啡因較易有興奮作用且反應也比較敏感，易產生心悸及影響睡眠，加上咖啡會減低食慾，對於幼兒的營養攝取會有負面影響，故建議不要提供七歲前發育中的兒童含有咖啡因的食物，十五歲以下青少年則應建議每公斤體重少於 2.6 毫克。

咖啡因由於具有利尿作用，會讓人半夜頻上廁所，還會刺激神經系統，造成呼吸及心跳加快、血壓上升、精力充沛，也會減少褪黑激素

（Melatonin，腦部松果體分泌的荷爾蒙，具有催眠作用）的分泌，咖啡因會抑制令人想睡的化學物質——嘌呤核苷酸（Adenosine）分泌，因而影響到睡眠。含有咖啡因的飲料，如咖啡、茶葉及可樂等，由於屬於刺激性物質，經常攝取習慣以後，假如突然停止不喝，將易產生頭痛及肚子痛等不適症狀，故三歲以內的幼兒，不宜飲用咖啡與茶。

　　茶葉因含有大量鞣酸，會干擾人體蛋白質及礦物質鈣、鋅與鐵質的吸收，造成嬰幼兒缺乏蛋白質及礦物質，影響其正常生長發育，茶葉的咖啡因屬於強興奮劑，也有可能會因此誘發幼兒發生過動症。研究發現，喝較多咖啡的青少年，其睡眠品質較差，且對其健康、學習及腦力發展皆有負面影響，建議青少年及兒童應避免喝咖啡或含有高量咖啡因的茶或可樂。長期而言，兒童如果攝取含咖啡因的食物，建議每天每公斤體重須小於 2.5 毫克，以 30 公斤的兒童為例，其每天的建議攝取量應小於 75 毫克咖啡因。

■兒茶素

　　兒茶素又稱為「茶單寧」，是茶中多酚成分的通稱，也代表茶的黃烷醇類（Flavanols），近期的報告多半使用茶多酚來取代過去「單寧」的用詞。

　　目前茶多酚，由於具有預防心血管疾病等功能，所以相關的研究相當多，不過也有研究指出，紅茶假如再加上牛奶以後（如奶茶），會造成兒茶素失效，理由是牛奶中所含的酪蛋白，會減少紅茶兒茶素的效用。

■市售牙餅

　　牙餅是幼兒長牙期間，磨牙的食物之一，有研究調查發現，其中的含鈉量有不少都超出英國標準（每 100 公克鈉含量 50 毫克），最高的還有超過將近 3 倍的用量者，讓許多專家憂心不已，再加上嬰幼兒假如從小養成重口味及愛攝取零食的習慣時，易對幼兒的腎臟造成負擔，不過國內由於目前缺乏標準，故只能建議家長宜多加注意，並以烤土司（或麵包）

代替牙餅，會比較天然與低鈉。

■味精（素）

味精的成分為「麩胺酸鈉鹽」，麩胺酸是一種胺基酸，為構成蛋白質的原料，廣泛存在於天然蛋白質食品，如乳酪、豆類、玉米、番茄、素肉及素火腿中，含量均不少，也稱為味素，屬於中國菜的重要成分。日本將味精稱為「味之素」，早期從海藻或植物中萃取提取，是味精的主要生產者，現大多從大豆蛋白質（麵筋）發酵方式生產製取；美國則是利用穀物蛋白質——麵筋及甜菜為原料。

大量攝取味素時會引起頭痛、肩痛、燒灼感、出汗、發冷及暫時性麻痺等症，因為過去多半發生在中國餐館，所以又稱為**中國餐館綜合症**，因此宜避免嬰幼兒攝取中國餐館可能添加大量味素之食物。

(三)順應節氣與養生

嬰幼兒膳食的製作，以健康飲食為原則，食物宜以天然食材及清淡口味為主。嬰幼兒因為腸胃及肝臟均尚未發育成熟，所以不能根據成人的口味來烹調食物。例如嬰幼兒腸道功能不完全，並不適合採取生食，所有的食材都必須煮熟，而即便嬰幼兒可以消化，也因為生食不易不宜大量食用，且難以滿足嬰幼兒持續成長所需的大量營養素。又如食物的烹調手法也會產生不同的作用，加熱可以讓肉類的胺基酸及醣類產生梅納反應（焦糖化），獲得特殊顏色及香味；加熱讓澱粉糊化、膨潤，讓米飯變柔軟；湯汁藉著勾芡，可以改變食物質地，使食物容易咀嚼，更重要的是可以使食物容易消化，所以無論加熱或生食，在不同的年齡、不同的對象，都有其不同的益處及缺失。

在膳食設計上亦可將食物的寒熱稟性考量進去。「食物寒熱」即一般民間所稱的「冷」、「涼」或「退火」的食物。**寒涼性食物**普遍具有清熱、瀉火、解毒、鎮靜及清涼消炎等作用，適合熱性體質者食用（可改善失眠、腫脹及炎症）；而「燥」或「熱」的食物，則屬於**溫熱性食物**，多

具有溫陽及散寒作用，可治寒證及陰證，適合寒性體質嬰幼兒食用；而一般食物以平性居多，不論對熱證或寒證都可配用；熱性體質（常易口乾、滿臉青春痘、大便乾燥、小便赤短等）或熱性疾病者，宜多食寒涼性食物，如薏苡仁（即薏仁）、綠豆、梨及西瓜等；而寒性體質（手足冰冷、怕冷、攝取冰冷的東西易拉肚子）或寒病，則宜多食溫熱性飲食，如胡桃、生薑、大蒜及鹿肉等，以為平衡。

有關食物之陰陽，自古認為自然生命係以二種相對力量，維繫著生命的平衡，此即為陰陽學說，又可再細論為五行（金木水火土）與相生相剋；自然界存在著陰陽二種力量，相互協調，又相互發生制衡；一收一放，產生一陰一陽；而此理論被運用在飲食方面則建議應該儘量避免食用極陰或極陽之食物，而應食用微陰或微陽食物，才可在生理、情緒及精神上，維持均衡健康。

(四)嬰幼兒膳食設計原則

飲食計有五味，其中各自功能為酸收、辛散、苦堅、鹹軟及甘緩，其中：

1. 辛入肺、酸入肝、苦入心、鹹入腎及甘入脾。所謂辛入肺，是因為辛味食物多具熱性，具發散、行氣、行血及潤養功能，主入肺經，所以辛味食物有益肺臟，又辛味具有潤養功能，對於肺臟具有柔肺滋養、散發風邪及生陽健胃效果，對於因為風寒感冒或胃寒食慾不振的幼兒，建議多食。
2. 甘味屬於緩急、和中及補益作用，主入脾經及胃經。
3. 五穀根莖類等主食，係屬甘（甜）味，屬於熱量之主要來源。
4. 酸味則收斂及柔潤，主入肝經及膽經，肝主疏泄，主藏血，肝臟正常功能，全賴肝陰（血）的充潤，酸味食物因為具有柔潤收斂功效，有益肝臟陰（血）充飽和內斂；唯酸味食物多屬寒性，酸味爽口開胃，刺激唾液分泌、幫助消化，但是如果食用過量，將

會損傷牙齒，因此應該適量。

5. 苦味能泄、能燥及能堅，主入心經，苦味可熱泄，有利心氣不為火熱所傷，加上能燥能堅，有利心氣內守，所以苦入心，心欲苦；具有清心明目及止渴去煩功效，但苦味食物多屬於寒性，所以虛寒體質幼兒宜避免少食。

6. 鹹味具軟堅、散結、補腎堅陰作用，主入腎經，腎主藏精，鹹味入腎，可以滋補腎經，堅陰固腎，鹹以寒、涼食品居多；例如多攝取海帶，雖然可以預防甲狀腺腫大，但過量則易導致血脈凝滯，所以有心血管疾病或高血壓者不宜多食。

從上所述，因此在調味搭配時，需特別注意遵行：寒者熱之、熱者寒之的原則；例如體質偏寒的人，烹煮宜多用薑、椒、蔥及蒜等熱性食物調味；如果體質偏熱，則宜多食清淡或寒涼的食物，如水果及瓜類等。

膳食之設計，就是要截長補短，趨吉避凶，滿足嬰幼兒生長之所需，並利用營養學知識及食物學原理，設計出多變及多樣化的嬰幼兒均衡飲食。以下是幼兒飲食的設計原則：

■避免太鹹、太油或多脂的食品

負責製備幼兒飲食的母親，經常因為自己試吃嬰兒食物以後，主觀上覺得不好吃，於是擅自添加了大量的調味品，希望孩子吃起來可口好吃，卻不知道太鹹、太甜、太油及太刺激的食物，都不適合幼兒。幼兒的食物，宜以天然清淡為主，不論是番薯、南瓜或其他食物，都只需於煮熟後壓成糊狀，而不需要再添加任何鹽或醬油，因為食品的鹽分如果太多，容易造成血壓上升及導致情緒緊繃的狀況。要少鹽低鈉，建議需要多利用天然香料，如香草、香葉、胡椒、薑及蒜頭等均是，巧妙利用這些天然香料，不但可以有效提升香味，更可帶出食物的原汁原味。另外，如能適當而巧妙的利用新鮮肉類本身的鮮味，便可減少調味料用量；如新鮮的牛肉湯，只要新鮮，湯質之中含有的大量水溶性胺基酸便會自然甜美，利用肉

湯作為高湯烹調，也能因此減少調味料的使用份量。

　　至於含有過多油脂、糖或鹽的食物，如薯條、洋芋片、炸雞、奶昔、糖果、巧克力、夾心餅乾、汽水及可樂等，雖然具有碳水化合物及蛋白質，但是通常其中含有較高的熱量，有些甚至是屬於空有熱量的食物，幼兒如果長期食用，容易造成營養素的不均衡，導致肥胖及慢性病。

　　幼兒的味覺，如果太早接觸調味過重的食物時，容易養成日後重口味的口感。幼兒在一開始供應食物時，宜儘量以原味製作，減少使用調味料，且過度油炸的食物（如炸雞、漢堡及薯條等）含有過量脂肪，易沉積於血管壁上，導致阻塞及血壓上升，不但易罹患心血管疾病，氧氣無法有效運送，也會心情壓力加大，大大影響心情及健康品質。西式速食因為飲食成分中含有太多的糖、鹽及脂肪，特別是飽和脂肪酸及反式脂肪酸，容易導致血脂肪上升，長期會造成易罹患心血管性疾病，加上油脂食用多時，相對的蔬菜水果等就會減少食用，易缺乏含有健康保護因子（如植物化學成分、維生素及礦物質等）之食物，除容易營養不良（不均衡）外，也不利於嬰幼兒長期健康發展。

■避免太甜或刺激性的食品

　　巧克力等甜食，在剛吞食下肚時，讓血糖很快上升，所以心情會暫時好轉，然而由於身體緊接著會開始大量分泌胰島素，導致血糖將因此快速下降，而當血糖歷經一升一降時，反而造成情緒起起伏伏，不易維持平穩，讓人不知所措，不利於幼兒情緒的穩定。

　　「糖」是指單糖及雙糖等精製糖，而並非指米飯或麵條等多醣；原因是精製糖由於會增加身體胰島素之分泌；而胰島素如果大量分泌，易造成身體中性脂肪囤積；在食用高糖食物之後，血糖會因此急驟上升，胰臟會分泌大量胰島素，幫助血糖調節，促使脂蛋白（身體運送脂肪的交通工具）活化，以利幫助血液中葡萄醣、脂肪酸進入細胞，慢慢會變成中性脂肪；胰島素還會讓脂肪細胞緊緊包住脂肪，使得儲存的脂肪更不易排出體外，日久易導致嬰幼兒肥胖或導致糖尿病。

　　至於飲料如咖啡及濃茶等，如前所述，因為其中含有高量咖啡因，因容易引起中樞神經興奮，產生過度興奮、焦躁不安、心悸及失眠；如果長期飲用，可能會成癮出現依賴性；加上幼兒的體型較小，對咖啡因的接受程度較成人來得低，更容易出現上述的不適症狀。所以咖啡因、尼古丁及酒精等刺激性之成分，食用後在心理上好像「感覺」受到安慰，其實反而是製造情緒的不定時炸彈，建議避免供應幼兒。

　　另外，須避免含有酒精的飲料及食物，酒精會直接影響神經中樞的運作，嚴重時會傷害到腦細胞，引起酒精中毒及腦性麻痺；所以，含有酒精的飲料，如各式酒類、氣泡式酒精飲料，或以酒烹調的各項食物，應儘量避免給幼兒飲用或食用。而具有辣味、酸味（如辣椒、芥末及檸檬）等刺激性的食物，因容易導致幼兒腸胃道灼熱及疼痛，亦應避免給予幼兒食用。

■選擇清淡的烹調方式

　　設計嬰幼兒菜單時，為避免嬰幼兒養成重口味，應該儘量選擇清淡的烹調方式，方式包括：

1. 蒸：利用隔水加熱使食物變熟，如蒸魚。
2. 涮：肉類食物切成薄片，吃的時候放進滾湯中燙熟，如涮羊肉。
3. 燙、煮：食材處理好之後，放入滾水或高湯中，大火燒滾就撈出稱做「燙」，煮得比較久稱為「煮」，如燙青菜、鹽水蝦等。
4. 烤、烘：調味後的食物，用烤箱或架在烤網，烘熟或乾燥，如烤雞、烘牛肉。
5. 燉、滷：先利用大火燒滾食物後，再以小火燒煮到爛熟是「燉」；如果加入滷包，就是屬於「滷」，如清燉牛肉、滷雞腿。
6. 燒、燜：菜餚經過炒與煎，再加入少許水、高湯及調味料，利用微火燜燒，使食物熟透、汁液則濃縮變為粘稠，如紅燒豆腐。
7. 凍：食物中加入洋菜、果膠，利用低溫把菜與湯汁凍結起來，如

肉凍。

8. 拌：菜餚處理好，放入調味料拌勻，如涼拌雞絲。

9. 燴：菜餚煮熟後，加入太白粉水勾芡，如清燴海參。

另外，須避免的高脂肪與高糖等重口味的烹調方式如下：

1. 油炸：幼兒雖對此類接受度很高，但因為高油、高糖、高鹽食材及烹調方式，會導致熱量過量攝取，養成重口味的習慣，長期易導致肥胖，造成心血管的負擔，埋下心臟病、糖尿病及癌症等慢性病隱憂。

2. 糖醋：主要調味料為糖及醋，在菜餚中直接調味，或將調味料勾芡後淋在菜餚，如糖醋排骨。

3. 三杯：薑、蔥、紅辣椒炒香，再放入主菜，加麻油、香油、醬油各一杯，燜煮至湯汁收乾，再加入九層塔拌勻盛出，如三杯小卷。

4. 酥：將油熱透，淋在已熟的食物上，使外皮變酥，如香酥鴨。

5. 蜜汁：利用蜂蜜增加菜餚的特殊風味，如蜜汁魚排。

■ 食材特性的設計考慮因素

設計時食材特性的考慮因素如下：

1. 顏色：針對嬰幼兒必須多加變化顏色，設計上要多富變化，通常基本設計要有綠色，如綠色蔬菜；白色，如魚肉類、豆類及米飯；橙（棕）色（這個顏色較容易引起食慾），如胡蘿蔔及少數油炸食物等；設計時宜避免同一色系同時出現，如白豆腐配馬鈴薯泥、紅蘿蔔炒黃豆乾等，因為這會造成整體之色澤太過於單調。

2. 外形：藉由將食物切成粒狀、片狀、細條、球型、塊狀、狹長條或其他各種對幼兒具有吸引力的形狀，並進行變化多端的形狀搭配與組合，會增加視覺的吸引力，引起食慾；但是要注意的是，同一道菜之材料最好一致，方便烹調與咀嚼，並避免整體造型產

生凌亂。

3. 排列與盤飾：就好像在繪製國畫般布局，盤飾藝術在西餐（如法國菜）是相當重視的部分，菜單設計者在造型進行構思以後，再將食物擺置盤中，最後利用盤飾或醬汁做造型，以襯托菜餚並使餐食份量感覺增多。

4. 組織：每種製品均有其特別組織，如脆、滑、硬、軟、黏、富彈性或耐咀嚼等；建議利用乾的搭配溼的、硬的搭配軟的；或者以混合蔬菜等方式，變化組織，增加菜餚吸引力。

5. 味：由於味蕾可以感應酸、甜、苦及鹹味，因此在風味變化方面，味濃之主菜，建議必須搭配味淡之副菜，透過設計不同層次與變化的口味，吸引幼兒。

6. 稠度：中國菜經常使用勾芡方式，以促使成品滑嫩可口並增加亮度，不過忌諱每道菜都勾芡。

7. 聲音：餐食端出時，如果能夠伴隨著烹調食物的聲響，如鐵板牛排等，將更能吸引人，並引發食慾。

8. 香：建議利用香料、茴香及檸檬葉等增進自然獨特的香味，另外也可利用烤、炸、焗或調味品（如麻油），增加成品的香味。

9. 環境：如將環境布置成為燭光晚餐，或搭配音樂等。

嬰幼兒的菜單設計方面宜注意可多利用烹調方式來變化菜單，如里肌肉可以應用刀法，或切薄片、厚片或指甲片；或切條；或切塊；之後可再搭配烹飪方式煮、炒、爆、炸、燒、燴、蒸、醃、伴、扣、煎、焗、鍋貼、鍋塌（如鍋塌豆腐）、煸、滷、煨、烹、褒、川、抄、涮或凍；以上綜合搭配後即成多種變化菜單，如炒里肌肉片、炒里肌肉絲、炒里肌肉丁、炸里肌肉片、炸里肌肉絲、炸里肌肉丁、燴里肌肉片、燴里肌肉絲及燴里肌肉丁等；然後再增加其他食材（蔬菜及水果等）；忙碌的父母，建議多加利用半成品或成品，但是要選購 HACCP、CAS 或 FGMP 認證廠商，並注意以下事項：

1. 標示廠商名稱及地址等基本資料須清楚。
2. 須標示有營養成分，注意鈉含量太高者宜避免，或減少使用次數，或稀釋後再使用。
3. 減少使用含有添加物（防腐劑等）之成品，即使是合法可添加之添加物均是。
4. 注意輸送、儲存及開封後的保存衛生安全。

■各種不同的低油烹調方式

在菜單設計時可利用不同的烹調方法，如烤、蒸、炸、燉、煮、燴、燒、煎等來做搭配，不僅使菜餚富變化，並因使用不同製備方法，使成品多樣而不流於重複；二來可節省備餐時間；三可以符合國人健康之需求。

各種低油烹調方式之設計，例如設計供應水餃時，可以嘗試先進行外皮顏色變化，如：(1) 橙色：外皮使用紅蘿蔔汁；(2) 綠色：波菜汁；(3) 紫色：紫高麗菜汁；(4) 黑色：墨魚汁；另外，再進一步搭配內餡進行變化；如泡菜水餃、泡麵水餃、蘿蔔絲水餃、高湯水餃、鮮筍豆腐水餃、菇類水餃、貢菜水餃或酸菜水餃等；然後再利用不同的低油烹調方式，如煮、蒸、涮、燙、烤、烘、燉、滷、燒、燜、凍、拌及燴等，以設計出煮橙色泡菜水餃、烤綠色泡麵水餃（先煮熟）、蒸紫色蘿蔔絲水餃、炸黑色鮮筍豆腐水餃、燉白色菇類水餃、燴橙色貢菜水餃、燒綠色酸菜水餃、煎紫色高湯水餃及伴紅油高麗菜水餃等不同低油烹調的變化。

■宜少採用或避免的食材

幼兒的消化系統，需要較長的時間，才能發育完整，如果提早供應質地太過堅硬的食物，或高纖維質的食物，由於需要咀嚼及消化的時間較長，所以較不適合消化系統發育尚未完整的幼兒食用。核果食物富含單元不飽和脂肪酸、蛋白質及礦物質，供應幼兒食用時應先加以磨粉或壓碎，以減少幼兒的消化負擔。蔬果因為含有豐富的纖維質、維生素及礦物質，

能提供幼兒每日所需的重要營養素，因此製作時可先去除硬梗或果皮，然後再磨成泥狀、切割成末狀或小段狀，以方便幼兒咀嚼及減少消化負擔。幼兒不宜攝取含有色素、防腐劑及化學調味料的食品，否則易罹患心臟病、高血壓或糖尿病，而食物中所添加的甜味劑、色素及防腐劑等添加物，會增加肝臟及腎臟的代謝，增加臟器的負擔，醃漬、香腸、臘肉、燒烤食物（尤其是已經燒焦的食物）及煙燻食物，容易產生致癌物質，危害健康。以下是針對嬰幼兒所建議的宜少採用或避免的事項：

1. 不宜不吃早餐：由於身體器官發育沒有成熟，消化能力弱，肝醣量少，加上活潑好動能量消耗多，如果不吃早餐，熱量易不足或不平均，早上容易饑餓疲勞、困倦沒有精神，上課不易專心，注意力不集中，嚴重時會低血糖，而易頭昏或昏倒。

2. 新生兒奶水不宜太濃：奶水太濃不易消化，且鈉的食用量有可能會增高，對血管造成負擔，使血壓上升，易造成微血管破裂出血。

3. 忌食蜂蜜或花粉製品：蜂蜜含肉毒桿菌孢子，嬰幼兒耐受性低，易發生食物中毒，特別是含有雷公藤或山海棠花的蜂蜜；花粉製品則易造成過敏。較大幼兒食用蜂蜜時，不可用熱水稀釋，會破壞維生素 C 及蜂蜜的酶類物質。

4. 不宜多攝取奶糖：奶糖本身含有酸性物質，加上殘留增加細菌滋生，造成嬰幼兒乳牙組織易疏鬆、脫鈣、溶解。

5. 忌吃口香糖：一旦吞食易卡住氣管，危及生命。

6. 食用動物肝臟或腎臟等內臟不宜過量：動物性內臟，含有毒性物質，含特殊蛋白質易與有毒物質結合，含重金屬也較高，所以嬰幼兒不宜食用過多。

7. 不宜食用人參：中醫「少不服參」，因為易削弱免疫力，降低抵抗力，易感染疾病，出現興奮、激動、易怒、煩躁、失眠等症狀，也有可能造成性早熟或性騷亂，將嚴重影響身心健康。大量攝取有可能引起大腦皮質神經中樞麻痺，使心臟收縮力減弱，降低血

壓及血糖，嚴重危及生命。

8. 避免冰冷食物：夏季天氣炎熱，可以適量冷食，過量將影響脾胃，使胃黏膜血管收縮，胃酸分泌減少，降低殺菌能力，還會使腸胃易痙攣，造成腹瀉或腹痛，食慾減退，導致營養不良。

9. 避免食用保健食品：易破壞營養平衡，影響健康，可謂愛之反而害之。

10. 飯前、吃飯時及飯後不要喝太多水：此時喝水會稀釋沖淡唾液及胃液，並使消化酵素（如蛋白酶等）活性降低，影響消化吸收功能，日久將導致健康狀況不佳。

11. 吃藥忌與牛奶併服：牛奶含鈣及鐵，易與藥物（如抗生素之四環素）結合，造成藥物難以吸收，有些藥物甚至會受到破壞，影響藥物效用，二者之間一般必須相隔 1.5 個小時以上為宜。

12. 雞蛋不可配豆漿或糖：雞蛋及白糖同煮，會使雞蛋蛋白質中的氨基酸形成果糖基賴氨酸的結合沉澱物質，不易被人體吸收，對健康會產生不良作用。豆漿含有胰蛋白酶，與蛋清中的卵松蛋白相結合，會導致營養成分的損失，降低二者的營養價值。

13. 避免生食醬油：因為醬油是屬於發酵食品，在其生產的過程中，容易遭到其他微生物的污染，造成內容物中易含有雜菌或致病菌，一般會採用巴斯德低溫殺菌方式後裝瓶；因此供應給嬰幼兒前，宜予以加熱煮沸後再調理，以確保嬰幼兒的飲食安全。

14. 避免食用大量荔枝：含高果糖，吸收後需經一段時間及轉化酶作用，才能轉化為葡萄糖，加上食用大量荔枝，將影響其他食物的進食，導致低血糖症狀，即所謂的荔枝病，症狀為出汗、肢冷、乏力、腹痛、輕度腹瀉等，嚴重會抽搐或昏迷，如果未適時補充糖類，易危及生命，如同糖尿病低血糖般。

15. 避免空腹攝取番茄：因含有大量膠質，易與胃酸形成不溶性塊狀物質，造成胃食糜不易進入十二指腸，使胃內壓力升高，造成胃

擴張，導致劇烈疼痛；飯後或與食物一起食用時，胃酸及食物混合，大大降低胃酸濃度，就不易結塊；另外，未成熟的番茄含有番茄鹼，具毒性，食用後會出現頭暈、噁心、嘔吐、流涎及乏力等中毒症狀。

■健康飲食食材的採用建議

1. 健康飲食的基本內容：

   (1) 五穀根莖類食物：每天增加至少 1 碗全穀根莖類，如增加玉蜀黍、栗米、蕎麥、大豆、綠豆、薏仁、南瓜子及糯米等，製作出五穀雜糧飯、糙米飯、芋頭飯及地瓜飯等，以取代精製但缺乏維生素的白米飯。

   (2) 油脂：應包括 1 份堅果（核果）及種子類。建議以核果類來取代精製油脂。

   (3) 奶類：建議改為低脂奶類，以降低飽和脂肪酸的食用。

   (4) 蛋白質：鼓勵使用脂肪含量低者，尤其是豆製品、魚類及家禽類；所以過去的肉魚豆蛋之順序，宜改為豆魚肉蛋。

2. 健康飲食的採納建議：除了茶以外，建議均可納入嬰幼兒的菜單之中：

   (1) 五穀雜糧：可以穩定血糖。

   (2) 蔬菜根莖類：預防癌症。

   (3) 豆類：清血管，降低血膽固醇。

   (4) 魚及海鮮：含有 ω-3 脂肪酸，幫助嬰幼兒聰明又快樂。

   (5) 海藻：提升元氣。

   (6) 黃豆食品:如豆腐、豆漿及豆花等，可以預防癌症，保護骨骼。

   (7) 水果：增強免疫力。

   (8) 堅果及種子：保護心臟。

   (9) 香辛料：降低血脂肪及血糖。

3. 健康飲食食材宜多樣化：食材種類要多，量可以少一點，例如蔬

果應包括七彩顏色，如紅色（草莓、西瓜及蘋果）、黃橘（玉米、南瓜、木瓜、柳橙、桔子）、綠色（綠花椰菜、波菜、蘆筍）、藍紫（藍莓、葡萄、茄子）、白色（洋蔥、蒜頭、草菇、高麗菜）。一歲以內以供應水果為主，儘量選擇新鮮食材，注意烹調安全，正餐應提供四大類食物（除油脂類），點心應至少含有兩大類食物（除油脂類），以當季新鮮食材為主，多樣選擇食物，同一類食物也應儘量選擇不一樣的，除調味料外，每日提供食材應達十種以上。

4. **選擇當地及當季食物**：所謂當地盛產的食物，換個角度來說就是良藥；例如臺灣由於不生產人參，代表臺灣人不吃人參也沒有關係；人參產於至陰之地（陰冷的東北及韓國），但是屬於至陽之物（三支杈、五片葉子；古人認為三、五之數屬陽），因此人參是陰中之陽，適合補氣。韓國因氣候寒冷，當地所產之寒參，適合韓國人食用；而臺灣因為氣候濕熱，所以多食人參反而有害；如果要補，也建議改食臺灣生產的西洋參、波菜或胡蘿蔔，效果會比較好。海產之魚蝦，因為產於「東海」，東方屬於「春」，春則代表「生發」，因此魚蝦對於罹患疥瘡患者，是屬於「發物」，不適合食用。牛羊產於西北，分屬秋冬（東西南北對應春生、夏長、秋收與冬藏），因此秋收冬藏屬於營養豐富之食物，年輕人春生夏長之際，並不適合吃太多，否則性慾旺盛，滋生困擾；而老人的生命已經到達秋收冬藏，則多食可以補其精血。另外，不同的溫度也應有不同的選擇，例如 25°C 以上吃蔬果，25°C 以下則可以攝取豬肉，而 20°C 以下則可以吃羊肉。

■結論

總結上面的建議事項如下：

1. 為增加多樣性，一份蔬菜，應避免只選擇一種，而應該多樣，例

如炒波菜可以變化成炒紅蘿蔔、碗豆丁、玉米粒及馬鈴薯；份量維持一樣，但是種類要多。

2. 循環式菜單：建議避免每週一（或二、三等）都固定循環同一種食物。

3. 避開口味重的食物：辛辣應儘量禁止，因為嬰幼兒的腸胃功能尚未發育完全。

4. 硬度或韌度：避免太硬或太韌的食物以適合嬰幼兒。

5. 勾芡：可讓太硬的食物變為柔嫩，但是必須注意不能每一項都勾芡，否則將會造成每道菜的口味都很接近。

6. 避免生食菜餚。

7. 儘量食用 100% 乳品，避免以調味乳取代鮮乳。

8. 鼓勵多喝白開水。

9. 國小學童不要以菜湯拌飯，也不建議將主食與菜肉混合烹調。

10. 烹調方式儘量清淡。

二、嬰幼兒疾病與飲食禁忌

嬰幼兒膳食設計除應對每日總熱量及三大營養素（蛋白質、脂肪及醣類）進行妥適之比率分配外，尚須特別注意禁忌問題，雖然臺灣民眾飲食禁忌半多源自民間傳統習俗，沒有什麼科學根據，但因部分人士深信不疑或寧可信其有，團膳設計者還是應特別注意及避免為宜，以免供應後身體不適，反而產生不必要的困擾，致滋生事端。如感冒咳嗽時，民間忌食用香蕉、橘子、蘆筍汁、冰燉羊肉及牛肉等食物，以其食後易造成風寒難除、痰更多及加劇病情等副作用。膳食設計其實就是要截長補短，滿足嬰幼兒生長之所需，並利用營養學知識及食物學原理，設計出多變及多樣化的均衡嬰幼兒飲食。

以下列舉常見的嬰幼兒（疾病飲食禁忌）飲食注意事項：

1. 鮮奶、豆漿及蜂蜜：鮮奶、豆漿及蜂蜜並不適合一歲以下嬰兒食用：

   (1) 鮮奶係因其中的蛋白質、鐵質、維生素及礦物質之比例，並不符合一歲以下嬰兒的營養需求，故不適用。

   (2) 豆漿屬於粗蛋白質飲食，除了比較難以消化外，也不符合一歲以下嬰兒的營養需求，所以也不適合。

   (3) 嬰兒不要餵食蜂蜜。如前所述，一歲以下嬰兒因腸內菌叢尚未發育健全，並不建議食用，所以消基會呼籲市售蜂蜜應在包裝上標示相關警語，避免消費者餵食一歲以下嬰兒；此外，也建議政府應規定包裝上須標示蜂蜜產地，讓消費者清楚蜂蜜來源，食用上更安心。

2. 過動兒：避免酪胺酸或色氨酸；如豬肉鬆、鱸魚、魚片、干貝、奶酪、腐竹、豆腐皮、南瓜子等；另外也應避免糖及甜食，主要是因為糖及甜食易發引內分泌系統混亂。

3. 心血管疾病：忌咖啡及飽食。咖啡有可能會升高血脂肪；飽食會因為消化吸收的需要，造成心血輸出量增加，使繞腹腔內的臟器充血，加重心臟負擔。膨脹的胃會將橫膈向上推移，進一步影響到心臟功能；另外，飽食下會使迷走神經高度興奮，造成冠狀動脈持續性收縮，引發急性心肌梗塞。

4. 冠狀動脈疾病：避免食用糖或可樂。糖（指單糖或雙糖，而非碳水化合物等多醣）使得血脂肪及三酸甘油酯增加，而易產生高血脂症狀，日久體重增加、血壓升高，加重心肺負擔。可樂因含咖啡因，易刺激胃黏膜，引起噁心、嘔吐、眩暈或心悸，大量（指超過 3,000cc.。研究發現現代兒童，特別喜愛速食店所販售的超級杯可樂，加上在媒體廣告作用之下，往往容易一下子就喝下超過 1,000cc.，幼兒對於水份調節能力比較差，當脫水時會有生命危險；而一下子攝取數量太多時，也會嚴重影響血壓及心跳，建議

幼兒可樂的攝取量，每天宜控制在 250cc. 以下）飲用可能會誘發心律混亂，刺激血管引起收縮，造成血管痙攣，導致供血不足而產生心絞痛或心肌梗塞。也就是說，大多數的嬰幼兒均不宜飲用。

5. 眼疾：忌食大蒜。中醫認為大蒜、洋蔥、生薑及辣椒等刺激性食物，久食傷肝損眼。

6. 高血壓：不宜多食鹽分。

7. 肺病：忌飽食。膨脹的胃會將橫膈向上推移，造成肺部受到壓迫，致呼吸困難，加劇病情。

8. 肝炎：不宜食用糖及甲魚。肝臟受損時，許多新陳代謝活動會受阻，食用過多的糖易發生糖尿病高血糖症狀，甲魚雖含有豐富蛋白質，但肝炎時卻難以消化吸收，一旦在腸道腐敗，易造成腹脹、噁心嘔吐、消化不良，甚至於誘發肝昏迷。

9. 慢性肝病：避免小麥及馬鈴薯。含有少量天然二氮類物質，具有鎮靜效果，但是此種成份對肝不好，易在肝臟中累積，造成嗜睡或昏迷，俗話常說要吃當地當季的食物，因此在臺灣，小麥及馬鈴薯宜改為以五穀米及地瓜代替。

10. 癲癇：避免鹽及多喝水。大量喝水時，會加重腦活動的負擔，而高量的鈉會造成神經元過度放電，導致癲癇發作。故眩暈症者多建議以清淡飲食為佳。

11. 感冒初期：避免攝取西瓜。西瓜性屬甘寒，具清熱解暑，防燥止渴及利小便的功效，感冒初期食用西瓜易導致引邪入裡，使感冒加重或延遲治療時間。

12. 發熱時：不宜多吃雞蛋。食用雞蛋會增加消化時的食物特殊動力效應，造成體內熱量增加或使散熱減少，不利發熱患者；發熱者服用阿斯匹靈解熱時，尚應避免喝茶，因為茶中的茶鹼，會增高人體體溫，並抵消阿斯匹靈的藥性。

13. 癌症患者：餐食製備時應避免精製糖的使用；精製糖不含維生素

及礦物質，還會消耗礦物質及維生素 B 群，減弱抗癌能力，削弱免疫系統，使白細胞（白血球）吞噬能力降低，故建議避免。

14. 貧血：避免喝茶。茶的鞣酸會使缺鐵性貧血更加重病情；另外亦應避免喝牛奶，因為牛奶的鈣質、磷酸鹽易與鐵結合成不溶性鹽類，使鐵質更加不足。

15. 其它：嬰幼兒服用藥物時不可亂加糖。家長往往會因為幼兒拒服而逕行加糖，但是糖會抑制某些退熱藥的藥效，干擾礦物質及維生素的吸收，故須特別注意。另外，某些中藥具有苦味時，才能刺激消化腺分泌，加糖反導致無法達到治療的目的，例如糖會解除苦味馬錢子的藥效，且糖對脂肪肝或糖尿病患者均不利，所以吃藥不可亂加糖。

三、其它的膳食設計

(一)順應節氣的膳食

不同節氣，要進食不同食物，以為補充；例如春天宜紅棗、桂圓、栗子、枸杞及黃瓜；夏天宜番茄、檸檬、葡萄及鳳梨，並且晚睡早起，多接觸夏天之熱氣，以去除冬天積蓄之寒涼；忌食冰品，小心風寒（晚上睡覺時電風扇或冷氣不要直接吹），如此多接觸夏天炎熱白晝，才能「夏養心」，改善心血管疾病；而秋天宜甘蔗、芥菜、絲瓜、楊桃及杏仁；冬天宜海帶、紫菜、羊肉、黑豆及核桃。

一年有 24 節氣，即：(1)5 天謂之「候」，3 候（3×5 = 15 日）謂之「氣」；(2)6 氣（6×15 = 90）謂之「時」；(3)4 時（4×90 = 360）謂之「歲」。一年有 24 節氣（24×15 = 360）：月出稱為「節」、月中稱為「氣」，通稱節氣。24 節氣的食物如下：

1. 立春：農曆 1 月 7 日：大棗、豆豉及枸杞。

2. 雨水：立春後 15 日：蔬菜。

3. 驚蟄：雨水後 15 日：莧菜、雲苓、鯽魚湯。

4. 春分：農曆 2 月 22 日：勿大熱大寒飲食。

5. 清明：春分後 15 日：明前茶（清明節前採摘新茶）。

6. 穀雨：清明後 15 日：補充營養。

7. 立夏：4 月節：茶葉蛋、雜糧。

8. 小滿：立夏後 15 日：赤小豆、薏仁、綠豆。

9. 芒種：農曆 4 月 29 日：蔬菜、水果。

10. 夏至：5 月節：麵食、黃鱔、莧菜。

11. 小暑：夏至後 15 日：清暑湯（粥）。

12. 大暑：6 月節：薏仁、赤小豆、荷葉粥。

13. 立秋：大暑後 15 日：茄子、瓜類。

14. 處署：立秋後 15 日：淡菜、豆漿。

15. 白露：8 月節：薏米粥、芡實粥。

16. 秋分：白露後 15 日：蜂蜜、乳品。

17. 寒露：9 月節：少攝取辛辣食品。

18. 霜降：農曆 9 月 21 日：羊肉、兔肉。

19. 立冬：10 月節：吃補。

20. 小雪：立冬後 15 日：吃補心解鬱食物。

21. 大雪：11 月節：全方位調養進補。

22. 冬至（也稱日短，表示白天愈來愈短）：大雪後 15 日：湯圓。

23. 小寒：12 月節：99 消寒糰，屬於黃河流域農家食用食物，為一年最寒冷的節氣。

24. 大寒：12 月 31 日：花茶，升散以預備適應春天。

(二)進補的膳食

所謂「春生、夏長、秋收、冬藏」，春天種子可以發芽，可以生發，

所以適合食用五穀雜糧；因此，立春季節時，習慣吃春餅，又叫「咬春」，而春餅的內容則為韭菜、豆芽及蛋絲等，建議進補的膳食，如紅棗紅豆粥；夏天則因為天氣炎熱，陽熱浮在人的體表，因此內臟空虛，消化能力變弱，故夏天不可以進補，因為沒有能力消化，適合給幼兒食用羹湯等細碎易於消化之食物或瓜類等涼性水果，如苦瓜肉末；而秋天－秋收，由於天氣轉涼，可以吃些肉類，加上秋收食物豐盛，因此適合攝取味重的食物，如甘杞（枸杞子）當歸羊肉。而冬天－冬藏，由於天氣中的陽氣全內收，身體的體表因此易受寒，所以適合吃點含酒的食物，以化濕、取暖及驅寒，如薑母鴨。

以秋季飲食進補為例，仍有其基本原則，如：

1. 多攝取滋陰潤燥的飲食：元代《飲膳正要》提及：「秋食麻以潤其燥」；麻指芝麻，具有很好潤燥作用；「潤其燥」即是屬於秋季典型的養生大法，但食物並不僅只局限於芝麻，建議可以多喝開水、淡茶、豆漿或牛奶，多攝取銀耳、百合、蜂蜜、梨、柿子、蓮藕、西洋菜、番茄及蘿蔔等潤肺、清燥、養陰及生津的食物；不過要避免多食燥性食物，如炒、炸、火烤及熱性食物；而人參或鹿茸，由於容易誘發肺胃生熱，容易引起或加劇呼吸系統的疾患及喉痛、口乾等疾病，建議必須避免攝取。

2. 少辛增酸：酸走筋（肝），酸主收斂，但是如果太過於收斂時，則反而造成難以生發，而肝臟負責生發，因此肝病患者不能太酸，而宜甘，因為甘味緩轉肝氣之勁急，對其有利；而甘走肉（脾胃），所以脾胃生病時，不要攝取太過於甘甜滋膩之食物，以免增加脾胃之負擔。另外辛辣食物易加重燥熱，產生唇乾、口渴、咽痛及痔瘡，也易傷肝；所以秋天要增加食用酸性食物，增強肝臟功能；少攝取辛味的蔥、蒜、薑及辣椒等食物，多食酸性水果，如葡萄、蘋果、石榴、檸檬、柚子、山楂及楊桃。

3. 少攝取瓜類：臺灣的俚語「暗頭吃西瓜　半暝反症」，意思是晚上吃西瓜會拉肚子；而《法天生意》提及：「立秋後十日，瓜宜少食」；俗語有此一說：「秋瓜壞肚」，代表立秋之後，不論是西瓜、香瓜或菜瓜等瓜類，都不宜任意多攝取，否則易損傷脾骨陽氣；另外許多著作，也都強調秋後應少攝取或禁食生冷食物；因為瓜類生長於燥熱之夏天，但是秋冬寒涼之氣候，多食瓜類易使身體不適。

4. 藥膳滋補：秋季由於天氣轉涼，因此適當的進補很重要，一方面因為炎熱的夏天消耗大，又不適合進補，身體因此相對比較虛弱，二是秋天天氣乾燥，易傷及陰津，所以秋天宜適當進補，基本原則為滋潤，切忌耗散，常用之補藥材料，如西洋參、沙參、天冬及玉竹等，進食芡實，則可調整炎夏消耗的脾胃功能，當脾胃充實後，進食其他補品或食物就比較容易消化吸收；秋季進補要甘潤溫養，既不可過熱，又不能太涼，要以不傷陽不耗陰為度；秋季飲食調理以潤燥養陰為原則；少攝取辛辣、燥熱食物，建議可食芝麻、糯米、甘蔗、蜂蜜及乳製品；中醫養生學，主張每天早上吃粥，特別是藥粥對於老人更有好處；幼兒則建議一般性的黃耆枸杞紅棗粥、絲瓜粥、花椰菜瘦肉粥、去脂高湯粥、火腿吻仔魚粥、豆腐蒸肉粥、鱈魚紅蘿蔔粥、紫菜蛤蜊粥、百合雞肉粥、杏仁排骨粥及海帶湯雞肉粥等；而生地粥則很適合秋天季節食用，因為生地具有滋腎陰、補肺腎、潤燥生津的作用；另外秋季飲食，必須注意飲食適量，不能放縱食欲，大吃大喝。

(三)養生的膳食

民國 69 年（1980 年）時，美國乳癌罹患機率是臺灣的 1,000 倍，那時大家認為是臺灣人基因比較好，不容易罹患乳癌；但是現在的臺灣，乳癌罹患率不但趕上美國，而且已經超越，而罹癌的主要原因是——飲食的

改變。目前癌症年輕化已成為臺灣的趨勢，依據美國之經驗，唯有推廣養生膳食及多吃蔬果，才能扭轉這種危機，因此建議國人對於幼兒，能夠從小就加強養生膳食習慣之培養。

依據黃帝內經及十二時辰養生方式，建議幼兒的飲食最好早餐吃得飽，午餐吃得好，晚餐則吃的少，睡覺前 4 小時最好不要飲食，但是長高之黃金時期則建議喝鮮奶以補充鈣質，晚餐則應該在 18：00 時前結束，飲食三餐之比例是 3：2：1，建立健康的基礎。

現代人反其道而行，早上不吃東西，晚上卻吃 199 吃到飽的自助餐，完全與健康飲食原則，背道而馳；因此有人說，癌症其實是吃出來的，而飲食是占很重要的原因。臺灣上班族，常見的飲食問題包括不吃早餐、進食速度過快、拿水果當主食（因為輕食風潮，但是容易因為缺乏蛋白質，造成營養失衡）、咖啡及茶喝太多造成咖啡因攝取過多、茶葉沖泡器具不當且浸泡過久（導致破壞維生素 C、茶香油大量揮發、鞣酸及茶鹼大量滲出）及晚餐太過於豐盛，明顯違反自然的十二時辰養生方式。人有十二經脈，不同時辰時，身體氣血循行至不同之經脈（如表 5-1），所以人們想要長壽，吃飯或睡覺建議不宜逆天行事，只要配合各時辰進行身體臟腑之保養，即是屬於最佳的養生保健之道。至於嬰幼兒則必須另外注意搭配生長之黃金時期，除了依據上述養生原則養成健康飲食習慣外，還必須注意鈣質的額外補充，搭配適當的跳躍運動（如打籃球），以刺激腳底增高及增加骨質密度；也因此鮮奶對於發育中的嬰幼兒是必須的，不喝鮮奶者也要常補充吻仔魚等鈣質含量豐富的食物，另外則要避免或減少食用碳酸飲料等高磷食物，否則身體會因為固定鈣磷比的吸收利用方式，在人體攝取高磷食物時使鈣質之吸收減少。

表 5-1 十二時辰養生與膳食建議

十二經脈	時辰	膳食建議
膽經	子時，夜間 23 至 1 時	子時天地磁場最強，因為屬於一天最為黑暗的時間，陰氣將逐漸加重，不易消化，所以時間愈晚，愈不適合吃東西，故不宜飲食。
肝經	丑時，凌晨 1 至 3 時	凌晨 1 至 3 點的肝經時間，一定要睡著，如果熬夜又在喝酒吃宵夜，將導致肝臟無法休息而傷肝，故不宜飲食。
肺經	寅時，清早 3 至 5 時	主氣，此時重新分配氣血，吃藥最有效，此時期身體各部分，由靜轉動，於是對於氣血之需求增加，成人的保養之道是可在此時吃補肺飲食，如燕窩、銀耳、羅漢果等，在清晨醒來，尚未開口時服用最佳。
大腸經	卯時，上午 5 至 7 時	此時天亮，天門開，地戶（肛門）也開，易排便，易罹患便秘的現代人建議此時多攝取蔬果，最好飲食清淡，甚至素食，以有助於大腸排泄。
胃經	辰時，上午 7 至 9 時	為早餐時間，早上陽氣最足，因此吃早餐不易胖，因為陽氣旺盛，「早餐要吃得飽」，宜重量不重質，應以主食、五穀為主；國內小學生常不吃早餐即上學，所以臉色很少白裡透紅，值得家長們重視。
脾經	巳時，上午 9 至 11 時	忌辛辣；脾屬土，主運化水穀，可以把養分氣血輸送道肌肉，需靠胃的高熱量來運化水濕。吃冰最傷脾，影響發育及生育，菜類一定要有青赤黃白黑五色及酸苦甘辛鹹五味並重，主食則以五穀為重，才可長保健康，而且最好吃七分飽，調節飲食以養脾。
心經	午時，正午 11 至 13 時	屬於陰陽交替之際，所以建議午睡，才不至於干擾陰陽變化，故幼稚園兒童均有排定午睡時間。
小腸經	未時，下午 13 至 15 時	小腸主分清泌濁，因此「中餐吃得好」，容易吸收，蛋白質及脂肪均能充分吸收，此時可以吸收營養精華，但不宜攝取太多，故幼稚園學童安排有下午點心時間。
膀胱經	申時，下午 15 至 17 時	屬於最佳學習之黃金時間，因為膀胱經是有走到腦部的經脈，可多喝水。

（續）表 5-1　十二時辰養生與膳食建議

十二經脈	時辰	膳食建議
腎經	酉時，下午 17 至 19 時	腎主藏精，精代表人的「金錢」，小孩子經常志氣高是因為腎經充足，人老時則腎精不足，已經沒有什麼遠大志向，此時不要太勞累；如果幼兒身體不好，在三至五歲時，父母可輕輕指壓其脊骨兩側，從頸椎至腰椎，能引導虛熱下降。小孩子容易發高燒，是因為其腎氣足，成人比較少發高燒，假如是發低燒，則代表腎氣大傷；另外，鹹入腎，因此口味不宜太重，否則元氣使用太兇，容易太早耗盡，人在工作壓力大、工作緊張時，口味會愈來愈重，代表元氣已經受損，腎精不足。
心包經	戌時，晚上 19 至 21 時	此時陰氣正盛，陽氣將盡，宜保持心情愉快，散步最好，可配合按摩收斂心神，如壓中指或內關等穴，或按壓兩乳中間的膻中穴，相當於胸線的位置，可主喜樂。不建議飲食，宜安排適度的運動。
三焦經	亥時，晚上 21 至 23 時	身體的五臟六腑之間有一聯繫系統，就是三焦所在：上焦為心和肺；中焦是脾和胃；下焦則指肝和腎。睡前不適宜喝水，因為此時陰盛，宜安五臟才有利於睡眠，容易水腫者，睡前不宜多喝水，且不建議飲食。

第二節　嬰幼兒餐具的要求

　　2009 年發生消基會質疑美耐皿餐具可能溶出三聚氰胺的問題後，嬰幼兒餐具才因此逐漸受到重視，於是許多幼兒供膳機構開始改用不銹鋼餐具，因為不銹鋼餐具可經高溫消毒、且容易清洗。事實是現在幼兒餐具的問題其實是在家裡。經調查發現，幾乎每位受訪家長都回答「家裡有做瓷餐具」，而家長們往往不知一般劣質的做瓷餐具，有許多便是使用美耐皿材質。

　　由於做瓷餐具特別耐摔、不易碎，而且輕便，非常方便兒童供膳時使用，所以幼兒不但在家中使用，還可能有好幾套做瓷餐具交互使用。做

瓷餐具由於顏色漂亮，造型特殊，上面還有很多卡通圖案，吸引幼兒的注意，所以幼兒經常愛不釋手，喝水或吃飯都使用做瓷餐具；而瓷碗則易摔碎、重量重，又沒有幼童喜歡的圖案幼兒往往不愛使用，用餐情形便受影響。其實，很多人都不知道劣質的做瓷餐具，是有可能致癌的，長期使用將使得自己的孩子持續處於危險之中；另外，一項新的數據對幼兒餐具提出質疑，現代的孩子比較「娘」，應該與不安全的塑膠製品所釋放出來的環境荷爾蒙有關，這點值得家長重視。

一、嬰兒的奶瓶與清洗

　　過去曾有嬰兒發生血便，家屬懷疑是因為前一天在國道服務區，使用廁所的洗手台進行清洗奶瓶，因為出門在外，後來沒有再消毒，可能生水之中附著沙門氏桿菌，導致奶瓶因此沾染沙門氏桿菌而造成血便。其實奶瓶只要使用前，先用熱水燙過，即可除去病原菌；因此平常奶瓶清洗以後，如果能夠使用壓力鍋滅菌消毒最好，且出門在外至少也要使用高溫熱水燙過才可以再使用。另外要注意的是，PC 材質的奶瓶，因為耐熱度較低，如果使用高溫蒸煮，可能會導致釋出雙酚 A（Bisphenol A），日久可能擾亂人體的內分泌系統，將造成男童女性化或性別不明。雖然相關之證據，仍有待進一步的確認，還是建議家長如果可以改用玻璃或矽膠等安全材質會較好。醫院一般都採用玻璃奶瓶，除了有容易打破的缺點外，玻璃奶瓶是最具安全性的奶瓶，如高雄榮總至今仍一直使用玻璃奶瓶作為新生兒的餵食工具，並在清洗乾淨以後，進入高溫高壓殺菌鍋處理以後才供應，衛生安全上無後顧之憂。

　　選購奶瓶時在材質的考量上，為避免雙酚 A 等環境荷爾蒙之困擾，除建議父母宜選購玻璃材質的奶瓶，並搭配尼龍刷進行清洗，如果非得使用壓克力等材質時，則應該改用海綿清洗，即不同材質的奶瓶，必須選擇不同材質的刷子分別進行清洗。

在奶嘴的清洗上，可使用奶嘴刷插進奶嘴，然後握住刷柄進行迴旋式搓洗，將奶嘴清洗乾淨。

二、幼兒餐具選用的注意事項

幼兒餐具的選用上，首先應避免選用太過鮮艷的陶瓷餐具，因為鮮艷顏色的陶瓷餐具，由於使用到釉，其中將含有大量的鉛，易導致幼兒發生鉛中毒。其次，家人應避免與嬰幼兒共用餐具，因為嬰幼兒的抵抗力較低，共用餐具時容易將病毒及細菌傳染給嬰幼兒。一般選購之原則，係在尋找能夠提高嬰幼兒用餐之興趣，且材質安全者。換言之，幼兒餐具選擇的要求上會以幼兒的發展作為主要的考量，故多採用軟質餐具、訓練碗或杯等：

1. 軟質餐具：適合幼兒食用固體食物、稀軟食物及喝湯，及長牙期訓練幼兒自己進食，故餵食的湯匙需要採貼心的軟質設計，才不至於傷害到幼兒脆弱的牙齦或牙齒，並讓幼兒在用餐時，舒適好用。
2. 訓練碗：為訓練幼兒日後能自行進行，故要求輕巧好用、安全不易破，以適合用在餵食及訓練幼兒自己吃飯時使用；另外，為了吸引幼兒，建議採用外表印刷的可愛圖案，讓幼兒開心用餐。
3. 喝水訓練杯：要求輕巧好握，使用方便，以訓練幼兒自己喝水，及訓練手部握取之能力。

三、具爭議的幼兒餐具

自從 2009 年發生消基會質疑美耐皿餐具可能溶出三聚氰胺之問題後，幼兒餐具的使用安全受到了重視，往往是幼兒最愛的倣瓷餐具，因有很多是使用美耐皿材質的一般劣質餐具，也就是使用了含有致癌成分的三

聚氰胺，這是必須予以重視的，本節針對部分常見的爭議性餐具為讀者做說明。

(一)美耐皿餐具

　　美耐皿屬於外食牛肉麵、味增湯及臭豆腐等常用的餐具，一般耐摔而好洗的嬰幼兒餐具，往往都是美耐皿材質。美耐皿材質，因為堅硬耐摔、易洗及好上色，所以外食業者及嬰幼兒餐具均廣泛採用，不過美耐皿一旦遇到酸及熱時，很容易溶出大量的三聚氰胺，會造成中毒、噁心、食慾不振及血尿，還易累積於體內造成毒性加乘效果。2009 年，消基會進行美耐皿餐具的抽檢，發現此類餐具於盛裝熱食後，全數會溶出三聚氰胺，長期使用之後，可能因此導致腎結石及膀胱結石；由於臺灣尚缺乏食品容器三聚氰胺的管制標準，因而消基會僅能呼籲民眾改以不鏽鋼或瓷製餐具，取代美耐皿，無法避免而必須使用時，也應避免盛裝高溫或偏酸的食品，且不能微波加熱或使用菜瓜布清洗，以免溶出。消費者應呼籲政府盡速訂定「食品容器三聚氰胺的管制標準」，別讓消費者躲過毒奶，卻躲不過食品容器中的三聚氰胺。

(二)塑膠（保麗龍）6號杯

　　仿間常使用的飲料杯材質共有：紙杯、玉米提煉 PAL、PP 塑膠杯及保麗龍（PS）6 號杯等四種。站在健康環保角度來思考時，紙杯較令人安心，但是如果將保麗龍碗（PS）6 號杯，用於熱食、熱飲時，便需要三思而後行了。

　　長庚醫院毒物科表示，保麗龍只要盛裝溫度超過攝氏 70 度，不論飲料或食物，均會大量釋出單體，長期將會造成血管瘤、淋巴癌及血癌（動物實驗）等；所以建議家長及消費者，能不用就不用，尤其是熱食。另外，相對於保麗龍杯，塑膠材質之 PP 杯安全性較高，但是保冰及保溫的效果，相對上效果就比較差。以下是列舉**塑膠（保麗龍）6 號杯**具爭議性

的說明供讀者參考：

1. 塑膠（保麗龍）6 號與環境荷爾蒙：網路聲稱 6 號 PS 聚苯乙烯，在燃燒時會釋放出單體苯乙烯，屬於環境荷爾蒙，由於化學結構很像人體荷爾蒙，因此一旦食用進入人體以後，身體會誤當成荷爾蒙干擾身體的代謝，長期使用易造成罹患過動兒、憂鬱或癌症。研究發現，使用殺草劑，會使附近雄青蛙變成雌性，其實自然界早就發現這種現象，很多雄性動物性器官，因為使用殺草劑，而變小或雌性化，也出現很多同性戀動物，人類也發現相同的情況。科學家發現，十年來男性的精蟲數減少了 50%，這才讓人們發現到環境荷爾蒙的危險性，而這些科學家們認為，大部分人天天與環境荷爾蒙為伍，每天渾然不知的喝下有毒飲料，使得過動兒、憂鬱症、躁鬱症及癌症患者是愈來愈多了。許多乳癌患者沒有家族史，平時重視飲食與養生，對於食材也很注重，但是卻罹患了乳癌，這些科學家們認為這或許都可能與環境荷爾蒙有關。

2. 民國 91 至 92 年間，臺灣主婦聯盟，發起了拒絕塑膠 6 號杯的活動，由於當時的早餐店，多採用 6 號杯來盛裝外帶豆漿，後來許多早餐店因此改用紙杯。

3. 6 號杯的替代：6 號杯是使用聚苯乙烯（Polystyrene, PS）材質，在塑膠材質中列為 6 號，發泡的聚苯乙烯，即俗稱的保麗龍（PS）6 號杯，常用於盛裝冰淇淋、咖啡杯及燒仙草杯，或作為魚箱使用。雖然 6 號杯屬於環保署公告應回收的物質，但其實清潔隊回收的意願很低，因為保麗龍的體積大，卻相對重量輕，回收將占去很多空間。5 號餐具為 PP 聚乙烯（Polypropylene, PP）材質，熔點達攝氏 167 度，因此可以耐蒸氣消毒，也大量使用於免洗餐具及免洗杯、果汁飲料杯、布丁杯及一般水桶。

事實是，最好的建議方式是鼓勵消費者儘量自備不銹鋼等安全材質的杯子，並請廠商給予消費優惠；如果不得不使用時，建議改用紙杯或PP杯盛裝飲料；為了保溫，再放入保麗龍杯（PS）6號杯內，如此之方式，一來既可保冰，又可以減量重複使用保麗龍杯（因為作為外杯，沒有遭到污染），且不至於污染環境。

 ## 第三節　餐點設計範例

一、幼兒均衡飲食

嬰兒均衡飲食的部分已於第二章第一節說明，在此僅就幼童的均衡飲食進行說明。所謂的**幼兒均衡飲食**，係指能夠提供適當熱量及營養素，食物攝取需要多樣及比例適當之飲食；而為了避免現代人的三高（高血糖、高血壓與高血脂），建議飲食原則要低糖、低脂、低鹽及多纖維；另外每類食物應時常變換，不宜每餐均選擇攝取同一種食物；烹調之用油，建議最好採用植物性油脂，並減少使用量；蔬菜則每天至少一碟深綠或深黃色蔬菜。以下是養成良好的均衡飲食習慣的方法，包括：

1. 自幼兒時期開始培養良好的均衡飲食習慣。
2. 三餐都很重要，早餐應質量並重，不能不吃；不吃早餐，無論對於嬰幼兒生理或心理，都會有不良影響。
3. 少攝取不容易消化的食物，如油炸物及刺激性或調味過濃的食物，如辣椒、胡椒及醃燻食物等。
4. 飲食要定量、不暴飲、不暴食也不偏食。
5. 每天進餐時保持心情愉快，細嚼慢嚥，以增進食慾及幫助食物消化。
6. 選購時以物美價廉為原則，應多攝取新鮮、成熟、當地盛產的水

果及蔬菜。

7. 少吃零食，以免影響正餐食慾。

8. 多喝開水，促進排泄，避免攝取含糖飲料，以維護健康。

健康的**得舒飲食**（Dietary Approaches to Stop Hypertension, DASH）五原則為：

1. 選擇全穀根莖類。

2. 天天 5+5 蔬果。

3. 選擇低脂乳。

4. 紅肉改白肉。

5. 吃堅果、用好油。

得舒飲食製作建議烹調小技巧：

1. 利用蔬果入菜、不同口感，輕鬆做到蔬果 5+5：可選擇不同口感的蔬菜搭配，如瓜類滑脆、菇蕈類柔軟多汁、根莖類 Q 軟、筍類有嚼勁；蔬果可入飯成菜飯，如彩蔬毛豆拌飯、三色腰果拌飯；水果可入菜成菜餚，如芒果咖哩、鳳梨木耳；打成蔬果汁或加入牛奶成蔬菜牛奶、木瓜牛奶；新鮮水果打成汁但不加糖（每天不超過 240cc.）；用天然果乾代替少量的水果，選購時以未加糖為佳，如葡萄乾。

2. 建議多選用含鉀豐富蔬果，如莧菜、韭菜、菠菜、空心菜、金針菇、綠蘆筍、竹筍、芭樂、哈密瓜、桃子、香瓜、奇異果、椪柑、香蕉等。蔬菜易受天候因素而產量減少導致價格上漲，尤其颱風季節，其實這時只要改變選擇便可達到攝取蔬菜與節省荷包的目的，如改選根菜類，如蘿蔔、洋蔥、竹筍、蘆筍、筊白筍、芋頭等；蕈菜類，如金針菇、洋菇、香菇、草菇、木耳等；果菜類，如番茄、茄子、甜椒、辣椒等；海藻類，如海帶、紫菜等

3. 簡單運用奶類，低脂高鈣好選擇：低脂牛奶加入麥片成牛奶麥片，或與燕麥一起煮成粥；將低脂牛奶加入湯中一同烹調，如奶香玉米濃湯；低脂牛奶加入白醬製程，再與蔬菜一同上餐桌，如烤奶香白菜；點心選用低脂優酪乳加水果或現榨果汁加脫脂奶粉；低脂起司覆蓋在蔬菜上焗烤；加入果汁（未加糖的鮮榨果汁）、蔬菜汁，調和成果汁牛奶、蔬菜牛奶。

4. 少量堅果做零食點心，健康又方便：每天可吃一湯匙的核果種子當零食點心，如去殼花生粒、松子、核桃、杏仁、芝麻、腰果、夏威夷豆等；飯上灑上適量堅果類，如芝麻、松子，或在沙拉中搭配堅果類；選擇含有核果的麵包、饅頭、土司，如核桃饅頭、堅果麵包；芝麻粉、花生粉拌入牛奶。

二、團體膳食

　　幼兒發生偏食的現象一般主要是因為家長自己偏食，或主觀認定什麼樣的食物對自己的寶貝最好所導致，團體膳食如果能夠透過營養教育，將可以利用團體生活教育的力量（如幼稚園及國中小），改變幼兒的偏食習慣。因此團體膳食在設計上應避免下列現象，以免對幼兒產生不良的影響：

1. 含糖飲料攝取過多：現今孩童將含糖飲料當開水喝，不愛喝白開水，喜歡有味道的飲料；許多團體膳食為了迎合幼兒喜好，普遍供應過多的含糖飲料，在設計上應儘量避免。

2. 西式速食攝取頻率太高：如果採用問卷調查方式可以發現，團體膳食因瞭解及為了迎合幼兒的喜好，會攝取速食食物太多，而速食中的熱量、油脂及食鹽均過高；相對上，膳食纖維、維生素 A、C 及鈣質含量較低，造成嬰幼兒日後的健康問題，這也是應該避免的。

3. 高糖、高鹽、高脂與高熱量的團體飲食對幼兒的不利影響：

(1) 嚴重影響健康：調查發現，國內托兒所提供的點心，不少都偏向高脂、高鹽及高糖，幼兒從小攝取這類垃圾食物，日後會嚴重影響健康。內政部兒童局及董氏基金會，分析全國托兒所的餐點中發現，42% 的托兒所，在每週 10 次的點心中，高鹽及高糖食品會出現 5 次以上，其中所含油脂及糖的熱量，都超過建議量的 40% 以上；供應高脂、高鹽及高糖食物內容，包括紅茶、奶茶、方塊酥、薯條及雞塊。

(2) 蛀牙：幼兒發生蛀牙，將會影響日後恆齒的發展。蛀牙產生的疼痛會影響進食，造成咀嚼不良，影響顎骨成形，導致恆齒的生長受阻；除對身體造成不利的影響之外，將進一步影響幼兒語言發展，甚至影響到日後的自信。

(3) 肥胖：肥胖將導致容易罹患糖尿病、高血壓、心血管疾病、膽囊疾病、痛風及關節炎等疾病。

(4) 高血壓：與攝取過多的食鹽有關。

(5) 心血管疾病：嬰幼兒宜從小培養攝取低脂飲食的習慣，特別是減少動物性油脂的攝取，團體膳食在設計上應予以注意，以有效減少心血管疾病罹患率。

(6) 糖尿病：糖尿病自 1983 年起進入灣民眾十大死因，在設計團體膳食時必須提前注意與因應。

三、幼兒餐點設計範例說明

【案例】六歲女童，一天1,600大卡飲食，依據衛生署的均衡飲食規範營養素之標準攝取量為何？

依衛生署規定的均衡飲食規範標準攝取量，其中碳水化合物（醣類）占每日總熱量比率為 58% 至 68%、脂肪是 20% 至 30%、蛋白質 10%

至 14%，依此原則所進行設計的標準攝取量計算如下：

1. 蛋白質56公克＝1600×14%÷4＝56（克）【蛋白質1克的熱量為4卡】

2. 脂肪 50 公克 ＝ 1600×28%÷9 ＝ 50（克）【脂肪 1 克的熱量為 9卡】

3. 醣類 232 公克 ＝ 1600×58%÷4 ＝ 232（克）【醣類 1 克的熱量為 4卡】

試問：利用表 5-2 的食物代換表，計算各大類食物的供應份量應為何？

(一)計算說明

運用**表 5-2** 的食物代換表計算各大類食物的供應份量如下：

表 5-2　食物代換表

品名		蛋白質	脂肪	醣類	熱量
奶類	全脂	8	8	12	150
	低脂	8	4	12	117[I] 至 120
	脫脂	8	+	12	80
肉、魚、蛋、豆類	低脂	7	3	+	55 至 63[I]
	中脂	7	5	+	63[I] 至 75
	高脂	7	10	+	120
全穀根莖類		2	+	15	70
蔬菜類		1	--	5	25
水果類		+	--	15	60
油脂及堅果（核果）種子類		--	5	--	45-62[I]

註：1. I 為臺灣營養學會新版「每日飲食指南草案」。

　　2.「+」代表微量。

　　3.「--」代表無計量數值。

　　4. 設計糖尿病、低蛋白質飲食時，全穀根莖類之米食蛋白質含量以 1.5 公克，
　　　 麵食蛋白質含量以 2.5 公克計算。

1. 總醣量 232 公克：醣量來自奶類 12 公克、蔬菜 15 公克，及水果 23 公克，總計 50 公克，計算如下：

    232 － 50 ＝ 182（克）

    172 ÷ 15 ＝ 12（份）　　來自主食，故主食 12 份

2. 總蛋白質量 56 公克：蛋白質量來自奶類 8 公克、蔬菜 3 公克，及主食 24 公克，總計 36 公克，計算如下：

    56 － 35 ＝ 21

    21 ÷ 7 ＝ 3（份）來自肉類，因此肉類 3 份，以低脂豆製品、
    魚類及家禽類為主

3. 總油脂量 50 公克：扣除肉類、奶類（須注意本例為脫脂牛奶，以不含脂肪計）所提供的脂肪量，剩餘者即為烹調用油，計算如下：

    50 － 9 ＝ 41（克）

    41 ÷ 5 ＝ 8（份）　　烹飪用油

(二)檢查結果

檢查結果列如**表** 5-3，其中：

1. 設計總熱量 1,610 卡，與使預期 1,600 相符，一般相差在 5% 至 10% 以內均可接受，但是應儘量接近（讀者參加國家考試時，則應控制於最小的誤差值，如 5 卡以內）。設計份數表依照衛生署食物代換表計算是 1,610 卡，但是如果用其醣類 230 克、蛋白質 56 克及脂肪 49 克分別加總，則為 1,585 卡；其中所產生的差額，即因食物代換表中，肉魚豆蛋類含有微量碳水化合物、五穀根莖類含有微量脂肪，及水果類含有微量蛋白質，分別被忽略不計所致。

2. 醣類 230 克。

3. 脂肪 49 克。

表 5-3　檢查結果表

品名	蛋白質	脂肪	醣類	熱量	份數
奶類（脫脂）	8	--	12	80	1
肉、魚類（低脂）	21	9	--	165	3
全穀根莖類	24	--	180	840	12
蔬菜類	3	--	15	75	3
水果類	--	--	22.5	90	1.5
油脂及堅果（核果）種子類	--	--	--	--	--
植物油	--	40	--	360	7
堅果（核果）種子類	--	--	--	--	1
合計	56	49	230	1,610	28.5

註：「--」代表無計量數值。

(三)代換為實際菜單

將**表 5-3** 的檢查結果表轉成實際菜單，設計如下所述：

1. 奶類 1 份：脫脂奶或全脂奶 1 杯 240cc. 或各 0.5 杯；分配於早餐、晚餐或晚點食用。

2. 低脂肉魚類 4 份：如豬大里肌 4 兩（1 兩等於 1 份）；或牛腱 4 兩；或草蝦 4 兩；或雞胸肉 4 兩；或里肌及雞胸肉各 2 兩；或里肌、草蝦、雞胸肉及牛腱各 1 兩；分配於早餐、早點、午餐、午點、晚餐或晚點中。

3. 全穀根莖類 12 份：如米飯 3 碗（1 碗飯等於 4 份）；或中型饅頭 4 個（三分之一個為 1 份）；或山東饅頭 2 個（六分之一個為 1 份）；或玉米 4 根（三分之一根為 1 份）；或米飯 2 碗（8 份）及玉米一又三分之一根（4 份）；或米飯 1 碗（4 份）、中型饅頭一又三分之二個（5 份）及玉米一根（3 份）；分配於早餐、早點、午餐、午點、晚餐或晚點中。

4. 蔬菜類 3 份：如小白菜、高麗菜、包心白菜、小黃瓜、韭黃、油

菜、或芥藍菜 300 克（100 克為 1 份）；分配於早餐、早點、午餐、午點、晚餐或晚點中。

5. 水果類 1.5 份：如小蘋果 1.5 個（1 個 1 份）、黃西瓜（小玉西瓜）約 300 克（195 克為 1 份）、加州李 150 克（100 克為 1 份）；分配於早餐、早點、午餐、午點、晚餐或晚點中。

6. 油脂類 8 份：如大豆油 35 克（5 克 1 份）、橄欖油 35 克（5 克 1 份）、豬油 35 克（5 克 1 份）、花生油 35 克（5 克 1 份）；分配於早餐、早點、午餐、午點、晚餐或晚點中。

7. 堅果類：

食物名稱	購買重量（公克）	可食部分重量（公克）	可食份量
瓜子[I]	20（約 50 粒）	7	1 湯匙
南瓜子[I]、葵花子[I]	12（約 30 粒）	8	1 湯匙
各式花生仁[I]	8	8	10 粒
花生粉	8	8	1 湯匙
黑（白）芝麻[I]	8	8	2 茶匙
杏仁果[I]	7	7	5 粒
腰果[I]	8	8	5 粒
開心果[I]	14	7	10 粒
核桃仁[I]	7	7	2 粒

註：I 代表熱量主要來自脂肪，但是也含有少許的蛋白質 ≧ 1 公克。

8. 六大類食物分配：將各類食物（含份量），分配於六大類食物中，列如**表** 5-4。

9. 三餐三點心：將各類食物之份數，平均分配於三餐三點心，即三正餐及三點心之中，如**表** 5-5 所列。

10. 實際菜單：設計出實際菜單並製備供應，如**表** 5-6。

表 5-4　六大類食物分配

類別	份數	蛋白質（克）	脂肪（克）	醣類（克）	熱量（卡）
脫脂奶	1	8	--	12	80
蔬菜類	3	3	--	15	75
水果類	1.5	+	--	22.5	90
全穀根莖類	12	24	+	180	840
肉、魚類（低脂）	3	21	9	+	165
油脂及堅果（核果）種子類	--	--	--	--	
植物油	7	--	40	--	360
堅果（核果）種子類	1	--	--	--	
合計	28.5	56	49	230	1,610

註：1.「+」代表微量。

　　2.「--」代表無計量數值。

表 5-5　平均分配於三餐三點心

早餐	早點	午餐	午點	晚餐	晚點
脫脂奶 1 杯 1 份					
	蔬菜 0.5 份	蔬菜 0.5 份	蔬菜 0.5 份	蔬菜 1 份	蔬菜 0.5 份
		水果 1 份		水果 0.5 份	
土司 1 片 2 份	玉米 2/3 根，2 份	米飯 0.5 碗，2 份	中型饅頭 1/3 個，1 份	麵條 3 兩 3 份	稀飯 1 碗 2 份
	雞胸肉 1 兩 1 份	草蝦 1 兩 1 份		魚脯 1 兩 1 份	大里肌 1 兩 1 份
花生醬 8 克（0.5 份）	油 1 份	油 2 份	油 0.5 份	油 2 份	油 1 份

表 5-6　實際菜單

早餐	早點	午餐	午點	晚餐	晚點
1. 脫脂奶 1 杯 2. 土司 1 片，塗花生醬 8 克	紫菜玉米雞胸肉湯： 1. 紫菜 5 克 2. 玉米 2/3 根 3. 雞胸肉 1 兩 4. 油 5 克	1. 草蝦炒飯： (1) 飯 0.5 碗 (2) 高麗菜 40 克 (3) 紅蘿蔔 10 克 (4) 草蝦 1 兩 (5) 油 10 克 2. 水果 1 份	饅頭 1/3 個，塗奶油 5 克	1. 蔬菜麵： (1) 麵條 3 兩 (2) 波菜 95 克 (3) 芹菜 5 克 (4) 魚脯 1 兩 2. 葡萄 7 顆	鹹稀飯： 1. 稀飯 1 碗 2. 青江菜 40 克 3. 里肌肉 1 兩 4. 豆芽 10 克 5. 油 5 克

問題與討論

一、嬰幼兒營養膳食設計中，請列舉三項嬰幼兒製作健康飲食的原則。

二、請列舉三項嬰幼兒疾病時的飲食禁忌。

三、如果長期使用塑膠（保麗龍）6 號杯，對於嬰幼兒有什麼影響？

四、請針對六歲女童每天需要 1,600 大卡的飲食設計菜單。

Chapter 6

幼兒團體膳食安全管理

 學 習 目 標

■ 認識食品中毒的原因
■ 瞭解如何避免發生食品中毒
■ 工作人員須符合衛生及法令規定

嬰幼兒膳食與營養
The Meal Plan and Nutrition for Infant and Young Child

前　言

　　2008 年 11 月臺灣環境品質文教基金會，針對市售十九種 PC 嬰兒奶瓶進行檢測，結果發現其中三種，會溶出超過歐盟標準雙酚 A（類似雌激素的環境荷爾蒙），如果嬰幼兒長期使用這些奶瓶，健康恐怕會受到傷害，以下是關於雙酚 A 的描述。

　　1997 年 9 月，日本東京都政府檢查聚碳酸酯製兒童食用器具，發現某一廠商製造的食器含有的雙酚 A 居然高達 500ppm（part per million，ppm 是濃度的一種單位，代表百萬分之一，有時被用來代替毫克／公升），含量相當驚人，立刻被下令回收。日本子孫基金（會）委託橫濱國立大學檢驗哺乳用的奶瓶。結果證實有六種品牌奶瓶，在 26°C 以下都沒有問題，一旦裝入 95°C 熱水放置一夜後，卻會溶出 3.1 至 5.5ppb（part per billion，ppb 也是一種濃度的單位，代表十億分之一，有時被用來代替微克／公升；而 1ppm = 1000ppb）的雙酚 A。

　　1998 年日本長崎大學等人以老舊（使用超過四年）的聚碳酸脂奶瓶，放在 95°C、30 分鐘的狀況下發現，該奶瓶產生出 6.5μg/kg（1ppb = 1ppm/1,000 = 1μg/kg）；而新奶瓶也有 3.5μg/kg（僅舊奶瓶的 53.8%），菲律賓製為 30μg/kg（4.6 倍），韓國製的 15μg/kg（2.3 倍）。英國也證實使用聚碳酸脂舊奶瓶泡牛奶，牛奶含有 10 至 20μg/L 雙酚 A，值得注意的是，如果裝果汁則可能含有達到 50μg/L。

　　根據西班牙古拉那達大學研究，喝完罐頭飲料所流出的唾液，均可被驗出雙酚 A，因此認為不能說安全無虞。學者研究含有環氧樹脂附膜罐頭食品，發現自此食物中攝入雙酚 A 最多高達 80μg/kg。日本在罐裝咖啡檢出最高的雙酚 A 浸出量為 40μg/can。

　　臺灣中央大學曾調查臺灣河川水中雙酚 A 含量為 0.05 至 3.0μg/L、美國為 2.0 至 8.0μg/L、德國為 0.004 至 0.065μg/L、日本為 0.01 至 0.27μg/L。因此 2007 年 8 月，美國 38 名科學家聯名發表強烈聲明，指控化學物

雙酚 A 可能導致人類生殖道器官病變,而且嬰兒與胚胎都可能遭到危害。

　　上述這些都是食品安全方面的問題,不論是在臺灣或大陸,過去都曾發生,據大陸媒體報導,大陸每年食品中毒的人數達 20 至 40 萬人以上,其中大部分都是人為因素所造成。每年因食物殘留農藥和化學添加劑中毒的人數超過 20 萬人,而近 40% 的癌症是由飲食引起的;而各種腸道、胃、肝臟、腎臟、心臟、腦血管、血液功能障礙、神經系統病變、癡呆症、帕金森病、傳染病、記憶力減退、免疫力低下等疾病,更是與有毒食品直接有關聯。而有毒食品造成男性雌性化、精子減少、精液品質過低、性功能障礙;導致女性生理紊亂、乳腺疾病邊增、不孕不育邊增、孩童早熟及嬰兒畸形等現象;在大陸 4 歲女孩來月經,10 歲男孩長鬍子,已時有所聞。食品安全問題可說是大多數人的功課,而預防食品中毒的四大原則為:清潔、迅速、加熱或冷藏及避免疏忽。

 專欄　　**性別真的天生嗎?外來物質足以改變性別特徵**

　　嬰幼兒如果長期使用超過歐盟標準雙酚A限值的這些奶瓶,到底會不會改變成長後的性別特徵?因為沒有研究數據故不得而知,但健康勢必會受到傷害卻是一定的,以下是關於雙酚A的描述。

　　雙酚A於1891年被發現;1930年代起發現它具有干擾生殖系統的特質。雙酚A是一種單體,為合成多種高分子材料的基礎原料,用途為抗氧化劑及穩定劑,如使用於嬰兒奶瓶。雙酚A會干擾生物內分泌激素調節,使得動物失去性別特徵,喪失生殖能力並影響生殖系統。另外,美國動物實驗顯示,塑料瓶中通常所含的化學物質酚甲烷(Bisphenol A,縮寫為BPA,即雙酚A),可能會引發癌變和使其他系統功能紊亂,而接觸到酚甲烷的老鼠,身上會出現乳腺癌或前列腺癌等癌症發病徵兆。加拿大是全球首先宣布酚甲烷有害,並禁用於食品包裝的國家。雙酚A初次合成於1891年,在1938年發現雙酚A會使已經切除卵巢的老鼠,產生雌性激素,因此被用來作為人工合成雌性激素。後來發現雙酚A與光氣和其他化合物結合後,可以產生透明的聚碳酸酯塑膠。雙酚A目前

已在工業使用數十年，產品遍布日常生活之中，由於揮發性低，過去一般並不認為是特別危險的材料。

1993年史丹福醫學院，發現實驗室塑膠燒杯，經過高壓滅菌過程（121℃）25分鐘後會產生動情激素，發現是由聚碳酸脂（polycarbonate）溶解出來的雙酚A所致，因此將雙酚A歸類為環境荷爾蒙，引起學者重視。至於環境荷爾蒙雙酚A（Bisphenol A）目前屬於重要的有機化工原料，具有質量輕、透明性佳、耐衝擊性及可耐熱等特性，主要是用在生產聚碳酸酯塑化（PC）產品與環氧樹脂與酚樹脂的原料，也被作為抗氧化劑與氯乙烯安定劑。

遺傳學家研究雙酚A對於雌性小老鼠激素量的影響，原本是要確認控制組（未受影響的小老鼠）正常，但後來卻發現40%小老鼠的卵子發生缺陷。之後發現是因為清潔工人使用具有腐蝕性的地板清潔劑來清洗籠子和水瓶所致，其中的酸性溶液破壞了塑膠堅硬的聚碳酸酯表面，溶出了一種化學物質，也就是雙酚A。聚合物工程專家也發現，在製造過程中並非所有雙酚A都會受化學鍵固定，雙酚A本身可以自由來去，也就是說像化學物質樹脂這種少量殘留未反應出來的雙酚A，隨時可能釋出，特別是受到熱水浸漬時更容易釋出。

研究懷孕的老鼠，以體重每公斤十萬分之一克的雙酚A量，混在飼料餵食五天後發現，微量的雙酚A會對中樞神經系發育期的動物產生影響。義大利也有類似的實驗，結果發現懷孕期服用雙酚A的母鼠，其所生育的小老鼠於成長之後，雌鼠的性慾旺盛無比，但雄鼠卻反而畏首畏尾，性別出現各種怪異現象。

雙酚A對雌性排卵沒影響，但是卻會在雄性成體抑制精子排放，進而影響到授精；但會直接作用於卵巢顆粒細胞，影響到雌激素的分泌；另外，雙酚A可能透過胎盤屏障作用，藉由母乳傳遞給下一代，降低下一代的免疫功能，如研究指出，雙酚A便對斑馬魚的生殖產生明顯抑制作用，斑馬魚長時間暴露於雙酚A下，明顯影響生殖能力和質量，而且雙酚A和壬基酚有協同加強效應。

看了上述這些數據，到底雙酚A的這些奶瓶要不要使用，似乎是該好好思索一下了。

資料來源：1.Hinterthuer, A. (2008). Safety dance over plastic. *Scientific American, 299(3)*: 108, 110-111.

2.Thiele, B., Günther K., & Schwager M. J. (1997). Alkylphenol ethoxylates: Trace analysis and environmental behavior. *Chemical Reviews, 97(8)*: 3247-3272.

第一節　食品安全問題

　　2008 年大陸北京舉辦奧運時，有 1,500 萬常駐人口及 300 萬流動人口，供應共計二百多個國家和地區的 10,500 名運動員，約 27 萬名奧運會註冊人員和 700 萬人次的觀眾，奧運期間供應之食物，不僅要可口，更要求安全。而如何確保飲食之安全？設計菜單時由於全世界各國均參與，因此需包含回教清真、素食及低糖等多種，除供應各國運動員自己國家的家常菜外，每道菜都需要附註營養卡，標示原食材料之成分、脂肪及熱量等，讓運動員瞭解飲食內容。此外，菜單設計除了要滿足運動員熱量及營養要求外，還要兼顧宗教習慣及飲食口味，並表現中華民族的飲食文化。奧運的菜單在設計後，交由專家評審、試餐、分析菜單組成及對色香味進行評審，透過層層評估後，再交由國際奧會批准。而食品的相關安全監控作業，則針對裝載食品的運輸車，即時監控在行駛中之位置及車內濕度與溫度，車輛一旦偏離路線，或溫度、濕度超過標準時，監控系統就會立即發出警報；當經過奧運場館大門時，透過門口安裝的識別系統，會將車內食品的生產廠家、物流公司，及種植、養殖地點等資訊，逐條顯示；所有奧運食品，都貼有電子標籤，一經掃瞄即獲知食品從種植、施肥及加工、運輸、包裝、分裝與銷售等過程之種種資訊。

　　這套系統係利用 GPS 等電子標籤，從運動員的菜單、食品原料一直追溯到物流配送中心、生產加工公司，及農業種植或養殖之源頭，以確保食品安全萬無一失，一旦出現問題，可立刻追溯根源並找到原因。大陸當局舉辦奧運盡心盡力，惜因過去的食品安全紀錄不佳，供應食品之安全性令民眾質疑，再加上過去屢屢發生食品衛生安全問題，使得當局改弦易轍，兩岸開始加強查緝合作，未來應會逐步改善。由於兩岸交流將日趨頻繁，故本節針對有關大陸過去發生的食品衛生安全違規案例進行探討，對於與嬰幼兒餐食有關的相關人員來說，尤須特別注意。

一、有毒的肉魚豆蛋奶類

(一)毒奶粉事件

　　2008 年大陸爆發毒奶粉事件，因受害者眾而引起廣泛的探討，讓「中國製」商品幾乎等同於「黑心商品」的代名詞，臺灣方面的問題則是政府的進口商品檢驗機制不夠嚴謹。

　　早年大陸內部就有不可勝數的假酒造成失明、致死事件發生，近年轟動國際的案件，則包括日本毒水餃及美國寵物毒飼料事件；令全世界消費者，聞「中國製」而色變，美國一名作家曾經力行抵制中國製產品，後來寫出《沒有中國製造的一年》一書，盡訴使用中國製商品之不安，但是也因此發現如果不用，生活卻又幾乎寸步難行。而有些國際知名品牌，因為無法擺脫中國代工之現實，又不能迴避其政府對於商品須標明生產地的規定，後來竟然因此出現「蘋果電腦加州設計，中國組裝」的奇怪標示。臺灣廠商的應變方式，則在商品「中國製」標籤下方，加註「本商品已投保ＸＸ產物保險責任險○○○萬元，請消費者安心使用」等字樣，但這種用意實在令人尋味；專家建議政府應該建立免於飲食恐懼的環境，建置食品安全專責單位，督促執法。

　　2008 年大陸發生毒奶粉事件，造成多名嬰兒死亡，嬰兒奶粉遭三聚氰胺汙染，造成 66 家奶粉生產公司停產，6,200 多人身體不適，1,300 多名嬰兒送醫，不少嬰兒出現營養不良、腎結石及急性腎衰竭症狀。大陸這批毒奶粉，由於有外銷到臺灣、孟加拉、緬甸、葉門、查德及蒲隆地等國家。不肖廠商加入三聚氰胺，是為增加牛奶之蛋白質檢出量，以期以低價原料蒙混通過品質檢查，獲取不法利益。毒奶粉事件後來擴大，除三鹿品牌外，又另外發現 21 家廠牌也添加三聚氰胺；當時行政院召集相關部會徹夜清查，並宣布所有大陸進口的乳製品全部暫停販售，其中尚包含臺灣兩大奶粉廠牌。

　　下面是消費者在購買奶粉時應注意的事項：

1. 選擇領有**嬰兒配方奶粉標章**者：衛生署為了民眾容易辨識，針對嬰兒配方食品及較大嬰兒配方輔助食品（即俗稱的嬰兒奶粉），合格者其包裝罐上均印有**圖 6-1** 的合格辨識標誌，以利消費者選購時辨認用。讀者也可自行至衛生署網網站查詢（http://www.doh.gov.tw）。

2. 若要購買特殊嬰兒營養食品時，建議要有小兒科醫師處方，比較妥當。

3. 不要相信藥局等販賣場所提供的廣告資料，相關廣告資料，請參考衛生署認證資料或詢問專業營養師及醫護人員。

4. 當兒科醫師診斷需改用衛署核可之某種特殊營養食品時，切勿受廠商宣傳言詞所影響，必須要堅持使用原醫師之處方建議。

5. 絕不購買未經衛生署核可或兒科醫師處方建議的嬰兒奶品。

6. 注意奶粉的適用對象及年齡，選購奶粉須符合嬰幼兒的年齡及其營養之所需。

7. 儘量選擇可信任的知名大廠牌之產品。

8. 標示要符合衛生署規定，並注意製造日期、產地、保存期限及沖

圖 6-1　嬰兒配方奶粉標章

資料來源：行政院衛生署，http://www.doh.gov.tw，檢索日期：2011 年 10 月 12 日。

泡方法等內容。

9. 避免購買添加一大堆添加物的配方奶粉，成分則建議選擇最接近母乳者。

(二)有毒的肉類

為縮短動物生長週期和提高成活率，不肖業者在養殖過程中，會施打激素和抗生素，或是在飼料內摻加瘦肉精，以促進生長，增加瘦肉率，由於瘦肉精縱使加熱亦不能被破壞，人體食用後可能會造成心跳過速，面頸、四肢肌肉顫抖，頭暈、頭疼、噁心及嘔吐等症狀；高血壓或心臟病患者一旦食用，更可能加重病情或導致意外發生。

■毒物事件

消費者不幸誤食毒肉的事件可說是時有所聞，以下列舉數項不肖廠商如何進行加工的手法供讀者參考：

1. 有毒的羊肉：不肖廠商會在屠宰前注射藥品阿托品，以使肉質變紅鮮亮，還促使羊隻因為口渴而大量飲水，可以增加重量多賺錢。

2. 灌水肉：指不肖廠商在豬肉、牛肉屠宰前大量灌水。

3. 有毒的香腸：指使用病死豬肉製成香腸，毒香腸曾在河南省西峽縣，造成 390 多人送醫，商人將帶有淋巴結的病死老母豬肉，甚至使用其他動物的腐爛變質肉，灌成香腸，再添加胭脂紅等色素，以及添加亞硝酸鈉、玉米澱粉及防腐劑等製成香腸，嚴重危害到人體健康。

4. 有毒的火腿：浙江「金華火腿」已有一千二百年的歷史，原本之美味是透過特別選料，藉由金華地區特殊的地理氣候，再加上流傳千年的醃製、加工方法與技術生產出來，而不法商販卻改利用病豬、死豬及老母豬加工成火腿，對人體造成嚴重傷害。

5. 有毒的肉鬆：精製肉鬆使用「來路不明」的病死豬肉、母豬肉，

或大量使用回收過期麵包碾成粉當配料，使用瘦肉精等違禁添加劑，加上著色劑等，使肉鬆色澤更好看。

6. 有毒的狗肉：冬季很多人吃狗肉（香肉），專門偷狗的人，使用劇毒化學藥品氰化鈉將狗毒死，再賣給收狗肉的人，氰化物在人體內不容易分解，將會引起頭痛、頭暈及四肢抽筋等中毒症狀，對於呼吸道、血液系統、大腦、神經及消化系統等會造成不同程度的危害，嚴重者會因為全身功能衰竭而導致死亡。

7. 有毒的雞腿：指於雞腿上塗上雌性激素，使其肥大鮮嫩。雌性激素是促進生長的激素，累積於人體內會導致嬰幼兒性早熟，有月事者易月經不調及發生色素沉著。

8. 有毒的烤鴨：烤鴨於醃製過程中大量使用罌粟殼、工業用鹽、胭脂紅及檸檬黃等違禁物質，讓成品鴨子美觀可口。

9. 有毒的鴨血：大陸據聞使用牛血添加洗衣粉和味精，混合做成鮮嫩鴨血，或用廉價豬血或其他動物的血液，加水和工業用鹽加工而成鴨血，這是非常不道德的行為。工業用鹽易損害人體內臟及消化系統；臺灣有一陣子，傳說有不肖商人進口，蒙混成食用鹽出售。

10. 有毒的燒烤：街頭販賣的燒烤動物食材，有的利用病死豬肉、貓肉和其他邊角廢料加工製成，其中可能殘留有寄生蟲，短時間的燒烤實難以殺死所有細菌或致病源。有些用死雞鴨肉，先用溫熱水浸泡，再添加工業鹼和雙氧水，攪拌後添加福馬林，以維持雞翅膀原本色澤，並使之吃起來具有新鮮脆嫩的口感，衛生方面，由於燒烤工具未經消毒，反覆使用，易感染病毒和細菌。

判斷不良肉品的基本常識除了依據是否有合格之認證標章外，尚可依據肉品的鮮度、顏色、彈性及氣味是否異常進行研判：

1. 正常豬肉為鮮紅色。

2. 正常牛、羊及鴨肉則為深紅色。

3. 正常雞肉為淡紅色;另外:

(1) 新鮮肉品的表面會有光澤,用手指進行觸摸時,應該具有彈性。

(2) 如果發現肉品的表面,已經呈現出乾燥脫水,且有皺褶及呈現較正常顏色要深的顏色時,表示此肉品已經不新鮮。

(3) 正常肉品的氣味很淡,聞起來不應該有阿摩尼亞或腐臭等強烈異味。

■ 應注意事項

下面是消費者在選購肉品時應注意的事項:

1. 建議選購領有下列標章之肉品:

(1) 產銷履歷農產品標章(Taiwan Agricultural Products, TAP):**產銷履歷農產品標章**(**圖** 6-2)讓消費者瞭解農產品的土壤檢測、水質檢測、農藥殘留檢測、環境紀錄及生產履歷等紀錄;而豬肉產銷履歷,則包括豬隻族譜、出生紀錄、管理者姓名、

圖 6-2　**產銷履歷農產品標章**

資料來源:臺灣農產品安全追溯資訊網(2011)。如何辨識產銷履歷農產品,
http://taft.coa.gov.tw/ct.asp?xItem=2199&CtNode=245&role=C,檢索日期:2011 年 12 月 13 日。

住址、飼養設施住址、治療紀錄、用藥紀錄、移動紀錄及屠宰紀錄等諸多紀錄,讓消費者確實瞭解肉品來自哪裡?是否曾生病?有沒有殘留對人體有害的藥物?在哪裡加工?又在何處存放?而透過使用產銷履歷追溯系統,消費者馬上可以在賣場挑選食材時,透過查詢 TAP 產銷履歷農產品標籤上的追溯碼,就知道此產品的生產過程。如此一來,消費者就能透過追溯號碼,得知農產品生產與檢驗的正確資訊;更重要的是,如果萬一發生問題時,便能馬上知道此農產品的出處及流通過程,立即可以進行追溯與回收,確保消費者的安全。

(2) **CAS**(Chinese Agricultural Standards, CAS)**優良食品標誌**:農委會推動的優良農產品的證明標章,也是加工品良好品質的代表。(**圖** 6-3)而自 2009 年 1 月 31 日開始,CAS 由原本 Chinese Agricultural Standards,變成一有機標章 Certified Agricultrual Standard。

(3) **食品 GMP**(Good Manufacturing Practice, GMP)**認證標章**(**圖** 6-4):係強調製造廠商的「優良製造標準」或「良好作業規範」符合規定,確保加工食品之品質與衛生。

圖 6-3　CAS 優良食品標誌

資料來源:財團法人 CAS 優良農產品發展協會(2011)。CAS 規範,http://www.cas.org.tw/content/test_and_verify/b2.asp?B1m_sn=1,檢索日期:2011 年 12 月 13 日。

嬰幼兒膳食與營養
The Meal Plan and Nutrition for Infant and Young Child

圖 6-4　食品 GMP 認證標章

資料來源：臺灣食品良好作業規範發展協會（2011）。什麼是食品 GMP？，http://
www.gmp.org.tw/maindetail.asp?refid=101，檢索日期：2011 年 12 月 13
日。

(4) 屠宰衛生檢查合格標誌（圖 6-5）：屬於屠宰衛生檢查合格的產
品，過去會在豬皮上面均蓋有檢查合格標誌。在傳統市場購買
豬肉時，只要選購蓋有合格印記的豬肉，就可避免買到未經檢
查合格的違法私宰豬肉。要注意的是，同樣經過屠宰衛生檢查
合格的肉品，也有沒有蓋上屠宰衛生檢查合格標誌。

(5) 電宰衛生豬肉標誌（圖 6-6）：販賣合格的電宰豬肉攤商會掛上
此標誌，並附上當日電宰證明單，以供消費者選購參考。

圖 6-5　屠宰衛生檢查合格標誌

資料來源：行政院農業委員會動植物防疫檢驗局（2011）。屠宰衛生 - 屠宰衛生檢
查，http://www.baphiq.gov.tw/news4_list.php?menu=1329&typeid=1346，
檢索日期：2011 年 12 月 13 日。

圖 6-6　電宰衛生豬肉標誌

資料來源：食品標章大全（2011）。電宰衛生豬肉標誌，http://www.youth.com.tw/
db/epaper/es002008/eb3113.htm，檢索日期：2011 年 12 月 13 日。

2. 購買包裝肉品及加工肉製品應注意事項：

(1) 包裝是否完整且販售時是否置放於低溫櫃中。

(2) 包裝袋如有滲出液體，則宜選購滲出液體較少而且不混濁者為宜。

(3) 如果屬於切片包裝者，則選擇切面完整沒有產生空泡者較佳。

(4) 肉醬等罐頭製品因為產品的酸鹼質（pH 值）不高，因此係屬於低酸性罐頭食品（pH 值大於 4.6），依照規定必須先經過行政院衛生署查驗登記，領取許可證後才得以生產，因此採購時必須注意標示是否註明領有衛生署之許可證字號。

3. 選購冷凍及冷藏肉品應注意事項：

(1) 冷凍肉品應該堅硬、包裝牢固密封，且肉品的表面沒有乾燥或脫水之現象。

(2) 冷藏肉品應該選擇包裝完整、外觀良好肉品。並且要注意肉品的觸感柔軟、肉色正常，並有稍許濕度且包裝密封良好者。

(3) 包裝必須完整、無破損，並且選購在有效期限內的產品。

(4) 建議選擇有品牌、有認證、標示清楚（品名、重量、製造日

期、有效期限、廠商名稱住址及原料組成分）之產品。在超市或賣場購買肉品時，應先認明所註明之產地等相關證明文件。避免購買來路不明的肉品，以確保食用時之安全。

(5) 具有低溫銷售設備（冷藏 0 至 5℃，冷凍 -20℃以下）。

(6) 購買冷凍、冷藏肉品時，最好自備保冷袋，但保冷袋不宜使用超過 2 小時。

(7) 賣場選擇合法販售之商家，環境清潔衛生，最好設有空調，及選擇信譽佳與肉品流通率高者。

4. 購買加工肉品時需要注意：

(1) 要向領有來源證明或向商譽優良的商家購買。

(2) 建議不要選用顏色過於鮮紅、外觀出油嚴重的產品，以免購買到添加過量亞硝酸鹽保色劑的產品。

(三)有毒的水產品

有毒的水產品係指使用有毒化學品或超量使用添加劑及保鮮劑，如工業鹼、福馬林、氫氧化鈉、硫酸亞鐵、雙氧水及甲醛等，來縮短脫水食品（如海參）之水發時間，並使水發食品的體積及重量，增加 3 至 4 倍，使外觀更白、更新鮮，並可延長保存時間。如：

1. 用強鹼或福馬林發出來的海參，可使重量增加 5 到 7 倍，水分不易排出（損失），保存期限可延長 3 至 5 倍，產品外觀則肉體飽滿，光澤更佳。但是當額外添加的強鹼，進入人體消化道與組織蛋白結合後，將使脂肪產生皂化，導致組織脫水，對於黏膜組織會造成刺激和傷害；另外，強鹼和福馬林，具有很強的腐蝕性。

2. 氫氧化鈉俗稱苛性鈉，具強腐蝕性，常用來清洗下水道，以排除油脂阻塞，加入食品可使外觀更好看，但會對消化系統造成嚴重永久的損傷。

3. 過氧化氫具有漂白、防腐和除臭的作用，可美白食品外觀，延長

儲存活魚時間，使死亡後的水產品顏色仍能保持鮮亮等功效。

4. 使用「孔雀綠」是很多水產品的必然選擇，臺灣的水產也曾發生過石斑魚違規添加孔雀綠被查獲，結果導致價格一落千丈，無人問津。如衛生署便曾公布四件來自屏東的甲魚與石斑魚，檢出禁藥孔雀綠與還原型孔雀綠的違法事件。

■毒物事件

臺灣四面環海，水產養殖尤為興盛，消費者誤食毒水產的事件多不勝數，以下列舉數項不肖廠商如何進行加工的手法供讀者參考：

1. **毒蝦**：蝦仁添加工業鹼及福爾馬林，體積重量可膨脹至原來的 2 至 3 倍，顏色變紅，味道也變鮮。福爾馬林是含有甲醛 40% 的溶液，屬於有毒防腐劑，作為保存屍體用。攝取後將對人體肝腎等器官會嚴重造成損害，輕則出現消化不良、反胃或嘔吐，重者誘發酸中毒。

2. **毒貝類**：貝殼類碰到毒素會吸收蓄積，而且不能把毒素排除。中毒症狀為接觸冷水或者冷的物體時，會感覺灼熱、口唇麻木、四肢無力，嚴重時會因為呼吸麻痺而導致死亡。有些業者則使用二氧化硫漂白，二氧化硫遇水變成亞硫酸，會刺激胃腸，容易引起噁心及嘔吐。

3. **毒黃鱔**：餵食黃鱔避孕藥，主要成分為雌激素（Estrogen）和黃體素（Progesterone），促使黃鱔體重明顯上升；而人體攝入後，體內雌激素長期偏高，將增加罹患乳癌之危險。女性經常食用含有避孕藥的水產，可能導致流產、不孕。兒童食用，女孩會出現月經過早來潮，女性特徵提前出現，且會干擾雌激素平衡；男孩會出現女性化，如乳房發育變大，或聲音變尖、變細等

4. **毒蟹**：螃蟹產卵時如果餵食避孕藥，母蟹將不會變瘦，且更容易長大，而人體攝入後同樣會使體內雌激素長期偏高，干擾正常雌

激素運作，造成代謝平衡失調，過去就有四歲女童因為長期食用蜂王乳，導致體內雌激素過量，造成性早熟之現象；而高雌激素對於成人，則將有增加罹患乳癌之危險。

5. **毒魚**：於養殖時投放孔雀綠、金黴素、土黴素、四環素或甲醛殺菌，或在飼料加入避孕藥，人體攝入後都會造成對人體的危害。

■**應注意事項**

由於添加化學藥物之魚類，外觀難以分辨，而新鮮魚的眼睛會明亮透澈不混濁，因此當魚的眼睛變成灰濁不清時，代表已經因為擺放的時間太久而不新鮮，故選購時首先要觀察魚的眼睛。然後再進一步查看魚鰓，如果由鮮紅色變成暗紅色或其他的顏色時，也是不新鮮的象徵，不應該購買。再來可以用手指輕壓魚肉表面，如果肉質鬆軟，下陷沒有彈回時也代表不新鮮。接著觀看魚身是否完整，腹部完整不可破裂，魚鱗是否緊附在魚體，有發生脫落等。

下面是消費者在選購海鮮類食材時應注意的事項：

1. **外觀部分宜選擇之注意事項**：

   (1) 魚：外表光潤、肉色透明、肉質堅硬有彈性，魚鰓的顏色則要鮮紅（用手觸摸時，注意是否有用鴨血等塗抹），眼睛要光亮透明，鱗片則應平整牢固有光澤，腹部具有彈性，沒有傷痕及產生惡臭。

   (2) 生魚片：經過分切之生魚片，注意血合肉（深暗色的魚肉）與普通肉之分界必須清晰，肉色鮮明並且具有光澤，沒有瘀血或傷痕。

   (3) 冷凍品：注意包冰率要正常（40% 以下），外觀沒有解凍、凍燒、氧化或脫水現象；包裝及標示須完整；冰晶則愈小愈好；冷凍食品，如果改置冷藏時，除非要進行烹調前冷藏解凍，否則時間不可超過 24 小時。

(4) 蝦類：蝦眼光亮、頭殼與蝦身緊密結著；注意蝦子的頭部，往往含有大量戴奧辛、抗生素及重金屬殘留，建議丟棄。而不新鮮的蝦子，其觸鬚蝦腳及尾扇會變黑。

(5) 活貝：選擇外殼緊閉不易打開，外觀正常沒有異臭味。

(6) 買蛤蜊時，可將兩個蛤蜊互敲，聲音要有響脆聲的比較好。

(7) 魚丸如果太 Q 脆、或顏色太白，表示可能添加了漂白劑及硼砂等違規化學藥品。

2. 選擇有信譽之大型賣場購買：選擇有信譽的大型賣場，如 Costo 等，消費者如果不懂得如何分辨海鮮，最簡單的方式，就是向有信譽之大型賣場購買品質良好、有口碑的海鮮。

3. 淡水海鮮建議選擇活體海鮮：要注意業者為了降低活體之死亡率，於販賣過程中添加了少量抗生素及殺菌劑，以其增加活體海鮮的抵抗力，因此要注意觀察水的顏色，如果不正常時要避免選購。

4. 選擇快速超低溫冷凍的海鮮：由於黑鮪魚等大型遠洋魚類，並沒有活體可供選擇，選擇快速超低溫保存之產品，鮮度未必比活體差；另外快速超低溫冷凍，也能將大部分的寄生蟲殺死，衛生將會更有保障。

5. 海產建議選擇自然野生者：養殖之海鮮因為採用集體大量繁殖，生長過程中受生活環境緊迫，壓力大容易生病，因此業者都會添加抗生素及殺菌劑，以增強抵抗力，容易有抗生素殘留問題，因此建議少吃養殖產品。

6. 選擇售價合理者：臺灣鄰近大陸，許多捕撈的新鮮海鮮有可能來自大陸，當價格過於便宜時，如果不是非法走私，有可能是屬於保存過期，或已經有腐敗現象者，因此建議莫因小失大。

(四)有毒的蛋類

網路有個訊息說：煮蛋不可以先放鹽巴，否則鹽將與蛋中的乳酸菌

結合產生氯而導致有毒；蒸蛋如果加鹽或醬油，則成品往往會有一點綠綠的顏色，而那就是化學變化所產生的氯，很多人被此信息嚇個半死，因為發現自己過去都沒有注意到；但是其實這是網路謠言，是錯誤的信息，因為既然許多人都已經煎蛋前放鹽，並且吃了幾千年還沒有發生問題，代表業經人體試驗合格，因此煮蛋什麼時候放鹽巴並不重要，而是應如何選擇安全的蛋，否則買到問題蛋品，就真的會危害身體健康，也真的是有毒！下列這些蛋品消費者必須小心，千萬別誤食，如：

1. 有毒的紅心鴨蛋：過去大陸河北紅心鹹鴨蛋，曾違規使用工業色素蘇丹紅飼料餵養鴨子，銷售時宣稱，紅心鴨蛋是鴨子食用螺和魚蝦所致；放養鴨子因為食用小魚小蝦，下的蛋才能「紅心」；而蛋黃顏色的深淺，則跟食用量有關，營養價值比較高。不肖業者的說詞讓消費者誤以為真，使「紅心」蛋受到市場青睞，身價比普通蛋貴很多。之後被發現使用了違禁工業色素「蘇丹紅」IV號，被列為三類致癌物，屬於人工合成工業染料，經常食用易增加致癌危險。

2. 有毒的皮蛋松花蛋：製作過程使用大量雙氧水，屬於強氧化劑，能殺死細胞，對於人體危害非常大，臺灣過去曾使用於病死雞肉及洋菇之漂白，還添加純鹼（碳酸鈉）、氧化鉛（黃丹粉）、硫酸銅及氫氧化鈉等化工原料，致皮蛋含有大量氧化鉛。氧化鉛為有毒金屬，易通過蛋殼滲入蛋內，對於人體神經系統、造血系統和消化系統造成危害，將損傷大腦，引起貧血、抑制免疫力，並引起慢性鉛中毒。

(五)毒豆製品

以下列舉數項不肖廠商如何進行加工的手法供讀者參考：

1. 有毒的毒豆腐：使用陳舊飼料製作，有些原料甚至於已發黑霉

變。過程中為增白及防腐，添加了有害人體的工業石膏和消泡粉。工業石膏由於重金屬砷（與砒霜同成分）及鉛含量高、毒性大，而砷在人體中累積一定量時，就會引發癌症病變；另外還使用吊白塊漂白，易損傷腎臟及肝臟，引發癌症和畸變；還添加硼酸及工業色素等。據報導還有黑心業者，專門到當地骨科醫院垃圾堆裡，收集廢棄之石膏添加，製成名符其實的毒豆腐。

2. **有毒的毒豆腐皮**：真正豆腐皮是使用乾淨的黃豆當原料。而毒豆腐皮或用工業玉米澱粉，或使用爛豆子做成；工業玉米澱粉，原作為建築、裝修材料及黏稠劑等用途，由於並未進行檢測微生物，其中有毒有害物質（如黃麴毒素）偏高，長期食用易造成神經性毒害、生長發育遲緩、呼吸道及腎臟損害；而為使顏色好看，利用非食品級色素浸染豆腐皮，還添加高毒性「吊白塊」漂白或防腐。

3. **有毒的毒腐竹**：腐竹為求色澤漂亮、增長保存期限及增加產量，會違規添加吊白塊、甲醛及硼砂，甲醛是較強致癌物質，硼砂食用一定劑量後，會引起食慾減退、消化不良及抑制營養素的吸收。

4. **有毒的毒臭豆腐**：傳統臭豆腐係利用黃豆經泡豆、磨漿、濾漿、點滷、前醱酵、醃製及後醱酵等多道程序製成，需花半年以上時間，透過自然之醃製醱酵產生黴菌，分解黃豆之蛋白質，形成氨基酸，使味道變鮮美；然而毒臭豆腐卻只需短時間就可製出，是用臭精加臭水溝的污水泡出，或使用田螺、餿水及腐肉當原料浸泡生成，晾曬後放入又黑又臭的水桶中浸泡變臭；經醱酵密封以產生刺鼻臭味。臭精係硫酸亞鐵加其它配料，如硫化鈉等，長期食用將會影響到人體消化道，造成噁心、嘔吐、頭暈及全身不適。

消費者選購豆類及其製品前，建議先觀察是否屬於基因作物食品（黃豆中間黑點較顯著）；豆製品則適合用嗅覺聞一聞有無殘留化學藥劑的味道，或看看顏色是否過白，如果太白都有可能添加亞硫酸鹽、過氧化

氫等漂白劑，建議消費者必須避免選擇顏色太白的豆製品。

■ **應注意事項**

下面是消費者在選購豆類製品時應注意的事項：

1. 豆製品因為在常溫下容易腐敗，因此選購時應注意是否提供冷藏設備；而添加漂白劑的豆製品，顏色通常較白，因此應避免購買顏色太白的製品；購買前先聞聞看是否有自然豆香味道，如果出現異味建議就不要購買；消費者自己烹煮豆製品時，建議可以添加蘋果皮或菠菜紅色莖頭，將可降低漂白劑之殘留。

2. 傳統市場在室溫下放了一整天的販賣者，如果沒有放防腐劑，根本難以保存。豆類的加工製品，因為容易發生酸敗，再加上傳統市場裡無法維持冷藏保鮮狀態，因此容易生黏發酸，致使業者往往必須添加防腐劑，以增加其保存期限；故宜慎選來源安全的店家並選擇在早市時購買。

3. 豆腐及豆干：顏色勿過白，否則有添加漂白劑之可能，聞起來應無酸臭或外表生黏液。

4. 豆粒：選擇豆粒完整，飽滿甜嫩且無蟲蛀、異味及發霉，外觀完整正常，無異味，無粘液。

5. 包裝產品：包裝完整無破損、標示符合規定、須在有效期限內，進貨溫度則必須維持冷藏 7℃以下。

二、有毒的蔬果

媒體曾刊載綠色和平組織透過電話隨機訪問超過 300 名的香港市民，調查蔬果的農藥殘留，發現 82% 的民眾特別擔心食用農藥殘留問題，而更有 85% 的受訪者表示，擔心長期食用低劑量的有機磷類農藥，將會對兒童發育造成不利之影響。正常栽培的蔬果會有農藥殘留的傷害，如果再

經過不肖商人的加工，添加有毒的化學物質獲得鮮艷光亮之外表時，對於消費者身體的危害將會更大。現代人由於罹患三高（高血壓、高血糖、高血脂）人數增加，而經營養師建議要攝取大量蔬果以降低罹患率，讓膳食纖維包裹與幫助身體代謝多餘的油脂；但是如果買到有問題之有毒蔬果時，則可能傷身與傷心，因此選購蔬果時，如果發現其外觀異常，包括紅的過火、黑的發亮、香甜清脆異於常品時，如果不是屬於認證的商品，那麼都有可能是具有毒性的危險蔬果，下列是不肖商人於食材中違法添加的手法：

1. 有毒的辣椒及其製品：辣椒醬、辣椒油、辣椒粉、辣椒麵及泡辣椒等，多於加工過程廣泛使用工業色素「蘇丹紅」。

2. 有毒的海帶：使用化工染料亞硫酸鈉等浸泡海帶。化工染料對於眼睛、呼吸道及皮膚具有刺激性，接觸後會引起頭痛、噁心和嘔吐。

3. 有毒的黑木耳：將發霉、腐爛及變質的木耳，使用墨汁和其他材料浸染後，再添加糖、澱粉、硫酸銅、硫酸鎂、尿素、明礬及氨水等，然後再烘乾，有時為防蟲會添加農藥磷化鋁。因為黑木耳吸附性大，易將硫酸銅和硫酸鎂吸收，讓黑木耳看起來更黑、更沉。

4. 有毒的白木耳：利用硫磺，將白木耳燻白。

5. 有毒的桃子：半熟脆桃，加入明礬、甜味素及酒精等，使其清脆香甜（明礬之主要成分是硫酸鋁）。水蜜桃用工業用的檸檬酸浸泡時，可使桃色鮮紅、不易腐爛；白桃則利用硫磺燻白，這個做法易導致二氧化硫殘留。

6. 有毒的梨子：使用激素促使梨子早熟，再用漂白粉及著色劑（檸檬黃）漂白染色。

7. 有毒的香蕉：用氨水或二氧化硫催熟，可使香蕉表皮嫩黃好看。

8. 有毒的西瓜：過量使用催熟劑和劇毒農藥。為求又甜又紅的西

瓜，不肖瓜販會注射糖精與色素，而為了不發現破綻，針頭要順著瓜臍插進去，這樣既沒有痕跡，色素又能很快滲入瓜體。

9. 有毒的葡萄：把尚未成熟的青葡萄，放入乙烯稀釋溶液中浸泡，僅需1、2天，青葡萄就會變成紫葡萄。

10. 有毒的大棗：用化學染色劑染色，再用工業石蠟打蠟增亮。

11. 有毒的桂圓：噴灑硫酸或用酸性溶液浸泡，使其顏色鮮艷，不幸攝入會灼傷消化道。

12. 有毒的荔枝：用硫酸溶液浸泡或用乙烯噴灑，使荔枝變得鮮紅誘人；還有果販用硫磺燻製。

13. 有毒的柑橘：為求柑橘能長期儲存而超量使用防腐劑，再使用著色劑美容，用工業石蠟拋光（工業石蠟含鉛、汞及砷等重金屬，會滲透到果肉）。

14. 有毒的蘋果：用催紅素增色，以防腐劑保鮮。果販還為蘋果打上工業石蠟，目的是為保持水分，使果體鮮亮誘人。

一般在風災、水災或大節慶日的前後，農民經常會搶著採收蔬果，可能因此而導致農藥殘留；另外市售信譽良好的冷藏、冷凍蔬菜，在加工過程中係使用殺菁法將顏色固定，也同時除去大部分的農藥，建議可作為風災、水災或大節慶日前後的替代品；而外形美觀的蔬果，反而可能農藥添加過量；至於蔬果表面如果殘留有藥斑，或聞起來有不正常、刺鼻的化學藥劑味道時，均代表可能有殘留農藥或化學藥物，宜避免選購。

■應注意事項

下面是消費者在選購新鮮蔬果時應注意的事項：

1. 建議到有品牌的有機店購買有機蔬果，雖然價格比較高，但是因為嬰幼兒攝取量比較少，相對也會比較安全。而選購具有品牌及政府認證的安全蔬菜及有機農產品，雖然不代表其農藥之殘留為零，但是至少不必擔心添加禁用農藥或超量使用之問題。

2. 建議時常變換購買之攤位：基於不要將所有雞蛋放在同一個籃子之分散風險觀念，建議選購不同蔬果，且來自不同產區及攤商，如此一來攝取同農藥的機會減低，人體也比較有足夠的時間分解破壞農藥。否則長期攝取同一攤商之蔬果，則同時吃進去的同一種農藥易過量，致造成累積性的不良作用。

3. 購買當地、當季的蔬果：非季節性產品或提早上市的蔬果，不但販售價錢比較高，而且會噴灑植物荷爾蒙，以強制催花，因此殘留植物荷爾蒙及農藥的可能性高；一般蔬果都有其最適宜生長及收穫的季節，但是在臺灣，隨著栽培技術不斷精進，栽植非當季的蔬果已非難事。而非當地、當季的蔬果，因為先天體質較弱，栽培期間相對必須使用較多的農藥，因此農藥殘留機會相對提高（過去也有幼兒因為長期大量攝取非季節性水果導致性早熟之案例發生）。

4. 避免購買連續採收的蔬菜：由於噴灑農藥後的蔬果，如果經過安全期後再採收，不會有農藥殘留過量問題。但如果是屬於連續採收作物，如豆類或瓜果等，因為果實的成熟速度不同，於是需要改為每天或隔天採收，因此這類產品，要等到安全期後再採收，實務上有其困難。

5. 不要太著重蔬果的外表：蔬果外表肥美翠綠、毫無蟲孔，往往代表添加大量化學肥料或農藥，如果選購外觀較醜的蔬果，或在菜心找到沒有被毒死的蟲，代表農藥殘留量很少，比較可以安心。農民為迎合消費者喜好完整美麗蔬果外形的心理，經常在栽培的生長過程裡，增加噴灑農藥的濃度或次數，減少病蟲害，使得農藥殘留機率相對提高。而被蟲咬食的蔬果，代表農藥殘留較少，售價上也相對較為低廉。

6. 注意產地：蔬果產地最好不要挑選設在火力發電廠或焚化爐旁等高戴奧辛落塵處所附近所生產的蔬果。

7. 因為菜葉類的農藥殘留濃度較高，購買時可斟酌選用，另可挑選不使用農藥或使用量很少的水果，如木瓜、番石榴、紅甘蔗、桑葚、石榴、西瓜、香蕉及鳳梨等。

8. 避免易遭蟲害的蔬果：如高麗菜、花椰菜、小白菜及玉米等，屬於易遭蟲害的蔬菜，因此如果不是採用網室栽培，在室外種植時如果沒有大量噴灑農藥，則早已被蟲吃光，根本無法收成。

9. 選擇可以去皮的蔬果：由於表皮農藥量較多，去皮後可以減少許多農藥殘留；如蘋果、棗子、馬鈴薯、蘿蔔及冬瓜等。須注意的是，如果馬鈴薯已經發芽時，代表馬鈴薯已經不新鮮，而且芽眼處有毒，不可以食用。

三、有毒米麵及其製品

民國 90 年臺灣農委會藥物毒物試驗所在雲林虎尾地區，發現有兩處農地所生產的稻米中含鎘（Cadmium）量超過食品衛生標準，也就是所謂的鎘米，於是引起社會大眾的恐慌。鎘米是因為土地遭受到重金屬鎘的污染，導致農地所種出來的稻米含鎘量過高，如果長期攝取，會因為持續累積在人體中，沉積在肝及腎等器官，引起貧血、肝功能異常及腎小管功能受損。當腎臟的腎小管功能受損以後，會導致蛋白質及鈣自尿中流失，造成蛋白尿及高尿鈣，長期就會因此而引發軟骨症（Osteomalacia）、自發性骨折（Pseudofracture）及全身疼痛，此即所謂的痛痛病（Itai-Itai Disease），此病過去也曾在日本發生，更糟的是鎘的半衰期長達十至三十年，攝取進入人體後將難以排除。

金屬鎘的來源，來自我們平日使用的鎳鎘電池、染料、塗料色素及塑膠製程穩定劑等，當以上的製作工廠沒有妥善處理排出的廢水，讓它流入灌溉的渠道時，就會造成農地污染，而鎘經農作物吸收以後，就會因此長出鎘米、鎘菜或鎘水果。過去大陸的米麵，便曾發生以下含有毒性的米

麵製品問題，如：

1. **毒涼皮**：為使涼皮吃起來更有香味，銷售成本更低，於製作過程中大量加入工業鹽、硼砂及著色劑，會對食用者臟器造成嚴重危害。

2. **毒米**：是利用發黴遭黃麴毒素汙染的米製成，臺灣也曾發生遭重金屬鎘汙染的米流入市場的事件。

3. **毒米粉**：米粉中摻入印染工業漂染劑甲醛次硫酸鈉（吊白塊），以增白、防腐及增加韌性，做成潔白晶亮的「上等」米粉，而陳年米本身因含有強烈致癌物質——黃麴毒素，若再加上吊白塊，可說是「毒上加毒！」

4. **毒麵粉**：於麵粉摻入廉價滑石粉，既增加重量又好看又好賣。

5. **毒大米**：長期儲存的陳年米，黃麴黴菌汙染嚴重；而黃麴毒素是目前發現的最強致癌物質，該物質在 280 度高溫下仍可存活，利用工業油加工，可使陳米變成新米般晶瑩透亮，冒充好米銷售。

米麵及其製品，一般如果顏色太白或有味道，都是異常的象徵。曾有消費者到黃昏市場購買半斤散裝湯圓，回家後打開包裝，就聞到一股很濃重的化學藥水味道，這代表其中添加防腐劑等化學藥品；而散裝湯圓等水含量高的米麵製品（其他包括麻糬、意麵及烏龍麵等），販售業者必須有冷藏及冷凍儲存販售設備，才比較不易發生酸敗，建議消費者應優先選購完整包裝、產品販售時設有冷藏及冷凍設備者；如果非要購買散裝製品時，則建議選擇有商譽及新鮮製品。

■應注意事項

下面是消費者在選購米麵時應注意的事項：

1. 選購有品牌及領有政府輔導 CAS 等優良標章者為佳；要向領有來源證明、或向商譽優良的商家購買，不貪便宜購買來路不明的產

品。

2. 包裝應該有完整標示：完整標示包括品名、重量、製造日期、產地、規格、保存期限、廠商名稱住址及原料組成分。

3. 選擇米粒外觀飽滿、顆粒大小均勻完整、碎米少、透明度高及具有光澤的米。

4. 用嗅覺聞起來有米香，而沒有其他異味者。

四、有毒油品及其他

　　臺灣的油品過去曾發生著名的餿水油與多氯聯苯油中毒事件；餿水油係不肖商人，收集餐廳剩飯剩菜等廚餘，再加工處理而製成的油脂，雖然價格便宜很多，但是因為其中含有大量的細菌及毒素，食用後將對人體產生很大的危害，這些油品處理方式在大陸的東莞及深圳等地，也是屢禁不絕，如 2010 年 3 月中旬，成都 13 家極具知名度的火鍋店，也被查獲涉嫌使用「餿水油」，引發社會關注。

　　商人販售餿水油，可以獲得暴利，唯有透過重罰才能嚇阻。多氯聯苯（PCB）油中毒事件，也被稱為米糠油事件。化學物質多氯聯苯，一般係用於電氣設備絕緣、熱交換器、水利系統，及其他特殊工業等用途；由於在自然環境中不易分解，因此在生產加工、使用、運輸與廢物處理過程中，容易進入空氣、土壤、河流與海洋等環境之中，透過食物鏈，造成環境的嚴重污染。1968 年，日本北九州市小倉區的製油業者，因為在製造米糠油的脫臭過程中，採用多氯聯苯作為熱媒，但是由於其中的加熱熱媒管，在使用日久後遭受腐蝕，而導致慢慢滲入米糠油之中，民眾於是因為長期食用這種米糠油後導致中毒。臺灣的多氯聯苯中毒案發生在 1979 年 4 月，原因與過程類似日本，臺中市大雅區惠明盲校則是主要的受害者；其他的油品問題尚有：

1. 有毒的豬油：利用廢棄原料油，如餿水油、雜油（死豬、病豬、

種豬、垃圾豬肉、豬宰殺後賣不掉的各部分肉），或豬碎肉、豬皮、甲狀腺及淋巴結等酸敗變質下腳料肉，經多次高溫煉製及特殊脫臭處理，加入吸附能力很強的過濾劑（矽藻土），使用前原本是白色，用後卻變成黑色。而為了把酸敗變質的廢棄油脂，加工成食用油，還要添加工業用鹼，把酸價降低，但即使如此，處理後因為酸價仍高，於是再使用過氧化氫（雙氧水）漂白和工業消泡劑漂煮（雙氧水易導致遺傳物質 DNA 損傷及基因突變，消泡劑含有重金屬砷、鉛及苯環之類物質，鉛易積累人體，而砷的氧化物是劇毒，會致癌）；由於淋巴結中的細菌和病毒較多，食後易感染疾病，但由於這種豬油，價格至少便宜一半，所以銷路很好。

2. 有毒的食用油：指撈出餐廳或飯店下水道的殘油及收集餿水油，加工製成「食用油」後，銷往郊區或周邊農村，供小餐館和小攤販作為炸油條、油餅或炒菜使用。

3. 有毒的油條：油條添加硼砂可使油條更加酥脆，進而減少麵粉用量，又可使油條炸得又肥又大又好看；另外，炸油條的油還有可能會用餿水油。

4. 毒酒：指用工業酒精加水製成的酒，這類酒品的甲醇含量會超過標準數倍，中毒者輕則昏迷、大腦組織、視神經受到損害，重者中毒死亡。

5. 巴拿馬的毒甘油（毒糖漿）：這是個有名的國際事件，巴拿馬過去曾因為買進了由中國大陸出產用來製造冷卻劑，卻假冒成 99.5% 的純正甘油，致國人食用後發生中毒。甘油是製造感冒糖漿的甜化添加物。巴拿馬官方發現，在進口的 26 萬瓶感冒藥水裡，添加了有毒防凍劑乙二醇作為糖漿替代劑，導致病人服下產生呼吸困難、腎衰竭現象及中樞神經癱瘓，並造成 360 多人死亡，這些不肖商人調查證實來自中國江蘇，其以廉價具有毒性之防凍劑乙二醇入藥，作為感冒咳嗽糖漿或退燒藥成分的替代品。

專欄

女嬰性早熟　中國黑心貨喪盡天良

　　中國媒體報導，湖北武漢3名四至十五個月的女嬰，疑因為長期食用中國某品牌奶粉，出現性早熟症狀：四個月大的女嬰乳房隆起，體內的雌二醇和泌乳素分別超標2.4倍及70多倍。

　　中國的黑心食品行之有年，最為臺灣人所熟知的應該是三鹿毒奶粉。這起在2008年9月爆發的毒奶事件，全中國有30萬名嬰兒受到毒害，出現腎結石，其中6名更因此死亡；現在有另一個牌子的奶粉造成嬰幼兒性早熟，看來真是不足為奇！

　　中國製造有毒食品藥品由來已久，雖然近年力圖建立好的食品藥品防治機制網，但似乎未見成效：

1. 1996年：海地太子港數百名嬰兒罹患怪病，造成至少88名兒童死亡。調查後發現是感冒藥中的成分「甘油」被抗凍劑「乙二醇」偷天換日，假的「甘油」是由是中國國營的「中國國際化學公司」輸出，而製造廠也在中國。

2. 2007年：巴拿馬被「怪病」襲擊，經查原因竟然與十年前海地嬰兒離奇死亡事件一模一樣，中國又以抗凍劑替代甘油，製造咳嗽糖漿。

3. 「甘油」是製造牙膏的成分之一，為因應1996年海地事件，美國食品藥物管理局（FDA）對中國進口「甘油」表示疑慮，沒想到在2007年間，就發現中國的「毒甘油」還是混入了包括美國在內的七個國家，造成大廠牌牙膏的大規模回收。

4. 2007至2008年間，數百名美國病人對Baxter公司出品的抗凝血劑，產生過敏反應，19人因而死亡。經FDA調查，發現供應抗凝血劑原料給Baxter的中國工廠魚目混珠，用「化學結構近似」的廉價品代替，而引發過敏反應。

5. 毒餐廳：貴州省某餐飲店，在飲食中摻入罌粟成分；一些販賣牛、羊肉、狗肉及麻辣燙等餐館，被查出供應的湯料中含有不同程度的嗎啡成分，如果長期食用會成癮，對此種飲食產生依賴，情況嚴重者，甚

至會誘發吸毒。

　　綜上所述，造假、魚目混珠是黑心貨的共同點，稱之為「黑心」實在是很貼切。

資料來源：整理修改自徐悅心文。自由電子報-女嬰性早熟　中國黑心貨喪盡天良，http://www.libertytimes.com.tw/2010/new/nov/15/today-o8.htm，檢索日期：2011年3月11日。

　　由於發生食品安全的違規件數實在太多，如前所述，大陸每年食品中毒的人數約達到 20 至 40 萬以上，而大部分肇因於人為因素。每年因食物殘留農藥和化學添加劑中毒的人數超過 20 萬人，而近 40% 的癌症是由飲食引起的；各種腸道、胃、肝臟、腎臟、心臟、腦血管、血功能障礙、神經系統病、癡呆症、帕金森病、傳染病、記憶力減退、免疫力低下等疾病，更與毒食品有直接關聯。而有毒食品造成男性雌性化、精子減少、精液品質過低、性功能障礙；導致女性生理紊亂、乳腺疾病邊增、不孕不育邊增，以及孩童早熟及嬰兒畸形等等現象。在大陸 4 歲女孩來月經，10 歲男孩長鬍子，已時有所聞，希望日後在兩岸相關衛生單位聯合稽查之下，能夠逐漸改善。

 ## 第二節　細菌性食物中毒

　　大量的幼兒膳食安全問題，以食品中毒的機率最高，其中又以細菌性食品中毒發生的機會最大。**細菌性食物中毒**分為感染型食品中毒、毒素型食品中毒及中間型食品中毒；而細菌性食物中毒的原因，包括工作人員衛生不良、食品調理及保存失當、環境汙染、貯存方式不當及其他等原因。

　　危害幼兒膳食的因素，包括生物性危害、化學性危害及物理性危害；防治生物性危害，如利用殺菌以減少病原菌之存在，以烹煮、低溫滅菌、高溫殺菌及化學法殺菌等方式殺菌；而避免殘留之生物性危害，常用方式則為調整水活性、pH 值、氧氣及鹽份含量等，以抑制或減緩其生長及繁殖，或是添加法規允許之抑菌物質加以控制。

一、感染型食品中毒

　　病原菌在食品中大量繁殖後，隨著食品被攝取進入人體，且在小腸內繼續增殖到某一程度，進而引發食品中毒症狀者，稱為**感染型食品中毒**，如腸炎弧菌及沙門氏桿菌。

(一)沙門氏桿菌

　　2008 年美國十六個州陸續發生多起腸道沙門氏桿菌食物中毒案例，導致至少 145 人感染、23 人住院治療，美國食品藥物管理局（FDA）警告，可能與生吃某些品種的大番茄和相關食品有關。**沙門氏桿菌**常見於家畜、家禽類，易汙染肉類、雞蛋及有些生機製品，老人、小孩及慢性病患者若生食雞蛋或食用受汙染的生機製品，有可能造成沙門氏菌敗血症，導致生命危險。檢出率急宰病豬 65%、肝 85%、腎 75%、淋巴 73%、肺 72%、肌肉 65%、蛋 0.5% 至 3%。因此加強屠宰衛生，防止細菌汙染，注意生熟食分開處理，加強檢疫，食品要低溫保存及高溫殺菌是主要的預防方法。

(二)腸炎弧菌

　　細菌性食物中毒感染首位的海洋腸炎弧菌，沒煮熟的海鮮、貝類都容易受到汙染，此菌因繁殖快速，如果砧板或廚師雙手生食及熟食不分，很快會致病。一般食品檢出率，白帶魚 41% 至 95%、海參 94%、文蛤

23% 至 93%、墨魚 18% 至 93%、淡水魚 51%、蝦 43%。

腸炎弧菌是屬於臺灣與日本最流行的食品中毒菌種，夏天因溫度高而繁殖盛行，發病也最多，屬於生長繁殖能力非常迅速的微生物，即使在低溫，因為仍具有較其他病原菌，迅速生長繁殖的能力，而具有潛在性的危險。在英美等國家，由於飲食習慣與國人不同，大部分人並不生食海鮮，所以發生腸炎弧菌食物中毒的機率，較亞洲人少。

二、毒素型食品中毒

食品汙染到細菌之後，如果環境合適，將大量繁殖並產生毒素（Toxin），當人體誤食此毒素時所引發的食品中毒者，稱為**毒素型食品中毒**。請注意與前述感染型不同的是，此型食品中毒並不需要食入活菌體，當然也與菌體汙染數目無關，不過食品中毒素劑量之多寡，將影響中毒症狀之輕重。此型以金黃色葡萄球菌及肉毒桿菌為代表。

(一)金黃色葡萄球菌

25% 正常人身上均有此菌，此菌存在於皮膚、口腔、鼻、喉等黏膜組織；由於金黃色葡萄球菌平常就存在於健康人的皮膚和鼻子，所以會造成傷口感染（如手部受傷時會因此而長膿，即為此菌所造成）、血液感染和肺炎等。

金黃色葡萄球菌主要是透過化膿的傷口汙染食物，在進入被汙染食物後約 5 小時產生腸毒素，即使在攝氏 100 度的熱水中煮沸 30 分鐘，仍無法殺滅。當餐飲從業人員手部有創傷及膿腫時，會將其中之金黃色葡萄球菌及其毒素，傳播至食品中，而導致食品中毒發生，過去就曾發生金黃色葡萄球菌及其毒素汙染便當，最後導致數千人食用後發生食品中毒之案件。因此為了避免類似的事件發生，員工要維持良好健康（衛生）狀況，當有手部受傷或生病時應主動告知管理者，並保持良好個人衛生習慣

及避免不良嗜好（抽煙或嚼檳榔）；並需透過不斷的稽查工作，以防範員工錯誤的衛生習慣。此菌本身並不會引起疾病，係藉由其所產生之腸毒素（A、B、C、D、E 五型）致病。毒素本身非常耐熱（與下述肉毒桿菌毒素不耐熱不同，讀者千萬不要記錯或混淆），人體的手、鼻及皮膚，由於均有金黃色葡萄球菌存在，因此餐飲業常因其從業人員的操作疏忽，而將毒素汙染到食品，導致發生食品中毒。

(二)肉毒桿菌

1854 年德國南部發生臘腸中毒，受害人數超過 230 人，之後歷經十五年的研究，才找出元兇為肉毒桿菌。1897 年，科學家 Van Ermengen 首次分離成功，之後被命名為肉毒桿菌或臘腸毒桿菌。**肉毒桿菌**屬於極厭氧細菌，即不喜歡氧氣，所以像罐頭等密封缺乏氧氣的環境是它最喜歡的場所，普遍存在於土壤、海、湖川泥沙及動物的糞便之中，並在惡劣的環境下，產生耐受性較高的孢子。此菌生長及產生毒素必須有四個條件：

1. 酸鹼值（pH 值）在 4.6 以上。
2. 水活性＞ 0.86。
3. 密閉無氧狀態。
4. 儲存溫度 7°C 以上。

另有文獻指出，此菌也可以在 4.4°C 的條件下生長，而只要產生 1 公克的肉毒桿菌毒素，就可以殺死 100 萬人，因此毒性非常強。不過此毒素並不耐熱，只要利用 100°C 持續煮沸 10 分鐘後，即可破壞。大部分肉毒桿菌中毒係發生在：

1. pH 值 4.6 以上的低酸性罐頭，如肉類、蔬菜及非酸性飲料。
2. 腸衣密封之肉類加工製品，如香腸、熱狗及火腿。
3. 鹽漬或醃製食品：將小魚、小蝦、蚵或畜產品切成薄片，利用大量鹽進行鹽漬，或預醃後再和飯麴等混合鹽漬在密閉狀況下發酵

而成；醃製品又稱為醢，臺灣常見的有魚醢、蚵醢及肉醢。醢屬於一種不需再加熱調理的即時性食品，最常在臺灣原住民地區造成肉毒桿菌食物中毒。2008 年一名住在苗栗的泰雅族原住民婦女，吃了嫂嫂做的醃山豬肉，二、三天後，即出現噁心、嘔吐、眼瞼下垂、說話不清楚、吞嚥困難及手腳沒力的症狀，一度被以為腦幹中風、重症肌無力或神經病變，經採集病患血液、胃抽取物及糞便送衛生署疾管局化驗，才確定是肉毒桿菌中毒。另一個病例是新竹市一對姊妹疑似食用自己製作的罐裝素食肉燥，結果引起肉毒桿菌中毒，其中姊姊的狀況較嚴重，出現眼瞼下垂、視力模糊、吞嚥困難及說話說不清楚等症狀，最後甚至因呼吸困難插管住進加護病房。剛開始也被懷疑是神經病變或是中風，後採集病患糞便等相關檢體送至疾管局化驗，才確診為肉毒桿菌中毒。

4. 真空包裝又未低溫保存的食品。主要發生原因是食品處理、裝罐或保存期間殺菌條件不完全，導致肉毒桿菌的孢子在無氧且低酸性的環境中，發芽增殖，並產生毒素而造成中毒。所以食品工廠製罐過程中，若有殺菌設備不足等瑕疵，一旦遭受汙染或殺菌不完全，就有可能會發生肉毒桿菌中毒。

肉毒桿菌的預防方法為：

1. 殺滅肉毒桿菌孢子：利用高壓高溫殺滅肉毒桿菌孢子。
2. 調整食物酸度至 4.6 以上。
3. 加鹽或加糖，使水活性低於 0.85。
4. 食品須低溫冷藏（< 4.4°C）或冷凍。
5. 加熱破壞毒素：只要加熱 5 分鐘以上即可破壞毒素。

另外，由於肉毒桿菌孢子會存在於食品及灰塵中，因此蜂蜜偶爾會含有孢子，因此衛生署再三宣導「嬰幼兒不得餵食蜂蜜」，因為嬰幼兒的抵抗力弱，當攝食含此菌孢子的蜂蜜時，會在腸道內繁殖，並釋放出毒

素，因為幼兒抵抗力較低而易引起中毒，且死亡率高，因此做父母者，需要特別注意，不可使用蜂蜜取代葡萄糖餵食嬰幼兒，以免發生肉毒桿菌中毒；預防上則要防止汙染、避免生熟食交叉汙染、肉製品的亞硝酸鹽使用量要足夠、低酸性食品則要注意充分殺菌。此外，食品維持 3°C 以下的低溫，可以抑制毒素的產生，食用器具需加熱，醃製品建議煮沸 3 分鐘以上，罐頭食品發生膨罐時絕對不可食用。

三、中間型食品中毒

中間型食品中毒介於感染型與毒素型中間；主要是病原菌進入人體後，在人體腸管內增殖，並形成芽胞，產生腸毒素而導致中毒，此型以病原性大腸桿菌、仙人掌桿菌、產氣莢膜桿菌及彎曲桿菌為代表。

(一)病原性大腸桿菌

1945 年布雷伊（Bray）在調查死亡率極高的嬰兒下痢時，發現一種會導致下痢的菌種，就是病原性大腸桿菌（E. Coli O157: H7）。大腸桿菌屬於兼性厭氧性細菌，大部分對人體無害且生長在健康人的腸道之中，可以製造並提供人體所需的維生素 B_{12} 和維生素 K，亦能抑制其他病菌之生長。該菌於自然界之分布相當廣泛，一般棲息在人和溫血動物的腸道中，故可同時作為食品安全性之指標菌（因為存在於腸道，因此當食品被檢出時，代表食品已被糞便等排泄物間接汙染）。

大腸桿菌可能分布在飲水、土壤中，特殊的大腸桿菌（O157）曾引發美國漢堡肉汙染及日本近萬人的大規模致病，嚴重時甚至需要洗腎透析治療。大腸桿菌通常不會致病，但部分菌株則會，而這些會致病之菌株，統稱為病原性大腸桿菌。預防之道在於食物需要完全煮熟，生熟食分開處理；老人及免疫能力低者，勿生食衛生安全無法確保的苜蓿芽；游泳時避免喝入池水；腹瀉排便及換嬰兒尿片後必須洗手等。

(二)仙人掌桿菌

仙人掌桿菌由於其菌體周圍，布滿短鞭毛，外形有如仙人掌而得名。引發中毒的食品，大都與米飯或澱粉等食品有關，在臺灣主要是食用剩飯，不再經高溫處理所引起。仙人掌桿菌屬於土壤微生物，經灰塵、昆蟲傳播而汙染食物，常見於不新鮮的炒飯、米食或各種肉類及海鮮中，故米飯等食品只要變味就千萬別再吃。

濃湯、果醬、沙拉及乳肉製品也經常遭到汙染，在檢出率中，豆餡占 83%、熟肉食品占 13% 至 81%、醬油占 70%、乳製品占 29% 至 77%、飯糰占 54%；這些食品經汙染後會產生腐敗及變質。不過值得注意的是，除了米飯汙染後有時稍微發黏及口味不爽口外，大多數的食品，口感及外觀都還正常，由於不易查覺已遭到汙染，因此很多人有吃早餐剩下來的稀飯，而發生拉肚子的經驗。

(三)產氣莢膜桿菌（魏氏梭菌）

產氣莢膜桿菌（Clostridium Perfringens）或稱魏氏梭菌（Clostridium Welchii）。屬於有芽胞嫌氣菌，分為 A 至 F 型；其中 A 及 F 型屬於造成人類食品中毒菌。此菌由於能產生耐熱之芽胞，因此汙染後，雖經加熱也不易殺滅，值得注意的是，普通烹調溫度並無法殺滅此菌，如果遭到汙染，又放置在適當生長溫度時，將大量繁殖使人罹病。

產氣莢膜桿菌廣泛分布在自然界的土壤、塵埃、水、人體及動物腸道、下水道中，也是人類體內、家禽及家畜腸道常存之細菌，因此容易汙染到蔬菜、肉及魚貝類。發生食物中毒的過程，是受到汙染食品經過烹煮產生內胞子（Spore），即耐熱芽胞，而烹煮之後在慢慢冷卻的過程中，孢子因為環境適合（環境提供了水分、養分及適當溫度）而開始萌芽及生長；經食用後在內臟釋放出腸毒素，而引發腹部絞痛、下痢及腸胃脹氣，不過此菌極少造成喪命。

產氣莢膜桿菌於產生孢子時，會伴隨大量毒素合成，而不產孢子的

營養細胞，只會產生少量的腸毒素。腸毒素會導致液體堆積於細胞腔中，當過多液體堆積時會造成下痢。此類食品中毒原因包括：長時間慢煮，或慢慢冷卻的湯、魚貝類及肉類。中毒之主要症狀是：下痢（帶血腹瀉）腹痛，偶爾伴隨噁心、嘔吐及發燒。

(四)彎曲桿菌

彎曲桿菌（Campylobacter）主要是導致動物流產及下痢的病菌。主要途徑是經口感染，會造成下痢血便。幼小動物或寵物通常是共通傳染病傳播之傳染來源。彎曲桿菌會產生急性胃腸病症，大多屬於短暫症狀。臨床症狀包括：水樣下痢腹瀉，有時伴隨黏液、血液和白血球；腹部疼痛；發燒、噁心和嘔吐。預防方式為：適當處理家禽，特別雞與火雞是主要傳染源；牛奶要殺菌；水源必須防止遭到汙染；工作人員應注意個人衛生。

四、細菌性食物中毒的原因

(一)工作人員衛生不良

細菌性食品中毒主要是糞便至嘴巴的途徑，即人體或動物的排泄物，因工作人員衛生不良而汙染食品，並被攝取入人體內，增殖及產生毒素而造成中毒。因此，維持工作人員良好的個人衛生習慣，將可減少中毒機會。

預防個人衛生不良，需要加強衛生檢查工作。假設一位工作人員的指甲，長約 0.05 公分時，平均細菌之數目約 4,200 個；而當指甲長至 0.15 公分時，則細菌之數目會增至約 53,000 個，即增加近 13 倍；而當指甲增長至約 0.2 公分時，細菌數目倍增至約 630,000 個，即增加近 150 倍；而當指甲增長至約 0.3 公分時，細菌將增至 3,400,000 個，即增加近 810 倍；顯示工作人員的衛生習慣良好與否，將會嚴重影響到食品衛生安全，故幼兒團體膳食管理者，需要持續採取每日走動式管理與稽查。而每日衛

生檢查的重點工作包括：當工作人員手部患有皮膚病、出疹、膿瘡、外傷及吐瀉者，絕對不得與食品接觸，應立即調離該工作崗位；特別是罹患膿瘡及外傷者，由於極可能因為化膿而汙染食品，致滋生病原性金黃色葡萄球菌，就算工作人員手部經過包紮處理，亦不得直接從事與食品接觸有關的工作。

工作人員的工作帽應該能夠包裹前後頭髮，且頭髮要經常修整整齊並保持清潔；臉部不可塗抹化粧品及藥品；手部不得穿戴飾品，指甲不得過長或塗抹指甲油；工作人員於工作中不得挖鼻孔、抓頭髮、搔屁股或碰觸皮膚，若有應立即洗手；洗手後不得用工作服擦拭手；不可用手直接接觸食品；配膳、盛飯或運送時，手指不可直接接觸到食品（如湯）；如廁後或手部受汙染時，需洗手或（及）消毒。

(二)食品調理及保存失當

新鮮食品的致病菌少，只要在保存及調理時注意管控微生物生長，就不易發生中毒。致病性的感染型與中間型的微生物，無論在汙染食品中產毒，或是進入到身體中才感染，都是需要達到一定的生長數目（須注意的是，不同致病菌其致病發病的菌數數目均不一樣）才會導致生病，因此在調理及保存過程中，只要維持降低微生物生長機會，便可預防食品中毒。

(三)環境汙染

食品中毒的微生物許多是天然存在於自然界及環境中，例如肉毒桿菌及仙人掌桿菌等，但是更多的是從人類腸道感染大量繁殖後，因為排放處理不當，汙染到環境，例如大腸桿菌及肝炎病毒等。而環境的汙染，特別是人畜的汙染，便是食品中 毒菌滋生的大好溫床；也因此避免接觸可能之汙染環境（如動物腸道），即可避免中毒的發生。

(四)貯存方式不當及其他

當冷藏（7°C 以下）或保熱（60°C 以上）的溫度不足，或貯存太久；或食物未充分煮熟；或生、熟食交互感染；或刀具、砧板及使用器具不潔，汙染食材；或食用已被汙染的食物；或添加物使用不當等等；這些都是造成中毒的原因。

 第三節　化學毒素與其他

化學毒素包括有害性重金屬汞、鎘、砷及鉛等。有害性化學物質如多氯聯苯、丙烯醯胺、殘留農藥、壬基苯酚、亞硝酸鹽、氫氧化鈉、戴奧辛及 DDT。其他尚有抗生素殘留、食品添加物、過敏性食品中毒及寄生蟲等，茲分述如下。

一、有害性重金屬

有害性重金屬有很多，在此列舉汞、鎘、砷及鉛等說明如下。

(一)汞

日本於 1958 及 1965 年，分別在水俁灣及新潟縣阿賀野河流域發生汞汙染，經由海底微生物代謝，將汙染汞轉讓成甲基汞；而當地居民由於長期食用含有甲基汞的魚貝類，累積後致使腦神經受損發病，此症稱為「水俁症」。

當初原本以為只是少數人之中樞神經系統方面的疾病，由於後來人數持續增加，至 1975 年 3 月確認應為集體感染，患者共計有 434 人，其中 18 人不幸因此死亡，經過持續調查後才發現，原來是民眾攝食遭到附近區域化學工廠廢水汙染的魚貝類，魚貝類含有甲基汞所導致。

臺灣方面調查發現，國人體內累積的汞，主要汙染源係來自於食物。報告指出，大型「掠食性」海魚類，如劍旗魚、鮪魚、鯊魚及馬頭魚等，因為海洋汙染及食物鏈緣故，汞含量高，必須避免食用，蝦與罐裝的淡鮪魚、鮭魚、鱈魚及鯰魚等，則建議國人攝取每週不要超過 12 盎斯。

(二)鎘

1950 年日本本州發生鎘（cadmium）中毒的「**痛痛病**」事件，係因礦山採礦及堆置的礦渣排出含鎘的廢水，長期流入周圍環境，造成汙染水田土壤及河川，居民由於長期飲用受鎘汙染的水、食米及魚貝類，產生骨質軟化及蛋白尿症狀，引起全身多處骨折疼痛不已，最後死亡。

痛痛病由於罹病期間，病患會因為疼痛，每天哀號呻吟而稱之。患者共計 227 人，其中一半後來不幸死亡；調查發現，係由於民眾攝食遭到附近礦山廢水汙染的稻米及魚貝類，而其中含有重金屬鎘所導致。臺灣也曾發生鎘米事件，原因是塑膠穩定劑工廠排放含鎘之廢水至灌溉渠道，汙染農田所致。

鎘在環境中無法分解，因此會停留很長的時間，經動、植物吸收後，經食物鏈轉移至人體內。長期攝取低劑量鎘，會在腎臟中累積，致使近端腎小管損傷，妨礙鈣的再吸收，導致骨中鈣質流失，因此骨骼容易變脆及斷裂。國際癌症研究署已於 2000 年，將鎘列屬為人類致癌物質。直至目前為止，由於鎘中毒沒有解毒劑，因此需要嚴防鎘中毒事件之發生。

(三)砷

1955 年，在日本西部一帶，發現日本各地許多民眾，陸續出現食慾不振、貧血、皮膚發疹、色素沉澱、下痢、嘔吐、發燒、腹部疼痛或肝臟肥大等病症，調查結果發現岡山縣共計有 3 人，因為毒性病變而不幸死亡，解剖結果確定是因為砷中毒所導致；後來發現是攝食森永 MF 印德島產製的奶粉，其中添加之 $Na_2HPO_3 \cdot 5H_2O$ 中，含有重金屬砷所致；至

1956 年 6 月累計，共有 12,131 人中毒，其中有 130 人死亡。

(四)鉛

塗料、農藥與汽油中均含有鉛，過量將導致神經麻痺、便秘與血壓上升等症狀。食品中的鉛，主要來自土壤、食品輸送管道與包裝材料等。食品容器之陶磁器及琺瑯製品，因染料使用著色的金屬染料，其中多半都含有鉛與鎘，因此色彩愈鮮艷者，愈容易產生衛生安全問題。通常可能溶出鉛與鎘的食品，多半屬於紅、黃、綠色的彩色製品，其溶出量則隨著接觸浸漬時間而增多。

二、有害性化學物質

有害性的化學物質有多氯聯苯、丙烯醯胺、殘留農藥、壬基苯酚、亞硝酸鹽、氫氧化鈉、戴奧辛及 DDT 等是最常見的，說明如下。

(一)多氯聯苯

1979 年，彰化油脂工廠於米糠油加工除色及除臭的過程中，因為使用多氯聯苯（PCBs）作為熱媒，而加熱管線，因為長期熱脹冷縮而產生細微裂縫孔隙，導致多氯聯苯持續從管線中滲漏汙染到米糠油。結果共造成彰化及臺中地區，包括惠明學校師生在內，2,000 多位食用該廠米糠油的民眾，受到多氯聯苯汙染毒害。由於惠明學校是一所提供盲生免費教育的寄宿學校，全校師生 200 多人，三餐幾乎都由校方供應，在此多氯聯苯汙染事件中成為最大受害團體。

多氯聯苯是工業上廣泛使用的物質，人體攝取過量後，會生下畸形兒，也會傷害到肝臟。由於目前還沒有排除多氯聯苯的解毒劑，只能依靠飲食進行有限的排毒。多氯聯苯若進入孕婦體內時，會透過胎盤或乳汁，造成孕婦早期流產、畸胎或嬰兒中毒。

(二)丙烯醯胺

自從 2002 年 4 月，瑞典政府發表馬鈴薯等澱粉含量豐富的食品在經過高溫加熱後，會產生有毒致癌物質「丙烯醯胺」以來，丙烯醯胺開始引起全世界的注意。

丙烯醯胺原本是工業原料，主要用途是用在增強紙張拉力、合成樹脂、合成纖維、土壤改良劑、黏著劑及塗料等方面，毒性相當強；而食物會產生丙烯醯胺之機轉，主要是因為食物中的天門冬醯胺（胺基酸的一種）與葡萄糖，會在高溫下因聚合作用而產生；因此，營養學家一直建議，養生需要多多攝取生食蔬果，或者低溫烹調，避免高溫油炸，才能維護身體健康。

含有丙烯醯胺的食品，包括炸馬鈴薯條、早餐用穀製食品、炸洋芋片、小西餅、咖啡粉、巧克力粉、烤吐司、派及糕餅等。因為廣泛存在各類食品之中，若想要完全不攝取似乎有困難，於是專家改為建議多攝取水果與蔬菜，以求營養均衡，而要燒烤或油炸碳水化合物含量高的食物時，建議不做不必要之長時間高溫加熱過程。聯合國農糧組織（FAO）及世界衛生組織（WHO），於 2005 年所召開的聯合專家會議中指出，丙烯醯胺約可在七千種以上的食品中發現，尤其以薯條、洋芋片及咖啡等食品最多。

(三)殘留農藥

2005 年 2 月 13 日，臺灣消基會進行檢測市售玫瑰花殘留農藥狀況，發現竟然有四種農藥同時殘留，而且檢出率高達 50%；消基會因此建議在農業單位尚未建立花卉農藥殘留管理機制前（後來民國 94 年 8 月衛生署發布食用花卉衛生標準，並於民國 95 年 5 月再次修正），花卉最好純欣賞就好，不宜拿來吃（因為有一陣子市場流行花果大餐）。為減少蔬菜可能的農藥殘留，建議民眾除應去除外葉外，徹底多次清洗是減少農藥殘留的最佳方法。清洗時，先用水沖洗蔬菜根部，將泥沙清除，並將根部摘除；再用水浸泡 10 至 20 分鐘，並重複沖洗二至三遍，即可將殘留農藥洗

出。此外，加熱烹煮也可使農藥分解；炒菜時，將鍋蓋打開，亦可促使農藥隨蒸氣而揮散。

(四)壬基苯酚

壬基苯酚屬於清潔劑界面活性劑，其結構因為近似人體雌激素（Estrogen），攝取後會使人體產生假性荷爾蒙的作用，致使雄性動物雌性化，屬於環境荷爾蒙。

(五)戴奧辛

戴奧辛曾為世紀之毒，2005 年彰化縣鴨蛋、荷蘭進口豬肉及豬內臟疑遭戴奧辛汙染的消息，都引起消費大眾關切，鴨蛋價格也因此一落千丈。為此衛生署於 2005 年邀請專家、學者及業界代表，制訂「食品中戴奧辛處理規範」，並於 2006 年 4 月 18 日正式發布實施。日後查獲食品戴奧辛含量超過限值時，將認定其為「食品衛生管理法」第十一條第三款所稱，有毒或有害人體健康之物質，行為人將移送法辦。

(六)DDT

2005 年 9 月彰化縣抽驗到中國大陸進口的大閘蟹，檢出含有 DDT 殘留 0.04ppm，雖經衛生署專家審查，認定大閘蟹中之 DDT 含量低，對人體健康不致產生危害，但由於大閘蟹檢出 DDT 的情形普遍，故提醒民眾多加留心，提供訊息作為飲食選擇的參考。

DDT 屬於有機氯類殺蟲劑，曾被廣泛使用於控制農作物上的昆蟲、傳播瘧疾及斑疹傷寒的昆蟲上，由於 DDT 在環境中不易被分解，將透過食物鏈累積，產生生物濃縮效應，而對人類健康與環境造成危害。目前已被國際癌症研究機構，界定為人類可能致癌物質，許多國家紛紛立法禁止使用，臺灣早已於民國 63 年公告禁用，但是目前仍有一些開發中國家使用作為防治瘧疾之用。

三、其他有害的物質

(一)食品添加物

　　根據尼爾森 2008 年在全球五十一個國家所執行的「全球消費者檢視食品標籤及營養成分網路調查」結果發現，臺灣受訪者最常檢視食品包裝上標籤含量的分類依序是：(1) 防腐劑，占 52%；(2) 熱量（卡路里），占 48%；(3) 添加物與脂肪，皆占 45%；(4) 色素，占 44%；可見消費者對於食品添加物的重視。

　　我們每天所攝取的加工食品，甚至是原料之中，幾乎都含有食品添加物。如油脂中添加的抗氧化劑；豆製品添加的凝固劑（coagulator）、消泡劑（Anti-Foaming Agent）及防腐劑；醬油添加的防腐劑；糕點、糖果和飲料添加的著色劑及甜味劑等，數不勝數，真可說是加工的時代。使用食品添加物可以保持或提高食品的營養價值，如在嬰兒配方奶中添加鐵；降低成本，以減少食品損失；提高食品的保存性；減少食品的熱量，如使用代糖；縮短製造加工的時間，如製作蛋糕時，加入膨脹劑可以縮短攪拌和發酵的時間；改善食品的風味與外觀等；這些添加物的適當添加，可以有防腐、抗菌、增色與改善品質等多種用途，但是如果使用範圍不當，或者超量，將會造成對人體的傷害。

　　食品添加物依「食品衛生管理法」第三條之規定，「食品添加物，係指食品之製造、加工、調配、包裝、運送、貯存等過程中，用以著色、調味、防腐、漂白、乳化、增加香味、安定品質、促進發酵、增加稠度、增加營養、防止氧化或其他用途而添加或接觸於食品之物質。」顯然依法使用食品添加物之目的，係使用於食品製造、加工、調配、包裝、運送、貯存等過程中。目的是為了著色、調味、防腐、漂白、乳化、增加香味、安定品質、促進發酵、增加稠度、增加營養、防止氧化或其他等用途。

(二)抗生素殘留

香港在 1999 年 2 月底，發生一名婦女離奇死亡案件，檢查後發現，其體內檢出有抗藥性細菌 VRSA；所謂的 VRSA，是一種金黃色葡萄球菌，可以抵抗最後一線的抗生素——「萬古黴素」。動物之所以使用抗生素，主要目在於預防、治療及促進成長，由於家禽與家畜之現代化密集養殖方式，為增進效率，在有限狹窄空間大量飼養，而為了預防發生感染及促進營養素的吸收，在飼料中多半添加有抗生素等物質；而抗生素的氾濫使用，衍生出具有對抗抗生素能力的病原菌，使得抗生素在治療時失去效果，日本就曾警告：「早則兩年，慢則十年，抗萬古黴素之金黃色葡萄球菌，將蔓延至全世界。」解決之道，則是禁止畜牧業將醫療用途的抗生物，添加於家畜飼料中使用。

(三)過敏性食品中毒

水產品之組織胺所造成的過敏症狀，主要是因為食用保存不當、腐敗而滋生細菌的魚肉，所造成的中毒。常見易導致過敏性中毒之魚類，包括鮪魚、鮭魚及鯖魚等。臨床上有嘔吐、腹瀉、皮膚紅疹等類似食物過敏的症狀，嚴重時可導致休克。

(四)寄生蟲

1985 年 7 月，國內某著名醬油公司董事長及其家人，因為誤信生吃蝸牛偏方能有益身體健康，結果導致家族中計有 9 人，罹患廣東住血線蟲並引發嗜酸性腦膜炎，最後計有 2 人死亡。2004 年 11 月，宜蘭縣也曾發生 4 名泰勞，在農田撿拾非洲大蝸牛食用，結果被寄生在蝸牛體內的廣東住血線蟲所感染，引發致命的腦膜炎。2009 年 3 月 18 日，臺灣疾病管制局接獲南部成大醫院通報，有 3 名泰國籍勞工疑似廣東住血線蟲感染，後來調查發現，是在 2 月底有多名泰國籍勞工在假日時相約出遊，至臺南縣仁德鄉某橋下魚塭中抓福壽螺後，直接加辣椒並只用醋進行調和後沾醬生

吃。導致 3 月 5 日至 19 日計有 5 名個案陸續發病，出現頭痛、肌肉痛、全身無力、頸部僵硬、嘔吐等感染廣東住血線蟲症狀；檢體經送驗後，證實屬於生吃福壽螺感染廣東住血線蟲，引起腦膜炎之事件。

 ## 第四節　預防食品中毒

　　要遠離食品中毒，計有八大訣竅：(1) 食材買回家立刻處理；(2) 經常洗手；(3) 一次處理一道菜；(4) 食物一定要煮熟；(5) 吃多少，煮多少，避免重複加熱；(6) 冰箱保存仍有期限；(7) 廚房要通風並保持乾燥；(8) 砧板、抹布用完後立即清洗。食品中毒原因雖多，幼兒團體膳食只要掌握上述的八大訣竅與預防食品中毒的四大原則，便可將食品中毒發生率降至最低：

1. 清潔：原料、器具及人員只要保持清潔，就不會發生食品中毒事件。
2. 迅速：時間是關鍵，對於感染型與中間型食品中毒菌，只要不讓細菌或病原性增殖產毒，即使汙染也不會對人體產生危害。
3. 加熱或冷藏：避開細菌或病原性中毒菌之增殖溫度，使其無法增殖或產毒。
4. 避免疏忽：只要凡事按照標準步驟操作，不要心存僥倖，便可避免交叉汙染。

一、團膳廚房衛生管理規定

　　團膳廚房衛生管理規定如下：

1. 徹底執行洗手動作（如**圖 6-7**）：工作人員在進入團膳廚房後，須

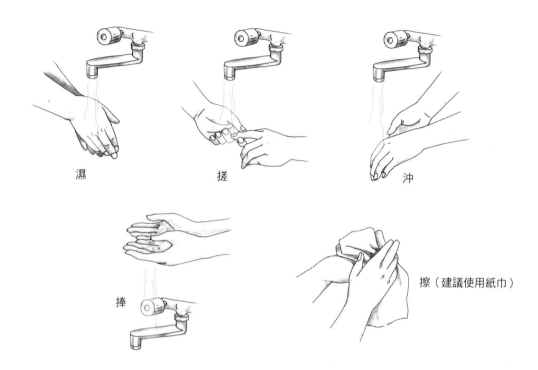

濕　　　　　　　　搓　　　　　　　　沖

捧　　　　　　　　擦（建議使用紙巾）

圖 6-7　洗手五步驟（濕搓沖捧擦）

資料來源：黃建中繪製。

　　先著整齊工作衣服、帽子及口罩，並確實執行洗手及消毒動作後始得進入；當每次離開清潔區後，如果還要再度進入清潔區者，則必須再執行重新洗手及消毒手部後始得進入。

2. 團膳廚房烹調過程中所產生的廢水，必須及時排除。

3. 地面天花板、牆壁及門窗等設施，應堅固美觀，所有孔、洞、縫、隙應填實密封，並保持整潔；以避免蟑螂及老鼠等病媒隱身躲藏其中或進出。

4. 定期清洗灶臺之抽油煙機及其設備（抽油煙罩）。

5. 團膳工作廚臺，櫥櫃下面、內側及死角，應特別注意清掃，以防止食物殘留，導致造成腐敗，成為汙染源。

6. 食物均應在工作檯上操作烹調，並將生食與熟食，個別分開處理；使用刀、砧板及抹布等，必須維持清潔及衛生。

7. 食物應保持新鮮、清潔及衛生，並在清洗過後，分類後使用塑膠袋包緊，或裝在加蓋之容器中，分別儲存冷藏區或冷凍區；食物不得在暴露於常溫（常溫為高危險溫度，因為細菌容易快速滋生）下太久。

8. 凡易腐敗的食物，應保存在攝氏 7 度以下之冷藏容器內；熟食與生食必須分開儲放，並應適當包裝，冷藏室宜配備脫臭劑，以防止食物夾雜其他味道。

9. 調味品應使用適當容器予以裝盛，使用後隨即加蓋。

10. 垃圾桶應裝置密蓋，廢棄物不得在團膳廚房中過夜；如果需要隔夜始能清除，則工作後應先加上桶蓋隔離，餿水桶四周，則應經常保持乾淨。

11. 人員工作時，應穿戴整潔的工作衣帽，不得蓄留長髮或指甲；工作時應避免讓手接觸或沾染不再加熱之成品食物或器具，儘量使用夾子及勺子等工具取用食物。

12. 工作時，不得抽煙、咳嗽；當打噴嚏時，要避開食物並且必須立即洗手。

13. 工作前及如廁後，均應徹底執行洗手動作，保持雙手的清潔。（圖 6-8）

14. 團膳廚房清潔工作應每日數次（至少兩次）清潔，清潔之用具應集中放置；殺蟲劑等化學藥物應分開放置（不得與食物同置一處），並指定專人管理與記錄。

15. 團膳廚房內，人員不得躺臥或住宿（躺臥或住宿應在休息室），亦不得隨便懸掛衣物、放置鞋子，或亂放雜物等。

16. 工作人員罹患傳染病時，應在家中或醫院隔離治療，並停止一切可能與食品接觸的團膳廚房工作。

（a）塗抹肥皂

（b）以清水沖洗後進行酒精消毒

（c）最後以紙巾拭乾

圖 6-8　手部清潔示意圖

二、加強人員衛生管理

　　人員衛生管理工作有沒有落實是預防食品中毒的最大原則，為求確實執行，因此平時必須透過走動式管理及稽查，才能確保幼兒團體膳食安全：

　　1. 工作人員平時工作檢查重點：
　　　(1) 洗手是否確實。（圖 6-9）

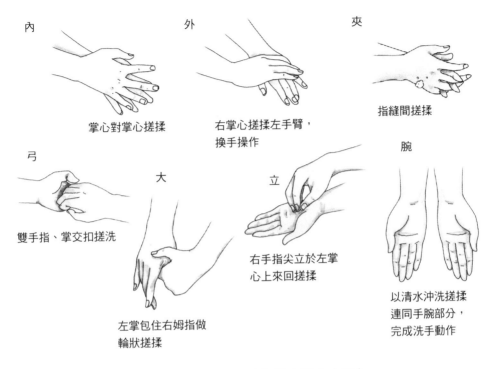

內 掌心對掌心搓揉

外 右掌心搓揉左手臂，換手操作

夾 指縫間搓揉

弓 雙手指、掌交扣搓洗

大 左掌包住右姆指做輪狀搓揉

立 右手指尖立於左掌心上來回搓揉

腕 以清水沖洗搓揉連同手腕部分，完成洗手動作

圖 6-9　洗手 7 字訣（內外夾弓大立腕）

資料來源：黃建中繪製。

　　(2) 帽子與口罩：檢查重點為頭髮是否外露。

　　(3) 工作衣服顏色宜統一且衣服須乾淨。

　　(4) 指甲、鬍子（男性）是否蓄留。

　　(5) 工作人員手部是否有傷痕。

　2. 加強稽查工作人員常見的危害安全動作：

　　(1) 手部清潔與消毒是否確實完成。

　　(2) 抽煙或吃東西。

　　(3) 工作中聊天、唱歌。

　　(4) 如廁未洗手。

　　(5) 留在工作地點休息。

(6) 用衣袖擦汗。

(7) 衣帽髒汙。

(8) 手指觸及熱食。

(9) 抓頭皮、挖鼻孔等。

(10) 用手（碰觸）擦嘴。

(11) 於禁煙區抽煙。

(12) 用手指梳理頭髮。

(13) 咬手指甲。

(14) 在非指定區飲食。

三、原料安全管理

筆者曾幫公益團體規劃設置香腸工廠，在訓練相關人員有關食品衛生，提及真空包裝香腸與肉毒桿菌之危險性時，馬上有好幾個學員非常急切的想要瞭解肉毒桿菌到底要經過加熱多久才可以徹底殺死？而香腸要煎熟才能食用，透過煎煮之過程，是否可以確實殺死肉毒桿菌？可不可以在包裝上註明一定要加熱到幾度，時間要煎多久才可以食用？其實學員已經把重點搞錯了，因為重點不是在香腸要煎多久、或加熱溫度要多高，才可以殺死肉毒桿菌，因為只要香腸殘留有肉毒桿菌，就代表是不安全的食品；而污染到肉毒桿菌，至少要高溫加熱 10 分鐘以上才安全。因此，安全管理是首先要掌握原料安全，只要香腸的原料沒有肉毒桿菌，就可以將危險性降至最低。

以下列舉各項新鮮食材的安全管理注意事項：

1. 肉類（含水產品）：因為自然界常有腸炎弧菌之問題，必須注意避免交叉汙染問題，因此刀器與砧板應該分類標示與分類使用；另外對於食材應：

(1) 應以置於冷藏室方式解凍。

(2) 魚類必須先去除內臟及鰓等。

(3) 烹飪時必須達到規定中心溫度。

(4) 處理海鮮食品須務必避免交叉汙染問題，因為海鮮食品經常殘留有腸炎弧菌，處理時如果刀器與砧板沒有依分類標示與分類使用，將因交叉汙染，而易發生腸炎弧菌食品中毒。

2. 蛋類：注意沙門氏菌汙染問題。用手拿取蛋後，不得再拿取其他食材或熟食，以防止交叉汙染；另外，去蛋殼時要注意不要讓蛋殼汙染蛋液。

3. 蔬菜：使用足夠水量清水沖洗，刀器及砧板應該分類使用，亦即絕對不可以與海產類等食材混用。

4. 冷凍食品：注意冷凍食品解凍的時間，特別是組織胺含量高的魚類，儘量縮短解凍時間，或者直接烹調不用解凍；冷凍食品於冷凍前應考量使用量，適量包裝或分量包裝再進行冷凍，以避免解凍後，再冷凍之情事發生。

四、庫房安全管理

筆者在三十年前，擔任陸軍 210 師少尉醫官，當隨部隊由花蓮移防至馬祖西莒時，發現在移防後的前半年，幾乎天天都在吃陳米（陳舊老米），而裡面有許多的米蟲，因此每次吃飯時，都可以看見碗中有許多黑點，那都是米蟲的頭。為什麼移防後要天天吃陳米？一開始以為是剛移防所致，但是後來實在吃太久憋不住了，經過查證以後發現，原來是因為上一師管理庫房的官兵，沒有依據庫房管理**先進先出**的規定確實執行，為了貪圖方便，每次都將後來進入庫房的米放在庫房前面，撥發供提領食用，導致交接時所剩下來的米，都是很久以前早已放進庫房多時的米，讓舊米變成陳米；由此可知庫房安全管理的重要性。

庫房的安全是團膳作業管理中相當重要的一環，其注意事項如下：

1. 原料儲存時須注意微生物、病媒原，如老鼠、蟑螂及蒼蠅等之危害。

2. 倉儲過程中應定期檢查，並確實記錄。

3. 生冷熟食儲存：滷蛋、荷包蛋、豆干及酸菜等生冷熟食屬於食用前不需再經過加熱處理之食品，若其儲存溫度不適當時，易造成微生物滋長，故這類食品不可長時間置放於室溫下，屬於應立即冷藏的食材。其中的高酸性食品，如果遇到含鎘及鉛等有毒的重金屬容器時，會將鎘及鉛等溶出，產生危害，須改用玻璃瓶（避免金屬罐）盛裝，這點是應予以特別注意的。

4. 容易腐敗的原料，如 pH > 4.6 與水分活性 Aw > 0.85 的原料，因富含營養素，腐敗菌容易生長，須以冷藏、冷凍，或其他有效防止原物料腐敗之方式儲存。

5. 原材料、半成品及成品如有異狀應立即處理，以確保食材的品質及衛生。倉庫應分別設置或予以適當區隔，並有足夠之空間，以供物品之搬運。

6. 倉庫內物品應分類貯放於棧板或貨架上，或採取其他有效措施，不得直接放置地面，並保持整潔及良好通風。

7. 破損食具應丟棄，不可留待下次使用，以免藏汙納垢。

8. 生鮮原料及熟食，儲存放在一起時亦發生交互汙染之虞，應加以避免。

9. 倉儲作業應遵行先進先出之原則，並確實記錄。

10. 倉儲過程中，需溫、溼度管制者，應建立管制方法及基準，並確實記錄。

11. 有造成汙染原料、半成品或成品之虞的物品或包裝材料，應有防止交叉汙染之措施，否則禁止與原料、半成品及成品一起貯存。

問題與討論

一、何謂三聚氰胺？

二、大陸之肉製品曾發生哪些安全問題？

三、感染型食品中毒與毒素型食品中毒有什麼不同？

四、請舉兩例說明有害性重金屬的危害。

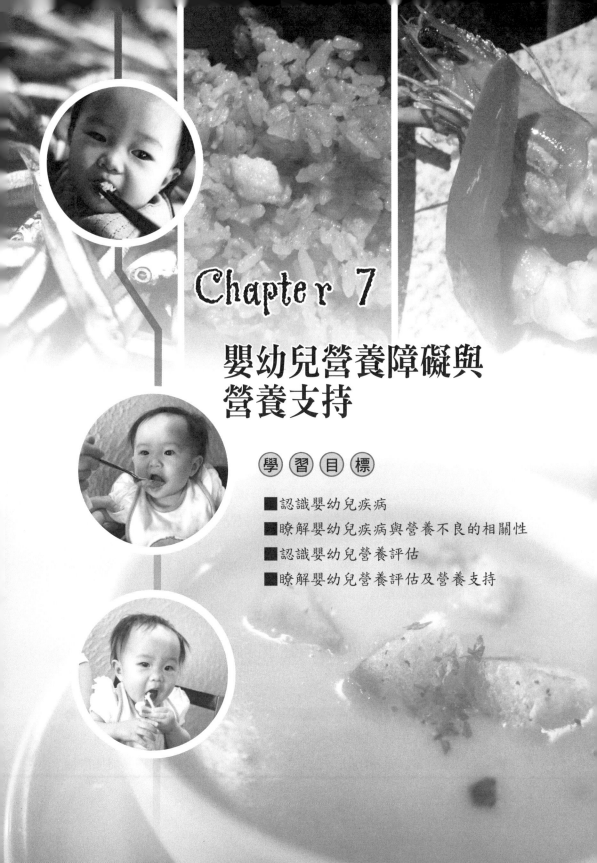

Chapter 7

嬰幼兒營養障礙與營養支持

學 習 目 標

■認識嬰幼兒疾病

■瞭解嬰幼兒疾病與營養不良的相關性

■認識嬰幼兒營養評估

■瞭解嬰幼兒營養評估及營養支持

嬰幼兒膳食與營養
The Meal Plan and Nutrition for Infant and Young Child

前　言

　　花無百日紅，天色也不可能常藍，當然每個小孩也都會生病。幼兒容易罹患流感，根據 2011 年疾病管制局的資料顯示，國內門診急診類流感中，各年齡層的急診就診率以零至六歲幼兒居冠，罹患的流感病毒中又以 H1N1 62% 最高；而年齡未滿六歲之嬰幼兒之流感併發重症率（有生命危險者），則僅次於六十五歲以上的老人；因此政府再三宣導，希望提醒家長，注意流感對於嬰幼兒的威脅，並建議嬰幼兒應接種流感疫苗。

　　嬰幼兒常見的過敏疾病，包括**異位性皮膚炎**（或稱**溼疹**）、**食物過敏**、**嬰幼兒氣喘**、**過敏性鼻炎**及**過敏性結膜炎**等疾病，孩子常會因為罹患溼疹搔癢而持續抓皮膚，甚至會影響到睡眠。發生食物過敏時則會產生皮膚癢、嘔吐、肚子痛及腹瀉等病症。氣喘則以咳嗽方式最為常見。過敏性鼻炎則會在清晨起床後，當一接觸冷空氣時會鼻塞、流鼻水、打噴涕或鼻子癢。罹患過敏性結膜炎時，將導致鼻子及眼睛發癢，而造成孩子不斷的搓揉。而一般當幼兒發燒、嘔吐、咳嗽及感冒時，建議先帶去給醫生診治，然後多在家休息。如果屬於感染傳染性疾病時，則要通報學校後在家休息，必須等病情穩定後才能復學，以免傳染給其他幼童。要注意幼兒如有需要服藥的狀況時，建議家長先註明吃藥時間、藥量及服用方式後，親自請老師協助服藥事宜。

第一節　嬰幼兒各項健康問題

　　2011 年衛生署針對小兒健康問題訂定出的初版營養診斷，包括有體重過輕與過重、肥胖、輕度營養不良、中度營養不良、重度營養不良、夸西奧科兒症（Kwashiorkor）（紅孩兒症）、碳水化合物攝取過多與攝取偏

低、精緻糖攝取過多、脂肪攝取過多與攝取偏低、飽和脂肪酸攝取過多、蛋白質攝取過多與攝取偏低、膳食纖維質攝取不足、礦物質攝取過多與攝取偏低、維生素攝取過多與攝取偏低、水分攝取過多與攝取不足等；而常見問題則有睡眠、過敏及視力等。

一、嬰幼兒睡的問題

嬰兒猝死症（Sudden Infant Death Syndrome, SIDS），係指嬰兒突然在睡覺中死去，又稱為「嬰兒床死亡症」。通常好發於二至四個月大的嬰兒身上，推測可能原因為：俯臥睡覺、循環衰竭、早產、母親抽煙（會改變嬰兒睡眠型態，讓嬰兒睡眠時間變短）、共睡、睡墊過度柔軟、厚棉被或枕頭、冬天室內溫度悶熱、休克、代謝性酸中毒，以及體內失衡等。德國發表之研究發現，採取哺餵母乳方式，可以降低嬰兒期各年齡嬰兒之嬰兒猝死症風險達50%，因此建議母親應該哺餵母乳直到六個月，以降低嬰兒猝死症。

(一)俯臥睡覺（趴睡）與嬰兒猝死症

其實任何足以導致嬰兒睡眠時呼吸道阻塞的狀況，都可能導致嬰兒猝死。一般嬰幼兒睡眠時，如果暫停呼吸、吸入過多二氧化碳，或血液氧氣濃度太低時，其「呼吸中樞」應該會受到刺激而自然反應，並進行立即恢復呼吸的反射作用；而發生猝死症的嬰兒，可能因為腦部自主神經「呼吸中樞」發生缺陷，導致無法及時反應，最後因停止呼吸而猝死；能改善的具體方法，首先是不要讓嬰兒趴著睡。

過去父母認為，讓孩子趴睡時，成長以後的頭型，比較美觀；而且覺得嬰兒趴睡時比較不會發生驚醒，因此許多父母，均讓自己的幼兒，採取趴睡方式睡覺；但是因為俯臥睡覺會出現循環衰竭，是目前認為造成SIDS之主因。研究發現，俯臥睡覺在二至四週及五至六個月的嬰兒，會

出現心跳的預防性上升，而此年齡層，正是 SIDS 最大風險者；因此，推測俯臥睡覺可能造成嬰兒再度吸入呼出的二氧化碳，及換氣上的不足，故有一些國家開始鼓勵改採仰睡或側臥睡姿。這些國家發現，SIDS 發生率因此而降低，如美國小兒科（AAP）於 1994 年開始倡導嬰孩仰睡運動，然後 SIDS 發生率因此自千分之一點二，降低至千分之零點五七，發生率減少了一半以上（52.5%）；也因此由一開始建議的不要趴睡，改為「一律仰睡」，由於嬰兒側睡時，仍有可能因為會滾動身體而變成趴睡，故直接建議「仰睡」；另外，讓嬰幼兒吸吮安撫奶嘴，也有助於預防 SIDS。但是，如果嬰兒是因為生病而需要趴睡，如罹患先天性缺陷，進食後常常會再吐奶，或有呼吸、肺臟或心臟方面等問題，則必須和主治醫師談論，找出適合的最佳睡眠姿勢。以下為需要趴睡時的嬰兒特別需要注意的事項：

1. 不要使用過於鬆軟的枕頭及厚棉被，以免嬰幼兒的臉或鼻因深陷其中，而導致窒息。

2. 嬰兒床應該堅硬，並鋪上被單，且床鋪表面必須堅實。嬰兒睡眠時，旁邊不應有枕頭、被褥、蓋被、羊毛製品、填充玩具及其他鬆軟物件；如果使用軟墊，應該使用硬、薄適中且固定良好者，並避免做成枕頭形狀。

3. 使用毛毯時，僅可將毛毯裹至嬰兒胸部以下，避免遮住嬰兒的臉部。

4. 一定要有成人隨旁觀察時，才可以讓嬰幼兒採取趴睡姿勢；嬰兒不可與他人同睡，但睡床位置，應在父母附近。

5. 臍帶未掉落或剛吃完奶者，都不宜趴睡。

6. 建議睡眠時使用奶嘴：研究顯示，使用奶嘴可以降低嬰兒猝死發生率，因此建議使用；但是如果嬰幼兒不想含奶嘴，也不應強迫，且不必在嬰兒睡著後，將掉下之奶嘴，重新插入其口中；更不可為了吸引嬰幼兒含奶嘴，而故意塗上甜味物質；奶嘴應經常清洗及替換。哺育母乳者，則建議於哺乳一個月後，當已經建立

母乳哺育習慣後，再開始使用奶嘴。

(二)扁頭症

因為嬰幼兒睡覺習慣，會比較偏好某一側，為預防嬰幼兒發生後腦扁平（這也是許多父母過去會採取趴睡的原因，因為可以避免扁頭症），可是必須每隔一段時間，就要換邊睡，例如每週定期變換睡眠時頭部的方向，將來發生後腦扁平的機率，就會相對比較少。

建議父母在能夠注意（有人隨時觀察時）嬰幼兒睡眠的狀況下，儘量在白天讓嬰幼兒肚子朝下，不要讓嬰幼兒在嬰兒椅或安全椅太久，因為會導致後枕部受壓；另外，父母宜多採用直立的擁抱姿勢。

二、嬰幼兒過敏問題

嬰幼兒由於腸道免疫系統尚未成熟，而且製造球蛋白 A 抗體的產量也不足，易因此發生過敏。2004 年，澳洲一位四歲小孩，在幼稚園裡攝取花生食品後，因為發生嚴重過敏反應而造成死亡。2009 年 8 月，一位為愛遠嫁臺灣的二十歲日籍新手媽媽，在生產後哺育期間，因為大啖海鮮後哺乳，竟造成其兩個月大的女兒，發生胃口奇差不喝奶、連續 5 天不解便的狀況，急診時女嬰腹部又脹又硬、全身膚色變青發紺（嘴唇發黑、四肢發紫、臉色暗藍），險些休克；經就醫治療，確認病因是因為過敏以後，母親只好忍痛不吃蝦子等帶殼海鮮；而一般會導致食物過敏者，主要食物就是「異種蛋白」，如牛奶、羊奶、蛋、堅果、帶殼海鮮及芒果。其實任何食物，都有可能引起幼兒食物過敏，但其中 95%，係來自七種食物：牛奶、豆類、魚、麥、蛋、花生及堅果（成人食物過敏則有 90% 來自花生、堅果、魚及有殼類海鮮等四種食物）。

食物過敏係指食物進入人體後，引發身體抗原抗體的免疫反應，造成患者不適的症狀。當具有過敏原食物的少量未分解或部分分解食物的蛋

白質，在攝食後被腸道細胞吸收，這些未完全解離的蛋白質粒子，進入腸壁時，將引發局部免疫反應，導致身體製造的特殊免疫抗體（如球蛋白 A），試圖消滅此過敏原；而當此防禦反應無效或不能有效運作時，大量過敏原便會進入血流，引起身體的過敏反應；另外，有些患者因為遺傳因素，導致體內 IgE 抗體過高，當過敏原進入人體時，IgE 抗體會因此釋出介質，刺激皮膚而出現紅色斑疹或搔癢，即異位性皮膚炎的症狀。一般父母，如果過去沒有任何過敏史，則下一代會發生過敏的機率，約是 19%；如果父母一方曾有過敏史，則比率將提高至 32%；如果父母兩人，皆曾有相同過敏症狀，則幼兒發生過敏的機率將高達 84%。

(一)奶粉或副食品過敏

因食物造成過敏在新生兒的發生率大約是 2% 至 6%，其中又以牛乳蛋白的嬰兒配方奶粉最為常見；一般胃腸道，可利用免疫球蛋白 A（IgA）來對抗外來抗原，然而嬰兒因為胃腸道功能之發育尚未成熟，消化液分泌比較不足，及免疫球蛋白分泌量極低；再加上嬰兒胃腸道黏膜對完整蛋白質的通透性較成人高，因此愈容易發生過敏；因此有過敏家族史的高危險群，建議應該改採母乳哺乳，因母乳中含有的免疫球蛋白 A 可以幫助嬰兒對抗過敏原，未攝食牛奶也就不會含有牛奶過敏原。

過敏兒開始添加副食品的時間，約需延後半年或延至一年以後才開始。嬰幼兒攝食副食品過敏的發生率約有 0.5% 至 7%，而有家族過敏遺傳者，發生率會比較高；還有，不同地區會有不同類別食物的過敏反應，如幼兒比較常見到發生牛奶過敏（因攝食人數較多）；又如日本地區較常發生豆類過敏、北歐國家則常見魚類過敏。當孩童長大到二至五歲時，將可降低對牛奶及豆類的過敏反應，但是其他食物如堅果、花生及有殼類海鮮，則經常會造成終生過敏；而對於奶類蛋白質過敏之嬰幼兒，建議食用低過敏奶粉作為改善。

■ **低過敏奶粉**

　　所謂**低過敏奶粉**即**水解蛋白嬰兒配方**，或**完全水解配方**；係能夠降低過敏的嬰兒配方（因為衛生署規定，嬰兒配方食品，不宜以適用症為名稱，如免敏、低過敏、低溢奶等，而應依成分事實命名，如水解蛋白配方或無乳糖配方，所以低過敏奶粉其實就是水解蛋白嬰兒配方或完全水解配方）。一般只要將蛋白質水解到分子量很小時，就不太會導致過敏；因此將奶類大分子蛋白質進行水解，就可以改善過敏症狀。下列是依據蛋白質水解程度所區分的嬰幼兒配方奶粉：

1. 水解蛋白質（Hydrolysis Protein）嬰兒配方：指蛋白質經由蛋白質消化酵素水解過後，所產生的較小分子量的蛋白質。蛋白質之結構，係由許多胺基酸經由胜肽鍵（Peptide Bond）結合而成的鏈狀物質，或稱為胜肽。臨床實驗證實，如果胜肽的分子量大於 2,000 以上時，容易因為缺乏人體蛋白質水解酵素，而引起過敏反應，因此分子量 2,000，稱為蛋白質過敏原的臨界值。利用此原理將飲食可能造成過敏的蛋白質，予以水解成為較短鏈的胜肽時，即是讓分子量小於蛋白質過敏原的臨界質，以降低過敏現象。

2. 部分水解蛋白嬰兒配方（Partial Protein Hydrolysate Formulas）：水解後蛋白質分子量大於 3,500 者，適用於預防高危險群，如父母曾有發生過敏家族史者。

3. 完全水解配方（Extensively Hydrolyzed Formulas）：99% 蛋白質水解後，分子量小於 1,500 者，屬於治療飲食（Therapeutic Diet），因此可以有效降低牛奶蛋白引起之過敏（Cow's Milk Allergy）；但是因為價格昂貴，加上口感不是很好（由於已經利用化學方法將蛋白質分解），因此使用並不普遍。一般高危險群嬰幼兒，多建議改以母乳哺育，再搭配部分水解配方即可。

　　家中有過敏兒其實只要透過以上方式，就可有效預防過敏，並且經

濟負擔也不至於太重。目前市售嬰兒奶粉，宣稱是可以降低嬰兒過敏的配方（Hypoallergenic Infant Formula），就是利用添加已經預先進行部分水解的蛋白質，來降低過敏發生率；只是僅只部分水解，蛋白質分子量並非完全在過敏原臨界質之下，實際上仍是有可能發生過敏反應，故如果全部使用預先完全水解的蛋白質的嬰兒配方，則食用後比較不會發生過敏反應。

■羊奶

國人對於幼兒支氣管不好或容易感冒者，喜歡建議攝食羊奶以為改善；不過由於羊奶蛋白質與牛奶相似，如果屬於對於牛奶過敏者，絕大部分對於羊奶也會產生過敏，甚至還有對牛奶蛋白不會過敏，但是卻會對羊奶過敏者；所以並不建議家長，對於有牛奶過敏的幼兒改用羊奶之替代方式治療。

(二)氣喘問題

過去臺灣許多影星，如鄧麗君、林翠、崔愛蓮及柯受良等，都因為氣喘病發而遽然辭世；推究原因是因為沒有控制好氣喘疾病，急性發作而喪失寶貴的性命，讓人不甚唏噓。氣喘之病因，包括遺傳體質及環境。外因性過敏原如塵、貓、狗、鳥毛、皮屑、皮毛；內因性過敏原如溫度、濕度、感冒、空氣污染、特殊氣味、過度興奮或悲傷。而針對嬰幼兒食物過敏高危險群之飲食建議為：

1. 供應水解配方奶粉，切勿亂攝取蜂膠或羊奶。
2. 高危險群最好是改採母乳哺育，並最好持續到一歲以上；如果母乳不足時，則建議搭配食用低敏配方奶粉（水解配方），以為補充。
3. 哺育母乳時，母親應禁食花生及堅果（杏仁、胡桃等），同時應避免食用蛋、牛奶、魚及帶殼海鮮等食物。高危險群至少須採用

母乳哺育六個月以後，才開始食用固體食物，一歲以後開始食用乳製品，兩歲以後開始吃蛋，三歲以後才開始嘗試食用花生、核桃及魚類等；母親哺育母乳的期間亦禁食上述食品時，應考慮適當補充礦物質（特別是鈣質）及維生素。

4. 副食品的攝取：建議至少到滿六個月大以後，才開始添加副食品，而添加副食品的原則如下：

   (1) 食物添加初期應以低致敏食物（比較不會產生過敏的食物）為主，如水果泥、蔬菜泥及米飯。

   (2) 高致敏食物，如蛋白、有殼海鮮或核果類等食物，則必須於幼兒約滿一至三歲以後再添加，而且一次以添加一樣為原則。

   (3) 食用以後必須仔細觀察幾天，如果沒有出現過敏或不適的症狀後，如皮疹、腹瀉等，才可以再添加另外一樣。

5. 母親懷孕時，不需要限制容易引起過敏的食物，但可能需要避免食用花生，特別是哺乳期間，很多人喜歡食用花生豬腳，以增加乳汁之分泌；對食物過敏高危險群者，必須避免。

6. 其他：

   (1) 使用除濕機：以降低塵蟎及黴菌。

   (2) 簡化室內裝潢：如避免使用布製坐墊。

   (3) 避免寵物：特別是毛髮較多者。

   (4) 遠離二手煙。

   (5) 勤洗手。

   (6) 接種流感疫苗。

三、嬰幼兒視力問題

臺灣每年約有 30 萬人口的學前年齡幼兒；其中約有九成以上會接受視力篩檢，如果篩檢不合格，依照規定需要至專業合格之眼科診所詳細複

檢；當發現確有視力問題者，則需要進行適當的治療。目前教育部，對於學生視力保健，係著眼在學校預防保健工作上，但是因為範圍過大，對象不易把握，因此成效持續未彰。

2011 年有位五歲的張小弟，由於在幼稚園上課時經常注意力無法集中、學習不專心，家長懷疑是屬於過動兒，因此送到身心統合門診進行治療，結果檢查後卻發現問題是視力看不清楚所致，醫師指出這名幼童，係罹患先天性高度遠視散光，其遠視度數超過 300 度、散光超過 200 度，因此無論看遠、看近都看不清楚，像嚴重老花般，當然上課注意力無法集中、學習也無法專心。位置越接近市區中心的學校，學童罹患近視的比例也就越高，如臺北市光復國小的近視學童比例為 67%、龍安國小 63%；一般市區學校，也都有 50% 以上幼童近視。調查顯示，都市孩童因為生活環境及競爭壓力，導致學童不僅發生肥胖，還有近視等諸多問題。

其實無論玩遊戲機、線上遊戲、學習珠算、鋼琴，或是看電視、上網等等，只要是眼睛盯著固定區域，持續注視觀看時間太久，都必須適時休息，才不至於造成近視。現代的許多父母，為了不讓自己的孩子輸在起跑點，從小就會花錢安排學習珠算等才藝課程；然而到底有沒有贏在起點上尚不確定，卻已經造就出臺灣高近視比率幼童的特殊結果。

營養均衡是維持幼兒視力正常的基礎，並可延緩近視的惡化。以下為各大營養素與幼兒視力的關係：

1. 維生素 A：與感光有直接的關係，是與視力直接相關的營養素。
2. β - 胡蘿蔔素：攝入人體內時可以轉換成維生素 A。
3. 葉黃素及花青素：號稱「吃的眼睛藥」，除具備抗氧化能力，可中和有害的自由基之外，也可吸收自然界中對眼睛有害的藍色光，更是視網膜與水晶體不可或缺的營養素。
4. 維生素 B 群：與眼睛健康有很密切的關係，其中維生素 B_1 及 B_{12} 與神經的健康（包含視神經）有著密切相關，缺乏時易導致神經炎及神經病變；而缺乏維生素 B_2，則會造成眼睛畏光。

5. 自由基：有報導自由基也會對眼球及視神經造成傷害，因此可以補捉自由基的營養素，如 β-胡蘿蔔素、維生素 C、維生素 E 及礦物質硒，對於護眼也有間接的效果。

6. DHA：DHA 屬於構成視網膜的成分，人體可自行合成 DHA，進行飲食補充則以深海魚類之 DHA 含量最為豐富，但是必須注意到，目前海洋中重金屬汞危害的風險。

對於視力的保健，一般建議食用新鮮的食物，攝取充足的蔬菜水果及適量的乳製品、深海魚、瘦肉及全穀類食品等，可以對眼睛的健康有所幫助。蔬菜類食物中的葉黃素及花青素，號稱「吃的眼睛藥」，屬於植物所富含的成分，如前所述，其抗氧化能力可中和有害的自由基與吸收對眼睛有害的藍色光；它更是截至目前為止唯一在視網膜及水晶體裡被發現的營養素，是眼睛不可或缺的營養素：

1. 葉黃素：屬於類胡蘿蔔素之一，天然存在於蔬果的甘藍、菠菜、芥菜、深綠色花椰菜、玉米、奇異果、葡萄、柳橙汁及數種南瓜之中。

2. 花青素：則具有超強抗氧化能力，可穩定內皮細胞上面的磷脂質，保護動脈及靜脈等血管細胞，避免遭到自由基氧化破壞，並增加膠質及黏多醣合成，維持動脈壁完整，也可預防血小板表面產生過度凝集，並保護內皮表面。花青素主要存在於葡萄皮、藍莓、黑莓及紫玉米等深色蔬果中。

以上是為什麼衛生署的飲食建議，要天天蔬果五七九，及建議多食黃、綠、紅及藍紫等深色蔬果的原因。兒童視力保健，需要從小做起；除了攝取均衡飲食以外，建議應該提供良好的閱讀環境，如照明光度要適當，書籍印刷要清晰，字體大小要適當，桌椅高度要合適，培養良好的閱讀習慣，與書本持續保持 30 至 45 公分之距離，閱讀時避免趴著或躺著，以免無法維持正確距離；多向遠處眺望，多至戶外踏青；看電視（電

腦）時，每30分鐘需休息5至10分鐘。如果已經近視，則需要正確配戴眼鏡，定期做視力檢查。還要注意幼兒是否發生眼睛外觀異常，如眼皮下垂、視線搖擺不定、眼位不正，如鬥雞眼（內斜視）或脫窗（外斜視），或眼睛常偏斜、側頭看東西、經常瞇眼睛看東西、對於物體抓不準距離感（如抓不到玩具或走路經常跌倒），一旦幼兒常揉眼睛、畏光、流淚或長期眼紅，或常說看不清楚及看東西會貼近距離時，均代表幼兒視力已經出現問題，必須立即至專業眼科門診，進行詳細視力檢查。

四、幼兒過動問題

　　幼兒的過動問題，即注意力缺陷過動症（Attention Deficit Hyperactivity Disorder, ADHD），也就是國人經常聽聞的「過動兒」，屬於常見的兒童病症，一般係在幼童開始上學時，會顯現出的症狀。注意力缺陷過動症的患童與同齡的兒童比較，經常會出現無法注意細節，容易會犯一些不小心的錯誤，經常在做功課或遊戲時，難以維持專注力，別人和他說話時，經常對別人不加理會或不予聆聽，難以組織及完成某項活動或事情，做事常常缺乏條理，虎頭蛇尾，怕動腦筋，時常遺失所需物件，經常容易被其他事物吸引而分神，經常忘記每日的活動，及活動量過多等症狀，是一種發展性的異常。

　　由於過動兒在還沒有入學以前，雖然表現活動量較多，但是因為一般家長往往認為這種狀況，係屬於小孩子自然好動的特徵，經常未加予理會，故通常是在幼童開始就讀幼稚園或小學以後，因為受限於校規及其他環境之限制，導致症狀開始逐漸顯現。如經常會出現身體不停扭動，於不適當的時間及地點四處奔走，無法安坐，經常亂跑、亂爬，或不斷觸碰身邊所有東西，經常無法安靜參與活動，精力旺盛，無法安靜下來，不斷說話、自制力薄弱，經常搶著說出答案，排隊或輪流等候時，經常會發生中途插隊，騷擾別人或打斷別人講話等狀況，家長往往這才發現家中的寶貝

罹患了注意力缺陷的過動障礙，成了過動兒。

　　過動兒雖然目前有西藥，可以妥善控制病情，但是因為服用西藥，會產生很大的副作用，因此許多父母均會猶豫到底要不要吃藥；因為不吃藥時，患童會有過動的問題，但是往往攝取以後，會有產生副作用的問題，而且問題更大。過動症的藥物治療方面，可分為採用興奮劑（stimulant）或非興奮劑（non-stimulant）兩種。興奮劑類藥物之藥效，作用比較迅速，但會影響到幼兒的食慾及睡眠，會產生食慾不振及失眠等副作用，使用上限制比較多；非興奮劑之作用方式，是刺激正腎上腺素產生及抑制回收，因為正腎上腺素能影響大腦且提振情緒，可以產生比較好的專注力。

　　許多家長對於到底要不要吃藥的問題總是兩難，事實上藉由飲食控制的幫助，也是屬於理想的選擇方式之一。中醫認為，過動兒之所以會過動，其實是屬於胃熱體質所導致，係因為平常的飲食內容過於肥甘厚味，加上幼兒喜歡攝取垃圾食物，如炸雞、洋芋片、碳酸飲料、薯條及巧克力等，均屬於造成胃熱的食物；所以要避免過動症之症狀惡化，宜絕對禁止這些食物的攝取。當然，兒童在發育的過程中需要蛋白質，但蛋白質的來源有很多種，如肉、魚、豆、蛋、奶等，可以將蛋白質的來源，由肉類適當、適量改成由豆類攝取，如黃豆或豆漿；另外，建議避免焗烤食物，因為其中含有動物性奶油，會加重過動兒病情，至於水分攝取方面，須使用大量白開水，取代碳酸類飲料，也是屬於非常重要的措施。

　　不管是過敏兒或過動兒，都建議減少奶類及蛋類等蛋白質的攝取，而改以豆漿等豆類及其製品來取代。

五、嬰幼兒疾病問題

(一)先天性心肺疾病（先天性心臟病、纖維性囊腫）

　　疾病會造成營養需求增加，心臟病童發生生長遲滯是小兒心臟科常見的問題。研究發現，先天性心臟病的嬰幼兒約有 55% 的身高低於第 16

百分位、52% 的體重低於第 16 百分位，有 27% 的身高及體重均低於第 3 百分位。導致心臟病嬰幼兒生長遲滯的原因有很多，包括熱量攝取不足、吸收不良或能量需求較多，其中以**熱量攝取不足**是最重要的原因。

　　心臟病患童因為疾病造成基礎代謝率比一般嬰幼兒高，因此比正常同年齡嬰幼兒的單位熱量需求多出約 50% 的熱量。一般過多的水分及鹽分的攝取，對於罹患心、腎疾病患者，會出現水腫、體重增加、皮膚緊繃、發亮、血壓增高、心搏過速、心律不整、呼吸速率增加的情形，因此心、腎疾病患者，會採用限水治療，而液體類奶類屬於嬰兒主食，當限水時，如果沒有相對提高營養密度，將使患者等同減少營養攝取量，而發生營養攝取不足。

■飲食

　　心臟病患童如果限水時，必須攝取特殊配方，增加熱量的攝取。供應小兒心臟科患者特殊配方，可補充因為限制奶水攝取量，補足攝取不足之熱量，減少感染，讓患童得以正常發育，早日接受矯正手術，達到痊癒的目的。此飲食原則適用於小兒心臟病患者及營養不良的病嬰。

■高熱量配方奶的一般原則

　　高熱量配方奶的調配如**表** 7-1，本配方奶採用濃縮方式，或添加高熱能（Hical）及麥芽糊精（Maltodextrin），食品添加物的一種，經由水解程序後所得的白色粉末狀物質）來補充熱量。

表 7-1　**高熱量奶水沖泡對照表**

大卡／毫升（原濃度）	奶粉匙數	每 1 毫升需添加的糖飴粉末
0.67	水量（毫升）÷30（60）	--
0.8	水量（毫升）÷25（50）	--
0.9	水量（毫升）÷22.5（45）	--
1.0	水量（毫升）÷20（40）	--
1.1	水量（毫升）÷20（40）	0.026
1.2	水量（毫升）÷20（40）	0.053

1. 本配方奶之濃度由標準之 0.67 大卡／毫升，逐漸增加到營養需求量，最高可至 1.2 大卡／毫升。

2. 約 3 至 4 天增加 0.1 大卡／毫升之濃度，如果病童有腹瀉現象，則退回一步，等腹瀉情形改善 1、2 天後再往上加。

3. 依病童需要，供應間隔時間分為 4 小時、3 小時或 2 小時。

4. 其他注意事項：

   (1) 稱量糖飴時，請使用奶粉內所附之匙，S-26 或心美力每匙為 8.5 公克，其他廠牌每匙為 4.2 公克。

   (2) 糖飴：如益富糖飴（Nutri-Powder）、葡力康（Moducal）、三多粉飴，可至各大醫院的福利社或藥局購買。

(二)糖尿病

大部分的糖尿病兒童患者，屬於第 1 型糖尿病，因為自體免疫，導致身體胰島素分泌不足；然而，目前兒童罹患第 2 型糖尿病患者人數，似乎也在不斷升高之中。

第 2 型糖尿病童通常與肥胖有關，由於肥胖會導致胰島素相對缺乏（脂肪的細胞數目增加），並增加胰島素阻抗（血中脂肪酸增多），餐後發生高血糖的情況，推測係因釋放過多的葡萄糖，及葡萄糖耐量損傷所致。兒童如果沒有糖尿病史，血糖濃度會升高（成人會伴隨升高分泌調解激素，如胰臟升糖激素、腎上腺素、皮質醇及生長激素等），這些激素因為會與胰島素產生拮抗作用，導致肝臟增加釋放葡萄糖，並降低周邊組織吸收葡萄糖，因此小兒糖尿病患者，身體處於應付來自疾病之壓力，因此造成嚴重的葡萄糖代謝紊亂，主要是由於孩童無法生產更多的胰島素，以對抗身體因為疾病所分泌的調解荷爾蒙。

糖尿病兒童發病率，目前尚還是未知數，不過最近發現，肥胖及增加非胰島素依賴型糖尿病之間，有著密切的關聯，故強烈建議，兒童應該控制肥胖，以改變及扭轉此發展趨勢。住院糖尿病兒童的最佳血糖值，尚

未確定，不過一般建議將血糖濃度維持在 100 至 200 mg/dl，以避免低血糖或高血糖。

糖尿病性胃輕癱，好發於成人第一型糖尿病，在孩童身上則很少見。兒童第一型糖尿病，最容易發生酮症酸中毒，所以長期補充高血漿葡萄糖的作法應該避免，如果正在給予腸道餵食、短效胰島素，通常需要用間歇性方式提供，直到患者可以進食，然後再改用中效胰島素。

美國糖尿病協會，已建立小兒科及青少年胰島素依賴型糖尿病患者的指導方針，內容包括提供複合碳水化合物及高纖維，占 50% 至 65% 總熱量，蛋白質在 12% 至 20%，脂肪含量則不高於 30% 的總食用熱量；其中小於 10% 的飽和脂肪，和每天少於 300 毫克膽固醇。因此對於糖尿病兒童患者應提供營養照護計畫，而住院糖尿病兒童患者，其血糖值應保持於 100 至 200 mg/dl。

(三)罕見疾病（先天胺基酸代謝異常）

■苯酮尿症

苯酮尿症（Phenylketonuria，簡稱 PKU）屬於常見的新生兒代謝異常遺傳疾病，病因是患者體內，因為缺乏酵素，導致不能利用胺基酸苯丙胺酸（Phenylalanine）所造成。在美國每 14,000 名新生兒中，約有 1 名罹患此病。苯酮尿症是屬於體染色體的隱性基因（Autosomal Recessive Gene）疾病，即需要二個隱性基因再結合時，才會發病，當患者父母，皆屬於隱性帶原者時（Carrier），將會因此產下 PKU 小孩，而隱性帶原患者，由於帶原者自己身體只有一個缺陷基因，並不會產生臨床之症狀。苯酮尿症患者的肝臟組織，因為缺少酵素——苯丙胺酸羥基化酶（Phenylalanine Hydroxylase），導致無法順利將胺基酸苯丙胺酸（Phenylalanine），代謝成酪胺基酸（Tyrosine），造成身體無法順利形成乙醯輔酶 A，或因此無法順利轉變成脂肪等能量儲存物質，新生兒一旦缺乏此種酶時，將因為無法代謝苯丙胺酸，造成過多苯丙胺酸積蓄在血液及尿液之中，此時人體解

決的代償作用，會利用苯丙胺酸轉化酶（Phenylalanine Transferase）進行轉胺作用，於是產生苯丙酮酸及苯乳酸等物質，而苯丙酮酸因為對於腦組織具有毒性，使患者之腦組織受損。因此，當發現嬰幼兒罹患 PKU 時，應立即進行飲食控制，避免飲食供應過量的苯丙胺酸，導致堆積，轉而形成對腦部有毒之苯丙酮酸，導致嬰幼兒智能不足。

所謂的飲食控制，其實就是減少飲食攝食苯丙胺酸數量，在各種替代食物之中，以酪蛋白因僅含少量苯丙胺酸，且其他胺基酸的含量正常，而為相當適合 PKU 患者食用的營養物。自然界中大多數含有蛋白質的食物，因含有約 5% 的苯丙胺酸，而必須限制食用量，在實施飲食控制時，需時常監控體內苯丙胺酸量，一般建議宜維持在 5 至 9 mg/dl；而需要注意的是，實施飲食控制時，由於不可避免的會發生苯丙胺酸缺乏的現象，故患者易發生嗜眠、厭食、貧血、皮疹及腹瀉等現象，因此對於 PKU 患者，必須充分供應酪胺酸，讓胺基酸—酪胺酸變成必須胺基酸，嬰幼兒假如能愈早發現此病，愈早進行控制飲食，治療的效果將會愈好，飲食的注意事項如下：

1. 食用低苯丙胺酸飲食：患者可以食用所有蔬菜類、水果類及主食類，如米飯、米粉、冬粉及米苔目等，然後再搭配食用不含苯丙胺酸的特殊奶粉即可，如此即可成功治療苯酮尿症，但患者必須終生維持此種飲食。患者原則上是每天要限制攝取高苯丙胺酸食物，但是並非完全不攝取苯丙胺酸，因為身體仍然需要，所以飲食控制的重點在於供應適量的苯丙胺酸，以維持患者生長及發育之所需即可。

2. 禁忌之食物：肉類、魚貝類、家禽類、蛋類、奶類、起司、豆類、果仁類、吐司麵包及蛋糕等，這些都必須禁止食用：

(1) 肉類：雞肉、豬肉及牛肉等富含高蛋白質之食物，無論採用哪一種烹調方式，均不能攝取，肉鬆、肉乾、肉丸及貢丸等加工製品，也不能攝取，因為這些都富含苯丙胺酸；肉汁及高湯則

須視其苯丙胺酸之含量及患者控制狀況而定，當患者血中的苯丙胺酸量維持在 5 至 9 mg/dl，狀況良好時是可以酌量搭配食用的。

(2) 魚類：魚、蝦及貝類海鮮等食物，都不能攝取，加工製品也不能食用。魚湯則端視其體內含量及患者控制狀況，可以酌量食用。

(3) 豆類及其製品：碗豆、黃豆、敏豆、黃帝豆、玉豆、花生、腰果及核桃等都不能攝取，但是紅豆、綠豆及大花豆煮甜湯，則可限量食用；五香豆乾、黃豆乾、豆腐、豆腐泡、豆皮、豆漿、豆花、素雞、花生醬、花生糖及貢糖等加工製品，亦不能食用。

(4) 蛋類、乳品及其加工製品：雞蛋、滷蛋及皮蛋等不能攝取；蛋糕、蛋捲、冰淇淋、霜淇淋及冰棒之中，假如含有蛋類及牛奶者，就必須避免食用；此外，牛奶味極重之西式烘烤的點心及餅乾，儘量不要攝取；牛奶製成之牛奶糖、牛軋糖及巧克力不能攝取，醬菜類中之海苔醬，不要食用；如果想要喝養樂多，儘量控制每週喝 1 到 2 瓶，或者予以稀釋後再飲用；而標有健怡（Diet）或 Light 的飲料，因為其中含有代糖阿斯巴甜，不能喝（代糖阿斯巴甜會分解產生苯丙胺酸）；另外，含有牛奶成分的奶茶等飲料，也不能喝。

(5) 麵粉類製品：除了麵筋不能攝取外，中筋麵粉製品如麵條與麵線，及高筋麵粉製成之刀削麵、拉麵、蔥油餅、牛舌餅、饅頭、包子皮及白土司等食物，可酌量食用。

3. 其他食材：如果要嘗試新食物，須先閱讀營養標籤，或於抽血前三天嘗試，並詳實製作飲食記錄；當有疑問時，先詢問主治醫師及營養師確定後再食用。

■白胺酸代謝異常

　　白胺酸代謝異常屬於體染色體隱性遺傳疾病，當父母雙方，皆屬於隱性之帶原者才會產下白胺酸代謝異常之嬰兒，每一胎的發生機率，依據孟德爾遺傳定律均有四分之一的機率會遺傳此症。白胺酸代謝異常病童由於體內缺乏分解白胺酸（Leucine）之酵素，在餵食含有白胺酸之食物後，會造成病童無法順利代謝，導致體內有機酸不斷堆積，於是造成患者最後發生酸中毒及血氨值上升；此病如果無法及早診斷出來，並給予藥物治療及飲食控制，患者最後將會因為發生酸中毒及血氨過高，而造成智障或死亡。

　　酮體（Ketone Body）是人體於長期飢餓下之能源替代來源，細胞在缺乏葡萄糖時，原本會改以製造酮體的方式，作為能量之替代來源（原來能量之來源為葡萄糖）；然而白胺酸代謝異常病童，當長期飢餓發生低血糖時，因無法製造酮體作為替代性能源，而發生低血糖及昏迷，最後造成死亡的後遺症。

■遺傳性疾病糖漿尿症

　　遺傳性疾病糖漿尿症（Maple Syrup Urine Disease, MSUD）屬於體染色體隱性遺傳的疾病。主要是因為患者粒腺體中之支鏈酮酸去氫酵素（Branched Chain Keto acid Dehydrogenase, BCKD）功能發生障礙，造成無法順利代謝白胺酸（Leucine, Leu）、異白胺酸（Isoleucine, Ile）及纈胺酸（Valine, Val）等支鏈胺基酸，導致發生堆積，造成患者血中之白胺酸濃度，增加至正常人的 20 至 40 倍，異白胺酸及纈胺酸濃度約增加 5 至 10 倍；當白胺酸及異白胺酸，蓄積體內時，將會造成毒性，並對於腦部之細胞造成傷害；蓄積後患者體內，因為會因此產生異白胺酸的酮酸衍生物，使得患者的尿液之中，會產生楓糖漿（像焦糖）的味道，因而被命名為楓糖尿症。需注意楓糖尿症患者發燒時，切忌使用阿斯匹靈（aspirin）藥物退燒或鎮痛，否則易引發腦水腫。飲食的注意事項與苯酮尿症雷同。

(四)嬰幼兒其他疾病問題

■血脂異常及兒童腦中風

兒童腦中風在過去係稱為腦梗塞或腦出血，**中風**是指腦血管發生阻塞或破裂所導致的大腦功能失調，近年來發生兒童腦中風的案例愈來愈多，小至在母體胎兒、新生兒到青春期，都有發生腦中風之可能。一般人往往以為中風只有成人或老人才會發生，雖然腦中風通常以發生在五十歲以上的患者為主，但是嬰幼兒仍有可能發生。

一般中風分為缺血性及出血性兩種：缺血性中風，係指血管突然發生阻塞；而出血性中風，則是由於腦部主要動脈發生爆裂，導致腦部積血。青少年腦中風，常表現出半癱、步態不穩或顏面神經麻痺；嬰幼兒腦中風，則表現出抽搐、發燒、嗜睡或頭痛；而因為這些症狀與其他疾病類似，加上嬰幼兒比較不善於表達感受，因此一開始非常不容易立即診斷出來。中老年人發生腦中風的原因，大都與高血脂、高血壓及糖尿病等慢性疾病相關，而造成兒童腦中風的因素則與中老年人不同；其中缺血性中風的原因包括血管異常、心臟病、粒腺體疾病、代謝異常、腦部感染及抗凝血因子缺乏等；出血性腦中風的原因則包括先天血管異常、凝血因子缺乏及腦部創傷等。兒童腦中風的原因由於與成人不同，因此當幼兒發生頭暈眼花、頭痛嘔吐、呼吸困難及心臟衰竭等高血壓症狀時，便要及時檢查，一旦發生語言不清、半邊肢體無力等狀況，更要立即送醫診治。

不管是成人或幼兒，平時均應養成良好的生活作息（如避免熬夜）及飲食習慣，才能降低中風的危險，導致中風的可能原因包括：

1. 血管病變：曾有幼兒在遊樂園戲水，採用頭下腳上的危險姿勢從滑水道溜下，結果導致發生右半身不遂，此即屬於特殊腦血管病變疾病，導致腦部大血管狹窄及發生阻塞，造成腦缺血發作，症狀通常會在 1 天之內恢復，因此容易被忽略；此外，青少年如果長期熬夜，服用搖頭丸、安非他命及海洛因等毒品，也易導致血

管發生病變。

2. 代謝異常：高胱胺酸尿症之患者，因為血管生成不良、彈性不佳，血液容易形成栓塞，變成屬於發生腦中風的高危險群；另外，國人因為飲食西化，造成肥胖及高血脂症的問題，在小孩身上也經常發生，導致提早發生血管硬化，使日後發生中風的機會相對增加。

3. 受到感染：感染到細菌性、病毒性或結核菌腦膜炎，都可能導致腦部血管發生栓塞。

4. 血液疾病：缺乏先天抗凝血因子時，容易導致血栓，另外缺乏維生素 K 時，也易導致出血性中風。

■食道逆流與溢奶

　　嬰幼兒的腸胃像一個直立袋子，與成人不同；加上賁門括約肌尚未發育完全，因此進入胃部的食物，容易因為外力而被擠回食道，造成出現溢奶或嘔吐的現象。常見六個月內新生兒因餵養不當，發生食道逆流，例如餵奶時將氣體吸入胃內，餵奶後有少量奶汁倒流至口腔而溢出，此時只要注意餵奶的姿勢及方法，即可改善，例如餵奶後將嬰兒豎起，輕拍背部，讓胃內其中的氣體排出，也就是打嗝即可避免；另外，假設一次餵奶量 50cc.，建議可將 50cc. 的奶水分成二至三次餵食，當喝完 20cc. 時先休息，此時先幫幼兒拍打嗝，再接著餵剩下的奶水。

　　每位幼兒幾乎都會發生食道逆流，因此只要特別注意即可，不過如果小孩吐奶狀況過於嚴重，就會影響到生長發育，此時需要就醫，找出原因予以排除。六個月以下的嬰兒，如果一喝完奶就會發生吐奶，或喝完 2 至 3 小時後還會吐奶，而且每天每餐都吐，嚴重時還會以噴射狀方式吐出，此時就需要就醫服藥加以治療。嬰兒的溢奶情形一般約六個月大以後就會改善，但是也有直到一至二歲以後才獲得改善者；而為預防正常新生兒發生溢奶的情形，可於餵食後讓新生兒右側臥，並抬高床頭。

■肥厚性幽門狹窄

胃部與連接食道及十二指腸，各設有括約肌，分別負責掌管食物之進入或流出；當食物經過胃部消化後，會轉而進入十二指腸，連接胃部及十二指腸之間的括約肌，稱為幽門，幽門的作用，就像是閘門，負責將消化後的食物送往腸道，也避免進入腸道的食物，又回流至胃部。所謂的**肥厚性幽門狹窄**，指的就是幽門括約肌因為發生不正常的增生，造成此處腸壁肌肉，逐漸增厚，原先可讓食物通過的通道因此變得狹窄，導致食物不容易進入十二指腸；時間一久，有此問題的嬰幼兒會因身體無法吸收足夠的養分，造成生長遲滯。

■腹瀉

攝取母乳者易軟便，出生四至六月個的糞便相當軟，呈黃綠色，含有黏液，除非母親本身有疾病，不然以母乳哺乳者，幼兒比較不會發生腹瀉。嬰幼兒攝取太多牛奶，也會導致腹瀉，此時只要減少供應量或停止進食，即可改善。

嬰幼兒在腹瀉期間，仍應供應開水及 5% 葡萄糖水或電解質溶液；另外，幼兒腹瀉的可能原因包括：

1. 滲透壓太高：過濃牛奶或過甜的飲料。
2. 葡萄球菌：手部污染。
3. 沙門氏菌：污染蛋的表面。
4. 肉毒桿菌：蜂蜜遭到胞子污染。
5. 大腸桿菌：器具受到污染。

■嬰兒頑固性腹瀉

頑固性腹瀉是指年齡在三個月以下嬰幼兒，發生連續性腹瀉，持續達兩週以上者，原因包括囊性纖維化、先天性巨結腸症、蛋白質耐受不良及雙醣酶缺乏等。頑固性腹瀉的患童極可能需要特殊營養支持，以確保維持適當體重及生長，此時採取連續性腸道餵食，將可改善營養不良，不過

腸道營養，可能會因為油脂或碳水化合物吸收不良而無效。

對於嬰幼兒所採用的元素或半元素配方，當患童無法吸收碳水化合物時，可能會因為無法消化長鏈碳水化合物，故建議添加果糖至無碳水化合物配方以為改善；少數研究發現並證明酪蛋白及乳清蛋白水解物，具有同樣的效果；另一個研究發現，使用元素配方可以改善三歲以上幼兒營養不良的情形。

高比例的中鏈三酸甘油酯飲食可以改善脂肪方面的耐受性，大多數調查認為，急性腹瀉期時，仍可以正常飲食；世界衛生組織（WHO）發現，許多嬰兒透過正常餵食可以改善（65%），而有些人則需要改採飲食治療；此外，儘管母乳哺育屬於最好的餵食方法，但如果嬰幼兒處於急性腹瀉期時，還是建議使用完全配方牛奶，而當兒童無法食用牛奶時，則必須改採治療飲食，如無乳糖配方，或飲食時建議補充膳食纖維，可以減少糞便的液體分泌。當採用腸道營養，仍然不足以改善營養不良時，則建議採用周邊靜脈營養作為額外補充來源。

嬰幼兒罹患頑固性腹瀉時，因為處於營養風險內，應進行營養篩選，以確定正式營養評估及發展營養照護計畫。連續性腸道營養支持應考慮提供予頑固性腹瀉兒童，不能維持正常營養狀況及口服食用量患者；周邊靜脈營養則應考慮提供給已經透過口服或腸道營養方式，卻仍然不能維持正常營養狀況之患者；而高脂肪及高三酸甘油酯配方之腸道營養（含高熱量，且易吸收），應考慮提供予兒童頑固性腹瀉且對碳水化合物不耐之患者。

■ 炎症性腸病

炎症性腸病屬於連續性疾病，特點是在直腸及結腸位置（潰瘍性結腸炎，Ulcerative Colitis）持續發生炎症，可發生在消化道任何位置（如克羅氏病，Crohn's Disease），病因尚不清楚。腸道營養及周邊靜脈營養均可用來治療潰瘍性結腸炎或克羅氏病所造成的營養不良。另外，因為炎症及相關蛋白質的流失，也會產生低蛋白血症（Hypoalbuminemia）及微量營

養素不足的發生。

　　克羅氏病最常見的發生位置是在遠端迴腸（小腸），因此容易導致生長障礙的情形發生，因為小腸是負責吸收食物營養的地方（克羅氏病易造成能量缺乏，可能是由於食用食物後，發生腹部疼痛及腹瀉所造成），此疾病有可能會導致厭食，或造成吸收不良及增加能量的消耗。嚴重症克羅氏病，處方需要使用類固醇藥物 Prednisone，不過因為需要長期使用，因此很難規範使用劑量，以期兼顧減少疾病及生長，雖然使用類固醇，會降低生長速度，由於對改善病症有利還是得使用。

　　腸道營養支持可以改善炎症性腸病患者的體重及生長（特別是對於受到疾病壓抑生長之青少年），給予輔助夜間進食可緩和疾病症狀；研究建議，每晚合併使用補充劑及腸道餵食，供應含有胜肽（短分子胺基酸）的補充飲食，可以改善病情；近一期的研究顯示，兒童克羅氏病及成長障礙，利用夜間餵食方式可以改善，滿足生長所需，因為腸道營養可以提供小腸所需之必要營養物質（如麩醯胺酸，Glutamine）及改善炎症，故炎症性腸病兒童，應進行營養篩選並制定營養照護計畫。

■腸胃炎

1. **病毒性腸胃炎**：好發於秋冬季節，主要是針對三歲以下之幼兒，症狀為高燒、噁心、乾嘔、沒有食慾、一喝水或奶就吐或拉肚子，有時 1 天會拉 2 至 10 次、大便水稀、偏黃並有酸臭味；需要就醫；否則幼兒容易因為脫水而有生命危險。

2. **細菌性腸胃炎**：三歲以下，好發於經常吸吮手指或咬玩具者，與病毒性腸胃炎不同的是，大便呈現水稀但偏青綠，帶有黏液，味道則腥臭，嚴重者帶有血絲。

■嬰幼兒的感染問題

1. **寄生蟲感染**：寄生蟲以蟯蟲最為常見，主要是藉由手及食物直接傳染，且有家庭內傳染特性。當患者用手抓肛門時，就很容易將

蟲卵沾黏於手，進而送入嘴巴受到感染；感染蟯蟲的小孩會因為肛門搔癢，而覺得精神不安及緊張過度，易因此影響到睡眠及身心發育，有時會造成胃口不好及消化不良。

2. 懷孕時母親胎盤功能不良或感染將導致胎兒發生子宮內生長遲滯，小孩出生以後，也可能發生永久性或暫時性的生長遲緩。

第二節　嬰幼兒營養問題

　　嬰幼兒常見的營養障礙問題，包括餵食不足、餵食過多、食用後嘔吐、腹瀉或軟便、便祕、腹絞痛、熱量食用減少、飲食選擇種類不足、飲食習慣不良及蔬菜食用不足等；而常見的嬰幼兒營養性疾病，主要是生長遲緩或停滯。

一、嬰幼兒營養不良問題

　　嬰幼兒營養不良的發生原因各式各樣都有，本文列舉數項較為常見者進行探討；其中主要是父母錯誤計量餵食、素食、飲食觀念與習慣的不正確，及嬰幼兒偏食、厭食等其他因素。

(一)父母錯誤計量餵食

　　父母算錯了餵食的計量最常發生在更換嬰兒奶粉時，例如用錯計量的湯匙，市場上 S-26 及優生奶粉所使用的湯匙，因為兩者大小不同，容量相差 1 倍，優生奶粉 1 湯匙應泡 30cc.；S-26 的 1 湯匙可泡 60cc.，如果弄錯時，使用優生奶粉 1 湯匙卻泡了 60cc.，則沖泡出來的牛奶，將變成「半」奶（牛奶密度只有一半），日子久了嬰兒當然會發生營養不良。

　　其他父母錯誤計量餵食的原因（也是生長遲緩常見的原因）還包括

嬰幼兒腸胃道敏感，容易拉肚子，父母沒有立刻送醫卻逕行採用將奶粉泡稀作為改善方式，長期下來，也將造成營養不良；或嬰兒已經成長到該添加副食品的月數，卻一直沒有額外添加，也是常見造成生長遲緩的原因。

(二)素食

研究顯示，素食者對於脂肪、鈣質及維生素 B_{12} 的攝取量，遠低於葷食者；英國學齡兒童研究顯示，與肉食者兒童相較，除了鈣質之外，素食者對於膳食纖維、維生素及礦物質，都具有較高的吸收量，故建議素食幼兒攝取高鈣食物；另有研究結果顯示，素食幼兒除了鐵質貯存量較低以外，脂肪也比較少。

素食會影響到嬰幼兒的生長發育，一般會在五個月以後才發生，主要是因為在五個月大以前，不論喝母奶或者嬰兒配方奶，都不會發生營養不良，一旦開始食用副食品時，問題就會開始產生；八個月到一歲半時，素食嬰兒的生長就會比一般嬰幼兒落後；二到四歲時，雖然也有不少素食的嬰幼兒體重可達到正常，但是身高卻往往達不到正常高度，女孩會比男孩還要嚴重。

素食可以分為全素、乳素（可以攝取牛奶及乳製品）、蛋素（可以吃蛋）、蛋奶素（可以攝取蛋、牛奶及乳製品）及半素（不吃牛肉及豬肉）；素食者飲食中，如果包括蛋及乳製品，將可以供應嬰幼兒足夠營養素；而如果屬於全素，則因飲食內容屬於量大、低脂肪及低熱量，且因為限制了動物性蛋白質，容易因此缺乏蛋白質、鈣、鐵、鋅、維生素 D 及維生素 B_{12}，而易發生營養不良；另外，全素者經常會食用黃豆及其製品，而目前有些專家建議嬰兒不要攝取大豆食品，如以色列的衛生部就建議嬰兒應儘量避免食用，原因是因為研究者認為，食用大豆過量會產生不良的副作用。大豆因含有高量的植物雌激素，攝取過多易出現類似人類雌激素攝取過多的副作用，過去以色列曾經發生過因為食用大豆類食品，導致嬰兒缺乏維生素 B，最後造成嬰兒死亡，或罹患永久性神經疾病的案

例；如果父母堅持要給予嬰幼兒素食，建議以蛋奶素為宜，除可使生長及發育較能夠維持正常以外，也可避免嬰幼兒發生貧血及缺鈣的現象。至於攝取蛋奶素的嬰幼兒，根據調查顯示，大多能維持正常的身高及體重。

　　嬰幼兒吃素，由於食物選擇性少易發生部分營養素缺乏的情形，要達到均衡飲食會比較困難，如素食者因為禁食肉類等動物性食品，最易缺乏的養分包括維生素 B_{12}、鋅、鐵、銅、鈣、維生素 D、蛋白質、肌酸及肌鹼等；尤其是素食因為含較高纖維，兒童的小胃，很快就會產生飽足感覺，易使兒童沒有機會攝取其他高熱量及高養分的食物，兒童的新陳代謝及發育又較快，相對上需要更多的熱量及養分，也就容易因此而發生營養不良，故父母一旦決定讓兒童吃素，必須特別注意補充足夠的各種養分；否則將直接影響其發育及生長。以下是建議的改善之道：

1. 互補原則：父母可混合互補食用豆類、種子及果仁，以提供足夠的蛋白質，要注意的是，嬰幼兒因為處於發育生長期間，全素者必須攝取更多量的食物（因為全素飲食屬於低熱量，如果食用量不增加，總熱量會不足），且種類必須更多。素食者為達到充分利用蛋白質，一定要截長補短，採用互補作用，提高攝取蛋白質之品質。如一般穀類（米、麥及玉米）因為缺乏離氨酸及色氨酸，而豆類則缺乏甲硫氨酸及胱氨酸，因此如果將穀類與豆類混合一起食用，則可互補所缺乏的必需氨基酸，進而提高營養價值（因為只要缺乏一種胺基酸，身體將因為無法利用，而將其他胺基酸全部改作為熱量來源）。

2. 二歲以前的幼兒仍應採用葷食方式：二歲以前嬰兒需要膽固醇來形成神經外層，因此二歲以前不建議幼兒採用素食方式，而母乳則可提供豐富膽固醇。

3. 應補充足夠的 DHA：胎兒及嬰兒的腦發育需要 DHA，研究顯示素食者的母乳中 DHA 含量特別低，因此素食孕婦及哺乳母親，要特別補充足夠的 DHA。

4. 注意維生素 B_{12} 的攝取：維生素 B_{12} 是素食者最容易缺乏的養分，須特別注意補充；哺乳的素食母親，尤需特別補充足夠的維生素 B_{12}，由於母體庫存維生素 B_{12} 並不會供應至母乳，因此素食者必須額外補充維生素 B_{12}。維生素 B_{12} 一般是由細菌製造，主要來源是動物類、乳製品及蛋，僅少數植物類如亞麻籽、螺旋藻及大麥草等含有維生素 B_{12}。維生素 B_{12} 可幫助紅血球生成，防止惡性貧血，維護健康的神經系統，促進蛋白質、脂肪、碳水化合物的代謝，和幫助細胞成長。維生素 B_{12} 缺乏時，將造成惡性貧血及神經系統病變，對於兒童還會減緩成長發育及導致嚴重損壞神經系統，故須注意維生素 B_{12} 的攝取。

5. 鋅、鐵、銅、鈣的缺乏：植物因為含有較多的植酸、纖維及木質素，這些成分均會與礦物質中的鋅、鐵、銅及鈣結合，造成阻礙吸收；而鈣及鐵如果一起服用，則會降低兩者的功效。營養素發生缺乏時亦應注意鋅、鐵、銅、鈣是否發生缺乏，須注意這些元素的攝取。

6. 營養食品的添加：如果飲食中不攝取肉類（包括魚類及禽類）時，營養就容易缺乏蛋白質、熱量、維生素 B_{12}、必需脂肪酸及鋅等營養素，此時需要補充奶類及其製品，或改用補充劑補充，但是儘量以補充自然食物為宜，嬰幼兒長期使用補充劑是屬於極不健康的做法。

7. 提供高能量飲食：因為兒童生長需要非常大的能量，提供高能量飲食是很重要的；而蔬菜油、鱷梨、果仁奶油及豆類等食物，可提供熱量及營養素；另外，水果乾也是能量替代的良好來源。幼兒通常很喜歡攝取水果乾，故可提供以補充所需的能量，唯建議在攝取過水果乾及其它甜食後要刷牙，以防止蛀牙。

8. 飲食建議（每天攝取建議量）：

(1) 奶類及其製品：2 至 3 杯（1 杯 240 毫升）；不喝牛奶者必須補

　　充 2 至 3 份豆類、魚類或肉類。

　(2) 高蛋白質食物：如莢果類或素肉等（如豆腐、豆乾）1 至 2 份。

　(3) 全蛋：一個。

　(4) 五穀根莖類：1 至 2 碗。

　(5) 堅核果或種子類：1 湯匙。

　(6) 水果：2 至 3 碗。

(三)飲食觀念與習慣的不正確

　　飲食習慣不正確是過去臺灣嬰幼兒發生生長遲滯普遍的重要原因。過去臺灣由於是以米食為主食，故當嬰兒六個月以上時，習慣改為攝取稀飯作為副食品，但是此時如果沒有額外補充其他乳品之替代食品時，光是添加紅蘿蔔、高麗菜及大骨湯的稀飯，因為其中的內容，明顯缺少蛋白質及脂防，長久食用下來，還是會發生營養不良的情形。

　　長久以來錯誤的觀念尚有有使用去油的清雞湯替代牛奶，認為這樣子會比較「補」，但是清雞湯以維生素、礦物質及少量水溶性胺基酸為主，能量極少，用來替代牛奶，長期下來當然會發生營養不良。

(四)嬰幼兒偏食、厭食及其他

　　幼兒偏食最經常發生的狀況是攝取高蛋白質及低醣類飲食。幼兒因為喜歡攝取炸雞或牛排，卻不喜歡米飯或蔬果，而光是高蛋白質飲食，僅攝取適量的醣類，並無法維持正常代謝，一旦缺乏醣類，蛋白質將改而作為供應熱量之使用，而無法供應組織生長，於是發生生長遲滯。

　　嬰幼兒偏食、厭食的原因有：

1. 食慾不振：原因包括生理疾病，如罹患感冒、發燒及下痢；缺乏運動；過度疲勞；精神受到刺激，如父母爭吵，或父母過度要求餐桌禮儀及點心吃太多等。建議對策包括少量多餐；注意色香味之搭配；利用適當可愛之餐具盛裝食物；培養愉快的用餐氣氛；

邀請同年齡之同伴一起用餐，用餐環境採用柔和燈光或放音樂；增加戶外運動等等。

2. 脹氣：嬰幼兒發生脹氣情形者會有肚子鼓鼓、胃口變差，手腳及臉部因握拳出力而出現扭曲或不舒服的症狀，改善方式可利用腹部按摩、更改配方奶；以母奶哺育者，母親宜減少攝取高蛋白食物，如雞蛋及奶類。易造成脹氣的原因包括：

(1) 纖維、水分、醣或脂肪攝取不足。

(2) 牛奶脂肪含量過高。

(3) 缺乏維生素 B 及維生素 D。

3. 反溢或嘔吐：吃東西或剛吃完不久，發生吞下的食物少量回到嘴裡的現象，稱為反溢（Regurgitation）；而如果將胃中食物排空，則稱為嘔吐（Vomiting）。反溢次數如果不多，屬於正常的現象，尤其是出生到六個月間；此時可於進食後輕拍嬰幼兒背部，促使打嗝以排出空氣，以為改善；可能造成之原因有：

(1) 餵食過快或過量。

(2) 奶嘴大小不適當。

(3) 餵奶後未排氣。

(4) 氣味過於強烈（難聞）。

4. 便祕：攝取牛奶者易發生便祕的可能原因是因為水分不夠所造成，另有食物中脂肪或蛋白質量太高或纖維含量太少等因素所導致，在出生頭一個月，一般只要增加水分或糖分供應量即可改善，較大嬰兒則需增加穀物、蔬菜及水果等纖維質數量來進行改善。

另外，患有先天性心臟病的嬰兒，吃奶時往往因為呼吸太快、太喘而容易疲累，吸吮能力因此減弱，甚至發生中斷；接著會開始躁動不安、拒食或睡著，此時大約只攝取到所需奶量的四分之一到三分之一，日久將發生惡性循環，使得嬰兒不願吃奶，產生厭食的情形，如此一來由於營養

不足，當然無法適當成長；還有，治療心臟病所使用之藥物毛地黃，也會
導致嬰幼兒厭食。還有就是，幼兒經常會吸吮指頭以替代奶頭，父母須注
意吸吮期愈久，幼兒日後愈容易演變成情緒緊張及神經質，這是要注意
的。下面是其他吸收不良的原因：

1. 乳糜瀉（Coeliac Disease）：不能忍受麩質中之麥膠蛋白（Gliadin）
   所致。
2. 缺乏雙醣酶。
3. 對食物過敏：以蛋、牛奶及豆類等食物，比較容易發生。

二、嬰幼兒營養過剩問題

(一)嬰幼兒肥胖

　　肥胖可以說是目前最難以治療的問題（故本書在第八章設計有幼兒
減重的教學範例供讀者參考），在美國約有四分之一的兒童已經肥胖，更
糟糕的是，此趨勢似乎仍在增加之中，根據美國的「國家健康與營養調
查」（National Health and Nutrition Examination Survey, NHANESs）之結果
顯示，美國兒童平均體重仍在持續增加中；臺灣 2000 至 2001 年 NAHSIT
（Nation and Health Survey in Taiwan）調查結果也類似。

　　兒童如果罹患肥胖，日後將造成罹患代謝症候群的機率增加，並導
致腰圍變大，日後易因此而發生高血壓，不利於維持身體健康，加上將導
致身體的脂肪細胞數目增加，一旦增加後，脂肪數目將一輩子不會再減
少，等同於增加身體的儲存倉庫，日後假如不改變飲食習慣，再好的減肥
方式，也難逃繼續變胖的宿命。父母養育子女時，如果習慣使用食物作為
嬰幼兒的獎賞或撫慰，或者強迫餵食，提供過多份量，並要求將食物吃乾
淨等做法，均可能造成嬰幼兒日後發生肥胖的機率。

　　嬰兒、嬰幼兒、青春期及懷孕期，因為屬於脂肪細胞數目，快速增

加的時期，因此這幾個時期發生肥胖，容易造成脂肪細胞分裂，進而導致脂肪細胞數目增加，而脂肪細胞一旦分裂增加以後，就不再減少，將造成日後難以減肥。過去一般人總認為，兒童肥胖不是病，誤以為長大以後，自然就會恢復正常身材，卻不知嬰幼兒如果發生肥胖，因為已經造成脂肪數目增加而不再減少，肥胖不但會延續至青少年期及成人後，據統計約有40%至75%的肥胖兒童一直到青少年，甚至成人會仍舊肥胖；而且嬰幼兒發生肥胖很容易引發與肥胖相關的疾病，如肥胖者易罹患的糖尿病、高血壓、心血管疾病、膽囊疾病、痛風及關節炎等疾病。

(二)嬰幼兒肥胖的成因

目前已知至少有二十個基因或染色體與人類的肥胖有關。肥胖兒童的血液之中，會有高量的血清瘦素，與肥胖成人類似；肥胖及體重正常的兒童，兩者的熱量攝取量其實是差不多的，其中的關鍵差異主要是在基礎代謝率或飲食內容，如肥胖兒童攝取的脂肪量，可能比較高。一些數據指出，超重兒童可能具有減少食物產熱效應的能力，還有一些研究顯示，雖然肥胖兒童與體重正常的兒童熱量攝取類似，但是飲食內容卻可能不同，如肥胖兒童飲食，含有較多脂肪及較少的纖維；也有多項研究顯示，肥胖兒童運動時，能量消耗比較少，最近的研究發現，長期改變行為，對於治療幼兒肥胖兒童有利，這是針對年齡六至十二歲兒童的研究，實驗組的兒童於十年後最高將可因此獲得減少10公斤的改善（與對照組相比）；因此，治療幼兒肥胖其實並不複雜，但是需要特殊營養規劃及進行行為改變。

■遺傳基因

經統計研究報告分析後得出，大部分胖的小朋友的父母至少有一個也是胖的，而若父母雙方都是胖子，約有三分之二的子女將來也會是胖子；同卵雙胞胎的研究報告指出，即使從小就不生活在一起，有60%至75%也會成為胖子；因此遺傳是罹患肥胖的重要因子。另外，同卵雙生

者的體重最相似，其次是異卵雙生者，而親生父母和子女體重的相似程度，又高於養父母和養子女，因此可見遺傳確實是影響肥胖的因素，不過由於養父母和養子女的體重，也有顯著相關性，故所謂的遺傳並非唯一的因素，環境影響因素，顯然也是重要的因素。

■壓力

臺灣許多學童，因為課業壓力大，於是利用食物釋壓，造成肥胖的結果；或因為壓力所致睡眠不足，嚴重時甚至可能因此發生過勞死，調查發現，一般又以成績中等者之壓力最大；因此建議家長，需採取以下措施：

1. 傾聽。
2. 與老師、學校合作。
3. 回歸基本面：不要再補習。
4. 製造喘息空間。
5. 改變認知態度：讀書不是唯一的道路。
6. 培養多方面的興趣及嗜好。
7. 強調過程，而非結果。
8. 作息正常、適度運動、補充營養。

■睡眠不足與吃的習慣改變

2011 年義大利研究發現，多睡 1 小時可以降低發生肥胖機率 30%，晚上假如能夠多睡 1 小時，將可以甩開身體多餘的體重；研究發現，一天如果能夠睡足 7 小時以上時，將可以減肥，而愈來愈瘦；而一天只睡 4 至 5 小時者，因為身體分泌之瘦體素減少，將造成白天容易因為大吃大喝而造成肥胖；所以肥胖的原因，除了飲食習慣不佳及運動不足以外，缺乏睡眠也是主要的因素，而且時常遭到民眾低估或忽視。

因網路盛行，兒童及青少年學童，經常沉迷上網，導致肥胖人口逐漸增加（睡少、動少、吃多）。經調查發現，美國肥胖人口逐漸增加，同

時期也相對出現睡眠時間日益減少，經查與食慾有關的兩種荷爾蒙的作用有關，當人體缺乏睡眠時（如連續二天只睡 4 小時以下），瘦體素便會因此減少 18% 的分泌，而增加食慾的葛瑞林卻會增加 28%，於是導致兒童攝取高油及高糖食物，造成肥胖。這兩種與食慾有關的荷爾蒙中，葛瑞林（Grehlin）負責製造飢餓感覺、降低新陳代謝及燃燒體脂肪；另外一種荷爾蒙瘦體素（Leptin），係由脂肪組織產生，主要負責調節脂肪儲存量。父母因為不耐嬰幼兒吵鬧而延後睡眠時間實是不當的做法，此時建議可改採製造良好睡眠環境，如好的隔音環境與適眠的燈光設備，最好的情況是父母親能配合幼兒的睡眠時間。

■疾病

因為內分泌失調引起腎上腺疾病或甲狀腺功能低下，下視丘破壞引起無飽食感而討厭攝食過量，這些都有可能造成肥胖：

1. 內分泌功能失調：如生長激素缺乏症（Growth Hormone Deficiency）、下視丘症候群（Hypothalamic Syndrome）、及腦下垂體功能低下等。

2. 下視丘疾病：如嬰幼兒因下視丘受到意外傷害或因腦瘤而傷及飽食中樞。

3. 藥物：如使用類固醇等藥物。

4. 染色體異常：如唐氏症。

5. 新陳代謝障礙：如幼兒第一型糖尿病等。

■熱量需要的改變

當熱量的消耗小於熱量的攝取時，體重便會增加。而身體的熱量消耗主要有三種：**基礎代謝、生理活動量、食物熱效應**（Thermogenesis），只要其中任何一種降低，都可能導致肥胖：

1. 基礎代謝率（Basal Metabolic Rate, BMR）：基礎代謝率愈低者，愈

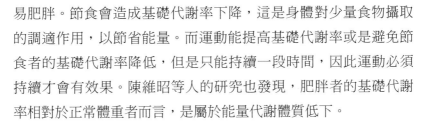

易肥胖。節食會造成基礎代謝率下降，這是身體對少量食物攝取的調適作用，以節省能量。而運動能提高基礎代謝率或是避免節食者的基礎代謝率降低，但是只能持續一段時間，因此運動必須持續才會有效果。陳維昭等人的研究也發現，肥胖者的基礎代謝率相對於正常體重者而言，是屬於能量代謝體質低下。

2. 生理活動量：肥胖者比正常體重者少活動，這是就活動量而言，而非指能量的消耗量。肥胖者和正常體重者做同樣的身體活動時，會消耗比較多的能量。兒童肥胖被認為和看電視的時間有極大的關係，看電視的時間愈長，身體活動的時間就愈短，另外在看電視時，常吃些電視廣告中看到的高鹽、高糖的零食和飲料，這些都會引起肥胖。

3. 食物的產熱效應（Diet-Induced Thermogenesis, DIT）：食物攝取會增加產熱作用，而醣類食物的產熱作用大於高脂肪食物（高脂食物產熱作用較小，消耗的熱量也少）；此又稱為特殊動力作用（Specific Dynamic Action, SDA）。以下為產熱作用率：

(1) 蛋白質（protein）產熱作用：30%。

(2) 脂肪（fat）：4% 至 14%。

(3) 碳水化合物（CHO）：6% 至 7%。

(4) 綜合食物（mixed food）：6% 至 10%。

4. 神經傳導物質：有學者指出，季節性情緒異常者是因為腦中血清張力素（Serotonin）產生的傳導功能障礙，造成猛吃醣類食物而導致肥胖，當然，有些肥胖者可能確實如此，因為血清張力素是和對醣類食物的食慾有關，要是沒有足夠的血清張力素刺激腦部時，就會出現猛吃醣類的行為。

5. 攝食型態固化：人們先天上就喜好甜味及鹹味，且由經驗中人們學習喜好高熱量的食物。這在食物缺乏的時候，是一種生存的本能，但是處於現代工業化的社會，大量過甜、過鹹及高熱量的食

物，如西式速食、飲料、休閒食品、糕餅點心、零食等到處充斥，價格又不貴，再加上喜好，自然會增加攝取量，尤其是幼兒更是如此。此外，甜味更會促進幼兒的食慾。

6. 對外界刺激的反應：肥胖者對外界刺激較敏感，而對內在刺激較不敏感。當食物變得較醒目、較味美或較易獲得時，肥胖者便會多吃些，而體重正常者則不會。如果先吃下一些食物，對肥胖者隨後一餐的進食量並沒有影響，而體重正常者則會減少其進食量。

7. 其他因素：

    (1) 電視遊戲（指不運動的電玩）：這往往是兒童肥胖的主要原因之一。

    (2) 吃東西時的速度太快。

(三)幼兒肥胖及脂肪細胞數目

■脂肪細胞數目

脂肪細胞數目增加期好發於胎兒期、幼兒期（一至四歲）及青春前期（七至十二歲）；因此當這些時期變胖時，嬰幼兒的脂肪細胞數目，將會因此快速增加，至於會發生脂肪細胞體積增大的狀況，則是產後肥胖、成人肥胖及老年肥胖。

一旦脂肪細胞數目增加後，日後的減重便只能將脂肪細胞變小，脂肪細胞並不會因此不見；成人的身體，大約有 300 億個脂肪細胞（肥胖者可能高達 950 億個以上），具有儲存能量的功能；每個脂肪細胞之中，都含有三酸甘油脂，即俗稱的脂肪球；當脂肪細胞的脂肪球數量增多變大時，脂肪細胞的體積就會因此變大，造成肥胖；反之，當熱量攝取不足時，身體就會開始燃燒三酸甘油脂，脂肪細胞因此萎縮變小而變瘦。正常情形下，脂肪細胞的數目到了青春期以後就不會再增加（除非是病態性肥胖）。

肥胖是脂肪細胞數目變多及變大所致，因此嬰幼兒必須儘量避免肥

胖，才能將脂肪細胞數目，維持在適當量的範圍內。

◼體脂肪

體脂肪又區分為皮下脂肪及內臟脂肪。**皮下脂肪**係囤積在皮膚下面的皮下組織，一般可以利用儀器測量厚度，以確認肥胖程度；目前腹部肥胖、血壓、空腹血糖值、高密度酯蛋白膽固醇及三酸甘油脂等五項危險因子，屬於判定是否罹患代謝症候群的標準，其中腹部肥胖部分，男性假如超過 90 公分、女性超過 80 公分，便是屬於代謝症候群的高危險群；而**內臟脂肪**，是指附著在腹部或胃腸周圍的脂肪組織，負責支撐及固定內臟；內臟脂肪是內臟周圍的脂肪組織，一旦囤積過多，就會導致內臟脂肪肥胖，而內臟脂肪因為容易釋出游離脂肪酸，導致發生胰島素組抗，造成患者易罹患脂肪肝、高血壓、糖尿病、高血脂症及心血管疾病。

常見的**蘋果型肥胖**就是屬於內臟脂肪增加型，而女性常見的下半身肥胖，則屬於皮下脂肪增加型，又稱為**梨型肥胖**。研究顯示，三分之一的國人普遍欠缺營養及健康知識，不知道什麼是脂肪肝，41% 以為只要抽血就可以驗出脂肪肝，其實這是錯誤的觀念，脂肪肝是需要利用超音波掃瞄才能發現，87% 的網路族，認為罹患脂肪肝，可以吃藥治療（其實目前仍沒有藥物可以治療脂肪肝）；而 2005 年的調查發現，上班族中有 40% 罹患脂肪肝，2006 年則增加至 51%。

(四)肥胖型嬰幼兒減重時的熱量問題

針對嬰幼兒限制熱量時，須考量到將來有可能會影響到其生長及中樞神經系統之發育，因此對於肥胖住院兒童，仍需營養支持者，必須注意到能量攝取量不能減少；重點則是要注意不要過度餵食，以避免增加肥胖。對於住院之肥胖型兒童的熱量需求之設計，只要設計為一般兒童的三分之二即可滿足所需，但減輕體重並非罹患急病或住院治療肥胖兒童的主要治療目標，故應根據實際重量設計熱量，一般使用理想標準體重（值對於肥胖者而言，相對比較低）進行設計，且不宜限制熱量過嚴。

三、其他問題

(一)嬰幼兒乳糖不耐症的問題

　　有些人一喝下牛奶以後，就會發生拉肚子的症狀，俗稱牛奶過敏；事實上又可以分為牛奶蛋白過敏及乳糖不耐症（Lactose Intolerance）。一般對於**牛奶蛋白過敏**的患者，經常會合併發生其他過敏反應疾病，如哮喘、過敏性鼻炎及異位性皮膚炎等；而**乳糖不耐症**的患者，則症狀多半只有腸胃道不適，其主要病因是因為小腸的製造乳糖酶不足（乳糖酶可將屬於雙醣的乳糖，分解成為兩個單醣半乳糖及葡萄糖），造成無法完全消化食用的乳糖，而牛奶因為含有乳糖（母奶中約含 7%、牛奶約 5%，因為乳糖之甜度比蔗糖低，因此喝鮮奶時比較不會覺得有甜味），因此當未消化的乳糖抵達大腸之後，會被大腸中的細菌予以發酵分解，產生大量短鏈脂肪酸（乳酸）、其他有機酸及氣體（二氧化碳），造成大腸成為高滲透壓狀態，於是吸入大量水分，而產生噁心、腹瀉、腹脹、腹絞痛，及頻頻放屁的乳糖不耐症狀。

　　臨床上關於乳糖不耐症的測驗，可以透過乳糖耐受測驗（Lactose Tolerance Test）、氫氣呼出測驗（Hydrogen Breath Test），及糞便酸性測驗（Stool Acidity Test）等方式進行診斷；當診斷確定為乳糖不耐時，嬰兒應該立即更改食用不含乳糖配方的嬰兒配方奶，否則將因為持續發生經常性的急慢性腹瀉，影響到嬰兒的發育與健康。

　　除了牛奶以外，其他含有高乳糖的食物還包括糖果、麵包、玉米濃湯、沙拉醬、餅乾、冰淇淋、奶昔、奶油及起酥等；乳糖不耐症患者，可能會因為限制食用奶類食物，導致鈣質攝取不夠，需要特別注意補充其他高鈣食物；而改善乳糖不耐症的方法，一開始時建議不要立刻放棄乳品，可以先嘗試以下方法：

　　1.選用低（無）乳糖奶粉：目前市售低（無）乳糖奶粉，除將乳糖

減量以外，其餘營養成分與一般奶粉並無太大之差異，建議輕微
乳糖不耐患者可以選用。

2. 利用發酵乳替代鮮奶：如優酪乳中有 20% 至 30% 的乳糖，已經遭
到分解，且含活菌的優酪乳可產生分解乳糖的酵素。食用發酵乳
一般較少產生乳糖不耐症狀。

3. 使用其他乳製品代替鮮奶：如起司、冰淇淋及奶昔等，這些食物
雖然仍有乳糖，但有些人對於這些食物的耐受度比較高，因此可
以建議找出適合的種類及可耐受量，以為替代。

4. 服用乳酸菌製劑：幫助消化。

5. 少量多餐：先由少量開始，以刺激乳糖酶的產生。多數人在採用
慢慢少量的飲用方式後，就不會產生不舒服的感覺。

6. 避免空腹喝牛奶：與其他食物一起進食，因為緩慢消化之過程，
較可以減輕不適感。

(二)早產兒營養問題

早產兒常會生長遲緩，但多半日後會趕上，因此不宜以一般的生長
曲線來評估是否生長遲緩；早產兒的生長發育，通常會較足月產的嬰兒略
慢，需到等到一至二歲以後，才會趕上。

出生體重低於 1,250 公克之早產兒飲食，建議宜盡早建立腸道營養餵
食。研究發現腸道營養餵食可降低晚發性敗血症、肝功能不良、生長遲緩
及避免礦物質缺乏、壞死性腸炎及胃腸道不成熟。實驗發現，使用早產兒
配方可促進生長及骨骼鈣化；因此對於早產兒，特別需要慎重選擇適當之
配方及營養品；出院以後，則建議使用早產出院配方（相對正常配方），
以改善成長及骨骼鈣化，一般建議使用直到九個月大，再轉換成一般配
方。

早產兒需要較高量的蛋白質及電解質，因為早產兒的需求特殊，高
蛋白質及電解質相當適合早產兒所需，因為即使是母乳也無法滿足早產嬰

兒之所需，目前市場上已經開發出商業母乳強化產品，適合補充早產兒之養分攝取，醫院的早產兒配方與正常嬰兒配方比較，其中之差異僅在於碳水化合物及脂肪量不同。

第三節　嬰幼兒營養支持

　　國民健康局研究「嬰兒糞便顏色識別卡」，藉著觀察嬰兒糞便顏色之變化，以期早期診斷出是否罹患膽道閉鎖與膽汁滯流症等疾病，以新生兒黃疸為例，屬於新生兒相當常見的疾病，而如果沒有早期治療，很可能會因此造成肝硬化；因此國民健康局，希望家長每天觀察嬰兒的大便顏色，如果發現大便顏色不正常時，則立即送醫診治，以降低對肝臟的傷害。

　　醫學上其實並沒有所謂的「宿便」這個名詞，近年來因為坊間出現了各種另類療法（如大腸水療等），這些單位或是機構為了讓社會大眾易於瞭解與接受，於是創造出了各種似是而非的名詞，宿便即是其中之一。所謂的**宿便**，係指囤積於小腸絨毛及大腸粘膜上的老舊廢物，由於大腸除提供消化後廢棄物之排除以外，還負責回收水分，其中共生的益生菌，還會幫忙製造身體所必需的維生素；大腸除了隨時進行小蠕動外，每當進食時，食物進入胃部後，會引發胃結腸反射（Gastrocolic Reflex），引起大腸發出較強蠕動波，而將食物往下推，當內容物被推入直腸時，就會引發便意；因此除了少數病態外，大腸的內容物由於屬於一直在移動的狀態，因此理論上並不會有所謂的宿便；即使在通過大腸時，有部分少許推測可能會卡在腸粘膜上，但是也將只是暫時的；因為大腸粘膜細胞，每天會不斷更新（新的長出，舊的剝落），因此即使有宿便，也會因此不斷的脫落，不會有糞便長期卡在大腸粘膜；因此理論上的宿便是不存在的。

　　一般嬰兒每天的排便次數較幼兒要多，有的甚至高達 1 天 5 至 6 次，或 7 至 8 次，如果糞便軟硬適中，均屬正常。**嬰兒糞便顏色**，是研判

是否生病的重要資訊；出生後第一天解出的大便，稱為**胎便**，其顏色為深墨色；2 至 5 天後顏色逐漸轉淡，之後大便顏色轉為綠黃或金黃色，稱為**奶便**；而喝母奶的嬰兒，其糞便一般是屬於金黃色或淡綠色；而食用嬰兒配方奶者，則是黃色或墨綠色。以下是利用嬰幼兒的糞便來進行健康與營養狀況的判別技巧：

1. **糞便黏稠度與硬度**：這是判斷幼兒腹瀉或便秘的主要依據。糞便的黏稠或硬度，約可概略分成七級：硬、軟、稠、糊、黏、稀、水；愈接近水級，則相對腹痛的程度將愈厲害。

2. **糞便的顏色**：要注意的是糞便的顏色中有幾種顏色，是代表一定是不正常的，那就是：黑色、紅色及灰白色；如果產生很深的青綠色，又黏又稀，有可能是罹患生病菌性腸炎；如果有血絲便，則代表罹患典型沙門氏菌腸炎。以下是顏色的說明：

(1) 解出深黑色糞便：排便解出類似柏油或瀝青般的大量黑色，且有黏性臭味的糞便，通常會連續解好幾次，或長達好幾天；黑便通常代表上消化道出血，不過如果是小腸或右半結（大）腸的出血，也可能會產生黑便。一般上消化道出血，其量要達到 100 至 200 毫升時，才會出現黑便，故一次嚴重出血後，黑便就有可能持續數日之久，但並不一定是持續性出血。上消化道出血，常見原因以消化性潰瘍出血最多，其中又以十二指腸潰瘍較多、胃潰瘍出血次之。糞便顏色，如果屬於鮮紅色時，多半代表下消化道出血，尤其是接近直腸或肛門附近的病變；而紫黑色糞便，則是代表上消化道出血，但是臨床仍然偶有例外，例如當上消化道快速大量出血時，也可能會因此排出鮮紅的血液；而下消化道出血，如果屬於緩慢出血時，也可能出現紫黑色糞便。流鼻血如果將血液吞入胃腸道，也會造成黑便；如果顏色屬於軟黑色，一般是上消化道出血；而當發生軟黑加上如瀝青般閃閃發亮狀況時，則往往代表體內之出血量，已經

超過 500 毫升，建議立刻掛急診治療。

(2) 紅色糞便：大部分代表胃腸道出血；不過需要參考硬度，如果是硬黑便，則可能只是便祕；而顏色如果愈鮮紅，則代表胃腸道出血，且出血位置很接近肛門或大腸；磚紅或像草莓汁般的顏色，則可能是大腸炎（靠近盲腸附近的大腸炎）等；另外要注意，當攝取火龍果、小番茄、豬血糕，或是服用鐵劑的病童，大便也會呈現紅色或黑色。而解出鮮紅色糞便多半是因為下消化道（空腸、迴腸、盲腸、大腸及直腸）出血，原因則以痔瘡出血、大腸直腸息肉、腫瘤及憩室出血較多。

(3) 灰白色：一般代表肝臟或膽囊發生問題；主要可能原因是脂肪無法順利消化所致，因為膽紅素（紅血球的血色素破壞分解後之產物）運送到肝臟後，會由肝內細胞吸收，交由膽小管借膽道釋出，然後經過十二指腸、空腸、迴腸及大腸，最後自糞便排出；其中膽紅素經過多重化學變化，使得糞便可能因此產生金黃色、土黃色、咖啡色及墨綠色等不同顏色；而當膽紅素無法從肝、膽順利釋出時（如膽結石、膽道發炎、胰臟炎、肝發炎），糞便也將失去顏色，變為淡黃、淡白，甚至灰白色。

(4) 白藍色：應該是食用檢查藥物所導致。

(5) 綠色：多為食用蔬菜所致。

嬰幼兒一旦住院，多受到疾病和生理不適等因素之影響，導致於住院過程中發生營養不良，這一直是兒科普遍的問題，而使用管灌餵食的病童，發生問題的機率及嚴重性，則更相對增高。研究結果發現，除了因為採用管灌餵食時，患者缺乏自主性及選擇權，可能攝食不均衡以外，還有疾病、傷口、藥物使用及日常活動功能等因素，這些均會影響到病童的營養狀況。

研究指出，住院病童發生營養不良的情形中，以血清白蛋白值降低的營養不良患者，發生感染及併發症的機會較高，也會進而增加致死率及

死亡率。而同時服用多種藥物的病童，愈容易營養不良，且服藥量愈多，往往營養狀況就愈差。一般最理想的營養支持方式，是符合正常生理途徑的方式，即經口飲食；病童如果因為創傷、食慾不佳及手術等因素而無法採用經口進食，以至於無法達到每日營養需要量時，就必須改用管灌餵食方式，以補足患者的營養（若因腸阻塞或其他因素，導致無法進行腸道營養時，才會採用靜脈營養方式來補足患者所需之營養）。

一、嬰幼兒營養支持計畫

透過適當的營養篩選工具進行營養篩選之目的，是希望瞭解嬰幼兒住院時的實際營養狀況，希望早期發現嬰幼兒的營養不良問題，或辨識出潛在的營養不良危險性，以期能夠透過早期營養支持的介入，解決營養不良問題。也就是希望以快速有效的方式，找出並確認已經發生營養問題的嬰幼兒；因此透過營養篩選過程可以找出發生營養不良的嬰幼兒高危險群患者，儘早給予適當的營養支持，適時的營養介入已經證實對於嬰幼兒之預後，有正面的影響與利益。

在國外，有些研究建議在門診就可以為嬰幼兒進行全面性的營養評估，當一發現嬰幼兒如果已經有體弱等問題時，立即辦理入院接受治療，這種方式屬於主動積極的作法，較現行一般等到嬰幼兒發生急性疾病，再進行營養評估的方式，當然更具有預防性之效果。因此，為瞭解嬰幼兒的營養狀況，醫院需制定照顧嬰幼兒營養的政策及流程，以期透過營養篩選工具，定期檢查嬰幼兒的營養狀況，在不同住院照護過程中，適時提供改善患者營養狀況的建議與對策。

(一)營養評估

嬰幼兒生病時所需之各營養素係依據第 2 章的程序進行設計，而設計其營養支持過程則是先進行營養篩選（Nutrition Screen），工具包括營

養不良通用篩檢工具（Malnutrition Universal Screening Tool, MUST）、主觀整體營養評估（Subjective Global Assessment, SGA），及迷你營養評估量表（Mini Nutritional Assessment, MNA）等。

不論使用營養不良通用篩檢工具、主觀整體營養評估或迷你營養評估量表，均只是屬於初步簡單的營養狀況評估工具，當使用這些營養工具判定嬰幼兒屬於營養不良的高危險群時，營養師會改使用正式的營養評估表格進行營養診斷，後續再依據營養診斷結果提供營養支持，並以 SOAP（Subjective, Objective, Assessment, and Plan）、POMR（Problem Oriented Medical Record）或其他類似方式，記錄於病歷上，目前營養師對於病歷之書寫，大部分仍以 SOAP 方式為主。

正式營養診斷，以**體重過輕**（Underweight）為例，其定義係指二至十八歲發育中的孩童，其 BMI 小於等於各年齡層的第十五百分位者；而透過理學檢查發現（Physical Examination Findings）患者會有體瘦、缺乏脂肪症狀；當透過飲食／營養紀錄（Diet / Nutrition History）則可能發現，患者會有食物攝取量較建議量低、食物供應不足、節食、不良的飲食流行時尚、長期飢餓、拒絕進食與活動量過大等情況。營養診斷以後，會將理學檢查、飲食／營養紀錄，再與生化檢驗資料、體位測量等資料（如果有做的話），利用 SOAP 等型式詳細填載於病歷之中。而以上營養評估過程所使用的方法，則可以使用營養評估 ABCDEF 來簡述。

■ SOAP 營養評估計畫

SOAP 營養評估計畫是利用不同主觀及客觀的資料與方法進行評估；其中，S 代表示主觀（Subjective），係主觀的觀察患者的情況與其他可能罹患疾病的徵候，方法則透過病歷查閱患者的社會經濟狀況、飲食歷史及臨床症狀等；O 則表示客觀（Objective），客觀測量主觀的觀察，如人體測量學、生化檢驗、免疫學等資料來加以評估與確認；A 是評估（Assessment），若評估指出患者須做進一步營養補充及營養照護時，而為了瞭解評估營養治療的有效性，必須進行短期性追蹤，這就是計畫 P

（Plan）。

　　將營養評估的內容記錄於病歷上，整理成 SOAP 格式記載的營養照顧紀錄表，將可以提供其他相關醫護人員，得知病童的營養評估及營養支持計畫，可達成協調營養照護小組人員間的整體合作關係。將詢問嬰幼兒（或照護者）所得到的相關主觀及客觀資料，或臨床、檢驗資料，加以評估後，進行營養支持計畫。一般營養師在病歷上，會將營養會診後營養評估結果的記載以 SOAP 方式呈現；因此練習將 SOAP 寫好，屬於臨床營養師的基礎技巧，唯有懂得如何確實做好「營養評估」，才能掌握患者最正確的訊息，並據以提供嬰幼兒最適當的飲食指導。

■營養評估 ABCDEF

　　ABCDEF 屬於常用的營養評估方式，分別代表：

1. A 為體位測量（Anthropometric Measurement）。
2. B 為生化檢驗資料（Biochemical Data）。
3. C 為臨床檢測（Clinical Examination）。
4. D 為飲食／營養紀錄（Diet / Nutrition History）。
5. E 為心理或情緒評估（Emotional Status）。
6. F 則指功能狀況評估（Functional Assessment）。

　　截至目前為止，ABCDEF 中的諸多方法，並沒有單一的營養評估指標可以完全確實反應出嬰幼兒在不同時期的各種營養狀況，因此究竟要選擇哪一種營養評估指標，仍須依據個別的嬰幼兒狀況而定。亦即嬰幼兒的營養狀況評估應該以各種可信且互補的方式進行，而非僅採取單一方式，因為實務上並沒有任何一種單一測量方式可以完整評估出嬰幼兒的營養狀態，仍需要透過患者熱量和蛋白質攝取量、臟器蛋白質、肌肉質量、其他身體組成質量，及身體功能狀況等的各種測量方式，才可確切瞭解患者現行的營養狀況。

(二)營養支持

進行了上述的營養評估以後，後續須提出營養支持計畫，其中包括每日熱量及個體營養素需求及其供應方式。一般營養供應將以腸道營養為優先採用的供應方式，如果患者因為腸道等疾病問題（如持續發生頑固性腹瀉），而無法採用腸道營養時，才會改為靜脈營養補充營養。採用靜脈營養時，如果是屬於短期，一般以採用周邊靜脈營養的方式即可，長期則採用中央靜脈營養方式；基於為使嬰幼兒的腸道正常發展，使用靜脈營養期間，仍宜不斷嘗試恢復腸道營養的可能性。

腸道營養支持必須配合病童的病情，選擇或調整部分適合之營養成分，以符合臨床醫療之需，幫助患者改善營養不良的狀況。大於三十二至三十四週的嬰兒，當沒有罹患呼吸疾病時，一般會使用乳瓶餵食；由鼻胃或鼻腸管之腸道餵食，常使用於早產兒加護病房（Neonatal Intensive-Care Unit, NICU，指少於三十二至三十四週的胎齡的新生兒）、衰弱或重症病危者。

二、腸道營養

患者獲得營養之方式，主要分為腸道營養（Enteral Nutrition）及非腸道營養（Parenteral Nutrition）。**腸道營養**，除了一般經口進食方式以外，當無法由口進食或進食量不足時，利用將食物以流質型態，插管灌入患者胃腸道中的給食方式，稱為「管灌飲食」，屬於患者提供營養支持方式之一。管灌飲食依照供應途徑的不同，又可以分為插管法（如鼻胃管、鼻腸管）及造口術（如食道、胃及空腸造口）；如果依照給食方式之不同，則可以分為批式、間歇式、連續性及循環式灌食法。至於管灌飲食內容，除了使用天然的食物製作以外，目前市面也有許多商業產品，又可以區分為聚合配方、部分或完全水解配方及單元配方。

嬰幼兒管灌之使用，在臺灣比較不成熟也不普遍；當嬰幼兒的營養

及熱量不能經口餵食得到滿足時，便建議藉由腸道營養來加以提供。腸道營養的提供適用於慢性肺部疾病、囊性纖維化、先天性心臟病、消化道疾病功能不良、腎臟病、高代謝狀態、嚴重創傷、神經系統疾病及其他。母奶一直被認為是最最理想的食物，但嬰兒發生臥病、不成熟及耗弱，而無法直接餵哺母乳或配方奶時，則可使用灌食；另外，一般嬰兒不建議食用捐贈母奶（其他母親的奶），因為可能會成為傳播愛滋病毒或其他傳染性病毒的工具；當母奶不適用時，建議一歲前嬰兒食用強化鐵質嬰兒配方奶，而各種嬰幼兒灌食之配方及適用狀況如下：

1. 母乳：適用於健康及罹病早產嬰兒及早產兒（強化營養素）；禁忌及注意事項為許多遺傳代謝疾病、產婦感染經奶傳染之微生物、產婦服用某些藥物。

2. 以牛奶為基礎添加鐵質之配方：適用於健康足月兒奶；禁忌及注意事項為牛乳蛋白耐受性、乳糖不耐症、臨床某些特殊產品合適度。

3. 牛奶為主之無乳糖配方：適用於乳糖酶缺乏／乳糖不耐症牛奶蛋白耐受性、半乳糖血症（Galactosemia，半乳糖殘留）。

4. 牛奶為基礎之低礦物質／電解質配方：適用於血鈣過少症／高磷血症／腎臟疾病牛奶蛋白不耐症；注意事項為屬低鐵配方，鐵質須由其他來源加以補充。

5. 以牛奶為基礎的 86% 中鏈三酸甘油酯（Medium-Chain Triglyceride, MCT）配方：適用於嚴重脂肪吸收不良及乳糜胸（Chylothorax）患者；禁忌及注意事項為如果需長時間使用時，必須監視必需脂肪酸缺乏與否。

6. 以牛奶為基礎的後續配方：適用於食用固體食物之較大嬰兒；禁忌及注意事項為嬰兒一歲以前，勿過度餵食，因為對嬰兒並沒有好處。

7. 以黃豆為基礎的配方——無牛奶及乳糖：適用於半乳糖血症、遺傳性或暫時性乳糖酶缺乏者、對牛奶有 IgE 介質過敏者、以素食為基礎的飲食等；禁忌及注意事項為出生體重小於 1,800 公克者（嬰兒出生時體重太少，代表許多器官發育不齊全，將難以承擔豆類所產生脹氣等副作用）、預防食用後絞痛或過敏、是否有牛奶蛋白引起的腸炎或腸病等。

8. 以黃豆為基礎的配方奶：適用於腹瀉病童；禁忌及注意事項為須注意是否有便秘的情形產生。

9. 酪蛋白水解液配方：適用於對於牛奶過敏、完整蛋白質過敏者；禁忌及注意事項為嬰幼兒對牛奶蛋白嚴重過敏者，可能會有乳清蛋白水解液配方的過敏反應發生。

10. 以氨基酸為基礎的配方：適用於因胃腸道或肝膽疾病產生的吸收不良。

11. 強化母乳（Human Milk Fortifiers, HMF）：適用於早產／低出生體重兒；禁忌及注意事項為屬低鐵配方，鐵質須由其他來源加以補充。

12. 早產兒配方：適用於早產／低出生體重兒。

13. 氨基酸及其他特殊配方：適用於遺傳代謝不全；禁忌及注意事項為由於疾病會導致營養來源不完全，因此需要醫療團隊先管理先天性代謝缺陷，再針對先天性代謝缺陷所導致缺乏的氨基酸或其他特殊營養素進行補充。

(一)一般（普通）飲食與治療飲食

一般（普遍）飲食，如果以食物質地及供餐型態，可以分為普通飲食、軟質飲食、剁碎飲食、流質飲食（包括清流飲食、全流飲食、半流飲食及冷流飲食）等；而治療飲食則分為糖尿飲食、高蛋白飲食、高纖飲食、高鈉飲食、高碘飲食、低碘飲食、低蛋白飲食、低纖飲食、低鈉飲

食、低油飲食、低普林飲食、溫和飲食、腎臟透析飲食、各種手術前後飲食及限水飲食等。如大部分的足月兒，應食用母乳或強化鐵質牛奶為基礎的嬰兒配方，而早產嬰兒則應食用母乳增強營養素或早產兒配方；生病或早產兒者，餵食最初幾天會以 20 卡／液體盎司速度開始，再根據嬰兒的病情，以每天 20 毫升／公斤速度持續增加。

(二)新生兒腸道營養併發症

新生兒生病採用腸道營養支持時，經常因此伴隨各種技術性問題，如胃腸道性、生長性、代謝性之併發症，因為先天器官與功能發育尚不齊全，所以腸胃之適應性比較差，易產生胃腸道性不適應所產生之併發症，而當吸收不好時易產生代謝性問題，吸收差則產生影響生長問題。生病的新生兒不能使用奶瓶餵食時，便需使用鼻胃管或鼻腸管來供應腸道營養，一旦決定使用管灌的方式餵食則須注意下列事項：

1. 管線的放置與長期置放問題：插管後需檢查管子置放位置，可藉聽診器及檢查抽出液體的 pH 值來確定放置的位置是否正確，一旦發生導管放置錯位，將導致養分傳輸出問題，造成肺部吸入異物或導致傾食症候群。而若長期置放鼻胃管，須考量鼻子充血或糜爛的可能性。

2. 餵食量的問題：專家認為當執行管灌之餵食量發生低於所需的90% 時，即是屬於餵食量不足（Underfeeding）。造成餵食量不足的原因最常見的是胃殘餘量過多；其次是鼻胃管脫落或移位。餵食量不足往往與人為因素有關，如住院期間的各類檢查，或加護病房的常規活動，如翻身及擦澡等，這些均會導致餵食中斷而導致餵食量不足。當餵食量高於所需的 110% 時，則屬於過度餵食（Overfeeding），常見於病情漸趨穩定但仍需要長時間臥床的病童，此時患者容易因此合併發生血糖過高的問題。

3. 鼻胃管材質的影響：鼻胃管臨床較常用的材質有聚氯乙烯

（Polyvinul Chloride, PVC）及矽化物（Silicon）等。PVC 材質的鼻胃管，如果長時間與消化液接觸，會容易變硬，故建議應每週更換一次；而矽質之鼻胃管，長期浸泡在管灌配方之中，除了會影響管路的完整性外，亦容易引起黴菌滋生，故一般建議一個月更換一次（由於更換管線之作業，對於患者來說也是一種折磨，故臨床上也有使用兩年以上者）。選用小而適當的軟管，可以降低鼻充血或糜爛的併發症，並避免胃或腸穿孔的風險（由於使用堅硬、不柔軟之管子所致）。

4. 導管移位問題：使用胃造口管主要常見的負面問題是導管移位。胃造口管移位的問題可藉牢牢固定管子的方式大大減少，或把管子進行標記，以方便檢測是否發生移位。

5. 藥物造成管子阻塞的問題：另外，餵食管也可能因為灌入粉碎的藥物而導致阻塞；至於餵食幫浦若發生故障，須考量可能是因為餵食物質供應過度或不足的問題。建議改使用液體藥品以為改善，並定期沖洗管子減少阻塞；新生兒之管子，應使用 1 毫升的空氣，代替水沖洗，以避免液體攝取過多。

雖然腸道營養比起周邊靜脈營養較少發生代謝性併發症的可能，但偶爾仍可見發生液體及電解質異常、血糖異常、營養缺乏，及代謝骨質疾病（於早產兒）等併發症，需特別予以注意。下面列舉新生兒腸道營養併發症進行探討：

1. 機械性合併症：放置鼻胃管所造成的機械性合併症，包括有鼻胃管滑脫、自拔鼻胃管、插管困難、鼻胃管阻塞、胃糜爛及出血等。

2. 壞死性腸炎：壞死性腸炎好發於新生兒族群，屬於常見的胃腸道急症，特點是腹脹、壓痛、腸壁積氣、血便、壞疽或腸穿孔、敗血症及休克；主要發生原因是因為早產，因為有大約 90% 的病例發生在此族群，研究發現，壞死性腸炎與腸道營養間有密切

的關係。另外，採用母乳餵食已證明可減少壞死性腸炎發病，或許是因為母乳含有免疫球蛋白（Immunoglobulins）、溶菌酶（Lysozyme）、巨噬細胞（Macrophages）及乙醯水解酶（Acetyl Hydrolase）等，具有免疫增強之作用所致；因此，罹患壞死性腸炎之新生兒制定的營養照護計畫中，腸道營養餵食之速率應維持小於每天每公斤體重 35 毫升，且新生兒應鼓勵餵食新鮮母乳。當確定嬰兒罹患壞死性腸炎時，應開始使用周邊靜脈營養，須注意發生腹瀉的情形可能與高滲透壓的灌食、餵食傳送速率、吸收不良、餵食受污染，及消化道感染等因素有關；另須考量長期灌食而未經口飲食所可能導致的口腔反感，宜透過早期及持續經口飲食之刺激，避免這種併發症。

3. 腸胃道合併症：最常見的腸胃道合併症，包括腹瀉、腹脹、便秘、胃排空能力減弱，而其中又以腹瀉最為常見；腹瀉則是指每天大於 3 次的稀便。而腹瀉可藉正確的配方篩選、濃縮配方，及準備藥物減至最低；腹瀉時可先降低餵食速度（請注意不是許多人採取的稀釋濃度，而是原濃度但是放慢速度）。纖維對於小於六歲之嬰兒，尚未被證明能夠有效治療腹瀉；不過，黃豆膳食纖維已經證明，在較大中至重症腹瀉及抗生素引起的腹瀉嬰兒，可以減少軟便。灌食時採用無菌技術可將污染配方之機率降至最低；取出之配方部分，打開以後應在 4 小時內食用完畢，否則即應丟棄；而可拋棄式腸道營養輸送設備（管灌管及緊固配件等），應改為每 24 小時更換，且不得重複使用。

灌食時使用非營養安撫性吸吮，有利於早產兒自管灌飲食過渡至使用奶瓶餵食，減少住院時間。臨床發現早產兒使用鼻胃管將比奶瓶哺育者，更容易轉為母乳哺育，因此餵食開始前，建議應先確定餵食管位置是否正確，當給與經管灌食時，藥物應以液態形式供應，以免造成塞管，腸道餵食（包括母乳）應使用無菌技術妥善處理及儲存，而灌食時應鼓勵使

用非營養性安撫性吮吸。

(三)嬰幼兒批式及連續灌食的速度與灌食量

當嬰兒無法經口飲食，如果預估期長達二至三個月時，應使用胃造口管，嬰幼兒無論是神經系統問題、或無法使用奶嘴餵食、或胃消化道畸形等，都是胃造口餵食的適用對象；餵食管可留置長達 3 天，或每次餵食後移除，並不會影響嬰兒體重增加或心肺狀態。嬰幼兒無論採用批式或連續性餵食，都可使用鼻胃管、鼻腸管或胃造口管。以下為注意事項：

1. 濃度方面：均為全濃度。
2. 初始灌食量或速度：批式灌食以 2.5 至 5 ml/kg/ 次開始；連續灌食則以 20 至 25 ml/kg/ 次開始
3. 每日餐次：均為五至八餐。
4. 增量建議及建議速度：批式灌食以每天增加 2.5 至 5 ml/kg/ 次至所需量開始；連續灌食則以每 12 至 24 小時增加 20 至 25 ml/kg/ 次至所需量開始。

早產兒管灌飲食施行建議如下：

1. 濃度方面：體重 < 1,000 克者，全濃度（20 或 24 kcal/oz）；而體重 1,000 至 1,500 g 者，全濃度（20 或 24 kcal/oz）開始。
2. 灌食量方面：體重 < 1,000 克者，10 至 20 mL/kg/ 次（先試無菌水，再用母乳或配方乳）；而體重 1,000 至 1,500 克者，20 至 30 ml/kg/ 次（先試無菌水，再用母乳或配方乳）。
3. 餐次：體重 < 1,000 克者，六至八餐以上；體重 1,000 至 1,500 克者，六至八餐以上。
4. 增量建議：體重 < 1,000 克者，10 至 20 ml/kg/ 次至需要量（約 110 至 130 kcal/kg/ 次）；而體重 1,000 至 1,500 克者，20 至 30 ml/kg/ 次至需要量（約 110 至 130 kcal/kg/d 次）。

5. 灌食方式：體重 < 1,000 克者，連續或批式（每次餵食時間需 15 至 20 分鐘以上）；而體重 1,000 至 1,500 克者，連續或批式（每次餵食時間需 15 至 20 分鐘以上）。

三、靜脈營養

靜脈營養（Parenteral Nutrition, PN），係指當患者不能經口進食，或已採用插管灌食方式，卻仍然無法獲得足夠營養素時，便必須藉由靜脈營養來補充提供身體所需之營養。靜脈營養依其供應途徑，可分為中央靜脈營養及周邊靜脈營養；而依營養需求之不同，可分為全靜脈營養及部分靜脈營養兩種。

靜脈營養屬於非腸道營養供應法，使用於嬰幼兒因罹患疾病等因素，導致身體無法進行腸道餵食時，作為維持營養需求時使用，如兒童慢性營養不良高風險群、罹患急症疾病或長時間手術後的恢復期等。使用周邊靜脈營養治療之目標，係為保持營養狀況及達成嬰幼兒身體增長平衡之所需。給予周邊靜脈營養，需要安置合適的靜脈裝置，以利安全輸送高滲透壓之液體，而為了滿足嬰幼兒及兒童高熱量的需求，必須使用高濃度周邊靜脈營養（PPN），一般用於局部營養補充，或作為治療患者等待中央靜脈營養前之過渡時間使用；如有長期需要營養補充，兒童通常都需要採用中央靜脈營養，如此一來，可能對兒科患者構成重大的技術挑戰及併發症，使用時必須注意留置靜脈導管之護理及保養、感染及機械併發症等所可能會造成的重大問題，不過極少有致死現象。

靜脈營養通常用於：

1. 早產兒：因為早產兒胃腸道不成熟，不適用腸道營養。
2. 嬰幼兒／兒童：預期長期須提供營養者，如罹患壞死性腸炎、胰腺炎或手術後者。
3. 兒科患者：沒有足夠的腸道營養吸收功能，如短腸症、腸偽阻塞

或化療後等。

(一)全靜脈營養

全靜脈營養（Total Parenteral Nutrition, TPN），或稱中央脈營養（Central Parenteral Nutrition, CPN），係指將完整配方的全靜脈輸液注入大靜脈的營養補充。全營養輸液屬於高張溶液，其滲透壓高達 1,700 至 2,200 mmol/L（毫／毫莫耳，屬於檢驗單位，醫學要求準確計量，因此會根據不同物質或狀況而使用不同的計量單位）。並不適用周邊靜脈輸注，而需經由鎖骨下、內頸或股骨靜脈施打，讓輸液可以直接進入上腔靜脈，以利用其大量血流，迅速稀釋高張溶液。

完整的靜脈輸液中，含有均衡的葡萄糖、氨基酸、維生素、礦物質及微量元素等溶液，以符合患者的營養需求；至於脂肪部分，由於油脂不能溶於水，因此大部分醫院，均以獨自供應的方式，輸注脂肪乳劑。一般當患者急需營養支持，或一星期以上無法經腸道進食，以達身體之正氮平衡（Positive Nitrogen Balance）時，會選擇以全靜脈營養來供給患者營養，這是利用身體大的靜脈進行輸送身體所需的營養素，通常位置為上腔靜脈，指的是從較粗的中央大靜脈進行輸送補給。全靜脈營養一樣是打點滴，但是血管則是選擇鎖骨下方、或上腔靜脈之鎖骨下靜脈、或頸靜脈等血管，又稱「中央靜脈」（central vein），因為這些血管的管徑較粗大、血液流速較快，血管壁對於高濃度及高滲透壓的營養輸液，耐受性較好，可使用高濃度營養製劑，如醣類（> 10% 葡萄糖）、脂質（Lipofat or Intrafat）等。

因為全靜脈營養屬於高濃度輸液，需加強全靜脈導管及人工血管的消毒工作，以避免細菌感染；若幼兒情況較穩定，或營養狀況改善，應立即改為腸道營養（灌食、流質飲食、軟質飲食或普通飲食等）。依據健保局的規定，要向健保局申請全靜脈營養注射及管灌飲食費用前，醫院必須成立營養支持小組始可申請。

全靜脈營養輸液，歷經二十幾年發展，對於一些無法由腸道獲得足夠營養的幼兒，經由靜脈營養可以獲得所需的熱量及所有的營養素，延續了很多危險幼兒的生命。

(二)周邊靜脈營養

周邊靜脈營養（Peripheral Parenteral Nutrition, PPN），或稱部分靜脈營養（Partial Parenteral Nutrition, PPN），係供應身體低濃度葡萄糖、氨基酸、電解質、水分或脂肪乳劑，主要是作為短期的營養補充使用，此類之溶液滲透壓，約小於 700 mmol/l，可以直接利用周邊靜脈注入人體，常被用來作為短期營養支持，與全靜脈營養比較，是屬於比較安全的營養支持方式。

一般對於患者之治療目標是希望手術後短期減少蛋白質損耗，避免負氮平衡時使用。係利用周邊靜脈注射的方式，進行營養素輸送，僅能使用低濃度、等張的營養製劑，如胺基酸、脂質或醣類（＜ 10% 葡萄糖），可注射葡萄糖、胺基酸液及脂質乳劑等。儘管周邊靜脈營養具有明顯的效益，但仍然存在著許多併發症（代謝性、感染性及機械性）發生於周邊靜脈營養使用後；因此對於每個患者在採用周邊靜脈營養支持前，營養師應衡量周邊靜脈營養的風險及好處；此外系統定期的代謝監測是有其必要性的。

開始使用周邊靜脈營養的最佳時間，係依據患童的基本營養、疾病狀況及年齡而定；有力證據顯示，很多住院患童往往會罹患兒童營養不良，約 18% 至 40% 的住院小兒外科患者，患有急性蛋白質熱量營養不良，而早產兒的熱量儲存，緊能供應 4 至 12 天；另有報告指出，對於高風險嬰兒，營養儲存耗盡有可能提早 4 天出現，故有顯著營養不良因子的早產兒或兒童，在手術後的 48 小時內，建議應使用周邊靜脈營養支持；年齡較大的兒童，因為已經具有儲備之能源，所以通常不需要靜脈營養，除非評估的營養不良期間將超出 7 天以上。有幾項的研究結果舉出，針對

急性疾病，愈早採用特殊營養支持，將有更好成效。

　　雖然有許多研究報告證實，長期使用靜脈營養具有保持增長及體重的能力，但要注意的是，導管的選擇需根據患者狀況及預期周邊靜脈營養治療時間，如採用短期（皮下）或永久（潛入或植入）的方式。當周邊靜脈營養時間預期將少於三個星期時，建議使用臨時性導管，永久性設備則應使用於預期更長的治療時間（大於三週）。曾有研究顯示，低速率的導管使用皮下出口易發生敗血症，因此務須注意風險與成效評估。導管的選擇方式主要是熱量的影響因素，因為周邊靜脈先天對於高滲透液適應不良，而血管的耐受性問題限制了供應足夠熱量的效果，研究發現，當周邊靜脈營養溶液滲透壓 > 600 mOsm 時，會有 100% 的周圍靜脈炎發病機率（即一定會發生靜脈炎，而一般的葡萄糖及電解質輸液的滲透壓，則將近 1,000 mOsm）。

　　靜脈暢通度一般是使用多普勒（Duplex）超音波或磁振造影（MRI）技術來作為評估，以順利完成周邊靜脈營養。小口徑導管的 PICC 線（周邊靜脈插入中央靜脈導管）因插入容易及有良好的耐受性，可降低手術相關併發症機率，而成為許多住院兒童的首選。至於使用周邊靜脈營養的注意事項如下：

1. 營養需求。
2. 基本代謝率。
3. 預期使用周邊靜脈營養期限。
4. 是否採用中央靜脈營養。
5. 最適當的置放設施及材質。
6. 併發症。

■ 周邊靜脈營養之機械性或技術性併發症

　　機械或複雜的技術性問題中，有關導管位置的相關問題包括有血栓形成、氣胸（Pneumothorax）、鎖骨下動脈損傷、氣體栓塞、乳糜管損

傷、導管栓塞、導管異位（Malposition）及導管阻塞等。

1. 血栓的形成：導管所造成的血栓之形成，機率有 0% 至 50%，很可能會導致局部導管故障、感染或死亡；潛在早期導管血栓形成之徵兆，是導管發生持續緩慢或沒有血液回流，使用溶栓劑（Thrombolytic Agents）可以有效溶解導管之血栓。

2. 鎖骨下動脈損傷：動脈如果遭到損傷穿刺後，將發生鮮紅回血，因此非常容易辨認鎖骨下動脈損傷。一般拔除針頭後，因為血管肌肉收縮，管壁針扎處很快的會封口，只有少數報告有發生併發症。

3. 氣體栓塞（Air Embolism）：大量氣體如果進入血管時，會發生氣體栓塞；根據研究，14 號靜脈導管於內外壓力差為 5 cmH$_2$O 時，1 秒鐘以內即可吸入 100 ml 的空氣。臨床則依實際吸入空氣數量之多寡而不同；嚴重者立即會出現心肺衰竭；而當空氣侵入體循環時，可能造成腦部之損傷；而侵入之空氣，約 15 至 30 分鐘會慢慢自體內被移出。

4. 乳糜管損傷（Thoracic Duct Injury）：開刀可能導致胸管遭到損傷，其中乳糜液流出，當產生乳糜胸時，建議改為食用無油飲食，或改食中鏈脂肪酸（MCT）取代一般脂肪，以減少淋巴流（Lymphatic Flow）產生，或改為使用 TPN 治療；如果經過四至六週的積極處理卻仍未癒合，則可以考慮手術治療。

5. 導管阻塞：導管血栓或溶液沉澱物阻塞管腔，將導致輸注困難，而有近 80% 的導管，都會產生導管阻塞或回血不良的狀況。

■感染性併發症

感染金黃色葡萄球菌、革蘭氏陰性菌及白色念珠菌，可能會致命，臨床上發生念珠菌感染的情形則比較不常見；周邊靜脈營養導管發生感染是屬於中央靜脈營養最常見的併發症，長期注射者發病率可高達 60%，

因此對於診斷導管發生感染及敗血症，需要特別提高警覺及注意，例如患者發生發燒及導管部位附近有紅斑等症狀時，且感染好發於植入式出口處，這是需特別予以注意的。

目前局部感染之定義為紅斑（Erythema）、壓痛（Tenderness）、硬化（Induration），或化膿（Purulence）出現於管線或周遭。表皮葡萄球菌（Staphylococcus Epidermidis）、金黃色葡萄球菌（Staphylococcus Aureus），及其它皮膚菌群，是造成患者全身性感染最常見的病原菌；腸球菌（Enterococcus）及腸道菌群（Enteric Flora）則是屬於最經常被分離出來的菌體；雖然不太常見，不過念珠菌（Candida）也是屬於重要的病原菌，須注意它的毒性較大、較不容易治療。

管線感染時通常需要移除導管，目前黃金標準治療導管相關性感染是將管線移除，然而因為許多管線，具有治療功用，因此臨床上應該儘量避免移除導管。新生兒、短腸患者及住院兒童，應執行預防格蘭氏陽性菌感染；在治療結束後，宜進行重複血液培養，以為確定；當臨床狀態發生惡化、抗生素治療失敗或導管除菌之治療失敗時，則必須移除導管。以下是導管的防範與處置：

1. 患者會採用全靜脈營養，而非腸道營養支持，通常代表已經處於營養不良狀態，由於長時間使用抗生素，再加上靜脈溶液本身也是細菌很好的培養液，因此容易感染；感染源雖然很多，但中央靜脈導管置放、導管護理及溶液調配不當等原因，均是造成感染之主因。

2. 導管感染防範處置：
   (1) 置放時，嚴格遵守無菌操作。
   (2) 皮膚穿刺部位，每 2 至 3 天換藥一次。
   (3) 每 48 小時更換靜脈注射管（IV Tubing）。
   (4) 儘量使用單腔導管（Single-Lumen）。

■代謝性問題

代謝不良會造成營養素之吸收及利用減少，而造成的因素包括：

1. 吸附作用：如維生素 A 被軟袋或導管吸附。
2. 光解反應：如色氨酸、蛋氨酸（Methionine）、組氨酸（Histidine）、維生素 A 及維生素 B_2，因為對光敏感，易因此而分解。
3. 營養素流失：如電解質及微量元素，因為使用利尿劑而流失，或使用藥物兩性黴素 B（Amphotericin B），而導致鉀離子流失。
4. 毒性物質產生：如脂肪乳劑及維生素製劑，易產生過氧化之產物。
5. 藥物及營養素之交互作用：如兩性黴素 B 及氯化鈉，產生沉澱物。
6. 營養素與營養素之交互作用：如磷的供給過少，甚至不供給，如果形成低磷血症，會進而續發成高鈣血症。

■高血糖問題

正常人使用靜脈營養時，每小時使用每公斤體重 0.5 克的葡萄糖，一般並不會造成高血糖，但是住院患者，卻因為合併潛在疾病，反而容易引起高血糖；高血糖會引起白血球功能異常（Leukocyte Dysfunction），甚至是 HHNK（高血糖高滲透性非酮酸血症）；一般正確的用法是先預估葡萄糖的需要量後，第一天先給半量，連續監測（每 8 小時監測 1 次）血糖後（< 200 mg/dl），第二天再以全量補充（但少於 5 至 7 mg/Kg/min）。

■低血糖

低血糖（Hypoglycemia）常出現於突然停止供應靜脈營養支持時發生，或者是注射胰島素過量；重症患者則因出現胰島素抗性（Insulin Resistance），因此必須使用較多的胰島素，才能控制血糖，而當病情獲得改善時，胰島素的用量就必須相對減少，否則就會因此造成低血糖。

■腸胃道併發症

如果新生兒一直提供靜脈營養，而沒有適時的經口餵食，將會導致

新生兒的腸道黏膜，因為缺乏食物的刺激，造成腸黏膜之發育停止，也因為腸胃道，必須維持其結構功能以免腸黏膜萎縮，導致細菌轉移侵入人體。長期使用全靜脈營養，會導致腸黏膜萎縮，由於長期缺少腸道營養物質之刺激，將使得胰臟及膽囊膽汁之分泌減少，須注意腸胃道併發症的風險。

問題與討論

一、如何避免嬰兒猝死症？

二、嬰幼兒發生肥胖的原因為何？

三、嬰幼兒是否適合食用素食，如果父母要採用素食時應如何避免營養
不良？

四、嬰幼兒採用營養支持之腸道營養時，短期與長期之策略有什麼不同？

Chapter 8

營養教育

學 習 目 標

■瞭解嬰幼兒營養教育方向
■明白嬰幼兒營養教育之資源來源
■瞭解幼稚園營養教育教學設計實務

前　言

　　日本政府為了配合 21 世紀的健康促進，訂有 "Healthy Japan 21"（這項名為「健康日本 21」的計畫是日本 21 世紀公布的「健康促進指引及食物平衡指南」，用來測量日人的飲食指南認知度，及日人對飲食知識、態度與行為方面的認知），其首項訂定的就是「營養與膳食」，分別就營養攝取、行為改變及環境營造等三方面，設計十四個子項指標，訂定出改進目標；反觀臺灣衛生署的「臺灣地區 2010 衛生指標」中，並沒有把改善營養不足列為改善指標，只作為脂肪攝取與肥胖控制的附屬措施，做法顯然不若日本政府般重視；而東京市政府提出改善營養方面的策略是 "Individuals Control their Health, Society Supports them"，認為均衡飲食是一個概念，係實踐之技能，並非生而知之，乃是必須習而得知的；因此針對國人之營養健康，建議政府宜提供科學實證之飲食原則，並且加強宣導工作，以打造有利營養管理的大環境，協助國人達成營養管理之目標。目前臺灣國民飲食原則的訂定，主要是由衛生署負責，並沒有明列幫助民眾自主學習的有效策略，且政府常用的宣導教育方式，都是使用傳統宣講知識之刻板方式，而非著重實際飲食營養技能之培養與練習；此外，臺灣尚欠缺整合、有系統及正確的官方營養教育資訊網頁供民眾查閱，使得相關的營養知識，分散在以醫療保健為訴求的健康網絡之中，或是在行銷產品的健康食品網站上，致營養知識經常被斷章取義、資訊分散而往往彼此矛盾。民眾們的營養知識來源雜亂無章，經常無助於實際生活之應用，以往由於欠缺人力進行完整且持續的教導，因此難以推行營養教育，但是目前透過網路資訊科技全面運用，只要好好予以規劃、整合及利用，應可克服民眾長期以來難以判斷正確的營養知識的問題。

　　以美國農業部（United States Department of Agriculture, USDA）設置的金字塔網頁為例（2010 年版的圖案改成餐盤，如圖 8-1），2005 年的

美國 2005 年的金字塔型國人飲食攝食建議

美國 2010 年的「我的餐盤」國人飲食攝食建議

圖 8-1　我的餐盤

資料來源：USDA's MyPlate（2011）。http://www.choosemyplate.gov，檢索日期：
　　　2011 年 10 月 14 日。

金字塔，使用橘色作為五穀類的代表，綠色則代表蔬菜，紅色代表水果，
黃色代表油脂，藍色代表乳製品，紫色為肉類及豆製品，平行方式表示每
類食物都很重要，而且都應該均衡與多樣化攝取。2011 年美國第一夫人
與農業部長一起公布「我的餐盤」。餐盤分蔬菜、水果、穀類及代表肉魚

豆蛋類食物的蛋白質。圓盤右上方之小碟子，代表乳製品。美國建議蔬菜水果的攝取量增加至餐盤一半，與穀類食物相當。一般認為金字塔太過複雜會造成混淆，無法提起興趣，而我的餐盤則讓人耳目一新，覺得不難做到，從而願意改變飲食行為，已經具備有非常強大的實務功能，民眾除了可以在線上執行「飲食評估」及「運動評估」以外，尚可利用其「飲食評估」，讓民眾可以從龐大的資料庫中，選出一天中所攝取的食物，然後進一步分析所攝取的食物，檢視是否合乎每日飲食指南？是否合乎金字塔飲食的建議？並將一天所攝取食物的營養素一一計算出來。

　　飲食營養係屬基本人權，營養管理是國民健康管理的基本生活技能，因此這種非營利性的投資應由政府負責，達到快速提升國民的營養管理技能。臺灣「國家癌症防治五年計畫」中說明「國際已有共識改變重醫療、輕預防的做法」，及「癌症初段預防，至少可以減少 30% 的癌症個案」等說法，已經證明初段預防的功效，而初段預防的策略包括健康生活型態與健康飲食；因此嬰幼兒之營養教育宜設計淺顯易懂方式，介紹營養基本概念，並深入瞭解幼兒生理心理特性、營養需求及營養問題，以生動及活潑的方式呈現；另外，可善加利用學校午餐時間，教導幼兒認識食物營養，鼓勵幼兒嘗試不同的食物，學習正確而實用的健康營養教育。

 第一節　嬰幼兒營養教育

　　針對嬰幼兒營養教育，重點是應量身訂做個人營養知識，並透過教育，讓幼兒學習均衡營養如何達成；除了認識食物營養素以外，還應教導如何評估自己的營養需求、得到各種食物營養素含量的資訊，及計算自己每日營養素的攝取量是否足夠；目前國內許多營養方面的研究，均已證實只要透過完整的營養教育，將可以有效改善受教者的飲食與營養行為；因此嬰幼兒的營養教育將確實影響其日後一輩子的健康飲食生活，政府宜儘早全面推動。

一、嬰幼兒營養教育問題探討

(一)我國學童營養問題

根據行政院衛生署及中研院所進行之「2001-2002 年國小學童營養健康狀況調查」結果顯示,臺灣國小學童的營養問題為:

1. 男生的熱量和多種營養素之攝取,均較女生高,維生素 C 除外。
2. 蛋白質、脂肪、醣類占總熱量的平均百分比約為 15% 至 16%、30% 至 31%、53% 至 54%,約有一半的人脂肪攝取過高,六成以上醣類太少,蛋白質及維生素 C 的攝取則均較充裕,平均值約為國人膳食營養素參考攝取量(以下簡稱參考攝取量)的 2 倍。
3. 膽固醇平均攝取量約 338 毫克,因此約有四分之一超過 400 毫克,一半女生、七成的男生超過 300 毫克。
4. 男生 PUFA(多元不飽和脂肪酸)和 MUFA(單元不飽和脂肪酸)較女生略低。
5. 鈣質約攝取 528 毫克,平均約 63% 參考攝取量,多數學童攝取低於參考攝取量,如牛奶的攝取平均每天約攝食 0.7 杯牛奶。山地兒童鈣的攝取總量則偏低,約 349 毫克,主要原因是奶類及蔬菜的攝取量均低,而山地兒童每天約只喝 0.2 杯牛奶。
6. 鐵質的攝取量,平均接近或超過參考攝取量,高年級男生、低年級女生約有三分之一、高年級女生一半,均不及建議的參考攝取量。
7. 鈉(鹽)之每日攝取量超過 10 公克。
8. 膳食纖維約 12 至 18 公克,八成學童每千卡不及 10 公克;國小學童過重盛行率約 15%,肥胖盛行率約 12%;也就是說,男童約每 3 人有 1 人體重過重或肥胖;女童約每 4 人有 1 人體重過重或肥胖。

綜合上述的結果顯示,臺灣學童的營養均呈現不均衡的現象,包括

攝取過多的肉、魚、蛋及豆類的情形，而主食類、蔬菜類及奶類，則攝取不足。

■身高體重

研究臺灣、上海及日本的嬰幼兒，發現臺灣出生至三個月嬰兒，生長狀況較佳，三個月至六個月彼此約略相等，但是六個月之後則漸漸比不上。臺灣嬰兒體重，在出生階段與先進國家大約相同，而且在六個月內的生長速度也相同；但是斷奶以後因為營養教育不足，導致所使用母奶的代用品，多半屬於葡萄糖糖水及稀飯等高碳水化合物等低蛋白質食物，造成供應蛋白質嚴重不足，而導致日後生長速度變慢，於是在一歲至二歲期間，體重開始比先進國家減少之結果。其實嬰兒六個月大以後，如果光僅依靠母奶之營養，本來就不足以供應生長發育之所需，而需要適當添加副食品，以補足生長所需，因此如何透過對於臺灣父母之營養教育，建議適當的補充奶粉或副食品，是非常重要的措施。

■偏食

調查發現臺灣高達六成的嬰幼兒偏食，雖然母親努力改正偏食的飲食習慣，但其中僅有兩成方法正確；而經常發生的錯誤改正方法，包括強迫嬰兒進食、聽信及使用非專業的建議與偏方、錯誤過量使用各種營養補充劑或高蛋白營養補充品，及任意自行調配配方等；因此而產生之後遺症包括營養攝取不均及部分營養攝取過量反而造成身體負荷過重，導致影響嬰幼兒之正常新陳代謝與消化吸收，進而影響其行為與智力發展。研究十二到三十三個月大的嬰兒，發現健康飲食組者的智能顯著高於偏食組。結果代表，偏食確實顯著影響嬰幼兒的學習能力、行為及智力發展。

■營養補充劑的使用

臺灣父母在營養補充劑（或添加物）的使用觀念方面，還須藉著教育給予導正。事實上，六個月前的嬰兒，其實很少需要補充開水、果汁或

其他食物，但是臺灣由於營養教育觀念不足與不正確，父母們望子成龍，總希望自己的孩子贏在起跑點，趕快超越其他孩子，快快長成大樹，造成許多父母自行購買與餵食營養補充劑（或添加物），卻不知嬰兒因為內臟器官發育尚不完全，提前餵食營養補充劑不但沒有幫助，反而造成嬰幼兒過多之負擔，而可能長期影響其日後之健康。

■蛀牙

蛀牙主要是因為睡前喝牛奶所導致，二歲前的嬰幼兒易在夜間因為飢餓感而哭鬧不睡，或是缺乏安全感而需在半夜喝奶，或是父母們怕吵直接以牛奶餵食而造成幼兒蛀牙的情形。

■營養教育不足

雖然臺灣目前的醫療專業人員均已瞭解及支持母乳哺育政策，但是往往因為營養教育訓練不足，導致無法適時注意問題及提供哺育家庭支持，所以當許多哺乳家庭發生問題時，就很容易因此改用母乳代用品（嬰兒配方）；加上社會大眾尚未習慣將母乳哺育當作常態，再加上現行哺乳的母親產假過短、及上班以後沒有適當哺擠乳時間與空間等因素；而外在方面，嬰兒配方公司為了增加業績，持續想盡各種方向，進行促銷及商業廣告，均影響母乳哺育政策之落實，而造成營養問題。相關之改善建議包括：

1. 將健康飲食之營養教育落實於生活中：父母應該在實際生活中提供幼童安靜及和諧的用餐環境，並且適度給予幼童正向的讚美及鼓勵，維持進食過程愉悅的氣氛；另外，當家長至市場採購食品或在烹飪過程之中，建議在安全狀況許可下，讓幼兒能夠適度參與，將有助於提升其進食意願及樂趣。此外薯條、洋芋片、炸雞及可樂等高油脂、高鹽分及高糖食物，則需要透過教育，及在食用同時搭配健康食材，以減少負面傷害。

2. 父母與幼兒一起用餐：當父母沒有陪同幼兒吃飯時，孩子往往會拿錢去玩電動玩具，或購買高熱量、高鹽份的垃圾食物，這些都會造成營養不均，致使許多重要生長營養素發生缺乏，不但影響學習能力，也影響到兒童日後智力、體能及其發育。

3. 相關保健工作者的教育訓練：例如家庭醫師、小兒科醫師、藥師及產兒科護士等，參與有關的營養衛生教育及訓練。所有提供家庭及幼兒健康服務的工作人員，包括醫學生在內，都應該接受營養教育等相關教育訓練。

4. 社區教育：定期舉辦推廣營養衛生教育，讓民眾更瞭解營養均衡對於健康的好處。

5. 將營養教育納入營養師之養成及持續在職教育訓練課程，讓營養師參與營養教育相關的研究。

綜上所述，由於學童不均衡的飲食型態會影響各種營養素的攝取，建議：(1) 家長輔導孩子認識食物種類及營養價值觀念，以養成均衡飲食的習慣為首要步驟；(2) 父母應為學童選擇適當的點心及飲料；(3) 臺灣學童在各種營養素攝取中，以鈣質攝取不足最嚴重，建議多攝取鈣質含量豐富的食物。

臺灣地區國小學童過重及肥胖盛行率皆有升高趨勢，此外有多種營養素呈現攝取不足及不均衡的現象。行政院衛生署公布之臺灣地區十大死亡原因中，包括惡性腫瘤、腦血管疾病、心臟疾病、糖尿病、慢性肝病及腎臟病等，皆屬於慢性疾病，病因都與日常飲食息息相關；國人種種慢性疾病及營養不均衡的現象，從小不良的飲食習慣，絕對是重要的原因，日後除影響個人外，亦對社會更產生了沉重的負擔；因此，先進國家政府公共政策，皆將營養教育視為疾病預防與健康促進的重要工作項目。

正確的飲食習慣，需從小建立，如何在兒童期建立良好的飲食習慣，學校責無旁貸，藉著專業（專職）營養師，在供應午餐的同時，配合實施飲食營養教育，成效最佳；因此，學校午餐教育是學校營養教育是否

能落實之重要關鍵。

(二)其它國家學童營養問題

世界各國的嬰幼兒都有不均衡、攝取過量及慢性疾病的現象，以美國飲食為例，其主要缺點是脂肪太多，其中總脂肪和飽和脂肪數量占總熱量太高的比例；其次則是攝取蛋白質及單醣等精製糖太多，而多醣類（來自五穀根莖類及蔬果）則明顯不足，造成嬰幼兒營養問題的根源，主要是因為食物種類過少，導致美國嬰幼兒有肥胖、偏食及過敏等營養問題。

■ 美 國

2011 年初，美國第一夫人為了預防幼兒肥胖，提出透過營養及運動來改善幼兒的健康。於是各中小學都開設農地菜園教導如何種菜，及分辨不同蔬菜營養成分，讓幼兒在實際生活與營養教育中，瞭解到有關蔬果的營養知識。另外再藉由專業的廚師深入研究幼兒飲食行為及營養教育，再向學生教導有關健康菜餚的烹調方式，以落實營養教育。而美國嬰幼兒的營養問題包括有：

1. 肥胖：幼兒的肥胖多導因於攝取過多熱量所造成，因此在飲食上建議低油、低糖、低鹽、高纖及高鈣，這並非成人專利，就連幼兒也應進行飲食上的調整。因為熱量攝取過多會造成營養過剩，間接刺激激素分泌導致性早熟，因此美國幼兒性早熟問題，主要原因是營養過剩，故建議自嬰幼兒起便建立好良好的健康飲食習慣，以奠定日後一生的健康基石，為國力奠基。

2. 過敏：在臺灣有人為避免幼兒過敏，於是希望移居到美國，以降低過敏發作機率；但現實狀況却正好相反，過敏在愈先進的國家，其發生率愈高，其中因素除了環境以外，尚有很大的因素來自於不當的飲食方式，故營養與飲食方面建議應遠離油炸食物，並建議以母乳哺育至一歲，因為新生嬰兒，比較容易對牛奶中的

蛋白產生過敏。

3. 偏食：如不喜歡攝取蔬菜等。

■日本

1. 偏食：日本一向被公認是屬於飲食最健康的國家之一，但是目前隨著受到西方速食等飲食之影響，日本嬰幼兒也受到偏食之困擾。調查顯示，在日本，漢堡、披薩及天婦羅（油炸日本料理）已經成為幼兒最喜歡的料理；而青椒、菠菜及白菜，則是幼兒最厭惡的蔬菜。為改善幼兒偏食與挑食狀況，日本政府當局開始透過小學家政課，推行營養教育及培養健康飲食習慣，同時也借助農場戶外教學進行體驗式教育，讓孩子實地接觸食物，透過聞、摸來真實感受食物，也利用公共廚房進行食物金字塔圖示之營養教導，讓幼兒認識基本營養素結構，然後再結合到菜市場或超市之購買行為，教導如何認識健康食品，然後老師及學生一同做菜及飲食，以教育如何健康攝取。

2. 不吃米飯：日本也受到西化飲食影響，正逐漸減少米飯之攝取，甚至有許多人開始拿麵包當主食。

3. 蛀牙：由於攝取可樂等含糖飲料增加，導致幼童蛀牙及增加現代疾病。

■中國

1. 幼兒性早熟：中國 2010 年廣州《羊城晚報》報導，中國孩子進入青春期之年齡，與十年前進行比較發現提前了兩年。幼兒性早熟發病率，也從過去十年前 0.5%，上升到 1.3%，增加 260%。廣州的性早熟狀況，則比十年前增加 3 到 4 倍，而且女孩性早熟問題比男孩還要嚴重。造成的原因包括環境、食品污染、營養過剩及視覺刺激等原因。專家認為食品加工過程中所添加之各種添加物，有可能是造成幼兒性早熟之主因。如動物飼料中添加太多激

素（荷爾蒙）；另外廣州人由於喜歡食用各種補品，而補品中含有許多激素，也可能因此造成幼兒性早熟。大陸因為有濫用添加劑的問題，食品中亂加很多添加物，因而在食用大陸製品時宜多加注意。

2. 高鹽：亞洲地區的日本飲食少鹽，而在大陸地區則嗜重鹽。過去臺灣飲食早年也是屬於重口味，但是近年受到不斷的營養教育，飲食習慣已稍有改變，不過由於外食人口增加，加上幼兒食用的加工零食增加，建議鹽（鈉）的攝取量仍需要進一步減少，尤其應該減少幼兒鹽份的攝取量。

3. 健康食品：嬰幼兒之鈣質攝取，只要採用母乳哺育或嬰兒配方，便沒有鈣質缺乏之問題；但是卻由於許多天才父母，亂買健康食品給嬰幼兒食用，反而因此發生鈣質「越補越缺」的特殊狀況。

4. 其他營養問題：包括營養攝取不均衡、零食吃太多、不吃主食、營養素不足及肥胖等。另外從大陸發生三聚氰胺事件，顯示出食品衛生安全方面需要進一步嚴格管控的問題；而由於大陸許多地方販賣不含蛋白質的黑心假奶粉，導致產生營養不良的大頭娃娃，加上幾乎每年都會爆發假奶粉事件，因此大陸或許更應該多鼓勵以母乳哺育嬰兒。

二、嬰幼兒營養教育建議

營養不均需要透過營養教育來矯正，**表** 8-1 至**表** 8-4 是行政院衛生署所公布的國人嬰幼兒膳食營養素建議攝取量，政府尚建議嬰幼兒健康飲食原則應包括：

1. 維持理想體重：維持理想體重可延長壽命，使身體強健減少疾病與衰弱。體重過重則會增加許多慢性疾病罹患機率，如高血壓、高血膽固醇、心臟疾病、中風、糖尿病、關節炎及某些癌症，因

表 8-1　國人嬰幼兒膳食營養素建議攝取量

營養素	身高		體重		熱量		蛋白質
單位（性別）	公分（cm）		公斤（kg）		大卡（kcal）		公克（g）
年齡（指足歲）	男	女	男	女	男	女	
0 至 6 月	61	60	6	6	100 ／公斤		2.3 ／公斤
7 至 12 月	72	70	9	8	90 ／公斤		2.1 ／公斤
1 至 3 歲	92	91	13	13			20
（稍低）					1,150	1,150	
（適度）					1,350	1,350	
4 至 6 歲	113	112	20	19			30
（稍低）					1,550	1,400	
（適度）					1,800	1,650	
7 至 9 歲	130	130	28	27			40
（稍低）					1,800	1,650	
（適度）					2,100	1,900	

註：1.「稍低、適度」表示嬰幼兒活動量之程度。
　　2.動物性蛋白在總蛋白質中的比例，一歲以下的嬰兒以占三分之二以上為宜。
資料來源：行政院衛生署（100 年修訂）。

　　幼兒罹患上述這些慢性疾病也有日漸上升的趨勢，長家應予以正
視。

2. 均衡攝食各類食物：日常飲食宜涵蓋六大類食物，攝取的營養素
種類才能全備足夠，且攝取量才足以滿足人體需求。當營養不
均，導致有些維生素與礦物質攝取不足時，將增加營養缺乏的危
險。

3. 三餐以五穀為主食：五穀類食物提供澱粉與膳食纖維等多醣類，
可以幫助維持血糖，保護肌肉與內臟器官的組織蛋白質，同時因
含有蛋白質、維生素及礦物質，其中的營養素種類豐富，並且沒
有膽固醇，油脂含量也低，非常適合作為每日飲食之主要基礎。
當嬰幼兒減少攝取五穀類食物時，由於飽足感不夠，或改食肉魚

表 8-2　國人嬰幼兒膳食營養素建議攝取量

營養素 年齡¹	維生素 A AI² 微克（μg RE³）		維生素 D⁴ AI² 微克（μg）		維生素 E AI² 毫克（mg α-TE⁵）		維生素 K AI² 微克（μg）		維生素 C 毫克（mg）		維生素 B₁ AI² 毫克（mg）		維生素 B₂ AI² 毫克（mg）	
單位	男	女	男	女	男	女	男	女	男	女	男	女	男	女
0 至 6 月	AI²=400	AI²=400	10	10	3		2.0		AI²=40	AI²=40	AI²=0.3	AI²=0.3	AI²=0.3	AI²=0.3
7 至 12 月	AI²=400	AI²=400	10	10	4		2.5		AI²=50	AI²=50	AI²=0.3	AI²=0.3	AI²=0.4	AI²=0.4
1 至 3 歲（稍低）（適度）	400		5		5		30		40		0.6		0.7	
4 至 6 歲（稍低）（適度）	400		5		6		55		50		0.9	0.8	1	0.9
7 至 9 歲（稍低）（適度）	400		5		8		55		60		1.0	0.9	1.2	1.0

註：1. 年齡係以足歲計算，而「稍低、適度」表示嬰幼兒活動量之程度。
2. 未標明 AI（足夠攝取量，Adequate Intakes）值者，即為建議攝取量值。
3. 視網醇當量（Retinol Equivalent, R.E）。1μg R.E.=1μg 視網醇（Retinol）=6μg β-胡蘿蔔素。
4. 維生素 D 係以維生素 D₃（Cholecalciferol）為計量標準：1μg=40 I.U. 維生素 D₃。
5. α-T.E.（α-Tocopherol Equivalent）即 α-生育醇當量。1mg α-T.E.=1mg α-Tocopherol。

資料來源：行政院衛生署（100 年修訂）。

表 8-3　國人嬰幼兒膳食營養素建議攝取量

營養素　　單位　年齡[1]	菸鹼素 (mg NE[3]) 男	女	維生素 B$_6$ (mg) 男	女	維生素 B$_{12}$ (μg) 男	女	葉酸 (μg) 男	女	膽素 AI[2] (mg) 男	女	生物素 AI[2] (μg) 男	女	泛酸 AI[2] (mg) 男	女
0 至 6 月	AI[2]=2		AI[2]=0.1		AI[2]=0.4		AI[2]=70		140		5.0		1.7	
7 至 12 月	AI[2]=4		AI[2]=0.3		AI[2]=0.6		AI[2]=85		160		6.5		1.8	
1 至 3 歲 (稍低)(適度)	9		0.5		0.9		170		180		9.0		2.0	
4 至 6 歲 (稍低)(適度)	12	11	0.6		1.2		200		220		12.0		2.5	
7 至 9 歲 (稍低)(適度)	14	12	0.8		1.5		250		280		16.0		3.0	

註：1. 年齡係以足歲計算，而「稍低、適度」表示嬰幼兒活動量之程度。

　　2. 未標明 AI（足夠攝取量，Adequate Intakes）值者，即為建議攝取量值。

　　3. 菸鹼素 之 NE 即代表菸鹼素當量（Niacin Equivalent）。菸鹼素包括菸鹼酸及菸鹼醯胺，總量以菸鹼素當量（NE）表示之。

資料來源：行政院衛生署（100 年修訂）。

表 8-4 國人嬰幼兒膳食營養素建議攝取量

營養素 單位 年齡[1]	鈣 AI[2] 毫克(mg) 男 / 女	磷 AI[2] 毫克(mg) 男 / 女	鎂 毫克(mg) 男 / 女	鐵 毫克(mg) 男 / 女	鋅 AI[2] 毫克(mg) 男 / 女	碘 微克(μg) 男 / 女	硒 微克(μg) 男 / 女	氟 AI[2] 毫克(mg) 男 / 女
0至6月	300	200	AI=25	7	5	AI[2]=110	AI[2]=15	0.1
7至12月	400	300	AI=70	10	5	AI[2]=130	AI[2]=20	0.4
1至3歲（稍低）（適度）	500	400	80	10	5	65	20	0.7
4至6歲（稍低）（適度）	600	500	120	10	5	90	25	1.0
7至9歲（稍低）（適度）	800	600	170	10	8	100	30	1.5

註:1. 年齡係以足歲計算,而「稍低、適度」表示嬰幼兒活動量之程度。

2. 未標明 AI（足夠攝取量 Adequate Intakes）值者,即為建議攝取量值。

資料來源:行政院衛生署（100 年修訂）。

蛋奶類食物，將因此增加油脂及膽固醇，導致熱量與血脂過高而難以控制。

4. 儘量選用高纖維食物：膳食纖維可以預防及治療便秘，促進腸道生理健康，減少罹患大腸癌的危險，還可幫助血糖與血脂的控制。

5. 飲食原則少油、少鹽及少糖：大多數的油脂與糖，都不屬於必需營養素，加上都有許多熱量，過量攝取勢必增加肥胖機率。油脂過量與血脂異常、心血管疾病及某些癌症相關；食鹽（高鈉鹽）會增加高血壓危險，也會增加鈣質的流失。

6. 多攝食鈣質豐富的食物：鈣質是骨骼的基本組成，充足的鈣質除可保障骨骼的成長，也增加骨質密度，有助於幼兒之生長；而鈣質攝取不足，將增加罹患佝僂症、高血壓及大腸癌之風險。

7. 多喝白開水：除了六個月以前的嬰兒一般不需補充水分外；水是屬於人體必需營養素之一，在體內參與體溫調節、消化吸收、營養素運送與代謝、代謝廢物之排除等重要生理功能。各種加工飲料，勿作為嬰幼兒水分之替代來源，因為其中所用的添加物，主要目的是改善風味，對於幼兒健康並不一定有益，不宜採用；另外，含糖飲料則會提供額外熱量，將對其他營養素產生排擠效應。

(一)嬰幼兒飲食習慣的養成原則

人們透過每天所攝取的食物，均衡飲食，提供人體足夠的熱量及各種必需的營養素，以維持身體機能及長期的健康狀態，並有助於預防慢性疾病的飲食，這些是全民應予以注意的課題，至於嬰幼兒則尚需著重：(1) 嬰幼兒飲食習慣的養成教育；(2) 幼兒偏食及挑食問題、原因、影響及改善等問題上。

嬰幼兒良好的健康飲食習慣的養成，建議如下：

1. 適量攝取每日所需的食物。

2. 注意並養成飲食衛生的良好習慣：

(1) 自備專門為嬰幼兒設計使用之餐具，父母示範使用並教導說明為什麼要使用公筷母匙取菜。

(2) 要求幼兒協助及進行生活教育有關如何收拾與清潔餐具。

(3) 餐後立即教導清理用餐場所，培養良好習慣。

3. 珍惜食物：

(1) 適當攝取喜歡吃的食物。

(2) 愛惜且不浪費食物。

4. 外食健康飲食原則：

(1) 外食時，選擇符合健康低油、低鹽、低脂肪、低膽固醇、高纖維及高鈣之食物。

(2) 教導及教育幼兒為什麼要如此選擇。

(3) 利用遊戲方式來增強教育功效：研究發現利用遊戲（如開發電腦軟體遊戲），對於促進幼兒學習健康行為之改變，非常有用。遊戲將可增加幼兒對於水果及蔬菜之攝取量。

5. 速食如何搭配健康飲食：

(1) 食用速食時宜額外搭配添加高纖維蔬菜。

(2) 進行教育：全世界的幼兒均喜歡高脂肪與高蛋白質之速食，因此實際生活難以完全避免攝取，加上食用高脂肪與高蛋白質等速食環境，往往與歡樂氣氛及喜慶相關，所以既然生活中無法完全禁止，宜藉由補充新鮮蔬果來降低風險及在食用前說明對於健康之危害，將是比較務實與妥適之建議作法。

(二)嬰幼兒健康飲食營養教學建議

臺灣嬰幼兒營養不均問題其實非常嚴重，而其影響遠比過去單純營養缺乏或營養過剩等要來得複雜與嚴重，且營養不均的問題往往容易忽略。已知營養不均將會影響到嬰幼兒日後課業表現，而嬰兒出生一直至三歲前，是屬於腦部發展的黃金時期，此時期如果發生營養素缺乏時，幼兒

易導致神經成長發育方面的問題，將造成注意力不集中、黏人、活動力旺盛及學習說話遲緩等；因此亟需針對三歲以下父母，進行健康飲食營養教學，且主要內容必須涵蓋下列事項：

1. 營養全備充足：供應肉魚豆蛋類、奶類、蔬菜類、水果類、五穀根莖類及油脂類等六大類食物，以確保必需營養素種類齊全，並且份量充足。

2. 食物分配均衡：包含六大類食物，各類食物應有合宜的份量。

3. 熱量調配平衡：熱量攝取應配合身體的需要，並且善用優質食物，以調和熱量和其他營養素的比例，避免過量與肥胖。衛生署建議均衡飲食供應量為：蛋白質攝取 10% 至 14%、脂肪 20% 至 30%，及碳水化合物 58% 至 68%。

4. 飲食內容多樣化：充分利用每類食物中不同的品項，增加飲食內容的變化；例如嬰幼兒主食，除了供應粥或飯以外，也可搭配麵條、米粉、饅頭、土司或水餃，進行多樣化之變化。

5. 適量與節制：調整各類食物的適當比例，注意身高體重應維持好比例，避免過量，並依零到五歲兒童生長標準為孩子準備健康的餐點，做好零食及點心的健康選擇。

6. 美味與愉快：嬰幼兒宜多搭配活潑的餐具，或用卡通式食物造型呈現，如利用食材繪製出有眼睛、鼻子及嘴巴的臉型便當，以兼顧適口性與飲食文化及樂趣；師長及照護者應做好進餐的引導及氣氛上的營造。

7. 製作並教導孩童健康的好膳食：認識均衡飲食金字塔，瞭解食物類別的功能與來源及其營養標示，教導孩子分辨健康點心與垃圾食物及應該怎麼吃才健康。

至於健康飲食營養教學的營養成分安排的主要內容宜包括：

1. 每日飲食內容以植物性食品為大宗，大約占三分之二，包括五穀

根莖類、蔬菜類、水果類及植物性油脂。

2. 每日飲食中，動物性食品約占三分之一，包括奶類與蛋、豆、魚、肉類。

3. 各類食物之間不宜互相取代，但是同類食物之間應該變換，利用不同種類食物做變化。

4. 飲食指南的建議，係以一日為單位，因此不是要求每一餐都需要達到均衡，乃是各餐之間截長補短，可配合生活步調來選擇餐飲類型，因此包括速食及外食，都可善加利用。

5. 飲食指南也適用於數日之間的均衡，因此幼兒參加喜宴節慶之前後，則需要搭配清淡飲食以為調和。

6. 每日食用的主食類食品，應選用油脂含量低的形式，如飯與油飯；饅頭、法式麵包及有餡麵包；其中的油脂量會因製備方法而有所不同，幼兒宜多選擇低脂低鹽者。

■六大類食物營養教學內容架構（主題）

六大類食物營養教學內容架構（主題），等同於營養學概論，其內容安排原則應符合食物金字塔（圖 8-2，見第 386 頁），架構如下：

1. 五穀根莖類：
   (1) 食物的名稱
   (2) 食物功能
   (3) 含有之營養素
   (4) 食物來源

2. 蔬菜類：
   (1) 食物的名稱
   (2) 食物功能
   (3) 含有之營養素
   (4) 食物來源

3. 水果類：

　　(1) 食物的名稱

　　(2) 食物功能

　　(3) 含有之營養素

　　(4) 食物來源

4. 肉魚豆蛋類：

　　(1) 食物的名稱

　　(2) 食物功能

　　(3) 含有之營養素

　　(4) 食物來源

5. 奶類：

　　(1) 食物的名稱

　　(2) 食物功能

　　(3) 含有之營養素

　　(4) 食物來源

6. 油脂、鹽與糖：

　　(1) 食物的名稱

　　(2) 食物功能

　　(3) 含有之營養素

　　(4) 食物來源

■六大營養素

膳食設計製備者須認識下列六大營養素：

1. 碳水化合物：

　　(1) 單醣

　　(2) 雙醣

　　(3) 寡醣

(4) 多醣

2. 脂肪：

(1) 飽和脂肪酸

(2) 不飽和脂肪酸

(3) 單元不飽和脂肪酸

(4) 多元不飽和脂肪酸

3. 蛋白質：

(1) 胺基酸

(2) 胜肽

4. 維生素：

(1) 水溶性維生素

(2) 脂溶性維生素

5. 礦物質：

(1) 巨量礦物質

(2) 微量礦物質

6. 水分。

第二節　營養教育教案大綱範例

一、教案大綱

壹、教學目標

一、使學習者瞭解營養教育的意涵，並能因此熟悉相關常用的理論學說與知識。

二、學習如何應用相關知識，設計出合適教學者之營養教育教材，並實際操作演練。

三、培養學習者認識營養教育對於國民健康的重要性。

貳、營養教育的主要內容

一、營養教育教案設計：包括

(一)教案設計：如以下範例。

(二)教學目標撰寫：如以下範例。

(三)教學活動內容：實施計畫細節之規劃

(四)衛教資料撰寫：：如以下 PPT 之範例。

(五)衛教之演講準備：利用 PPT 檔，參考設計之時間分配，事先進行演練，並以演練結果進行適當調整。

二、營養教育的應用：即教案設計實作，包括：

(一)教案範例：如以下範例。

(二)教案實作練習。

三、營養教育的介入性研究：註記營養教育或行為等相關文獻等參考資料。

參、營養教育教案範例——「減」掉體重，「肥」起健康

二、營養教育教學目標範例

教學主題	「減」掉體重，「肥」起健康		
教學目標	以簡易的方法，將附有「目標性」的資源和知識傳達給欲減重者。		
教學信念	體重，不只是女性才會在意的問題，在近代社會已經成為每個人關切的問題，而體重多寡並不止於外表美醜，更與身體健康息息相關。研究報導指出，身材較為瘦弱者較肥胖者更為健康，心血管疾病也比肥胖者所占比率低。但是，現代人為追求時效性，大多使用有害身體健康的激烈減肥法，導致外強中乾的處境。故特別開設此課程，不僅教導同學們如何能擁有更完美的體態，更教導如何在兼具身體健康的情況下進行減肥。		
營養教育教學計畫內容與方法範例			
課程簡介	教學內容	1. 破除減肥迷思 2. 導正減肥觀念 3. 灌輸正確減肥心態 4. 給予減肥祕招 5. 加深減肥持續度 6. 導向健康人生	
	教學方法	1. 以五個減肥常識進行機智問答（破除減肥迷思及導正減肥的錯誤觀念）。連續答對三題者給予美味易做的減肥食譜一份，答錯者需加入進行減肥小運動示範組。 2. 以自我減肥的經歷，勉勵及警戒學員（主要是舉適當的例子灌輸正確的減肥心態）。 3. 分享自我減肥壓箱寶及網路減肥文章，並加以分析。 4. 教導在日常生活中隨時可進行的小運動（例如課堂小運動、開會小運動等），以及外食族的減肥方法，增加學員減肥的持續度。 5. 授予減肥相關健康概念，促使導向健康人生。	
	預期學習成效（收穫）	1. 肥胖者能夠有意識的開始少吃多動，進行體重控管。 2. 70% 學員能開始進行運動。 3. 病態減肥者開始停止激烈、錯誤的減肥手段。 4. 75% 的學員能夠開始隨時隨地的做運動（日常生活小運動）。 5. 85% 的學員能夠對自己的身體更加愛惜，少吃傷害身體的食物，並進行養生運動。	
上課地點	○○○○○○○		
上課時間	○○○○年○○月○○日		
對象	1. 擁有愛美心態與追求健康者 2. 願意為自己做些小改變者 3. 非過瘦、營養不良（BMI 小於 17）者		

(一)教學設計範例

<table>
<tr><td colspan="3" align="center">「減」掉體重，「肥」起健康</td></tr>
<tr><td colspan="2">■ 對象：7 至 10 歲幼童</td><td>■ 人數：35 人</td></tr>
<tr><td colspan="2">■ 時間：25 分鐘</td><td>■ 任課老師：李竺逸</td></tr>
<tr><td>教材來源</td><td colspan="2">1. 行政院衛生署食品資訊網
2. 曲黎敏著《黃帝內經──養生智慧》</td></tr>
<tr><td>教學資源</td><td colspan="2">1. 教具
2. PPT 投影片（須設計）
3. 用來示範減肥小運動的普通座椅十張
4. 獎品</td></tr>
<tr><td>具體教學目標</td><td colspan="2">1. 認知方面：
　(1) 能夠瞭解三種錯誤的減肥概念
　(2) 能夠瞭解三種可以幫助減肥的食物
　(3) 能夠瞭解兩種便利商店可購買到的低熱量食物或飲料
　(4) 能夠瞭解兩種減肥小運動的進行方式
2. 情意方面：
　(1) 能夠擁有健康減肥的心態
　(2) 能夠積極運動
　(3) 能夠對減肥抱持著正向態度，不會因為感到辛苦而放棄
　(4) 能夠擁有養生、愛護自己身體的心態
3. 技能方面：能夠示範兩種減肥小運動</td></tr>
</table>

(二)教學活動內容安排

<table>
<tr><th>活動流程</th><th>教材及教具</th><th>時間分配</th></tr>
<tr><td>■活動流程一　暖身活動
　減肥觀念大會考：以五至八個一般錯誤減肥觀念進行考驗，連續答對三題者，可以得到減肥食譜一份，答錯者將成為收尾活動的示範小組成員。</td><td>PPT
獎品（減肥食譜）</td><td>5 分鐘</td></tr>
<tr><td>■活動流程二　課程安排
　一、自身經驗分享：以自己過去的減肥經驗告知減肥重要性以及錯誤減肥方法的危險和傷害性。教授哪些食物可以幫助減肥，以及幫助減肥的小方法。
　二、教導外食族如何挑選食物，以及在便利商店就可以買得到的低熱量食物有哪些。</td><td>PPT</td><td>15 分鐘</td></tr>
</table>

三、介紹一些日常生活中就可以進行的小運動，像是開會、上課等時候。 四、根據暖身活動所提出的五至八個小問題予以解答和說明。 ■活動流程三　收尾活動 請方才在暖身活動中答錯問題的同學到臺前來（如果超過十位將進行抽籤），示範剛剛在課程中有介紹過的兩項減肥小運動。	普通座椅十張	5分鐘

(三)營養教育教學工作結果分析範例

教學目標		
認知方面	情意方面	技能方面
1. 能夠說出三種錯誤的減肥概念 2. 能夠說出三種可以幫助減肥的食物 3. 能夠說出兩種便利商店可以購買到的低熱量食物或飲料 4. 能夠講解兩種減肥小運動的進行方式	1. 能夠擁有健康減肥的心態 2. 能夠積極運動 3. 能夠對減肥抱持著正向態度，不會因為感到辛苦而放棄 4. 能夠擁有養生、愛護自己身體的心態	能夠示範兩種減肥小運動
營養教育教學工作結果分析		
學習者能學習到減肥相關知識	學習者能夠學習到減肥小運動	
1. 教師提出問題，學習者是否能夠正確回答且提出說明 2. 學習者是否能夠列舉幾個可以幫助減肥的食物 3. 學習者是否可以提出便利商店有哪些低熱量食物或是飲料	1. 教師提出減肥小運動時，學習者是否能夠講解此項運動的進行方式 2. 學習者是否示範在課堂上所教授的減肥小運動	

第三節　幼稚園營養教育教學設計實務

　　幼兒不願意吃飯的原因很多，不單單只是因為菜色不喜歡，一般係與食物的熟悉度有著很大關聯。透過幼兒的營養教育課程，可以讓幼兒接

觸更多與家中不同的食物和烹調方式，如果能夠再搭配各式活動，設計活動讓幼兒在生活與學習中，引導幼兒認識各樣食物，對於幼兒接受新的食物及矯正偏食，將會有很大的幫助。

協助幼兒認識食物可搭配各式主題活動進行，如辨識顏色、形狀，或訓練嗅覺、味覺及觸覺，如參與烹調的過程、幫忙洗菜等等方式。建議還可透過說故事，幫助幼兒知道，吃進肚子裡的食物，將會在那裡工作，將營養原本的抽象觀念，透過遊戲予以生活化、具體化，讓幼兒體會吃飯和成長的關係，才能逐步引導幼兒漸漸瞭解吃飯及六大類食物的關係，讓營養教育活動與飲食生活緊密結合，才能確實幫助幼兒，養成飲食多樣化的生活習慣。另外，環境教育也很重要，可利用在生活環境之中，多張貼一些食物及均衡飲食的圖片，以便隨時提醒幼兒，對於建立營養觀念及飲食行為將會有所幫助。

在營養教育教學設計上可參考下列網站：

1. 衛生署食品資訊網兒童網：ttp://food.doh.gov.tw/children/children/flip1.htm
2. 衛生署食品資訊網：http://food.doh.gov.tw
3. 臺灣癌症基金會：http://www.canceraway.org.tw
4. 董氏基金會：http://www.jtf.org.tw
5. 美國食物金字塔：http://www.choosemyplate.gov

在設計時應將健康飲食教學目標納入：

1. 瞭解蔬菜水果對身體的好處。
2. 須分辨健康食物和垃圾食物。
3. 養成幼兒多吃蔬菜水果的好習慣，且不偏食。
4. 學習製作營養、簡單的小點心及小餐點，減少幼兒偏食習慣養成的機率。

一、「歡樂的健康飲食」營養教育設計實際教學範例

【設計主題】歡樂的健康飲食

■分組

　　建議將參與活動的幼兒分成健康食物、垃圾食物、蔬菜及水果等組；然後，請每組幼兒各自攜帶平時最常吃或最喜愛的食物與當季蔬菜或水果。

■教學活動

　　1. 內容：均衡飲食、金字塔六大類食物（如**圖** 8-2）說明。
　　2. 活動引導：展示均衡飲食相關圖說，說明六大類食物，並儘量配合故事進行說明。

◎互動與分享

　　1. 聽完故事後，請幼兒分享有什麼感覺？聯想到什麼？
　　2. 五穀根莖類、蔬菜類、水果類、油脂類、蛋豆魚肉類及奶類等食物，可以提供什麼營養素？哪些是提供快樂健康成長的營養成分？
　　3. 六大類食物，如何攝取才會健康？
　　4. 六大類食物，怎樣吃可能會導致生病？及如何避免與補救？

◎健康菜餚的製作

　　分組示範製作健康營養菜餚，如製作水果拼盤及蔬菜沙拉。

　　1. 清洗蔬菜與水果。
　　2. 將清洗好的蔬菜水果切片或切條後，放在大圓盤之中。
　　3. 請幼兒選擇每種蔬菜或水果，放在自己的小盤之中，並儘可能裝飾成不同的造型（如人形、圖畫或動物）。

嬰幼兒膳食㊉營養

The Meal Plan and Nutrition for Infant and Young Child

油脂類最少

肉魚豆蛋類與奶類食用量再其次

蔬菜水果類其次

主食區：五穀根莖類

每天喝水八大杯

圖 8-2 六大類食物飲食金字塔

資料來源：黃建中繪製。

■分享時刻

    1.製作完畢以後，請全班同學，開始共同享用。

    2.請幼兒發表製作的經驗，並分享食用後的感覺。

3. 鼓勵幼兒，回家教爸爸媽媽共同製作，並且經常一起享用健康的
   飲食。

二、設計餐點時的應注意事項

　　營養不均包含營養不足、營養過剩及攝取營養素不均衡，臺灣幼兒
常見肥胖、攝取過多鹽份、飽和脂肪酸及反式脂肪酸等問題。臺灣家長一
直認為幼兒攝取高蛋白質比較容易生長，但是其實飲食均衡才重要（設計
範例可參見**表** 8-5）；另外由於嬰幼兒對於色彩比較敏感，因此設計幼兒
餐食時，建議要多色彩，善用食物自然的顏色進行不同搭配，例如青菜要
加入紅蘿蔔與玉米，成品才會有豐富的多樣色彩，幼兒進食蔬菜時的興趣
自然會因此而提高。注意事項如下：

1. 檢視食物材料是否均衡妥適：
   (1) 注意各餐的材料包含幾類食物，注意六大類均需備齊，才算均
       衡妥適。
   (2) 份量是否符合健康均衡飲食之建議比例。
   (3) 如果不均衡，在說明原因以後，請幼兒及家長在家裡補充。
   (4) 有沒有哪一類的食物過多或過少？如果有，需要如何進行調
       整？分析及調整範例說明如**表** 8-6。
2. 以週為單位進行調整：觀察供應一週的食物內容，並比對是否符
   合下列健康飲食之原則：
   (1) 飲食宜多樣化：同一大類食物中，儘量供應不一樣的菜餚，建
       議每天最好要吃到二十二種以上的食物〔調味料不算；如設計
       餐餐蔡依玲（發音等於菜一○，即十種菜的意思）與王力宏
       （發音等於黃綠紅，即多樣變化的意思）〕，讓飲食多樣化；
       如供應炒四色（玉米、紅蘿蔔、青豆與馬鈴薯）。食材在多樣
       化方面的營養素會優於單樣青菜。

嬰幼兒膳食與營養

The Meal Plan and Nutrition for Infant and Young Child

表 8-5　幼兒園月份菜單設計與調整範例

日期	營養早點	可口點心	均衡午餐
01 日（星期二）	蔥花麵包、優格	茶葉蛋	鹹瓜絞肉、燴滷烤麩、當季青菜、大骨魚丸湯
02 日（星期三）	鍋貼	香菇肉羹	洋芋滷肉、五彩木耳絲、當季青菜、柴魚黃瓜湯、水果
03 日（星期四）	蛋絲糙米卷、鮮奶	關東煮	義大利肉醬麵、手工小饅頭、酸辣湯、水果
04 日（星期五）	五穀雜糧饅頭	香蒜麵包	玉米筍燴肉片、紅蘿蔔炒蛋、當季青菜、番茄豆腐湯、水果
05 日（星期一）	北海道戚風蛋糕、優格	綠豆麥片	魚排、燴料大黃瓜、當季青菜、味噌湯
08 日（星期二）	菜餅乾、鮮奶	客家粄條	回鍋肉片、香滷冬筍、當季青菜、雞片豆腐湯
09 日（星期三）	御飯糰	皮蛋瘦肉粥	士林香腸、玉米肉末、當季青菜、大骨黃豆芽湯、水果
10 日（星期四）	巧克力薄餅、鮮奶	麻醬麵	肉絲蛋炒飯、花枝大卷、冬瓜蛤蜊湯、水果
11 日（星期五）	豆皮壽司	起司三明治	咖哩飯、螞蟻上樹、金針高湯、水果
14 日（星期一）	葡式蛋塔	紅豆湯	檸檬雞柳、苦瓜鑲肉、當季青菜、肉羹湯
15 日（星期二）	全麥土司、養樂多	蛋餅、豆漿	番茄肉片、紫地瓜卷、蝦皮高麗、青菜蛋花湯
16 日（星期三）	鮮肉高麗包	蚵仔麵線	紅麴燒肉、開陽白菜、當季青菜、榨菜肉絲湯、水果
17 日（星期四）	蔬菠蘿麵包、鮮奶	港式蘿蔔糕	炸醬乾麵、雞米花、玉米濃湯、水果
18 日（星期五）	黑糖饅頭	牛角麵包	香菇肉燥、酸菜豆干、當季青菜、蘿蔔排骨湯、水果

(2) 以五穀根莖類為主食：建議多提供全穀類替代白米飯，如五穀雜糧飯、糙米飯或胚芽飯。

(3) 選擇清淡的烹調方式：避免油炸食物的攝取，或減少糖醋、煎油等高油或重口味的菜餚。

(4) 避免以菜湯拌飯，也應避免或減少將主食與菜肉混合的烹調方

表 8-6　幼稚園餐點內容的分析及調整

	早點	午餐					下午點心	
幼稚園餐點內容	雞絲芙蓉蛋	白飯	瓜仔肉	青菜	炒豆乾絲	蛤蜊冬瓜湯	肉包	豆漿
原餐點設計的食物類別	肉魚豆蛋類	五穀根莖類	肉魚豆蛋類	蔬菜類	肉魚豆蛋類	肉魚豆蛋類蔬菜類	五穀根莖類 肉魚豆蛋類	肉魚豆蛋類
分析結果	1. 肉魚豆蛋類比例太多，五穀根莖類與蔬菜類較少；而且奶類及水果類，都沒有提供。 2. 改善建議：早點增加五穀根莖類，午餐加強蔬菜類，下午點心則改提供牛奶，以為改善。							
修改建議內容	雞蛋燕麥粥	白飯	瓜仔肉	青菜	炒三絲	蛤蜊冬瓜湯	菜包	牛奶
修改後包含的食物類別	五穀根莖類 肉魚豆蛋類	五穀根莖類	肉魚豆蛋類	蔬菜類	肉魚豆蛋類蔬菜類	肉魚豆蛋類蔬菜類	五穀根莖類 蔬菜類 肉魚豆蛋類	奶類

式，如燴飯、燴麵、炒飯及炒麵等。

(5) 低油、低鹽與低糖：平均 10 次的點心中，不要出現超過 3 次以上高油、高糖或高鹽的食物，如炸薯條、甜甜圈及奶茶等。

(6) 高鈣及高纖維：供應奶類及新鮮蔬果。建議每天供應 2 杯奶類（每杯 240cc.），除了提供 100% 鮮乳或保久乳，還可加蛋蒸成布丁、奶酪或土司夾起士等，以呈現菜餚多樣化，另可適量供給維生素 B_2、蛋白質、鈣質等營養素。水果則建議每天至少供應 1 次。每天應攝取深綠色蔬菜，以供應營養素維生素 B 群及鐵質。

(7) 飲食的供應量應力求平衡，營養素應依比例分配在三餐之中。

(8) 刺激性飲料：不要提供幼兒含有咖啡因等刺激性的飲品或餐點，如奶茶、咖啡、茶凍、咖啡凍及各式加味茶等。

(9) 要吃早餐及重視早餐內容。

(10) 鼓勵孩子攜帶水壺，並以白開水作為主要的水分來源。

3. 其他應注意事項：

(1) 用餐禮儀：教導幼兒能合宜地使用餐具，且在用餐過程中，應保持愉悅的心情，輕聲細語的交談，並在用餐以後，能透過生活教育，教導幼兒主動協助收拾餐具及要求學習清理桌面。

(2) 餐點設計：注重營養均衡多樣，並符合個別幼兒的營養需求，應避免辛辣、油膩、太甜或太鹹的菜品；注意菜餚的硬度，不宜太硬或太大，以適合幼兒咀嚼為原則。

(3) 除正餐外，可供應一至二次點心，避免空有熱量的食品，可選擇豆漿、水餃、麵條、三明治及餛飩等食物。

(4) 養成幼兒良好的飲食習慣，不要養成邊吃邊看電視的習慣。

(5) 特殊需求幼兒的健康和營養：教導者應能察覺特殊需求幼兒的健康與營養，並給予適切的輔導與推介。

(6) 餐點設計應掌握衛生保健與餐點營養方面之特色。

(7) 要邀請父母參與：研究發現父母對幼兒的飲食行為，被認為具有很強的影響力。研究顯示，飲食行為之干預宜集中在幼兒的父母，而針對不同類型幼兒，則需要搭配不同的干預方式。

問題與討論

一、請進行營養教學設計，主題為：「認識六大類食物內容」。

二、幼稚園營養教育教學設計實務中，設計的健康餐點的原則是什麼？

Chapter 9

結　論

　　2011 年 9 月，臺灣彰化一對二十多歲的父母，竟然帶著他們不到兩歲的男嬰流連於網咖，卻只以紅茶餵食男嬰，導致連網咖業者都看不下去而報警，之後遭彰化縣政府依法提起停止親權之訴，後來法院也判准；嬰兒光喝紅茶營養攝取足夠嗎？當然不夠。另外，一般人都以為嬰兒一定需要大量蛋白質，始足以供應其快速成長之所需，但是分析剛出生嬰兒的飲食配方可以發現，卻是脂肪含量比較高，而父母如果憑著錯誤的觀念，自以為是的亂購買高蛋白添加在嬰兒飲食中，對於嬰兒之成長不但沒有幫助，反而傷害其尚未發育完全之腎臟，長久下來可能導致日後需要洗腎，造成一輩子的遺憾。因此，瞭解嬰幼兒生理及心理特性，及其與成人的差異是非常重要的；而透過營養教育，讓父母清楚明白嬰幼兒對於醣類、蛋白質、脂肪、維生素、礦物質與液體（水）等六大營養素的正確需求量，更是重要；否則在臺灣，讓嬰兒食用成人奶粉，而讓安養院老人吃「克〇奶粉」等錯誤行徑，仍將層出不窮。

　　筆者演講時，非常喜歡使用下面這個題目，來考驗聽眾之反應：「請連續畫相連的四條直線，且必須通過下列所有九個點。」

　　當然有很多人是答不出來的，大都畫了個半天，都需要最少五條直線才能通過九個點，如：

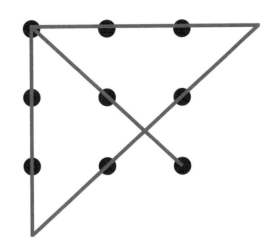

　　接著，筆者會問：「為什麼答案解不出來？」很多人此時都可以很清楚地回答：「因為被所看到的九個點所框住了！」是的！當我們被舊有自以為是的觀念框住時，將永遠找不到此題的真正答案，而唯有打破舊有的框框，並且延伸出去，才能找到真正的解答。

　　接下來筆者會問下一個題目：請連續畫相連「三條」直線，通過下列所有的九個點。四條直線減少一條，要求頂多使用連續畫相連的三條線通過下列所有九個點。

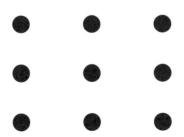

答案是：

　　當然，筆者仍會問：「為什麼答案解不出來？」此時有人會回答：「雖然已知可以打破框框，延伸出去，但是延伸的長度不夠！」

　　是的！有些答案需要打破框框，延伸出去，並且要求延伸的長度要足夠，才能獲得解答；因此筆者在工作中，往往教育與要求部屬──「凡事多一點點」，因為一個成功者之所以能成功，其實並沒有多少秘訣，有時他們只不過比平常人多想幾步多做幾步罷了；同理，製備嬰幼兒膳食的父母（或食物製備設計者），在為自己心愛的寶寶準備與調理食物的過程中，多想幾步是很重要的。

　　國人種種慢性疾病及營養不均衡現象，係來自嬰幼兒時期不良的飲食習慣，這些不良的飲食衛生習慣，日後除影響個人，導致易罹患新陳代謝症狀群與慢性病外，也將對健保及社會產生沉重的負擔；例如，嬰幼兒飲食不均導致肥胖，勢必增加日後罹患糖尿病、高血壓與心血管疾病等慢性病之機會；而罹患糖尿病時，將因其併發症，成為心臟病與洗腎等疾病之準候選人，日後產生的龐大醫療與照護費用，也將影響整體健保支出與家庭及社會的負擔。研究顯示，父母對兒童的飲食行為，被認為具有很強的影響力，如何進行整體疾病預防之營養教育，從嬰幼兒時期便教導正確的飲食習慣，藉由營養師等專業人士，搭配幼稚園及學校餐食供應之同時，配合實施相關的生活與飲食營養教育之方式，這些教育方式成本低但

成效佳；另外，隨著電腦資訊化之普及，利用電腦遊戲軟體來促進孩子學習健康的飲食行為，也是未來很有前途的方式。研究發現，透過適當的遊戲軟體，可增加幼兒水果及蔬菜的攝取量。

　　嬰幼兒預防保健之重要，在於可使人日後達到盡可能高的健康水準，並達到身體、心理及社會的完全的和樂狀態，而不僅只是身體上的無病無恙。讀者宜清楚嬰幼兒營養問題及導致偏食的原因，始能因應及避免。

　　2011 年自從發生三聚氰胺與塑化劑風暴以來，食品添加物及塑膠等環境毒物之危害陰影揮之不去，在臺灣過去曾有多氯聯苯之危害，受害者迄今仍未獲完全之醫治；而大陸每年食品中毒的人數更是高達 20 萬人以上，每年因為發生食物殘留農藥及化學添加物而中毒的人數超過 20 萬人；而各種腸道、胃、肝臟、腎臟、心臟、腦血管、血液功能障礙、神經系統疾病、癡呆症、帕金森病、傳染病、記憶力減退及免疫力低下等疾病，更是與有毒食品直接有關聯，導致造成男性雌性化、精子減少、精液品質過低、性功能障礙；也造成女性生理紊亂、乳腺疾病遽增、不孕不育遽增、孩童早熟及嬰兒畸形等現象；如大陸四歲女孩來月經、男性幼兒長鬍子等性早熟現象已時有所聞，改善之道仍在於建議父母不要太迷信健康食品，母乳及新鮮自然的食物仍然是嬰幼兒最好的選擇。選擇當地、當季及當令的食物，比昂貴進口的非季節性食物要來得安全與具營養價值。

　　大陸在 2011 年 6 月頒布了防治骨質疏鬆知識要點，主要是因為統計資料發現骨質疏鬆是中老年人最常見的骨骼疾病，也是導致骨折的重要原因，而為了預防骨質疏鬆，降低骨質疏鬆之危害，特別請專家編寫「防治骨質疏鬆知識要點」。其重要的內容包括：

1. 骨質疏鬆症是可防治的慢性疾病。
2. 各年齡階段都應當注重骨質疏鬆的預防，嬰幼兒及年輕人的生活方式，都與成年後骨質疏鬆的發生有著密切之聯繫。

3. 富含鈣、低鹽及適量蛋白質的均衡飲食，對於預防骨質疏鬆有益。

4. 無論男性或女性，吸煙都將會增加骨折的風險。

5. 適量飲酒，每日飲酒量應當控制在啤酒 570 毫升、白酒 60 毫升、葡萄酒 240 毫升或開胃酒 120 毫升之內。

6. 步行或跑步等運動，能夠提高骨質的強度。

7. 平均每天至少接受 20 分鐘日照。充足的光照，會增加維生素 D 的生成及鈣質吸收。

8. 負重運動可以讓身體獲得與保持最大的骨質強度。

9. 預防跌倒。老人 90% 以上的骨折都是由於跌倒所引起。

10. 高危險群應當儘早到正規醫院，進行骨質疏鬆檢測診斷及治療。相對於不治療而言，骨質疏鬆症在任何階段開始治療都不嫌晚，只要儘早診斷及治療都會大大受益。

其中，上述第 2 點明顯指出嬰幼兒生活方式對於骨質疏鬆的預防之重要性。其實不單單是骨質疏鬆的預防，嬰幼兒發生偏食等不良生活方式，均需適時予以矯正，否則將嚴重影響其一生的健康。另有研究發現，幼兒膳食質量偏低與母親受教育程度低、父親不在家庭中及不在餐桌上吃飯等具有正相關。因此應針對母親教育程度低之族群，特別是臺灣目前有外籍新娘及其婚生子女，提供適當的營養教育；研究顯示，此弱勢族群的孩子，不進食好品質飲食的機率將增加，建議有關當局，應特別針對此特殊族群適時提供適當的營養教育以為支持。

嬰幼兒不吃副食品、不愛喝奶，或已經長大至兩歲多，三餐仍是奶；不愛吃粥、喜歡喝鮮奶；不吃飯、只愛吃水果，或不愛吃水果、不吃青菜、不吃葉菜、愛吃澱粉、不愛吃肉和青菜；愛吃零食、不愛喝水，只喝奶或飲料；愛喝飲料、邊玩邊吃、要人家餵；或邊吃飯邊講話、吃飯配電視、每日食量異常（有時候吃很多，有時候連吃都不想吃）；或吃很慢或吃很快、食物亂吐亂丟、貪吃、坐不住；不使用餐具及不愛咀嚼等等，這些都是嬰幼兒常見的飲食問題，父母親要注意的是，上述這些問題都有

其各自的解決方案，可洽詢各營養諮詢單位；而在製備飲食方面，設計嬰幼兒膳食時要計算每日的總熱量及三大營養素（蛋白質、脂肪及醣類）的妥適比率分配，也要搭配食物酸鹼性；而為了防止酸性過多或中和酸性，維持酸鹼平衡，平日宜多攝取蔬果。對於嬰幼兒，只要掌握均衡飲食及多供應新鮮蔬菜水果，就是嬰幼兒膳食設計的最佳原則。

　　嬰兒常有睡前一定要喝奶，不然會鬧著不願意睡、邊玩邊吃、偏食不吃飯、不使用餐具而直接用手抓飯菜，愛喝飲料（特別是含糖飲料）等諸多問題，這些現象如果沒有給予適度的處理，將演變成蛀牙、偏食、肥胖及飲食衛生習慣不佳等問題，進而造成日後營養不均衡。營養不均的現象包括攝取過多的肉、魚、蛋類的情形，目前一般有主食類、蔬菜類及奶類攝取不足之狀況，所產生之後遺症包括造成身體負荷過重，導致影響嬰幼兒之正常新陳代謝與消化吸收，影響其學習能力、行為及智力的發展。另外，當父母沒有陪同幼兒吃飯時，孩子往往會拿錢去玩電動玩具，或購買高熱量、高鹽份的垃圾食物，也將造成營養不均，致使許多重要生長營養素發生缺乏，不但影響學習能力，也影響到日後智力、體能及其發育；因此，嬰幼兒的生活教育是非常重要的。

　　母乳是嬰兒最好的食物，現代醫學已證明母乳哺育對於嬰幼兒、母親、家庭及社會均有極大的好處；母乳所含之營養素，無論對於促進嬰幼兒成長、健康及生長，均明顯優於其他食品；因此育嬰之父母不用再另尋其他替代品，更不要亂加健康食品，以免愈補愈大洞（閩南語），當嬰兒成長至六個月大以後，需要補充製作兒副食品，內容以自然的肉魚豆蛋類、奶類及五穀根莖類，搭配水果泥及蔬菜，就是最好的副食品。

　　由於嬰幼兒營養政策，對國家人民的健康與福祉會產生立即及長遠的影響，全世界都對嬰幼兒的營養政策非常的謹慎與重視，實證醫學等研究顯示，哺餵母乳對嬰幼兒的生長、免疫功能、智能發展及疾病預防均有良好之影響。餵哺母乳的嬰兒在前三個月，其體重與身高，尤其是體重明顯高於餵食配方奶者；頭圍是從零至十二個月皆大於配方奶者。研究發

現，沒有接受母乳哺育的嬰兒，將會增加 6 倍的急性呼吸道感染及腹瀉死亡率。另一研究發現，哺餵母奶的幼兒，將可降低發生濕疹、氣喘及過敏性鼻炎的機率；學者分析母乳及智能發展，認為接受過母乳的六個月到十六歲的孩子，認知功能方面較嬰兒配方者高。另外觀察嬰兒發現，九個月大前接受母乳哺育的時間如果愈長，則成人期的智商將愈高；因此，嬰兒是上帝送給天下父母最好的禮物，而母乳是所有的嬰兒最好及最適合的食物。

研究認為，過早攝取固體食物將易導致嬰幼兒發生過敏。美國的研究報告指出，初為人母者至少應該餵食新生兒喝母乳六個月以上，以保護嬰幼兒不會在成長期間發生食物過敏。因此建議各種固體的食物，應在新生兒出生六個月內完全避免，即使長大以後，對於像牛奶、蛋、魚及堅果等高危險群食物，仍應儘量避免提供給嬰幼兒。而美國小兒科學會也建議出生六個月內最好只餵母乳，之後再逐漸依適應狀況添加固體食品。而屬於食品過敏之高危險群者，則建議牛奶及其他乳製品，應在嬰兒滿周歲前避免餵食，兩歲前則不應餵食雞蛋，而花生、堅果、魚與其他海鮮，則建議至少要在三歲以後才開始餵食。而像水果、蔬菜、肉類、大豆及麥片，則都要慢慢的一樣一樣給嬰幼兒試食無礙後，才可以逐漸增量供應，以降低發生過敏的風險。許多人一般均以為小麥是屬於致過敏性非常高的食物，但是其實臨床的證據卻未顯示。而母乳之中，雖然也含有許多其他食品所含的過敏原，但是實際上卻不會造成嬰兒過敏，反而可幫助嬰兒在免疫系統發育之過程中，因為刺激而產生抵抗力，因此建議愈晚給嬰幼兒攝取固體食物，對於過敏的預防將愈為有效。

但是又有研究認為，太晚攝取副食品反而會增加過敏及氣喘之機率，芬蘭研究帶有可能罹患糖尿病第一型患者基因的幼兒，結果發現過去奉為圭臬認為「有過敏家族史的幼兒要延後攝取副食品，並哺餵純母乳六個月以上」的觀念似乎並不太正確。其研究結果顯示，太晚讓嬰幼兒的免疫系統接觸副食品，反而易在五歲時更易發生異位性皮膚炎、濕疹與氣

喘等疾病。但是此研究對象是屬於帶有可能變成糖尿病的 HLA 基因的幼兒，與一般族群並不同。不過如果日後證明此基因與過敏體質無關時，則研究結果的可信度將提高。

更有趣的是，有英國的研究顯示，90% 以為自己是屬於食物過敏的人，其實完全是健康沒有問題的；研究指出，約有 20% 成人聲稱自己不能吃牛奶或芥末等食物，因為對產品過敏，但是調查發現，其中只有 2% 是真正有食物過敏問題（10%）的人。因此，數以百萬計的人，其實根本不必控制飲食或戒掉原本所喜愛的食物，而導致錯誤的原因，究其原因則可能是因為偏食及營養失調所造成。

科學最大的不變定律——就是變，就是它會一直改變，會因為時間及相關證據不同而改變，因此糖尿病患者在 1920 年以前，專家採用禁食來治療，之後又改採高蛋白質、高脂肪的生酮飲食，而現在糖尿病學會建議的飲食卻與健康常人飲食類似，因此筆者認為，均衡飲食才是日後比較不會改變的飲食建議原則，也是嬰幼兒膳食設計的重點，而自小養成良好的飲食習慣更是本書所要強調的重點所在。

參考書目

一、中文部分

Littlefisf、Gloria（2009）。〈母乳保存Q&A〉，《Baby Life育兒生活》。224：78-80，臺北：育兒生活。

Littlefish、Gloria（2009）。〈嬰兒夜間頻繁喝奶怎麼辦？〉，《Baby Life育兒生活》。225：118-119，臺北：育兒生活。

United States Department of Agriculture。美國食物金字塔，http://www.mypyramid. gov。檢索日期：2010年1月25日。

Zora（2009）。〈4種哺乳問題〉，《Baby Life育兒生活》。224：30-46，臺北：育兒生活。

丁建卿（2006）。〈番石榴初秋品質最佳〉，《鄉間小路》（原《農業周刊》）。32(9)：4-5，臺北：豐年社。

丁彥伶（2007）。〈你吃進多少人工甘味劑？〉，《常春樂活》。291：138-140，臺北：臺視文化。

丁彥伶（2007）。〈唱歌能減肥真的嗎？〉，《常春月刊》。286：155-157，臺北：臺視文化。

丁彥伶（2007）。〈現在做什麼最健康〉，《常春月刊》。286：58-61，臺北：臺視文化。

丁彥伶（2007）。〈順應節氣，你吃對了嗎？〉，《常春月刊》。286：50-54，臺北：臺視文化。

丁彥伶（2007）。〈樂活素食創作料理〉，《常春樂活》。291：155-163，臺北：臺視文化。

丁彥伶（2007）。〈輕鬆防癌飲食運動：天天5蔬果　健康又樂活〉，《衛生報導》。130：38-39，臺北：行政院衛生署。

丁彥伶（2008）。〈外食也能吃得到健康〉，《衛生報導》。135：32，臺北：行政院衛生署。

丁彥伶（2008）。〈便祕腹瀉　滿腹困擾〉，《常春月刊》。298：42-46，臺北：臺視文化。

丁彥伶（2008）。〈降血壓茶效果追蹤〉，《常春月刊》。309：68，臺北：臺視

文化。

丁彥伶（2008）。〈喝母乳的孩子容易貧血？〉，《衛生報導》。135：41，臺北：行政院衛生署。

丁彥伶（2008）。〈植物固醇健康新救星？〉，《常春月刊》。307：102，臺北：臺視文化。

丁彥伶（2009）。〈拼命減肥　不如多睡一點〉，《常春月刊》。315：15，臺北：臺視文化。

丁彥綾（2008）。〈吃醋好理由〉，《常春月刊》。304：104-114，臺北：臺視文化。

于守洋、崔漢斌（2003）。《保健食品全集》。臺北：九州。

于美人、歐陽英（2003）。《水果食療大全Ⅰ》。臺北：天下遠見。

小珮（2007）。〈香醇咖啡　喝多危害多〉，《常春月刊》。286：77-79，臺北：臺視文化。

中華民國兒童生長協會。影響生長的因素，http://www.child-growth.org.tw/growth1.htm。檢索日期：2008年5月29日。

尹達剛（2006）。〈名廚與飲食健康〉，《中華飲食文化基金會會訊》。12(4)：59-61，臺北：財團法人中華飲食文化基金會。

孔慶閎等（1998）編著。《幼兒營養與膳食》。臺北：永大。

方正儀（2006）。〈Powering Green 綠金改變市場〉，《管理雜誌》。389：56-58，臺北：哈佛企管。

方正儀（2007）。〈以快吃慢〉，《管理雜誌》。402：6，臺北：哈佛企管。

方欣（2000）。《飲食禁忌指南》。臺北：協合文化。

毛羽揚（2005）。〈古人調味賦鮮用何物〉，《中華飲食文化基金會會訊》。11(2)：50-56，臺北：財團法人中華飲食文化基金會。

毛羽揚（2007）。〈古今魚鮮調味品〉，《中華飲食文化基金會會訊》。13(4)：10-13，臺北：財團法人中華飲食文化基金會。

毛羽揚（2008）。〈食鹽的營養調味作用及產品的更新替代〉，《中華飲食文化基金會會訊》。14(3)：4-14，臺北：財團法人中華飲食文化基金會。

王子輝（2004）。〈《周易》美學思想與飲食道化審美〉，《中華飲食文化基金會會訊》。10(1)：4-8，臺北：財團法人中華飲食文化基金會。

王心奴（2009）。〈好保母何處尋？〉，《Baby Life育兒生活》。225：138-142，臺北：育兒生活。

王有忠（2001）。《食品安全》。臺北：華香園。

王怡茹（2005）。〈淺談臺灣傳統日常生活之米食〉，《中華飲食文化基金會會訊》。11(1)：25-30，臺北：財團法人中華飲食文化基金會。

王泓苓（2007）。〈無痛無病養生最高招〉，《常春月刊》。286：158-159，臺北：臺視文化。

王冠今等編譯（2000）。《嬰幼兒保健與疾病》。臺北：華騰。

王勁為（2007）。〈冬吃蘿蔔夏吃薑　俞川心降血壓有成〉，《常春月刊》。286：68-69，臺北：臺視文化。

王昭文等著（2003）。《幼兒營養與膳食》。臺中：華格那。

王梅（2009）。〈青少年過勞　才起跑就輸了〉，《康健雜誌》。126：192-195，臺北：天下。

王淺淺（2006）。〈包翠英養生美顏大公開〉，《常春月刊》。277(4)：116-118，臺北：臺視文化。

王淺淺（2007）。〈6大肥胖體型　你是那一種？〉，《常春樂活》。288：76-79，臺北：臺視文化。

王淺淺（2007）。〈捍衛腎臟招數〉，《常春樂活》。291：62-67，臺北：臺視文化。

王淺淺（2008）。〈重點飲食拾回記憶〉，《常春月刊》。298：118-120，臺北：臺視文化。

王進琦（1998）。《食品微生物》。新北市：藝軒。

王硼惠（2008）。〈多種骨鬆治療讓你有骨氣〉，《常春月刊》。307：100-101，臺北：臺視文化。

王劉劉（2006）。〈花卉蔬果增色添香〉，《中華飲食文化基金會會訊》。12(3)：10-12，臺北：財團法人中華飲食文化基金會。

王磊（2004）。〈饅頭的產生及其名稱的由來初探〉，《中華飲食文化基金會會訊》。10(3)：14-18，臺北：財團法人中華飲食文化基金會。

王賽時（2008）。〈中國古代飲料的四大體系〉，《中華飲食文化基金會會訊》。14(2)：4-11，臺北：財團法人中華飲食文化基金會。

王鐘毅（2006）。〈老藥草・新科技——靈芝〉，《鄉間小路》。32(10)：56，臺北：豐年社。

田哲益（2005）。〈布農族傳統祭典飲食與酒文化〉，《中華飲食文化基金會會訊》。11(1)：4-10，臺北：財團法人中華飲食文化基金會。

朱芷君（2008）。〈餐桌上的素食戀〉，《康健雜誌》。118：42-47，臺北：天下。

朱真一（2007）。〈咖啡與糖尿病〉，《當代醫學》。399：61-65，臺北：橘井。

朱燕華（2006）。〈防癌自健康的飲食生活作息〉，《食品工業月刊》。10：1-6，新竹：財團法人食品工業發展研究所。

江伯倫等譯（1887）。《尼而松小兒科科學教科書（下）》。臺北：合記。

老字號特搜小組（2003）。《臺灣老字號小吃》。臺北：太雅。

行政院內政部兒童局（2009）。「建構友善托育環境_保母托育管理與托育費用補助實施計畫」，內政部兒童局托育服務組，http://www.cbi.gov.tw/CBI_2/internet/child/doc/doc_detail.aspx?uid=278&docid=73。檢索日期：2011年3月25日。

行政院勞工委員會（2009）。民國98年11月25日勞中二字第0980203412號令公告修正「技能檢定保母人員職類單一級申請檢定資格基準」。

行政院勞工委員會（2009）。行政院勞工委員會職業訓練局，研商「保母及照顧服務員職前訓練相關事宜」。民國98年12月23日會議紀錄。

行政院農委會（2008）。《臺灣優良農產品專刊》。臺北：臺灣優良農產品發展協會。

行政院衛生署疾病管制局。可能的生物戰劑處理綱要，http://www.cdc.gov.tw/ct.asp?xItem=531&ctNode=2369&mp=1。檢索日期：2011年3月28日。

行政院衛生署（1986）。《食品簡易檢查手冊》。臺北：行政院衛生署。

行政院衛生署（1999）。「臺灣省營業衛生管理規則」。臺北：行政院衛生署民國88年8月5日公告。

行政院衛生署（2001）。《廚師良好作業規範　圖解手冊》。臺北：行政院衛生署。

行政院衛生署（2002）。食品中毒案件統計資料，http://www.doh.gov.tw/cht2006/index_populace.aspx。臺北：行政院衛生署。

行政院衛生署（2004）。「食品從業人員A型肝炎檢驗項目」。臺北：行政院衛生署，中華民國93年1月19日衛生署衛署食字第0930400400號函。

行政院衛生署（2006）。《臨床營養工作手冊》。臺北：行政院衛生署。

何江紅（2007）。〈中國的麵點與西方的洋麵包〉，《中華飲食文化基金會會訊》。13(3)：19-26，臺北：財團法人中華飲食文化基金會。

吳正格（2008）。〈滿漢全席食用研究〉,《中華飲食文化基金會會訊》。
　　14(3):32-44,臺北:財團法人中華飲食文化基金會。

吳佐川等（1998）。《綠美化植栽手冊》。高雄:高雄縣政府。

吳肖齊、洪燕妮、黃俊哲（2009）。〈高齡化及少子女化衝擊下的健康照護〉,
　　《社區發展季刊》。125:75-90,臺北:內政部社區發展雜誌社。

吳佩芬（2006）。〈吃對了就Happy〉,《常春月刊》。275(2),臺北:臺視文
　　化。

吳佩芬（2007）。〈你今天5蔬果了嗎?〉,《常春樂活》。288:88-89,臺北:
　　臺視文化。

吳佩芬（2008）。〈預防牙周病唯一良方〉,《衛生報導》。136:28-29,臺
　　北:行政院衛生署。

吳佩芬（2008）。〈臺灣新生兒篩檢有成〉,《衛生報導》。133:37,臺北:行
　　政院衛生署。

吳佩芬（2008）。〈嬰幼兒聽力篩檢把握黃金期〉,《衛生報導》。133:30-
　　31,臺北:行政院衛生署。

吳佩芬（2009）。〈謝宜芬力行晚餐少吃法　特製專屬蔬菜湯〉,《常春月
　　刊》。315:50-51,臺北:臺視文化。

吳勇毅。2008年。〈我行我素品味人生〉,《中華飲食文化基金會會訊》。
　　14(2):54-57,臺北:財團法人中華飲食文化基金會。

吳建勳（2007）。〈超省錢生髮烏髮妙招〉,《常春樂活》。290:134-136,臺
　　北:臺視文化。

吳建勳（2008）。〈吃對五味平衡五臟〉,《常春月刊》。298:126-129,臺
　　北:臺視文化。

吳家駒（2006）。〈癌症發生與預防〉,《康健雜誌》。10:7-16,臺北:天
　　下。

吳造中（2007）。〈血脂異常之治療原則〉,《當代醫學》。401:181-189,臺
　　北:橘井。

吳靜美（2007）。〈時序生物鍾你掌握了什麼〉,《常春月刊》。286:42-46,
　　臺北:臺視文化。

吳靜美（2007）。〈遵循自然律例陳堅真勇闖鬼門關〉,《常春月刊》。286:
　　64-66,臺北:臺視文化。

吳靜美（2008）。〈口服藥物吞下去就對了?〉,《常春月刊》。304:126-

128，臺北：臺視文化。

吳靜美（2008）。〈記憶力為何衰退〉，《常春月刊》。298：113-116，臺北：臺視文化。

吳靜美（2008）。〈從糞便顏色看健康〉，《常春月刊》。298：52-54，臺北：臺視文化。

吳韻儀（2009）。〈一半中國人，柴米油鹽全靠它〉，《天下雜誌雙週刊》。422：142-150，臺北：天下。

呂旭峰、劉嘉又（2007）。〈臺灣常見之食品致病細菌（上）〉，《當代醫學》。404：485-495，臺北：橘井。

呂旭峰、劉嘉又（2007）。〈臺灣常見之食品致病細菌（下）〉，《當代醫學》。405：567-574，臺北：橘井。

呂秉原（2007）。〈雞精高鉀傷腎？有影嘸？〉，《常春樂活》。291：136-137，臺北：臺視文化。

呂哲雄（2005）。《懶人鍋煮易》。臺北：臺視文化。

巫清安（2006）。〈環氧合酶與癌症〉，《食品工業月刊》。10：55-62，新竹：財團法人食品工業發展研究所。

李世敏（2001）。《兒童基因革命——吃出聰明與健康》。臺北：文經社。

李宏昌（2000）。《認識小兒消化系統疾病》。臺北：偉華。

李志剛（2008）。〈以提供附加利益為主導的餐飲業促銷〉，《中華飲食文化基金會會訊》。14(3)：45-50，臺北：財團法人中華飲食文化基金會。

李佳儒（2009）。〈日本因應少子女化社會對策對臺灣之啟示〉，《社區發展季刊》。125：256-271，臺北：內政部社區發展雜誌社。

李佩霓（2009）。〈打造聰明嬰兒飲食計畫〉，《Baby Life育兒生活》。225：156-160，臺北：育兒生活。

李宜萍（2006）。〈紅不讓許品牌永遠新鮮〉，《管理雜誌》。387：58-59，臺北：哈佛企管。

李怡嬅（2009）。〈年節腸胃打掃除計畫〉，《康健雜誌》。123：99-105，臺北：天下生活。

李政純（2006）。〈吃蘋果可以減肥是真的〉，《常春月刊》。277(4)：22，臺北：臺視文化。

李政純（2007）。〈1天睡7小時　你會愈來愈瘦〉，《常春月刊》。286：32，臺北：臺視文化。

李政純（2008）。〈事先預防年節症候群〉，《常春月刊》。298：36-38，臺北：臺視文化。

李政純（2008）。〈省錢進補法〉，《常春月刊》。309：128-136，臺北：臺視文化。

李政純（2009）。〈張秀卿圓臉吃虧比別人減更多〉，《常春月刊》。315：44-46，臺北：臺視文化。

李政純（2009）。〈最夯減肥成分哪個最有效〉，《常春月刊》。315：70-76，臺北：臺視文化。

李政純（2009）。〈喝茶切油又切糖？〉，《常春月刊》。315：78-79，臺北：臺視文化。

李春銘（2008）。〈新生兒高血鈣〉，《中華民國新生兒科醫學會會刊》。17(1)：4-8。臺中：中華民國新生兒科醫學會。

李郁怡（2006）。〈BIT品牌進化論〉，《管理雜誌》。387：44-47，臺北：哈佛企管。

李郁怡（2006）。〈求生術讓品牌水到渠成〉，《管理雜誌》。387：52-55，臺北：哈佛企管。

李國英（2007）。〈兩個瑪麗　吃不胖的甜點〉，《常春樂活》。288：192-195，臺北：臺視文化。

李淑婷、那明珠、沈仲敏等（2007）。〈美國兒科醫學會AAP已發布預防嬰兒猝死症SIDS的新指導方針〉，《中華民國新生兒科醫學會會刊》。16(2)：12-13，臺中：中華民國新生兒科醫學會。

李雪莉（2009）。〈全聚德北高報到　臺灣鴨增肥大作戰〉，《天下雜誌雙週刊》。424：40，臺北：天下。

李雪莉（2009）。〈在欉紅　煉製最臺灣味的果醬〉，《天下雜誌雙週刊》。415：64-66，臺北：天下。

李景存、劉向榮、李振華等（2007）。〈周朝宮廷帝王御膳的管理〉，《中華飲食文化基金會會訊》。13(1)：12-19，臺北：財團法人中華飲食文化基金會。

李瑞騰（2006）。《酸甜苦辣》。中壢：國立中央大學校史館。

李嘉亮（1992）。《臺灣常見魚類圖鑑》，臺北：戶外生活。

李寧遠（2006）。〈高C水果番石榴〉，《鄉間小路》。32(9)：10-11，臺北：豐年社。

李寧遠（2006）。〈雪蛤與銀耳〉，《鄉間小路》。32(10)：62-63，臺北：豐年

社。

李漢昌（2006）。〈明清兩代引進甘薯對民食改善的意義〉，《中華飲食文化基金會會訊》。12(3)：58-63，臺北：財團法人中華飲食文化基金會。

李毅（2006）。〈聞香食花話荷花〉，《中華飲食文化基金會會訊》。12(3)：13-15，臺北：財團法人中華飲食文化基金會。

李樹人（2008）。〈全民減鹽低鈉運動〉，《衛生報導》。135：26-27，臺北：行政院衛生署。

李樹人（2008）。〈過動兒也有春天〉，《衛生報導》。133：28-29，臺北：行政院衛生署。

杜莉（2006）。〈添香增味有花饌〉，《中華飲食文化基金會會訊》。12(3)：4-9，臺北：財團法人中華飲食文化基金會。

汪忠明（2005）。〈國內酒品製造業品保制度〉，《食品工業月刊》。37(2)：9-20，新竹：財團法人食品工業發展研究所。

汪曉琪（2007）。〈適當飲食睡眠吃走惱人痛風〉，《常春月刊》。286：144-147，臺北：臺視文化。

肖菡、鄧麗琴譯（2006），Carole Clements著。《烘焙料理大全》。臺中：晨星。

亞凡（2009）。〈和風食物纖維健康濃鏜纖的好！〉，《常春月刊》。315：105，臺北：臺視文化。

周于嵐（2006）。〈癌症化學預防之活體外分析〉，《康健雜誌》。10：27-36，臺北：天下。

周月卿（2007）。〈藥物與食物的交互作用〉，《衛生報導》。132：40-41，臺北：行政院衛生署。

李鴻崑（2008）。〈乳酪和豆腐〉，《中華飲食文化基金會會訊》。14(1)：27-35，臺北：財團法人中華飲食文化基金會。

林汝法（2004）。〈山西麵食宴〉，《中華飲食文化基金會會訊》。10(3)：44-48，臺北：財團法人中華飲食文化基金會。

林克岑（2009）。〈週末身心排毒計畫〉，《康健雜誌》。126：31-40，臺北：天下。

林志陵、高嘉宏（2009）。〈肝癌危險因子和流行病學之變遷〉，《當代醫學》。423：25-35，臺北：橘井。

林佳蕫、許瓊心（2009）。〈胎兒水腫〉，《中華民國新生兒科醫學會會刊》。18(1)：16-24，臺中：中華民國新生兒科醫學會。

林明佳（2009）。〈0～4歲的幼兒也會有壓力嗎？〉，《Baby Life育兒生活》。225：57-60，臺北：育兒生活。

林明佳（2009）。〈6階段baby協調能力大促進〉，《Baby Life育兒生活》。225：80-84，臺北：育兒生活。

林明佳（2009）。〈baby吃飯大學問〉，《Baby Life育兒生活》。224：136-146，臺北：育兒生活。

林明佳（2009）。〈幼兒常見6大用語〉，《Baby Life育兒生活》。225：85-88，臺北：育兒生活。

林明佳（2009）。〈成長奶粉9大疑問全蒐錄〉，《Baby Life育兒生活》。224：50-56，臺北：育兒生活。

林明佳（2009）。〈你家的寶貝有機了嗎？〉，《Baby Life育兒生活》。228：157-160，臺北：育兒生活。

林明佳（2009）。〈嬰兒夜奶，行不行？〉，《Baby Life育兒生活》。227：148-151，臺北：育兒生活。

林明佳（2009）。〈營養補充品專家怎麼看〉，《Baby Life育兒生活》。226：155-159，臺北：育兒生活。

林欣怡（2009）。〈小心謹「腎」保健康〉，《衛生報導》。137：20-31，臺北：行政院衛生署。

林芸（2008）。〈開胃涼拌菜清爽一夏天〉，《常春月刊》。304：132-136，臺北：臺視文化。

林芸（2009）。〈香辛料　開胃又防疫〉，《常春月刊》。315：148-149，臺北：臺視文化。

林俊龍（2002）。《科學素食快樂吃》。臺北：天下遠見。

林美岑（2006）。〈喝果汁補充大腦元氣〉，《康健雜誌》。（10）：100，臺北：天下。

林貞岑（2008）。〈8大訣竅遠離廚房致命危機〉，《康健雜誌》。117：94-100，臺北：天下。

林貞岑（2009）。〈避開鍋碗裡的致癌物〉，《康健雜誌》。123：58-59，臺北：天下。

林貞岑（2007）。〈麻辣鍋+紅酒、桌巾，吃飯絕對要享受〉，《康健雜誌》。108：244-245，臺北：天下。

林家樑（2007）。〈沉默的殺手高血壓一〉，《常春樂活》。291：42-44，臺

　　北：臺視文化。

林家樑（2007）。〈降低熱量食用　保住你的攝護腺〉，《常春月刊》。286：
　　80-81，臺北：臺視文化。

林家樑（2007）。〈補錯了身體受不了〉，《常春月刊》。286：120-122，臺
　　北：臺視文化。

林家樑（2008）。〈中廣身材易患痛風〉，《常春月刊》。298：93-95，臺北：
　　臺視文化。

林耕年（1993）。《食品微生物學》。臺南：復文。

林勤豐、林育櫻（2005）。〈臺灣的外食餐廳服務品質內涵與特色──以異國餐
　　廳為例〉，《中華飲食文化基金會會訊》。11(2)：17-24，臺北：財團法人中
　　華飲食文化基金會。

林瑞瑩（2008）。〈嬰兒猝死症〉，《中華民國新生兒科醫學會會刊》。17(1)：
　　14-16，臺中：中華民國新生兒科醫學會。

林慧淳（2008）。〈來點植物乳酸菌〉，《康健雜誌》。117：104-106，臺北：天
　　下。

林慧淳（2008）。〈喝纖維飲料就能減肥？〉，《康健雜誌》。122：60-62，臺
　　北：天下。

林慧淳（2008）。〈掌握4訣竅　30分鐘上桌〉，《康健雜誌》。119：52-55，臺
　　北：天下。

林慧淳（2008）。〈豬健康　豬肉就美味〉，《康健雜誌》。121：58-62，臺
　　北：天下。

林慧淳（2009）。〈臺灣食材創造地中海滋味〉，《康健雜誌》。123：50-53，
　　臺北：天下。

林慧淳（2009）。〈輕鬆烹煮夏清甜〉，《康健雜誌》。126：58-59，臺北：天
　　下。

林潔欣（2007）。〈防腐劑該怎麼防？〉，《常春樂活》。288：186-188，臺
　　北：臺視文化。

林嬪嬙（2009）。〈嬰兒疫苗接種7大Q＆A〉，《Baby Life育兒生活》。225：
　　54-56，臺北：育兒生活。

武志安（2001）。《西餐烹調理論與實務》。臺北：揚智。

邱仁輝（2009）。〈坐骨神經痛之中西醫結合治療〉，《當代醫學》。426：263-
　　267，臺北：橘井。

邱仁輝、邱信雄（2007）。〈消化性潰瘍之中西醫結合治療〉，《當代醫學》。
410：976-981，臺北：橘井。

邱仁輝、黃怡超（2008）。〈肝硬化之中西醫結合治療〉，《當代醫學》。412：
112-116，臺北：橘井。

邱永君（2005）。〈漫談滿族麵食與節慶宴〉，《中華飲食文化基金會會訊》。
11(1)：16-22，臺北：財團法人中華飲食文化基金會。

邱永林（2008）。〈不景氣更要管好你的氣〉，《常春月刊》。309：142-144，
臺北：臺視文化。

邱宗傑（2008）。〈自然殺手細胞控制腫瘤效果佳〉，《常春月刊》。307：116-
117，臺北：臺視文化。

邱健人（2000）。《食品品質衛生安全管理社》。新北市：藝軒。

邱鼎鈺（2008）。〈從三聚氰胺事件看食品安全〉，《衛生報導》。136：15-
17，臺北：行政院衛生署。

邱鼎鈺（2009）。〈雙軌審查　健康食品把關不變〉，《衛生報導》。137：20-
21，臺北：行政院衛生署。

邱維濤（2006）。〈The LOHAS Ways!!〉，《管理雜誌》。379：30-32，臺北：
哈佛企管。

俞川心（2007）。〈大雪食白菜，經濟有效益〉，《常春月刊》。286：118-119，
臺北：臺視文化。

俞川心（2007）。〈絲瓜消暑第一名〉，《常春樂活》。293：146-149，臺北：
臺視文化。

俞川心（2007）。〈蓮子夏季消暑新主張〉，《常春樂活》。291：132-134，臺
北：臺視文化。

俞川心（2007）。〈薺菜莧菜3月產　營養健康美味多〉，《常春樂活》。288：
189-191，臺北：臺視文化。

俞川心（2008）。〈安神忘憂的金針花〉，《常春月刊》。298：136-138，臺
北：臺視文化。

南方朔（2009）。〈不是M型，是印度尖塔型〉，《天下雜誌雙週刊》。425：20-
21，臺北：天下。

施義輝（2006）。〈員工考績如何打〉，《管理雜誌》。379：56-59，臺北：哈
佛企管。

洪良浩（2006）。〈管理加突破〉，《管理雜誌》。379：6-7，臺北：哈佛企

管。

洪良浩（2007）。〈時間才是問題〉，《管理雜誌》。402：4，臺北：哈佛企管。

洪芳宜（2008）。〈防癌飲食趨吉避凶〉，《常春月刊》。298：80-82，臺北：臺視文化。

洪嘉仁、呂秀衿、葉素華等（2009）。〈我國托兒所面臨少子化社會之探討——以科技公司附設托兒所為例〉，《社區發展季刊》。125：308-325，臺北：內政部社區發展雜誌社。

胡國海譯（1990）。《嬰幼兒心理學》。臺北：桂冠。

胡逸然（2007）。〈極低體重兒於青年時期之血糖調控〉，《中華民國新生兒科醫學會會刊》。16(2)：5-6。臺中：中華民國新生兒科醫學會。

胡傳玉（2006）。〈少子化是危機還是轉機〉，《管理雜誌》。389：42-44，臺北：哈佛企管。

胡銘桂及倪燕貞（2006）。〈好吃速食麵健康美味新概念〉，《康健雜誌》。10：83-84，臺北：天下。

范少怡（2006）。〈癌症預防與天然化合物〉，《康健雜誌》。10：17-26，臺北：天下。

范雯晴（2005）。〈運將大哥心目中的第一名小吃魯肉飯〉，《美食天下》。160(4)：112，臺北：美食天下。

食品工業發展研究所（2000）。〈GMP食品工廠認證制度及規章彙編〉，《食品工業月刊》。新竹：財團法人食品工業發展研究所。

食品藥物消費者知識服務網。行政院衛生署食品藥物管理局，http://food.fda.gov.tw/FoodNew/，檢索日：2011年3月25日。

夏凡玉（2005）。〈烹調應用多小兵立大功〉，《美食天下》。160(4)：32-43，臺北：美食天下。

孫茹綾（2007）。〈如何讓主管願意重用你〉，《管理雜誌》。402：30-33，臺北：哈佛企管。

孫得雄（2009）。〈臺灣少子女化的前因後果〉，《社區發展季刊》。125：44-45，臺北：內政部社區發展雜誌社。

徐仁全（2007）。〈全臺330萬天天外食族逼近北縣總人口〉，《遠見》。252：240-247，臺北：天下。

徐仁全（2007）。〈臺灣美食國際化五現在是一缺三〉，《遠見》。252：232-

234，臺北：天下。

徐文媛（2008）。〈高齡化是臺灣當前健康挑戰〉，《衛生報導》。136：7-8，臺北：行政院衛生署。

徐文媛（2008）。〈視力2020關心視力保健〉，《衛生報導》。136：36-37，臺北：行政院衛生署。

徐佳佳（2007）。〈健康體能再造　預防醫學典範〉，《衛生報導》。130：14-15，臺北：行政院衛生署。

徐岩譯（2006）。《發酵食品微生物學》。新北市：藝軒。

徐英豪（2008）。〈呼吸道衛生與咳嗽禮節〉，《衛生報導》。136：26-27，臺北：行政院衛生署。

徐英豪（2008）。〈注射卡介苗可以預防結核病〉，《衛生報導》。136：38-39，臺北：行政院衛生署。

徐英豪（2008）。〈為了您的健康　拒用6號杯〉，《衛生報導》。133：38，臺北：行政院衛生署。

徐英豪（2008）。〈食品安全e路通〉，《衛生報導》。133：18-19，臺北：行政院衛生署。

徐祖文（2006）。〈烤肉串──古老的食品〉，《中華飲食文化基金會會訊》。12(3)：54-57，臺北：財團法人中華飲食文化基金會。

徐清銘（2006）。〈豐富多樣的亮綠佳人番石榴〉，《鄉間小路》。32(9)：6-7，臺北：豐年社。

翁毓秀（2009）。〈日韓國少子女高齡化社會之因應策略──臺灣做了什麼？未來可以做什麼？〉，《社區發展季刊》。125：240-255，臺北：內政部社區發展雜誌社。

袁同凱（2004）。〈狗不理的由來及其發展使考略〉，《中華飲食文化基金會會訊》。10(3)：10-13，臺北：財團法人中華飲食文化基金會。

財團法人董氏基金會。http://www.jtf.org.tw，檢索日期：2011年11月15日。

財團法人董氏基金會-食品營養特區。兒童營養教育，http://www.jtf.org.tw/，檢索日期：2010年1月25日。

郝立智、趙建剛（2007）。〈糖尿病和憂鬱症的研究與探討〉，《當代醫學》。410：953-960，臺北：橘井。

馬岳琳（2009）。〈上海人搶著體驗　臺式平價奢華〉，《天下雜誌雙週刊》。422：154-157，臺北：天下。

馬岳琳（2009）。〈長子接棒　福華低調翻新〉，《天下雜誌雙週刊》。424：
　　110-115，臺北：天下。

馬岳琳（2009）。〈賣鮮食　餵飽都會外食族〉，《天下雜誌雙週刊》。422：
　　152-153，臺北：天下。

馬健鷹（2006）。〈中國經典著作所載中國飲食文化的基本美性──中和〉，
　　《中華飲食文化基金會會訊》。10(1)：20-26，臺北：財團法人中華飲食文化
　　基金會。

高宜凡（2007）。〈廚師變名流〉，《遠見》。252：270-275，臺北：天下。

高實琪（2000）。《餐飲業採購實務》。臺北：匯華。

高碧鴻（2008）。〈清火解熱料理〉，《常春月刊》。304：138-139，臺北：臺
　　視文化。

國民健康局網站。行政院衛生署　國民健康局，http://www.bhp.doh.gov.tw/bhpnet/
　　portal/Hot.aspx。檢索日期：2011年3月29日。

常春樂活（2007）。〈每2個上班族，就1個肝包油〉，《常春樂活》。288：62-
　　63，臺北：臺視文化。

康健雜誌。康健雜誌：30天超完美降膽固醇計畫，http://www.commonhealth.com.
　　tw/article/index.jsp?id=4625。檢索日期：2011年3月28日。

康健雜誌編輯部（2008）。〈食材達人朱慧芳教你買到好米〉，《康健雜誌》。
　　118：50-54，臺北：天下。

張天鈞（2007）。〈玫瑰花的醫療用途〉，《當代醫學》。406：598-599，臺
　　北：橘井。

張天鈞（2007）。〈懷孕和哺乳時鈣的補充和對母親及胎兒的影響〉，《當代醫
　　學》。399：29，臺北：橘井。

張天鈞（2008）。〈音樂治療遠離病痛〉，《常春月刊》。304：84-85，臺北：
　　臺視文化。

張天鈞（2008）。〈狼吞虎嚥胖得快〉，《常春月刊》。309：122-123，臺北：
　　臺視文化。

張天鈞（2008）。〈慢跑有益？還是有害？〉，《常春月刊》。307：88-89，臺
　　北：臺視文化。

張天鈞（2009）。〈每天半杯紅酒 可以多活5年〉，《常春月刊》。315：142-
　　143，臺北：臺視文化。

張天鈞（2009）。〈為何需要服用多種維他命和礦物質？〉，《當代醫學》。

427：366-368，臺北：橘井。

張天鈞（2009）。〈從暗光鳥談褪黑激素〉，《當代醫學》。424：85-86，臺北：橘井。

張天鈞（2009）。〈腹式呼吸的好處〉，《當代醫學》。428：421-422，臺北：橘井。

張世傑（2007）。〈點燃癌患新希望〉，《常春樂活》。291：92-95，臺北：臺視文化。

張世傑（2008）。〈多食好菌健康加倍〉，《常春月刊》。298：48-50，臺北：臺視文化。

張世榮（2008）。〈電腦族的健康保養〉，《衛生報導》。136：24-25，臺北：行政院衛生署。

張玉欣（2005）。〈臺灣的火鍋文化〉，《中華飲食文化基金會會訊》。11(2)：30-36，臺北：財團法人中華飲食文化基金會。

張玉欣（2005）。〈臺灣的蚵仔小吃與文化〉，《中華飲食文化基金會會訊》。11(3)：33-38，臺北：財團法人中華飲食文化基金會。

張玉欣（2005）。〈臺灣的滷味文化〉，《中華飲食文化基金會會訊》。11(1)：31-38，臺北：財團法人中華飲食文化基金會。

張玉欣（2006）。〈臺北縣飲食文化初探（下）〉，《中華飲食文化基金會會訊》。10(4)：28-34，臺北：財團法人中華飲食文化基金會。

張玉欣（2006）。〈臺灣的便當文化〉，《中華飲食文化基金會會訊》。12(3)：30-36，臺北：財團法人中華飲食文化基金會。

張玉欣（2006）。〈簡述臺灣飲食史〉，《中華飲食文化基金會會訊》。10(3)：4-9，臺北：財團法人中華飲食文化基金會。

張玉欣（2007）。〈臺灣的辦桌文化〉，《中華飲食文化基金會會訊》。13(1)：37-46，臺北：財團法人中華飲食文化基金會。

張玉欣（2008）。〈臺灣料理一詞之探索〉，《中華飲食文化基金會會訊》。14(1)：40-44，臺北：財團法人中華飲食文化基金會。

張成基（2006）。〈華夏美食數餃子〉，《中華飲食文化基金會會訊》。10(3)：19-22，臺北：財團法人中華飲食文化基金會。

張雅雯（2007）。〈提升中藥用要安全環境〉，《衛生報導》。130：14-15，臺北市：行政院衛生署。

張雅雯（2007）。〈藥物安全管制機制 用藥安全有保障〉，《衛生報導》。129：

30-32，臺北：行政院衛生署。

張雅雯（2009）。〈預防腸病毒自己來〉，《衛生報導》。137：26-27，臺北：
行政院衛生署。

張瑜鈴（2006）。〈探索《金瓶梅》中的飲食文化〉，《中華飲食文化基金會會
訊》。12(4)：48-53，臺北：財團法人中華飲食文化基金會。

張漢宜（2009）。〈日本超商 用便當搶生意〉，《天下雜誌雙週刊》。417：122-
124，臺北：天下。

張甄芳（2007）。〈天冷氣喘要人命〉，《常春月刊》。286：95-100，臺北：臺
視文化。

張甄芳（2007）。〈母嬰親善醫院 準媽媽生產優選〉，《衛生報導》。130：19-
21，臺北：行政院衛生署。

張甄芳（2007）。〈破解抗生素使用的迷思〉，《衛生報導》。129：28-29，臺
北：行政院衛生署。

張甄芳（2007）。〈飲料衛生標準為健康把關〉，《衛生報導》。132：30-31，
臺北：行政院衛生署。

張甄芳（2008）。〈小心過度服用感冒糖漿可能上癮〉，《衛生報導》。133：
32-33，臺北：行政院衛生署。

張甄芳（2008）。〈建構安全居家用藥環境〉，《衛生報導》。135：30-31，臺
北：行政院衛生署。

張甄芳（2008）。〈破布子吃多易胃糞石〉，《常春月刊》。94-96，臺北：臺視
文化。

張睿真（2008）。〈剖腹生產與幼童發生氣喘的危險性：族群世代研究〉，《新
生兒科醫學會會刊》。17(1)：12-13。臺中：中華民國新生兒科醫學會。

張曉卉（2009）。〈抗癌大作戰臺灣做對了嗎？〉，《康健雜誌》。127：38，臺
北：天下。

張曉卉（2009）。〈防癌男女大不同〉，《康健雜誌》。127：44-47，臺北：天
下。

張曉卉（2009）。〈為什麼男人得癌症比女人多〉，《康健雜誌》。127：40-
42，臺北：天下。

張靜慧（2009）。〈周美清教給孩子的事〉，《康健雜誌》。126：148，臺北：
天下。

教育部（2003）。「學校餐廳廚房員生消費合作社衛生管理辦法」，民國92年5月

2日教育部臺參字第0920056238A號令。臺北：教育部。

曹龍彥（2008）。〈成本效益分析簡介〉，《新生兒科醫學會會刊》。17(1)：4-5。臺中：中華民國新生兒科醫學會。

梁愛華（2005）。〈醬缸裏的奧秘——四川榨菜的醃製原理〉，《中華飲食文化基金會會訊》。11(3)：19-24，臺北：財團法人中華飲食文化基金會。

梁嫣純（2008）。〈傳承家族記憶的食譜〉，《康健雜誌》。114：34-42，臺北：天下。

梁嫣純（2008）。〈葡萄乾浸醋可以補鐵〉，《康健雜誌》。121：64-65，臺北：天下。

梁嫣純（2008）。〈顧心臟飲食的堅果食譜〉，《康健雜誌》。120-125，臺北：天下。

莊漢成、黎麗甜（2006）。〈果疏新話〉，《中華飲食文化基金會會訊》。12(4)：54-58，臺北：財團法人中華飲食文化基金會。

許永傳（2007）。〈坐月子餐講究個人化〉，《常春月刊》。287：74，臺北：臺視文化。

許登欽等人（2009）。〈足月及早產新生兒的胎便排出持續時間〉，《新生兒科醫學會會刊》。18(1)：9-10，臺中：中華民國新生兒科醫學會。

連以晴（2009）。〈吃什麼讓膽固醇別再跟著你〉，《常春月刊》。315：112-117，臺北：臺視文化。

郭月英（2007）。《四季對症養生藥膳》。臺北：二魚。

郭馨璟（2009）。〈一次搞定厭奶問題〉，《Baby Life育兒生活》。227：14-147，臺北：育兒生活。

陳立真。2005。《新手烤箱料理》。臺北：臺視文化。

陳自珍、沈介仁（1984）。《食品添加物》。臺北：鼎文書局。

陳佳佳（2008）。〈何謂1824〉，《衛生報導》。133：36，臺北：行政院衛生署。

陳佳佳（2008）。〈流感疫苗擴大接種對象〉，《衛生報導》。135：20-21，臺北：行政院衛生署。

陳侑秀（2007）。〈擀麵棍減肥法〉，《常春樂活》。291：30，臺北：臺視文化。

陳信利、陳昭惠（2007）。〈極早產兒和極低體重嬰兒在五歲大時之行為和情緒問題〉，《新生兒科醫學會會刊》。16(1)：12-13。臺中：中華民國新生兒科

醫學會。

陳俐君（2009）。〈3觀念教養WHY嬰兒〉，《Baby Life育兒生活》。225：74-79，臺北：育兒生活。

陳俐君（2009）。〈4道美味不NG懶人料理〉，《Baby Life育兒生活》。229：180-183，臺北：育兒生活。

陳俐君（2009）。〈7種兒童常見眼疾〉，《Baby Life育兒生活》。229：124-129，臺北：育兒生活。

陳俐君（2009）。〈幼兒成長大危機〉，《Baby Life育兒生活》。229：60-77，臺北：育兒生活。

陳俐君（2009）。〈拒絕冬季癢上身〉，《Baby Life育兒生活》。224：148-151，臺北：育兒生活。

陳俐君（2009）。〈思想起 懷舊好滋味〉，《Baby Life育兒生活》。228：186-188，臺北：育兒生活。

陳俐君（2009）。〈破除嬰兒嗆奶危機〉，《Baby Life育兒生活》。227：111-115，臺北：育兒生活。

陳俐君（2009）。〈產後婦女消水腫 吃出幼窈窕好身材〉，《Baby Life育兒生活》。225：138-142，臺北：育兒生活。

陳俐君（2009）。〈過敏嬰兒食衣住行保健對策〉，《Baby Life育兒生活》。224：30-46，臺北：育兒生活。

陳俐君（2009）。〈寶寶副食品25款米麥精大集合〉，《Baby Life育兒生活》。226：46-62，臺北：育兒生活。

陳建中、羅大鈞（2005）。〈異國餐飲業外食市場及需求分析〉，《中華飲食文化基金會會訊》。11(2)：4-10，臺北：財團法人中華飲食文化基金會。

陳建豪（2007）。〈KTV的茶餐廳打開新「錢」櫃〉，《遠見雜誌》。252：262-263，臺北：天下。

陳建豪（2007）。〈英雄造時事〉，《遠見雜誌》。252：252-254，臺北：天下。

陳建豪（2007）。〈賣便當教麥當勞叔叔坐立難安〉，《遠見雜誌》。252：263-264，臺北：天下。

陳昭惠（2007）。〈懷孕週數及出生體重與10歲兒童學校表現的關係：懷孕週數超過32週的兒童的追蹤研究〉，《新生兒科醫學會會刊》。16(1)：14-15。臺中：中華民國新生兒科醫學會。

陳美蕙（2007）。〈中式糕餅創作特色評析：以臺中地區為例〉，《中華飲食文化基金會會訊》。13(3)：13-18。

陳英堯等人（2008）。〈母乳哺育和抽煙：對於嬰幼兒餵食及睡眠的短期影響〉，《新生兒科醫學會會刊》。17(2)：12，臺中：中華民國新生兒科醫學會。

陳郁秀（2007）。〈吃蘋果別吐蘋果皮〉，《常春樂活》。292：36，臺北：臺視文化。

陳姵樺（2009）。〈解決寶寶脹氣〉，《Baby Life育兒生活》。226：146-149，臺北：育兒生活。

陳姵樺（2009）。〈寶抱腸胃5大狀況〉，《Baby Life育兒生活》。224：1-119，臺北：育兒生活。

陳海娟、尹崇文（2005）。《臨床營養學——膳食療養》，臺北：時新。

陳偉明（2006）。〈元代食品貯存加工的技術與特色〉，《中華飲食文化基金會會訊》。10(4)：4-13，臺北：財團法人中華飲食文化基金會。

陳健豪（2007）。〈全民瘋食尚〉，《遠見雜誌》。252：290-293，臺北：天下。

陳清軒等譯（2006）。《醫療資訊管理與病歷管理》。臺北：新加坡商湯姆生亞洲臺灣分公司。

陳淑卿（2007）。〈圍爐清料理〉，《常春月刊》。287：90-113，臺北：臺視文化。

陳淑卿（2008）。〈腳手血壓比預測心臟病〉，《常春月刊》。304：124-125，臺北：臺視文化。

陳淑卿（2009）。〈大醫院減肥食譜最可靠？〉，《常春月刊》。315：60-68，臺北：臺視文化。

陳淑卿（2009）。〈我很努力 為何瘦不了〉，《常春月刊》。315：36-43，臺北：臺視文化。

陳淑卿（2009）。〈破除胖→瘦→胖失敗魔咒〉，《常春月刊》。315：30-34，臺北：臺視文化。

陳淑卿（2009）。〈趙強7個月胖6公斤 70天瘦回來〉，《常春月刊》。315：48-49，臺北：臺視文化。

陳淑卿（2009）。〈線上流行減肥法大車拼〉，《常春月刊》。315：52-58，臺北：臺視文化。

嬰幼兒膳食與營養

The Meal Plan and Nutrition for Infant and Young Child

陳淑莉（2005）。〈外食產業分析——以披薩產業為例〉，《中華飲食文化基金會會訊》。11(2)：11-16，臺北：財團法人中華飲食文化基金會。

陳婧（2007）。〈快餐還是慢食——兩種文化的比較〉，《中華飲食文化基金會會訊》。13(1)：51-54，臺北：財團法人中華飲食文化基金會。

陳貴鳳（2006）。〈淺談餐飲業鄉土特色花果餐之菜單設計〉，《中華飲食文化基金會會訊》。12(3)：23-29，臺北：財團法人中華飲食文化基金會。

陳逸光、黃富源、林雲南（1978）。〈嬰兒頑固性下痢症10例之臨床觀察〉，《Acta Paediatrica Sinica》。19(1)：36-44，臺北：臺灣兒科醫學會。

陳雯菲（2007）。〈輕食健康美味〉，《常春樂活》。288：46-47，臺北：臺視文化。

陳慧俐（2006）。〈安徽菜的故事〉，《中華飲食文化基金會會訊》。10(1)：36-41，臺北：財團法人中華飲食文化基金會。

陳潮宗（2007）。〈順應節氣你吃對了嗎？〉，《常春月刊》。286：50-54，臺北：臺視文化。

陳潮宗（2008）。〈五穀養生聰明吃〉，《常春月刊》。298：139-141，臺北：臺視文化。

陳靜蘭（2009）。〈咪咪食補記〉，《Baby Life育兒生活》。225：112-113，臺北：育兒生活。

陳豐村（1982）。《食品微生物》。臺北：合記。

陳韻如（2009）。〈4～6歲嬰兒的幼稚園〉，《Baby Life育兒生活》。229：38-42，臺北：育兒生活。

陳韻如（2009）。〈Baby Eating營養入門〉，《Baby Life育兒生活》。225：164-168，臺北：育兒生活。

陳韻如（2009）。〈分齡幼兒飲食指南〉，《Baby Life育兒生活》。228：151-155，臺北：育兒生活。

陳韻如（2009）。〈免疫系統up up過敏體質bye bye！〉，《Baby Life育兒生活》。229：154-160，臺北：育兒生活。

陳韻如（2009）。〈破除上班族媽咪常見3大毛病〉，《Baby Life育兒生活》。229：168-179，臺北：育兒生活。

陳韻如（2009）。〈陪baby熱鬧過新年〉，《Baby Life育兒生活》。224：132-135，臺北：育兒生活。

陳韻如（2009）。〈營養飽足 地瓜副食品〉，《Baby Life育兒生活》。224：142-

147，臺北：育兒生活。

揚定一、李琇晴（2008）。〈吃對的食物帶動健康〉，《常春月刊》。309：150-151，臺北：臺視文化。

曾俊睿（2009）。〈什麼是過敏？〉，《Baby Life育兒生活》。224：88-89，臺北：育兒生活。

曾俊睿（2009）。〈我不想生下過敏兒〉，《Baby Life育兒生活》。225：116-117，臺北：育兒生活。

曾俊睿（2009）。〈過敏疾病的治療——漫談過敏藥物的使用〉，《Baby Life育兒生活》。229：98-99，臺北：育兒生活。

曾品滄（2008）。〈平民飲料大革命〉，《中華飲食文化基金會會訊》。14(2)：18-23，臺北：財團法人中華飲食文化基金會。

童年工作坊（2007）。《丙級保母人員學術科通關寶典》。臺北：台科大。

黃亦筠（2009）。〈把香腸賣給年輕人〉，《天下雜誌雙週刊》。414：104-106，臺北：天下。

黃秀美（2007）。〈4大傷腎殺手〉，《常春樂活》。291：68-71，臺北：臺視文化。

黃秀美（2007）。〈遠離癌症從吃開始〉，《衛生報導》。132：32-33，臺北：行政院衛生署。

黃怡菁（2007）。〈喝茶有益健康概念〉，《常春樂活》。293：152-155，臺北：臺視文化。

黃玲珠（1999）。《幼兒營養與膳食》。臺北：合記。

黃素華、陳珮蓉、張啟仁、賴鴻緒、鄭金寶、劉秀英（2005）。〈住院管灌患者營養狀況及胃腸併發症對營養攝取量之影響〉，《臺灣醫學》。9(4)：467-474，臺北：臺灣醫學會。

黃啟仁（2005）。〈從客家飲食談醬缸製文化〉，《中華飲食文化基金會會訊》。11(3)：12-18，臺北：財團法人中華飲食文化基金會。

黃惠如（2008）。〈毒奶粉讓我們學到的教訓〉，《康健雜誌》。119：38-48，臺北：天下。

黃惠如（2009）。〈青春不惑成功教養〉，《康健雜誌》。126：104-110，臺北：天下。

黃碧桃（1998）。《兒科百病防治手冊》。臺北：月旦。

黃韶顏（2002）。《團體膳食製備》。臺北：華香園。

黃韶顏（2004）。《新營養師精華（五）團體膳食管理》。臺北：匯華。

黃韶顏、徐惠群（1995）。《團體膳食食品品質管制》。臺北：華香園。

黃韶顏、黎育珍（1993）。《幼稚園菜單設》。臺北：華香園。

黃錦城（2003）。〈綜論食品安全管制系統〉，《食品工業月刊》。35(4)：1-2，新竹：財團法人食品工業發展研究所。

黃穗華（2006）。〈木籬把酒饗黃花──賞菊、飲菊、饗菊〉，《中華飲食文化基金會會訊》。12(3)：16-22，臺北：財團法人中華飲食文化基金會。

黃瀛賢（2009）。〈baby黃疸照護，必知！〉，《Baby Life育兒生活》。225：98-100，臺北：育兒生活。

楊心怡（2008）。〈指甲洩露的秘密〉，《康健雜誌》。117：114-118，臺北：天下。

楊秀萍（2005）。〈中國的食烹器具〉，《中華飲食文化基金會會訊》。11(1)：45-53，臺北：財團法人中華飲食文化基金會。

楊秀萍（2005）。〈傳統飲食習俗〉，《中華飲食文化基金會會訊》。11(2)：42-49，臺北：財團法人中華飲食文化基金會。

楊昭景（2007）。〈最青的料理──澎湖魚鮮飲食探索與烹調菜系〉，《中華飲食文化基金會會訊》。13(4)：14-22，臺北：財團法人中華飲食文化基金會。

楊昭景。2008年。〈濃妝淡抹總相宜──細說臺灣名豆腐〉，《中華飲食文化基金會會訊》。14(1)：15-22，臺北：財團法人中華飲食文化基金會。

楊素卿（2009）。〈健康長壽不復胖〉，《常春月刊》。315：157，臺北：臺視文化。

楊素卿等著（2004）。《嬰幼兒營養與餐點》。臺北：禾楓。

楊娟（2007）。〈女兒10、20快樂成長的秘密〉，《衛生報導》。129：33-35，臺北：行政院衛生署。

楊瑞珍（2007）。《便秘精選食療》。新北市：新潮社。

楊嘉蓁（2009）。〈3大營養素每天熱量的來源〉，《常春月刊》。315：144-146，臺北：臺視文化。

楊榮季（2007）。〈圍爐清料理〉，《常春月刊》。287：180，臺北：臺視文化。

楊榮森（2005）。《臨床營養學》。頁37、208，臺北：匯華。

葉米亞（2008）。〈高膽固醇小心心血管疾病找上你〉，《常春月刊》。309：40-41，臺北：臺視文化。

葉米亞（2008）。〈減肥新觀念〉，《常春月刊》。304：32-35，臺北：臺視文化。

葉益成（2006）。〈不按牌理出牌的成本控管〉，《管理雜誌》。389：124-125，臺北：哈佛企管。

葉惟禎（2006）。〈你的品牌老了嗎？〉，《管理雜誌》。390：120-121，臺北：哈佛企管。

葉惟禎（2006）。〈證照加值服務業〉，《管理雜誌》。389：96-97，臺北：哈佛企管。

葉淑寧（2009）。〈兒童貧血〉，《Baby Life育兒生活》。226：144-145，臺北：育兒生活。

董永權、陳德人（2008）。〈早產兒體重低於1250公克的母奶使用與完全胃腸道餵食〉，《新生兒科醫學會會刊》。17(2)：7，臺中：中華民國新生兒科醫學會。

董志宏（2006）。〈具血管新生抑制能力之天然物質〉，《食品工業月刊》。10：47-54，新竹：財團法人食品工業發展研究所。

詹建華（2007）。〈冷天憋尿 膀胱問題多〉，《常春月刊》。286：116-117，臺北：臺視文化。

雷芃（2007）。〈兒童不要巨無霸汽水〉，《常春樂活》。288：38，臺北：臺視文化。

雷芃（2007）。〈紅茶加奶 兒茶素失效〉，《常春樂活》。288：36，臺北：臺視文化。

雷芃（2007）。〈魚油讓嬰兒贏在學步期〉，《常春樂活》。288：38，臺北：臺視文化。

雷芃（2008）。〈養生當道 紅麴製品強強滾〉，《常春月刊》。309：38-39，臺北：臺視文化。

雷芃（2008）。〈壓力造成臉歪嘴斜？〉，《常春月刊》。307：94-98，臺北：臺視文化。

廖俊厚2009，〈轉大人5招停看聽〉，《Baby Life育兒生活》。226：90-95，臺北：育兒生活。

廖運範（2007）。〈B型肝炎病毒相關的肝硬化——自然病程與抗病毒治療〉，《當代醫學》。401：175-180，臺北：橘井。

熊兆然（2008）。〈糖尿病與懷孕〉，《當代醫學》。412：100-107，臺北：橘

井。

臺大醫院營養部（2000）。《七大文明病套餐》。臺北：臺視文化。

臺北縣政府98及99年度甄選機關團體辦理保母人員核心課程訓練實施計畫。

臺灣母乳協會（2009）。〈母奶媽媽該怎麼吃？〉，《Baby Life育兒生活》。
229：102-103，臺北：育兒生活。

臺灣癌症基金會。財團法人癌症基金會，http://www.canceraway.org.tw。檢索日
期：2010年1月25日。

裴仁生（2009）。〈愛兒10大準則──防範兒童意外事故傷害〉，《Baby Life育
兒生活》。229：96-97，臺北：育兒生活。

裴仁生（2009）。〈嬰兒大便很硬怎麼辦？〉，《Baby Life育兒生活》。228：92-
93，臺北：育兒生活。

趙大中（2008）。〈量身訂做打擊癌細胞〉，《常春月刊》。309：120-121，臺
北：臺視文化。

趙建民（2008）。〈從泰山神豆腐看豆腐起源〉，《中華飲食文化基金會會
訊》。14(1)：23-26，臺北：財團法人中華飲食文化基金會。

趙建民（2008）。〈菜餚調味用鹽的藝術〉，《中華飲食文化基金會會訊》。
14(3)：15-18，臺北：財團法人中華飲食文化基金會。

趙偲吟（2005）。〈中國古代的宴飲禮儀〉，《中華飲食文化基金會會訊》。
11(1)：54-58，臺北：財團法人中華飲食文化基金會。

趙偲吟（2005）。〈尋找臺灣傳統糖食〉，《中華飲食文化基金會會訊》。
11(2)：37-41，臺北：財團法人中華飲食文化基金會。

趙榮光（2005）。〈中國醬園文化述論〉，《中華飲食文化基金會會訊》。
11(3)：4-11，臺北：財團法人中華飲食文化基金會。

劉沛齡（2009）。〈中醫妙方改善產後缺乳〉，《衛生報導》。137：22-33，臺
北：行政院衛生署。

劉怡如（2008）。〈當紅羊奶頭可強筋健骨〉，《常春月刊》。304：140-144，
臺北：臺視文化。

劉珍芳（2007）。〈藍莓嚐鮮趁現在〉，《常春樂活》。293：150-151，臺北：
臺視文化。

劉珍芳（2008）。〈油炸物完全碰不得？〉，《常春月刊》。298：150-152，臺
北：臺視文化。

劉振驊（2009）。〈慢性B型肝炎〉，《當代醫學》。425：178-183，臺北：橘

井。

劉淑鈴（2008）。〈食鹽考證〉，《中華飲食文化基金會會訊》。14(3)：19-23，臺北：財團法人中華飲食文化基金會。

劉莘（2007）。〈我努力但瘦不了〉，《常春樂活》。288：80-87，臺北：臺視文化。

劉樸兵（2005）。〈中國古代的肉醬〉，《中華飲食文化基金會會訊》。11(2)：57-61，臺北：財團法人中華飲食文化基金會。

劉樸兵（2006）。〈中國雜碎史略〉，《中華飲食文化基金會會訊》。10(3)：23-28，臺北：財團法人中華飲食文化基金會。

劉樸兵（2007）。〈獨具一格的中華臭味菜餚〉，《中華飲食文化基金會會訊》。13(2)：53-59，臺北：財團法人中華飲食文化基金會。

劉璞（2005）。《熱門保健食品全書》。臺北：商周。

劉濤（2005）。〈揚州炒飯〉，《中華飲食文化基金會會訊》。11(1)：39-41，臺北：財團法人中華飲食文化基金會。

德育食品科教師與匯華編輯部（2000）。《營養師試題全輯》。臺北：匯華。

潘江來（2007）。〈談中國烹調廚藝行業祖師爺〉，《中華飲食文化基金會會訊》。13(2)：14-19，臺北：財團法人中華飲食文化基金會。

編輯部（2007）。〈痛風診治現況〉，《當代醫學》。409：880，臺北：橘井。

編輯部（2009）。〈骨質疏鬆症的診斷和治療〉，《當代醫學》。425：231，臺北：橘井。

編輯部（2009）。〈鄉下武士種得木瓜〉，《天下雜誌雙週刊》。420：14，臺北：天下。

蔡立儀（2008）。〈睡眠姿勢對嬰兒心血管控制發展的影響〉，《新生兒科醫學會會刊》。17(1)：11，臺中：中華民國新生兒科醫學會。

蔡立儀等人（2007）。〈新生兒血管內皮功能與葉酸濃度及出生體重之相關性〉，《新生兒科醫學會會刊》。16(3)：10-11，臺中：中華民國新生兒科醫學會。

蔡佩真、李茂興譯（2001）。《服務管理》。臺北：弘智。

蔡宓苓（2007）。〈別讓纖瘦外型騙了！小心高膽固醇危機〉，《常春月刊》。286：133-135，臺北：臺視文化。

蔡宓苓、劉怡如、蘇打安（2007）。〈網路瘦身發燒貨有效？〉，《常春樂活》。291：124-131，臺北：臺視文化。

嬰幼兒膳食與營養
The Meal Plan and Nutrition for Infant and Young Child

蔡惠琴（2007）。〈從鯨魚到飛魚——原住民的魚類神話傳說與飲食文化〉，《中華飲食文化基金會會訊》。13(4)：23-29，臺北：財團法人中華飲食文化基金會。

蔡惠琴。2008年。〈煮一粒滿一鍋——臺灣原住民的小米神話傳說〉，《中華飲食文化基金會會訊》。14(2)：38-44，臺北：財團法人中華飲食文化基金會。

鄭松輝（2008）。〈潮人食桌文化禮儀概說〉，《中華飲食文化基金會會訊》。14(3)：24-31，臺北：財團法人中華飲食文化基金會。

鄭金寶（2005）。〈外食營養分析與建議〉，《中華飲食文化基金會會訊》。11(2)：25-29，臺北：財團法人中華飲食文化基金會。

鄭啟清（2004）。《營養與免疫》。新北市：藝軒。

鄭榮郎（2006）。〈利潤就在改善裡〉，《管理雜誌》。389：126-127，臺北：哈佛企管。

盧光舜（1991）。《消毒學》。臺北：南山堂。

盧昭燕（2009）。〈讓美粒果像可樂一樣賣〉，《天下雜誌雙週刊》。423：105，臺北：天下。

蕭家成（2006）。〈談兒童飲食文化素養〉，《中華飲食文化基金會會訊》。12(4)：4-11，臺北：財團法人中華飲食文化基金會。

蕭清娟（1998）。《幼兒餐點設計與製作》。臺北：華騰。

蕭寧馨譯（2006）。《近視營養學》。臺北：美商麥格羅希爾。

賴建宇（2009）。〈健保越破越大洞〉，《天下雜誌雙週刊》。417：32，臺北：天下。

賴建宇（2009）。〈價格取代便利 便宜是王道〉，《天下雜誌雙週刊》。420：26，臺北：天下。

賴鴻緒（2000）。《家庭營養師》。臺北：天下。

謝衣鵬（2006）。〈大豆中的抗癌物質〉，《康健雜誌》。10：37-46，臺北：天下。

謝佩珍（2009）。〈自閉症的醫學共振音樂療法〉，《Baby Life育兒生活》。228：48-49，臺北：育兒生活。

謝定源（2006）。〈豆腐的起源及豆製品的探討〉，《中華飲食文化基金會會訊》。10(4)：18-27，臺北：財團法人中華飲食文化基金會。

謝忠道（2008）。〈想起阿嬤的蘿蔔糕〉，《康健雜誌》。110-114，臺北：天下。

謝明玲（2009）。〈大陸餐飲 先變「台」再說〉，《天下雜誌雙週刊》。425：84-85，臺北：天下。

謝明玲（2009）。〈早期發現大腸癌康復率九成〉，《天下雜誌雙週刊》。419：160-161，臺北：天下。

謝明哲等（2006）。《實用營養學》。臺北：華杏。

謝曉雲（2007）。〈達人教你管好冰箱〉，《康健雜誌》。194-199，臺北：天下。

謝曉雲（2008）。〈10種長壽村民推薦的食物〉，《康健雜誌》。117：40-48，臺北：天下。

謝曉雲（2008）。〈每天吃18種食物，不難〉，《康健雜誌》。117：36，臺北：天下。

謝曉雲（2008）。〈這樣吃真的不會老〉，《康健雜誌》。117：30-35，臺北：天下。

鍾情（2006）。〈聚乳酸之簡介及其在食品包裝之應用〉，《食品工業月刊》。38(3)：15-25，新竹：財團法人食品工業發展研究所。

韓良憶譯（2007）。《食物的歷史》。臺北：遠足。

韓雪景（2007）。〈庶民風味小吃的傳說〉，《中華飲食文化基金會會訊》。13(2)：27-33，臺北：財團法人中華飲食文化基金會。

簡杏蓉、簡慧娟（2009）。〈從少子女化現象的因應歷程談我國兒童福利服務之展望〉，《社區發展季刊》。125：7-19，臺北：內政部社區發展雜誌社。

顏永裕（2007）。《中華料理食尚派對》，臺北：賽尚。

譚景玉（2006）。〈宋代的食品添加劑——明礬〉，《中華飲食文化基金會會訊》。10(4)：14-17，臺北：財團法人中華飲食文化基金會。

蘇打安（2007）。〈食物密碼，你吃對了嗎？〉，《常春樂活》。292：92-105，臺北：臺視文化。

蘇打安（2007）。〈排酸分類療法新寵〉，《常春月刊》。286：152-154，臺北：臺視文化。

蘇安打（2007）。〈中西醫腎不同〉，《常春樂活》。291：52-55，臺北：臺視文化。

蘇安打（2007）。〈補氣養精就能顧腎〉，《常春樂活》。291：56-58，臺北：臺視文化。

蘇雪月等（1999）。《幼兒生理學》。臺北：偉華。

蘇慧（1999）。《中國名菜傳奇》。臺北：林鬱。

龔善美（2008）。〈手麻腳麻得了什麼病？〉，《常春月刊》。309：26-28，臺
北：臺視文化。

二、外文部分

Allen L. H. (1998). "Zinc and micronutrient supplements for children." *American Journal of Clinical Nutrition, 68(2 Suppl)*: 495S-498S.

American Academy of Pediatrics Committee on Nutrition Statement (1998). "Cholesterol in childhood." *Pediatrics, 101*: 145-147.

American Academy of Pediatrics Committee on Nutrition Statement (1999). "Iron fortification of infant formulas." *Pediatrics, 104*: 119-123.

American Academy of Pediatrics Committee on Nutrition Statement (1998). *Pediatric Nutrition Handbook*, 4th ed. AAP, Elk Grove Village, IL.

Arrowsmith H. (1999). "A critical evaluation of the use of nutrition screening tools by nurses." *British Journal of Nursing*, 12: 1483-1490.

Ballew C., Kuester S., Serdula M., et al. (2000). "Nutrient intakes and dietary patterns of young children by dietary fat intakes." *The Journal of Pediatrics, 136(2)*: 181-187.

Barrett Reis B., Hall R. T., Schanler R. J., et al (2000). "Enhanced growth of preterm infants fed a new powdered human milk fortifier: A randomized controlled trial." *Pediatrics,* 106: 581.

Bhandari, N., A. K. Kabir, & M. A. Salam (2008). "Mainstreaming nutrition into maternal and child health programmes: scaling up of exclusive breastfeeding." *Maternal & Child Nutrition, 4(Suppl 1)*: 5-23.

Blankson et al. (2000). "Conjugated linoleic acis reduces body fat mass in overweight and obese humans." *The Journal of Nutrition, 130(12)*: 2943-2948.

Briassoulis G., Shekhar V., Thompson A. E. (2000). "Energy expenditure in critically ill children." *Critical Care Medicine, 28:* 1166-1172.

Burks A. W., Vanderhoof J. A., Mehra S., et al. (2001). "Randomized clinical trial of soy formula with and without fiber in antibiotic induced diarrhea." *The Journal of Pediatrics, 139*: 578.

Burks A. W., Vanderhoof J. A., Mehra S., et al. (2001). "Randomized clinical trial of soy formula with and without fiber in antibiotic induced diarrhea." *The Journal of

Pediatrics, 139: 578.

Chwals W. J. (2000). "Pediatric enteral and parenteral surgical nutrition." IN Grenvik, Ayres, Holbrook, et al. (eds.), *Textbook of Critical Care*, 4th ed. Philadelphia: W.B. Saunders Company.

Correia, M. I. & Waitzberg, D. L. (2003). "The impact of malnutrition on morbidity, mortality, length of hospital stay and costs evaluated through a multivariate model analysis." *Clinical Nutrition, 22*: 219-220.

Cowin I., Emmett P., ALSPAC study team. (2000). "Diet in a group of 18 month old children in South West England, and comparison with the results of a national survey." *Journal of Human Nutrition and Dietetics, 13*: 87-100.

Deckelbaum R. J., Calder P. C. (2000). Lipids in health and disease: Quantity, quality, and more. *Current Opinion in Clinical Nutrition & Metabolic Care, 3(2)*: 93-94.

Deckelbaum R. J., Williams C. L. (2000). "Fat intake in children: Is there need for revised recommendations?" *The Journal of Pediatrics, 136(1)*: 7-9.

deOnis M. & Onyango A. W. (2000). "Resident physicians' knowledge of breastfeeding and infant growth." *Birth, 27(1)*: 49-53.

deOnis M. & Onyango A. W. (2003). "The Centers for disease Control and Prevention 2000 growth charts and the growth of breastfed infants *Acta Padiatrics, 92*: 413-419.

Dubowitz H. (2000). "Child neglect: Guidance for pediatricians." *Pediatric in Review, 21*: 111-116.

E. Thom et al. (2001). "Conjugated Linoleic Acid Redeces Body Fat in Healthy Exercising Humans." *The Journal of International Medical Research, 29(5)*: 392-396.

Flegal K. M. & Troiano R. R. (2000). "Changes in the body mass index of adults and children in the US population." *International Journal of Obesity, 24*: 807-818.

Franz M. J., Reader D., & Monk D. (2002). *Implementing Group and Individual Medical Nurition Therapy for Diabetes*, USA: American Diabetes Association.

Gaillier et al. (2004). "Conjugated linoleic acid supplementation for 1y reduces body fat mass in healthy overweight humans." *American Journal of Clinical Nutrition, 79*: 118-25.

Glewwe, P. (2005). "The impact of child health and nutrition on education in developing countries: theory, econometric issues, and recent empirical evidence." *Food and*

Nutrition Bulletin, 26(2 Suppl 2): S235-250.

Good Mojab, C. (2003). "Frequently asked questions About vitamin D, sunlight, and breastfeeding." Ammawell website, 2011/11/23.

Griep, M. I., Mets, T. F., Collys, K., Ponjaert- Kristoffersen, I., & Massart, D. L. (2000). "Risk of malnutrition in retirement homes elderly persons measured by the 'Mini-Nutritional Assessment'. " *The Journal of Gerontology (Medical Science), 55A(2)*: M57-63.

Groh-Wargo S., Thompson M., & Cox J. H. (2000). *Nutritional Care for High Risk Newborns*, 3rd ed., Chicago, IL: Precept Press.

Hall, A. et al. (2008). A review and meta-analysis of the impact of intestinal worms on child growth and nutrition. *Maternal & Child Nutrition, 4(Suppl 1)*: 118-236.

Harrod-Wild, K. (2006). "Nutrition, immunity and the infant and young child." *Journal of Family Health Care, 16(3)*: 66.

Ireton-Jones C. S., Gottschlich M. M., & Bell S. J. (eds). Aspen Publishers, Gaithersburg, MD. (1998). "Outcomes research in nutrition support: background, methods, and practical applications." In *Practice-oriented Nutrition Research*, pp. 129-156.

Jensen, G. L., Friedmann, J. M., Coleman, D. C., & Smiciklas-Wright, H. (2001). "Screening for hospitalization and nutritional risks among community-dwelling older persons." *American Journal of Clinical Nutrition*, 74(2): 201-205.

Jeschke M. G., Barrow R. E., & Herndon D. N. (2000). "Recombinant human growth hormone treatment in pediatric burn patients and its role during the hepatic acute phase response." *Critical Care Medicine, 28*: 1578-1584.

Johnson R. (2000). "Can children follow a fat-modified diet and have adequate nutrient intakes essential for optimal growth and development?" *The Journal of Pediatrics, 136(2)*: 143-145.

Kalhan S. C. & Iben S. (2000). "Protein metabolism in the extremely low-birth weight infant." *Clinics in Perinatology, 27*: 23-56.

Kamphuis M. M. et al. (2003). "The effect of conjugated linoleic acid supplementation after weight loss on body weight regain, body composition, and resting metabolic rate in overweight subjects. *International Journal of Obesity and Related Metabolic Disorders, 27(7)*: 840-847.

Katzen-Luchenta, J. (2007). "The declaration of nutrition, health, and intelligence for the child-to-be." Nutr Health, 19(1-2): 85-102.

Kovacevich, D. S., A. Frederick, et al. (2005). "Standards for specialized nutrition support: Home care patients." *Nutrition in Clinical Practice, 20(5)*: 579-590.

Lartey, A. (2008). "Maternal and child nutrition in Sub-Saharan Africa: Challenges and interventions." *Proceedings of the Nutrition Society, 67(1):* 105-108.

Lozoff B., Jimenez E., Hagen J., et al. (2000). "Poorer behavioral and developmental outcome more than 10 years after treatment for iron deficiency in infancy." *Pediatrics, 105(4)*: E51.

Mangels A. R. & Messina V. (2001). "Considerations in planning vegan diets: Infants." *Journal of the American Dietetic Association, 101(6)*: 670-7.

Mascarenhas, M. R., R. Meyers, & S. Konek (2008). Outpatient nutrition management of the neurologically impaired child. *Nutrition in Clinical Practice, 23(6)*: 597-607.

McGill H. C. Jr., McMahan C. A., Herderick E. E., Malcom G. T., Tracy R. E., Strong J. P. (2000). "Origin of atherosclerosis in childhood and adolescence." *American Journal of Clinical Nutrition, 72(5 Suppl)*: 1307S-1315S.

Messina V. & Mangels A. R. (2001). "Considerations in planning vegan diets: Children." *Journal of the American Dietetic Association, 101(6)*: 661-669.

Modified from Franz M. J., Reader D., & Monk D. (2002). *Implementing Group and Individual Medical Nurition Therapy for Diabetes*, USA: American Diabetes Association.

Mougios V. et al. (2001). Effect of supplementation with conjugated linoleic acid on human serum lipids and body fat. *The Journal of Nutritional Biochemistry, 12(10)*: 585-594.

Naidoo, S. & N. Myburgh (2007). "Nutrition, oral health and the young child." *Maternal & Child Nutrition, 3(4)*: 312-21.

Nduati R., John G., Mbori-Hgacha D., et al. (2000). "Effect of breastfeeding and formula feeding on transmission of HIV-1". A randomized clinical trial. *JAMA, 283:*1167-1174.

Okuma, T., Nakamura, M., Totake, H., & Fukunaga, Y. (2000). "Microbial contamination of enteral feeding formulas and diarrhea." *Nutrition, 16(9)*: 719-722.

Panpanich R., Garner P. (2000). "Growth monitoring in children." Cochrane database of systematic reviews, 2: CD001443.

Picciano M. F., Smiciklas-Wright H., Birch L. L., et al. (2000). "Nutritional guidance is needed during dietary transition in early childhood." *Pediatrics, 106(1)*: 109-114.

Pinelli J. & Symington A. (2000). "Non-nutritive sucking for promoting physiologic stability and nutrition in preterm infants (Cochrane Review)." In The Cochrane Library, Issue 1. Oxford: Update Software.

Rahman, A. et al. (2008). "The neglected 'm' in MCH programmes-why mental health of mothers is important for child nutrition." *Tropical Medicine & International Health*, 13(4): 579-583.

Rask-Nissila L., Jokinen E., Terho P., et al. (2000). "Neurological development in 5-year old children receiving a low-saturated fat, lowcholesterol diet since infancy: A randomized controlled trial." *JAMA, 284*: 993.

Reiserus U. et al. (2001). Conjugated linoleic acid (CLA) reduced abdominal adipose tissue in obese middle-aged men with signs of the metabolic syndrome: A randomised controlled trial. *International Journal of Obesity and Related Metabolic Disorders, 25(8)*: 1129-1135.

Rouassant, S. H. (2006). [Child nutrition]. Rev Gastroenterol Mex, 71(Suppl 1): 16-18.

Ruemmele F. M., Roy C. C., Leby E. et al. (2000). "Nutrition as primary therapy in pediatric Crohn's disease: Fact or fantasy." *The Journal of Pediatrics, 136*: 285-291.

Sapsford A. L. (2000). "Human milk and enteral nutrition products." In *Nutritional Care for High-Risk Newborns*. Groh-Wargo S., Thompson M., Cox J. H. (eds). Chicago: Precept Press.

Schooley, J. & L. Morales (2007). Learning from the community to improve maternal-child health and nutrition: the Positive Deviance/Hearth approach. *Journal of Midwifery & Women's Health, 52(4)*: 376-383.

Sermet-Gaudelus I., Poisson-Salomon A. S., Colomb V. et al. (2000). "Simple pediatric nutritional risk score to identify children at risk of malnutrition." *American Journal of Clinical Nutrition, 72*: 64-70.

Streatfield, P. K. et al. (2008). "Mainstreaming nutrition in maternal, newborn and child health: Barriers to seeking services from existing maternal, newborn, child health programmes." *Maternal & Child Nutrition*, 4(Suppl 1): 237-255.

The vegan for infants and children - The Vegan Society (2011). 2011/11/7, from: http://www.vegansociety.com/lifestyle/nutrition/infants-and-children.aspx

Uauy R. & Hoffman D. R. (2000). "Essential fat requirements of preterm infants." *AJCN*, *71*: 245S-250S.

Uauy, R. et al. (2008). "Nutrition, child growth, and chronic disease prevention." *Annals of Medicine, 40(1)*: 11-20.

Wessel J. J. (2000). "Feeding methodologies." In *Nutritional Care for High-Risk Newborns*. Groh-Wargo S., Thompson M., & Cox J. H. (eds). Chicago: Precept Press, pp. 321-340.

White M. S., Shepherd R. W. & McEniery J. A. (2000). Energy expenditure in 100 ventilated, critically ill children: Improving the accuracy of predictive equations. *Critical Care Medicine, 28*: 2307-2312.

Wuehler, S. E. & A. Biga Hassoumi (2011). "Situational analysis of infant and young child nutrition policies and programmatic activities in Niger." *Maternal & Child Nutrition, 7(Suppl 1)*: 133-156.

Wuehler, S. E., S. Y. Hess, & K. H. Brown (2011). "Accelerating improvements in nutritional and health status of young children in the Sahel region of Sub-Saharan Africa: Review of international guidelines on infant and young child feeding and nutrition." *Maternal & Child Nutrition, 7(Suppl 1)*: 6-34.

附錄部分

保母人員單一級技術士
技能檢定學科歷屆試題

98 年度 15400 保母人員單一級技術士技能檢定學科測試試題

本試卷有選擇題 80 題，每題 1.25 分，皆為單選選擇題，測試時間為 100 分鐘，請在答案卡上作答，答錯不倒扣；未作答者，不予計分。

准考證號碼：＿＿＿＿＿＿＿＿＿　　　姓名：＿＿＿＿＿＿＿＿＿

【選擇題】

1.（1）對於八個月大的孩子，下列何種遊戲最有助其認知的發展？ ① 躲貓貓 ② 拍手遊戲 ③ 發音遊戲 ④ 玩會響的遊戲。

2.（2）下列何者是為孩子做個別的訓練時需秉持的原則？ ① 由最基本的項目做起 ② 必須先評估孩子目前的能力 ③ 由同年齡的項目做起 ④ 由高一層年齡的項目做起。

3.（3）幼兒活動室之地板，下列何者錯誤？ ① 抗火性 ② 不宜打臘 ③ 地面應堅硬 ④ 使用安靜材料。

4.（3）政府目前提供 B 型肝炎免疫球蛋白免費接種之對象為：① 所有新生兒 ② 所有 B 型肝炎帶原媽媽所生之新生兒 ③ 高傳染性 B 型肝炎帶原媽媽所生之新生兒 ④65 歲以上老人。

5.（4）幼兒遊戲的設計不適宜：① 配合動作發展的順序及原則 ② 利用戶外的遊戲器材來設計 ③ 利用廢物設計遊戲道具 ④ 購用電動玩具。

6.（2）人生的第一個反抗期出現在：① 嬰兒期 ② 幼兒期 ③ 兒童期 ④ 青春期。

7.（1）孩子生病時下列措施何者正確？ ① 多喝開水，多休息 ② 門窗關好避免吹風 ③ 多穿衣服 ④ 多吃水果。

8.（1）以下何者是促進動作敏捷的運動？ A. 爬行 B. 踩踏活動 C. 跳躍活動 D. 寫字。①ABC ②ABD ③ACD ④BCD。

9.（1）用微波爐熱牛奶，如何測試溫度？ ① 需先搖晃，然後手握奶瓶測溫 ② 設定三分鐘 ③ 用口吸測試 ④ 加熱後立即手握奶瓶測溫。

10.（3）每次供給幼兒點心至少應距離正餐多少時間較恰當？ ① 半小時 ② 一小時 ③ 二小時 ④ 四小時。

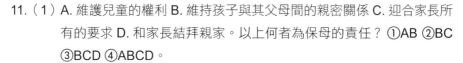
11.（1）A. 維護兒童的權利 B. 維持孩子與其父母間的親密關係 C. 迎合家長所有的要求 D. 和家長結拜親家。以上何者為保母的責任？①AB ②BC ③BCD ④ABCD。

12.（4）有關腸道傳染病之認知，下列何者正確？① 生食可能感染腸道傳染病，一定要搭配芥末、青蔥或薑等醬料食用，才能完全殺菌確保安全 ② 進口的生蠔乾淨無污染，生食沒有感染腸道傳染病的風險 ③ 山上的野果野莓可能遭到小動物排泄物污染，吃了可能會拉肚子，就近用溪水或泉水清洗才安全 ④ 避免生食冷飲。

13.（2）下列有關發展的特性，何者為非？① 發展有一定的順序，早期發展是後期發展的基礎 ② 發展並沒有共同模式，而是有個別差異 ③ 發展的速率先快後慢，速度不等 ④ 發展是呈連續性的階段現象。

14.（3）寶寶添加副食品的原則，以下何者錯誤？① 一次添加一種 ② 由小量逐漸增加 ③ 以成人的口味來評估是否可口 ④ 從半固體食物如果泥、米麥泥等開始。

15.（2）下列何者不是水痘的傳染方式？① 空氣傳染 ② 糞口傳染 ③ 飛沫傳染 ④ 皮膚直接接觸水泡液。

16.（2）手提加壓式乾粉滅火器的使用順序是：A. 拆斷封條 B. 壓下二氧化碳鋼瓶壓板 C. 從噴嘴座上拔出噴嘴管 D. 在有效射程，緊壓噴嘴，將乾粉射入火焰基部。①ABCD ②ACBD ③ACDB ④ABDC。

17.（2）關於嬰幼兒動作發展的敘述，下列哪一項做法不適當？① 應依循每一項動作發展的關鍵期 ② 只要達到成熟階段，自然就完成該動作，還不會的時候也替代幼兒完成該動作（例如：穿衣服）③ 提供豐富的活動空間和玩具來促進動作發展 ④ 激發幼兒的活動力和動機。

18.（2）下列何者不會影響幼兒的飲食習慣？① 在用餐時成人以身作則 ② 食物的價格 ③ 是否有選擇食物的機會 ④ 食物的味道與外觀。

19.（2）根據兒童及少年福利法所稱「少年」是指：① 未滿十二歲之人 ② 十二歲以上未滿十八歲之人 ③ 十八歲以上未滿二十歲之人 ④ 二十歲以上之人。

20.（3）下列傳染病何者不是呼吸道傳染病？① 流感 ② 百日咳 ③ 愛滋病 ④ 水痘。

21.（2）日本腦炎的潛伏期是多久？① 一到三天 ② 五到十五天 ③ 一個月 ④ 三個月。

22.（1）國內現行的麻疹、腮腺炎、德國麻疹混合疫苗第一劑接種時程為：① 出生滿十二至十五個月 ② 出生滿二歲 ③ 出生滿三歲 ④ 國小一年。

23.（1）兒童及少年福利法規定，兒童福利專業人員之資格，應由哪個單位訂定？① 內政部 ② 教育部 ③ 縣市政府 ④ 兒童及少年福利機構。

24.（4）為嬰兒準備寢具的原則，以下何者為非？① 被子不宜太軟 ② 鋪在床褥上的被墊以能吸汗或吸尿為主 ③ 嬰兒睡覺時不需特別用枕頭 ④ 優先考慮具有卡通圖案的寢具。

25.（3）藉由教育、遊戲、良好的健康照顧及社會、文化、宗教的參與機會，使兒童能健全均衡發展，是保障兒童的 ① 生存權利 ② 受保護權利 ③ 發展權利 ④ 優先受救助權。

26.（2）夏天到了，張媽媽每天都為八個月大的孩子洗澡，請問下列哪項不是為嬰兒洗澡的必要用品？① 嬰兒用沐浴精 ② 痱子粉 ③ 大浴巾 ④ 合適的衣物。

27.（3）下列哪些行為有害嬰幼兒的發展？① 不勉強小孩午睡 ② 不接受家長的禮物 ③ 家裡有客人來住便中止收托小孩 ④ 不要讓小孩整天待在家裡。

28.（3）帶嬰幼兒到遊戲場玩時，下列考慮因素之敘述何者為非？① 整個遊戲場要能避免突然的階梯和過高的高度變化 ② 地面須有防護措施，尤其避免鋪設細礫石 ③ 大空間比小空間更能促進他們探索的信心 ④ 從短的滑梯、小攀爬網開始。

29.（2）有關父母或保母在輔導嬰幼兒遊戲發展的方法，下列哪一種做法不適當？① 和嬰幼兒一起玩，並打成一片 ② 和嬰幼兒一起玩，並適時糾正不當的玩法 ③ 和嬰幼兒一起玩，並多邀請幼兒同伴加入 ④ 和嬰幼兒一起玩，並應選擇適合該年齡層的遊戲方式。

30.（1）在嬰幼兒期要多提供孩子豐富的觸覺刺激，其中最有效的遊戲是：① 玩沙 ② 玩拼圖 ③ 玩積木 ④ 玩玻璃球。

31.（1）艾瑞克森（Erickson）的人格發展理論中，主張零歲至一歲階段的發

展任務與危機是 ① 信任與不信任 ② 自主與羞辱感 ③ 進取與罪惡感 ④ 自我認同與認同混淆。

32.（4）幼兒日本腦炎疫苗預防接種共需要接種幾劑？①1 劑 ②2 劑 ③3 劑 ④4 劑。

33.（3）下列何者為非？政府開辦保母人員技術士技能檢定，主要的目的在 ① 增進保母從業人員專業素養 ② 提升我國托兒服務品質 ③ 增加保母的收入 ④ 為保母人員的專業制度奠定基礎。

34.（1）供應幼兒點心的適合時間為 ① 上午十點、下午三點 ② 上午十點、晚上九點 ③ 下午三點、晚上九點 ④ 隨幼兒的喜好。

35.（2）下列何者不是屬於粗動作的發展？① 翻身 ② 解鈕扣 ③ 騎三輪車 ④ 走路。

36.（4）保母人員專業資格的認定方式為 ① 擁有養兒育女的經驗 ② 接受過政府舉辦的保母訓練 ③ 參加過民間舉辦的研習活動 ④ 經技術士技能檢定及格。

37.（2）歐美托育政策中，大多界定最適合由家庭保母帶的年齡是 ① 未滿月的新生兒 ② 滿月至三歲的嬰幼兒 ③ 三歲至六歲的幼兒 ④ 六歲至十二歲的兒童。

38.（2）動作發展的方向是 ① 由邊緣至中心 ② 由頭至腳 ③ 由細而粗 ④ 部分到整體。

39.（4）3 歲的孩子不能幫忙做哪些家事？① 摺衣服 ② 收玩具 ③ 餵魚 ④ 使用吸塵器吸地毯。

40.（3）嬰幼兒作息的安排，下列何者錯誤？① 應注意嬰幼兒生理需求 ② 每天活動結束前，宜留時間與嬰幼兒討論今天的活動 ③ 讓嬰幼兒在全天活動過程中感到緊湊、刺激與興奮 ④ 讓嬰幼兒在活動中有安全感。

41.（1）稱職的保母需具備的要件有：A. 育兒的專業知識 B. 擁有愛心、耐心和童心 C. 隨時再進修 D. 堅持自己的理念。①ABC ②ABD ③ACD ④ABCD。

42.（3）下列敘述何者為非？① 即使是載著孩子騎機車，亦應戴合適的安全帽 ② 應避免讓孩子坐汽車前座 ③ 帶孩子上下公車時，都應該讓孩子走在前面 ④ 娃娃推車應避免使用手扶梯。

43.（4）如何用感官評定奶粉的品質變壞？① 乾燥粉末狀，顆粒均勻一致，無凝塊或結團 ② 色澤均勻一致，顏色淺黃 ③ 將奶粉倒入 25℃的水中，水面上的奶粉很快潤濕下沉，並完全溶解 ④ 奶粉結塊或帶有微鹹的油味。

44.（3）政府訂定完善的托育政策及法令，並獎勵設置多元化的兒童托育設施，此作法可保障兒童的 ① 人身自由權 ② 健康權 ③ 受撫育權 ④ 優先受救助權。

45.（4）正確指導幼兒常規的態度是 ① 絕對禁止 ② 一有犯錯，予以嚴厲處罰 ③ 放任自由 ④ 明確告訴幼兒什麼可以做，什麼不宜做。

46.（1）良好社會環境的安排不包括：① 提供單一、固定的學習規範 ② 多用選擇、轉移的引導方式 ③ 尊重幼兒、關心幼兒 ④ 引導幼兒適當發洩情緒。

47.（3）預防嬰兒猝死症，下列描述何者為真？ A. 讓幼兒仰睡 B. 讓幼兒側睡 C. 讓幼兒趴睡 D. 避免幼兒接觸吸煙環境。①AB ②BC ③ABD ④CD。

48.（4）嬰幼兒生活訓練不是要培養下列何種能力？① 獨立自主 ② 自信心 ③ 生活自理能力 ④ 閱讀。

49.（4）下列哪些屬於可回收的資源？ A. 舊衣服 B. 牛奶瓶 C. 電池 D. 圖書。①ABC ②BCD ③ABD ④ABCD。

50.（1）設計嬰幼兒遊戲與活動時，要考慮：A. 從幼兒發展能力來設計 B. 從幼兒均衡發展來安排活動 C. 從幼兒感興趣的事物來選擇活動 D. 從幼兒家的經濟情況來設計。①ABC ②ABD ③ABCD ④BCD。

51.（4）下列哪一項不是日本腦炎的預防方法？① 避免蚊蟲叮咬 ② 接種日本腦炎疫苗 ③ 戶外活動穿著長袖長褲 ④ 黃昏時在豬舍附近散步。

52.（2）與人體血色素形成有關的礦物質是 ① 鈣 ② 鐵 ③ 碘 ④ 氯。

53.（2）四個月大的嬰兒，通常多久餵一次奶？① 二小時 ② 四小時 ③ 七小時 ④ 八小時。

54.（3）下列何者是六個月大嬰兒應有的發育？ A. 翻身 B. 投擲 C. 可坐一會兒 D. 願意離開母親。①AB ②CD ③AC ④BD。

55.（4）培養幼兒空間知覺，可採用下列何種遊戲活動？ ① 在日曆上指認假日與數字的遊戲 ② 以兩糰一樣大的黏土，一糰保留原來形狀，一糰搓成長條形的東西 ③ 將兩個同型式的茶杯裡的水，分別倒進兩個不同型式的容器內 ④ 玩開車的遊戲，駛向前或後退，向左彎或右彎等。

56.（4）最適合選擇給幼兒唱歌表演用的曲子是 ① 流行重金屬音樂 ② 饒舌歌 ③ 情歌 ④ 詞曲優美的童謠或兒歌。

57.（1）以下何者是政府推行社區保母支持系統的目標？ A. 培訓保母育兒專業知能 B. 協助家長解決托兒問題 C. 協助保母與家長維持良好的托育關係 D. 與保母一起賺錢。①ABC ②ABD ③ACD ④ABCD。

58.（2）一個具有職業道德的保母，不會有下述哪項行為？ ① 向婦幼保護專線通報疑似被虐待的個案 ② 太喜愛孩子，而阻擾其父母送至托兒所就托 ③ 拒絕和家人討論收托幼兒家庭內的私事 ④ 尊重和家長所定的規則。

59.（3）可以觀察四個月幼兒哪些項目，以辨別此嬰兒是否正常？ A. 能與人保持長時間眼睛接觸 B. 能將焦點和注意力集中在一物體上 C. 趴著時能將頭抬至 20 度 D. 能經常以微笑回應父母。①AB ②ABC ③ABD ④ABCD。

60.（1）保母應以何種態度來看待幼兒的反抗行為？ ① 給予適當的關懷 ② 予以嚴格的懲罰 ③ 視為成長過程中的正常現象 ④ 強制要求服從保母的命令。

61.（4）嬰幼兒欣賞音樂的主要目的是 ① 欣賞歌詞 ② 學習「唱」的技巧 ③ 學習「演奏」的技巧 ④ 培養音樂的感受力。

62.（1）夏天給嬰兒洗澡的水溫應維持：① 同體溫 ② 同室溫 ③41 ～ 43℃ ④25℃左右。

63.（1）以下何者是兒童保護服務工作最高指導原則的第一優先考量？ ① 兒童的生命安全 ② 家庭的完整性 ③ 維護父母的婚姻關係 ④ 主張社會正義。

64.（2）下列何種作法可以增進親子關係？ A. 瞭解孩子的特質 B. 父母的期待和孩子的期待要相互配合 C. 父母按照自己的期待來養育子女 D. 營造

和樂的家庭氣氛。①ABC ②ABD ③BCD ④ACD。

65.（4）如果在替受托兒洗澡時，發現小孩身上不斷有各種形狀的傷痕出現，保母應該：A. 詢問家長原因 B. 詢問小孩原因 C. 查證是否屬受虐情形 D. 先和鄰人討論一下。①ABCD ②ABD ③ACD ④ABC。

66.（3）以下哪些機構可提供有關特殊兒童教育與問題諮詢服務？A. 醫院中的兒童心智科 B. 生命線 C. 學校中的特殊教育中心 D. 世界展望會 E. 小學中的資源教室。①ABCDE ②ABCE ③ACE ④BCDE。

67.（3）專業保母在教養嬰幼兒應具備的態度方面，下列何者為非？① 對孩子的話題要感到有興趣 ② 要有耐心聽完孩子想要表達的意思 ③ 孩子還小且不懂事，不必理會他們的想法 ④ 應該隨時反映孩子的心理感受。

68.（2）照顧受托嬰幼兒時，保母應有的認識為 ① 孩子還小只要給予吃和安全即可 ② 需依照孩子的不同特質提供不同的教養方式 ③ 不必遵照家長的指示 ④ 只要養得白白胖胖就好。

69.（3）下列何者不是幼兒如廁訓練應注意的事項？① 提供幼兒專用的便盆 ② 應耐心地教導幼兒自己解尿 ③ 愈早訓練愈能增加幼兒的信心 ④ 適時地引導幼兒自行解大小便。

70.（4）下列哪一項不是嬰幼兒選擇奶瓶的考量？① 瓶口要大 ② 瓶內要平滑無死角 ③ 奶瓶的數量一定要比每天餵奶的次數多 ④ 適合嬰兒抓握。

71.（3）下列何者不是預防感染腸病毒的方法？① 注意個人衛生習慣 ② 避免出入擁擠公共場所 ③ 清除孳生源 ④ 提升個人免疫力。

72.（3）私人或團體辦理兒童福利機構，依規定應向主管機關申請設立許可，違反者 ① 處新台幣一萬元以上十萬元以下罰鍰 ② 處新台幣二萬元以上二十萬元以下罰鍰 ③ 處新台幣六萬元以上三十萬元以下罰鍰 ④ 處新台幣四萬元以上四十萬元以下罰鍰。

73.（1）食物養分保持的方法，下列何者錯誤？① 炒菜時多加水 ② 淘米次數不要太多 ③ 避免添加小蘇打或鹼 ④ 避免重複烹煮。

74.（3）欲使幼兒獲得平衡感的學習經驗，可利用下列何項設備？① 滑梯 ② 沙坑 ③ 翹翹板 ④ 單桿。

75.（3）肉泥類副食品最好在嬰兒多大時開始添加？① 三個月 ② 五個月 ③ 七個月 ④ 十二個月。

76.（2）臺灣腸病毒流行高峰多出現在每年幾月？①3、4 月 ②5、6 月 ③7、8 月 ④11、12 月。

77.（3）下列何者不會影響嬰兒餵奶的效果？① 嬰兒的姿勢 ② 含在口中奶頭的位置 ③ 奶瓶的材質 ④ 環境及態度。

78.（3）玩麵粉糰時，宜從下列何者開始？① 彩色 ② 混合色 ③ 單色 ④ 二種顏色。

79.（2）下列哪一項不是家長把孩子送托保母照顧的好理由？① 家中無適當的成人提供日間照顧 ② 讓孩子體會寄人籬下的生活經驗 ③ 父親母親都有全職工作 ④ 親子關係過於緊張需要舒緩的空間。

80.（4）下列何者不是孩子發疹子時應做的照顧措施？① 保持皮膚清潔 ② 修剪孩子的指甲 ③ 依醫師指示使用止癢藥膏 ④ 緊閉窗戶，不要吹到風。

99年度3月15400保母人員單一級技術士技能檢定學科測試試題

本試卷有選擇題80題,每題1.25分,皆為單選選擇題,測試時間為100分鐘,請在答案卡上作答,答錯不倒扣;未作答者,不予計分。

准考證號碼:＿＿＿＿＿＿＿＿＿＿　　姓名:＿＿＿＿＿＿＿＿＿＿

【選擇題】

1.（1）下列何者是錯誤的? ① 嬰兒的基本動作技能是需要教導才會的 ② 嬰兒學會一種新技能時會不斷練習以求做得更好 ③ 嬰兒若學會一種技能,都是為下一個動作技能做準備 ④ 嬰兒動作的進展,使孩子更有機會去操弄、探討環境。

2.（4）嬰幼兒生活訓練不是要培養下列何種能力? ① 獨立自主 ② 自信心 ③ 生活自理能力 ④ 閱讀。

3.（4）下列哪一項是日本腦炎疫苗接種後可能產生的副作用? A. 局部注射部位紅、腫、痛 B. 頭痛、發燒 C. 輕微肌肉酸痛。①AB ②AC ③BC ④ABC。

4.（3）預防嬰兒便秘應:① 牛奶加麥片 ② 喝蜂蜜水 ③ 多喝開水 ④ 吃藥。

5.（3）下列敘述何者為非? ① 即使是載著孩子騎機車,亦應戴合適的安全帽 ② 應避免讓孩子坐汽車前座 ③ 帶孩子上下公車時,都應該讓孩子走前面 ④ 娃娃推車應避免使用手扶梯。

6.（4）下列何者無法確認嬰幼兒呼吸是否停止? ①「聽」有無呼吸的氣息 ②「看」胸腹部有無起伏 ③ 用臉頰接近嬰幼兒鼻孔或口部,感測其呼出之氣流及溫度 ④ 用嘴巴親嬰幼兒嘴巴,感覺溫度。

7.（1）下列何者不是預防呼吸道傳染病的方法? ① 安全的性行為 ② 避免出入人潮擁擠、空氣不流通之公共場所 ③ 注意個人衛生習慣,提昇個人免疫力 ④ 按時預防接種。

8.（4）認知發展中,感覺運動期的特徵是:① 具體性之思考 ② 集中式之思

考 ③ 自我中心之思考 ④ 透過各感官來學習。

9.（3）居家安全用品包括下列哪幾項？ A. 插座防護蓋 B 浴缸防滑貼紙 C. 桌腳套 D. 電風扇防護罩。①ABC ②ACD ③ABD ④ABCD。

10.（3）保母在收托孩子時，如何留意自己孩子的感覺？ ① 帶著孩子去觀察其他媽媽怎麼照顧幼兒 ② 從別的孩子口中來揣測 ③ 保留一個特別時間給自己的孩子 ④ 等待孩子自己主動提出。

11.（4）最理想的廚房布置順序是：① 整理台→水槽→爐台→調理台→配膳台 ② 調理台→水槽→爐台→配膳台 ③ 配膳台→調理台→水槽→爐台→整理台 ④ 整理台→水槽→調理台→爐台→配膳台。

12.（1）選購一歲以下嬰幼兒玩具時，你會考慮哪些因素？ A. 幼兒容易抓握 B. 所挑選的玩具或配件的直徑應大於 3.17 公分 C. 有輪玩具的車體及車輪間的縫隙應小於 0.5 公分或大於 1.2 公分 D. 玩具的繩子長度應超過 30 公分。①ABC ②ACD ③ABD ④ABCD。

13.（4）對於發展遲緩兒童照顧的敘述，下列何者正確？ A. 應該通報早療中心，接受專業團隊的協助 B. 保母須配合療育計畫的施行 C. 保母和嬰幼兒家長應該隨時討論和交換照顧心得 D. 家長和保母都應該接受發展遲緩知識的研習和訓練。①BCD ②ACD ③ABC ④ABCD。

14.（2）林小弟能自己爬樓梯也會開門，但不會單腳站立，您想他可能是幾歲？ ① 一歲 ② 二歲 ③ 三歲 ④ 四歲。

15.（4）如果在替受托兒洗澡時，發現小孩身上不斷有各種形狀的傷痕出現，保母應該：A. 詢問家長原因 B. 詢問小孩原因 C. 查證是否屬受虐情形 D. 先和鄰人討論一下。①ABCD ②ABD ③ACD ④ABC。

16.（4）保母與自己家人協調的內容不包括哪一項？ ① 讓家庭成員接受其受托計畫 ② 幫助自己的孩子適應 ③ 認識自己孩子的發展階段 ④ 爭取家中所有空間的開放。

17.（3）下列何種疫苗如與水痘疫苗未同時接種，最少要間隔一個月再接種？ ①B 型肝炎疫苗 ② 流感疫苗 ③ 麻疹、腮腺炎、德國麻疹混合疫苗 ④ 日本腦炎疫苗。

18.（1）下列何年齡層為腸病毒感染併發重症高危險群？ ① 零到五歲 ② 五到九歲 ③ 十到十四歲 ④ 十五歲以上。

19.（2）未來托育服務將走向「社區化」，是期待托育服務走向：A. 近便化 B. 精緻化 C. 大型化 D. 家庭化 E. 彈性化。①ACDE ②ABDE ③ABCD ④ABCDE。

20.（2）下列何者不是水痘的傳染方式？① 空氣傳染 ② 糞口傳染 ③ 飛沫傳染 ④ 皮膚直接接觸水泡液。

21.（3）有關新生兒黃疸的敘述，下列何者應為病理性黃疸的症狀？A. 出生後立即出現黃疸現象 B. 出生後第三天有黃疸的現象 C. 出生後第五天有黃疸的現象 D. 出生後第二十天仍有黃疸的現象。①AB ②AC ③AD ④BD。

22.（2）動作發展的方向是：① 由邊緣至中心 ② 由頭至腳 ③ 由細而粗 ④ 部分到整體。

23.（4）如果家長經常沒有按時來接小孩，保母應該做什麼？① 逕自出門去做自己預訂的事 ② 鄭重告知小孩要提醒父母守時 ③ 把小孩的收托費用提高 ④ 和家長討論一個雙方都需遵守的條件契約。

24.（1）以下何者是兒童保護服務工作最高指導原則的第一優先考量？① 兒童的生命安全 ② 家庭的完整性 ③ 維護父母的婚姻關係 ④ 主張社會正義。

25.（2）與人體血色素形成有關的礦物質是：① 鈣 ② 鐵 ③ 碘 ④ 氯。

26.（2）發展幼兒的體力，熟練其運動器官，以增進手腳的技巧是屬於：① 感覺遊戲 ② 體能遊戲 ③ 社會性遊戲 ④ 戲劇性遊戲。

27.（3）如果孩子犯規，下列哪一項原則不正確？① 處罰或申誡應在犯規後立即進行，不要事過境遷才提 ② 保母與父母的態度應一致，不要讓孩子養成投機心態 ③ 必須嚴格執行處罰 ④ 態度明確，說明清楚，不要舉棋不定。

28.（2）一個具有職業道德的保母，不會有下述哪項行為？① 向婦幼保護專線通報疑似被虐待的個案 ② 太喜愛孩子，而阻擾其父母送至托兒所就托 ③ 拒絕和家人討論收托幼兒家庭內的私事 ④ 尊重和家長所定的規則。

29.（3）保母在指導幼兒做運動時，下列何者正確？① 少說話多行動 ② 使用兒語化的語句 ③ 使用正確的語言及示範動作 ④ 抱著幼兒操作，幼兒

才能產生正確的認識，並幫助他們理解。

30.（2）針對日本婦女晚婚拒絕生育的趨勢，日本政府所採行的對策是：① 減少托育措施 ② 增加托育措施 ③ 提高托育人員要求 ④ 沒有影響。

31.（3）鼓勵孩子的技巧包括：A. 對孩子顯示信心 B. 多讚美孩子的優點 C. 留意並挑出其缺點 D. 用積極的溝通方式和孩子說話。①ABC ②BCD ③ABD ④ACD。

32.（2）傾聽需要：A. 耳朵 B. 眼睛 C. 鼻子 D. 思考。①ACD ②ABD ③ABC ④BCD。

33.（4）感覺系統不包括：① 視覺 ② 本體感受覺 ③ 前庭平衡覺 ④ 腦容量。

34.（2）四個月大的嬰兒，通常多久餵一次奶？① 二小時 ② 四小時 ③ 七小時 ④ 八小時。

35.（2）在充滿關愛與接納的家庭中長大的孩子，會形成下列何種特性？① 傲慢、暴躁 ② 自信、愛人 ③ 膽怯、害羞 ④ 依賴、無責任感。

36.（4）當幼兒用繪畫與他人溝通時，大人不應該有的反應是：① 對幼兒的繪畫語言要仔細聆聽 ② 適度的給予回應 ③ 不時的給予讚美 ④ 給予具體示範。

37.（4）照顧嬰兒的裝備中，非迫切的必需品為：① 小床和衣物 ② 浴盆和嬰兒肥皂 ③ 溫度計和安全別針 ④ 高腳椅。

38.（1）下列哪一項是腸病毒的生物特性？① 怕含氯漂白水 ② 耐強鹼 ③ 耐高溫 ④ 抗紫外線。

39.（4）何者不是製作幼兒點心要注意的事項？① 衛生新鮮易消化 ② 色香味、食物外型及餐具搭配 ③ 控制熱量並均衡營養素 ④ 精緻可口，完全遷就幼兒口味。

40.（4）「媽媽喜歡看你跳舞！來跳個舞看看！」這句話與下列何者較無關係？① 製造練習機會 ② 培養創造力 ③ 增加親子關係 ④ 建立良好習慣。

41.（2）嬰兒由仰臥姿勢被拉至坐姿時，常有頭部後仰而無法和軀幹成一直線之現象，此種情形一般約幾個月大時消失？① 二個月 ② 三個月 ③ 四個月 ④ 五個月。

42.（4）下列何者是三歲孩子可以做的家事？① 自己出去倒垃圾 ② 自己在花

園澆花 ③ 洗碗筷 ④ 摺衣服。

43.（3）登革熱主要病媒蚊埃及斑蚊在臺灣的分布？ ① 全臺灣皆有 ② 臺中大甲以南 ③ 嘉義布袋（北迴歸線）以南 ④ 金、馬地區。

44.（4）傾聽時常見的困難是：A. 運用時機不當 B. 無法體會對方的感受 C. 預設立場 D. 舊習慣改變不易。①ABC ②BCD ③ABD ④ABCD。

45.（3）防治口角炎和舌炎等的維生素是？ ①A ②B$_1$ ③B$_2$ ④C。

46.（2）幼兒期是培養基本習慣的最佳時期，這是依據幼兒的何種特性？ ① 未分化性 ② 最富模仿性、可塑性 ③ 自我中心 ④ 想像力。

47.（4）目前實施的兒童及少年福利法，是民國哪一年公布的？ ①62 年 ②70 年 ③82 年 ④92 年。

48.（2）預防正常新生兒溢奶在餵食後，最合宜的姿勢安排是：① 左側臥，抬高床頭 ② 右側臥，抬高床頭 ③ 平躺抬高床頭 ④ 俯臥，抬高床頭。

49.（3）安排嬰幼兒活動的作息時間，下列哪一種方式不適宜？ ① 提供幼兒各種不同的經驗 ② 包含各類型活動 ③ 活動時間要固定並控制好 ④ 動、靜活動要相互搭配。

50.（4）預防寄生蟲感染最好的方法是？ ① 多吃維他命 ② 多吃抗生素 ③ 多吃蔬菜水果 ④ 多洗手。

51.（4）下列何者不是可以開始如廁訓練的原則？ ① 孩子願意自己坐在馬桶上 ② 孩子會表達便意 ③ 孩子的大小號次數及時間固定 ④ 孩子已經滿二歲了。

52.（1）明知社會規範為何卻故意違反的行為，叫做：① 反社會性行為 ② 非社會性行為 ③ 社會化 ④ 社會行為。

53.（1）嬰兒俯臥時能以手掌而非前臂支撐，令胸部離地之年齡約為：① 滿四個月 ② 滿六個月 ③ 滿八個月 ④ 滿十個月。

54.（3）下列何者不是幼兒如廁訓練應注意的事項？ ① 提供幼兒專用的便盆 ② 應耐心地教導幼兒自己解尿 ③ 愈早訓練愈能增加幼兒的信心 ④ 適時地引導幼兒自行解大小便。

55.（3）下列何者是含鐵豐盛的嬰兒副食品？ ① 蘋果汁 ② 牛奶 ③ 肝泥 ④ 豆腐泥。

56.（4）當保母與家長的教養觀念不一致時，保母應採用下列何種方式？ ①

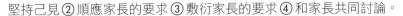

堅持己見 ② 順應家長的要求 ③ 敷衍家長的要求 ④ 和家長共同討論。

57.（3）缺乏下列何種維生素會產生壞血病及齒齦發炎？① 維生素 A ② 維生素 B ③ 維生素 C ④ 維生素 D。

58.（1）下列何者屬於開放性的教具？① 積木 ② 拼圖 ③ 迷宮圖 ④ 著色遊戲。

59.（3）如何與家長保持良好的關係？① 完全配合家長的要求，滿足每個人的需要 ② 介入托兒的家庭，給予指導 ③ 傾聽家長的談話，接納建議 ④ 與他人討論托兒家庭的私事。

60.（3）下列何者為非？政府開辦保母人員技術士技能檢定，主要的目的在：① 增進保母從業人員專業素養 ② 提升我國托兒服務品質 ③ 增加保母的收入 ④ 為保母人員的專業制度奠定基礎。

61.（2）哪些資料是保母需要從家長方面取得的？A. 孩子的身高 B. 托兒的時數和天數 C. 家長的基本資料 D. 孩子特別的身心狀況。①ABC ②BCD ③ABD ④ABCD。

62.（2）幼兒在進行手工藝活動時，最需要：① 示範作品 ② 具體性的實物操作 ③ 保母的指導 ④ 幼兒的抽象思考。

63.（3）哪種食品不適合嬰幼兒食用？① 蛋白質量高的食品 ② 營養均衡的食品 ③ 太鹹的食品 ④ 清淡的食品。

64.（1）創造性而有規劃的遊戲場特徵，下列何者正確？A. 多樣化的設施 B. 常是集中擺設 C. 常各自獨立而散布 D. 鐵製器材。①AB ②ABD ③AC ④ACD。

65.（1）第一次替嬰兒添加含鐵副食品，應從下列何者開始著手？① 添加鐵的穀粉 ② 蛋黃 ③ 深綠色蔬菜 ④ 肉類。

66.（3）根據兒童及少年福利法，兒童有以下哪些情形時應予緊急保護？A. 兒童未受到適當的養育或照顧 B. 兒童有立即接受診治的必要，且已就醫者 C. 兒童遭遺棄、虐待 D. 兒童之父母離異者。①AB ②BC ③AC ④ABCD。

67.（4）輔導幼兒繪畫時，下列何者較適宜？① 提供固定材料 ② 提供繪畫範本 ③ 提供著色本 ④ 提供各種畫具和紙張讓他自由繪畫。

68.（4）最適合選擇給幼兒唱歌表演用的曲子是：① 流行重金屬音樂 ② 饒舌

歌 ③ 情歌 ④ 詞曲優美的童謠或兒歌。

69.（4）為嬰兒準備寢具的原則，以下何者為非？ ① 被子不宜太軟 ② 鋪在床褥上的被墊以能吸汗或吸尿為主 ③ 嬰兒睡覺時不需特別用枕頭 ④ 優先考慮具有卡通圖案的寢具。

70.（2）正常滿周歲的小孩，其體重約為出生體重的幾倍？ ①2 倍 ②3 倍 ③4 倍 ④5 倍。

71.（3）兒童及少年福利法規定，兒童福利專業人員訓練之執行事項，應由以下哪個單位負責掌理？ ① 內政部 ② 教育部 ③ 各地縣市政府 ④ 兒童及少年福利機構。

72.（2）關於促進嬰幼兒語言發展的做法中，下列哪一種方式不適當？ ① 多和嬰幼兒說話 ② 多要求嬰幼兒自行觀看電視節目 ③ 多和嬰幼兒一起唱遊 ④ 多和嬰幼兒觀看故事書並講解故事涵義。

73.（1）日本腦炎主要症狀是什麼？ A. 頭痛 B. 發燒 C. 無菌腦膜炎。①ABC ②AB ③AC ④BC。

74.（4）下列哪一項不符合托育環境規劃原則？ ① 易於觀察或記錄幼兒活動 ② 有足夠讓嬰幼兒活動、探索的空間 ③ 合乎安全原則 ④ 擺設許多精美傢俱。

75.（4）有關學步車的描述，何者為誤？ ① 最好在七個月大以後再使用 ② 應先將學步車的滑輪固定，待會站後再開放滑輪 ③ 太早使用會影響幼兒足部、膝蓋發展 ④ 學步車較穩固，適合長時間讓幼兒乘坐。

76.（1）下列哪項支出無法由金融機構代繳？ ① 會錢 ② 房屋稅 ③ 電費 ④ 瓦斯費。

77.（4）下列哪一項不是含豐富鐵質的嬰兒食物？ ① 蛋黃 ② 肉泥 ③ 綠色蔬菜 ④ 牛奶。

78.（2）下列何者為百日咳的傳染方式？ ① 空氣傳染 ② 飛沫傳染 ③ 皮膚直接接觸水泡液 ④ 糞口傳染。

79.（1）未來托育服務的發展趨勢，何者為非？ ① 增加大型托育機構的設立 ② 增進家長參與托育服務方案 ③ 政府協助家長尋找符合其需要的托育服務 ④ 加強各類托育服務人員的訓練。

80.（4）兒童的權利不包括：① 遊戲權 ② 生存權 ③ 受教育權 ④ 受懲戒權。

99 年度 11 月 15400 保母人員單一級技術士技能檢定學科測試試題

本試卷有選擇題 80 題，每題 1.25 分，皆為單選選擇題，測試時間為 100 分鐘，請在答案卡上作答，答錯不倒扣；未作答者，不予計分。

准考證號碼：_____　　姓名：_____

【選擇題】

1.（ 1 ）所謂斷奶是指：① 循序漸減少餵奶量並增加副食品餵食量 ② 不再給嬰兒吃奶 ③ 讓嬰兒戒掉吃奶嘴的習慣 ④ 不再抱著嬰兒餵奶。

2.（ 1 ）像菠菜等顏色深綠的蔬菜，富含以下何種營養素？ A. 維生素 A；B. 維生素 B_{12}；C. 維生素 C；D. 維生素 D。①AC ②BCD ③ABC ④AB。

3.（ 3 ）保母對幼兒常常問的「為什麼？」，下列回應何者正確？ ① 此係幼兒的習慣問話，以點頭，或「嗯！」來回應 ② 重複幼兒的問話，並以兒語來回答 ③ 細心傾聽、認真回答，並可以反問 ④ 告訴孩子，「我已經告訴過你了喔！」。

4.（ 4 ）何者是錯誤的時間管理？ ① 邊聽新聞邊掃地 ② 所有的物品分類放在固定的位置，才不會花時間在找東西 ③ 利用零碎的時間做瑣碎的家事 ④ 孩子洗澡時邊炒菜。

5.（ 1 ）啟發嬰幼兒學習的能力，下列何者正確？ ① 成人隨時學習新知，保持高度的好奇心，可讓孩子模仿並激發對學習新事物的興趣 ② 所有的事情都得靠大人教，孩子才學得會 ③ 讓孩子多聽、多看、少做少問 ④ 多提供挫折的機會以刺激學習。

6.（ 3 ）有關嬰幼兒點眼藥的措施，下列何者正確？ ① 先點眼藥膏再點眼藥水 ② 眼藥應滴於眼球正中央 ③ 眼藥膏及藥水應點於下眼瞼 ④ 眼藥膏應抹擦於眼球正中央。

7.（ 3 ）下列何者不是孩子發疹子時應做的照顧措施？ ① 保持皮膚清潔 ② 依醫師指示使用止癢藥膏 ③ 緊閉窗戶，不要吹到風 ④ 修剪孩子的指甲。

嬰幼兒膳食與營養

The Meal Plan and Nutrition for Infant and Young Child

8.（4）下列何者對孩子的健康有幫助？① 多喝牛奶，少吃飯 ② 多睡覺，少運動 ③ 多洗澡，少洗頭 ④ 多喝開水，少喝飲料。

9.（3）下列活動中，何者不能培養幼兒生活自理的能力？① 準備櫥櫃，分門別類放置玩具 ② 提供自由活動時間 ③ 睡前聽故事 ④ 自動取用餐點。

10.（3）保母應提供家長哪些服務資料內容？A. 收托時間 B. 收托的環境 C. 收托收費 D. 保母的經濟狀況。①ABD ②BCD ③ABC ④ABCD。

11.（4）幼兒活動室的圖飾布置，正確原則為：① 吊飾應掛在天花板或高處 ② 以幼兒作品為圖片的唯一來源 ③ 儘量用鮮艷對比的顏色 ④ 以幼兒興趣與活動相關為布置主題。

12.（1）最好的語言教育是：① 從嬰兒出生起即與他說話 ② 認識字卡 ③ 在床頭懸掛音樂鈴 ④ 放錄音帶給他聽。

13.（3）如欲瞭解政府保母訓練相關訊息，應向以下哪個單位洽詢？① 各區國民就業輔導機構 ② 職訓中心 ③ 各縣市政府社會局 ④ 各縣市政府教育局。

14.（4）受托育兒簽約後，應注意以下哪件事情？① 瞭解托育費用行情 ② 查明委託人是否有委託的權利 ③ 調查委託人之信用 ④ 隨時瞭解委託人的狀況。

15.（4）未來托育服務的發展趨勢，何者為非？① 加強各類托育服務人員的訓練 ② 政府協助家長尋找符合其需要的托育服務 ③ 增進家長參與托育服務方案 ④ 增加大型托育機構的設立。

16.（2）如果家長經常沒有按時來接小孩，保母應該做什麼？① 把小孩的收托費用提高 ② 和家長討論一個雙方都需遵守的條件契約 ③ 鄭重告知小孩要提醒父母守時 ④ 逕自出門去做自己預訂的事。

17.（2）下列敘述何者為非？① 應避免讓孩子坐汽車前座 ② 帶孩子上下公車時，都應該讓孩子走前面 ③ 即使是騎機車，孩子亦應戴合適的安全帽 ④ 娃娃推車應避免使用手扶梯。

18.（1）人生的第一個反抗期出現在：① 幼兒期 ② 青春期 ③ 嬰兒期 ④ 兒童期。

19.（2）照顧受托嬰幼兒時，保母應有的認識為：① 不必遵照家長的指示 ② 需依照孩子的不同特質提供不同的教養方式 ③ 孩子還小只要給予吃

和安全即可 ④ 只要養得白白胖胖就好。

20.（2）引導嬰幼兒玩遊戲時，保母不該：① 留意觀察，適時補充或減少器材 ② 干涉其玩法 ③ 允許自由操作、試探 ④ 注意幼兒的安全。

21.（4）戒掉奶嘴的方式，下列何者最適合？ ① 懲罰 ② 奶嘴塗抹辣椒 ③ 把奶嘴藏起來 ④ 漸進誘導。

22.（1）幫助三歲以下幼兒交朋友的方法，下列何者錯誤？ ① 安排 3 人聚會 ② 準備好解決衝突 ③ 別期望建立密切關係 ④ 從一對一開始。

23.（4）嬰幼兒飲食調配的原則為何？ A. 注意清潔衛生 B. 色香味俱全 C. 培養正確的餐桌禮儀 D. 符合嬰幼兒消化機能。①CD ②AC ③BD ④AD。

24.（4）嬰兒渴望吸奶的原因，下列何者為非？ ① 愛吸吮 ② 習慣 ③ 飢餓 ④ 運動。

25.（3）和孩子共同閱讀需技巧和策略，下列何者為非？ ① 說話要口語化，用淺顯的譬喻說明 ② 一口氣讀完一本書 ③ 分段、分天閱讀 ④ 年幼的孩子，要先讓他「把玩」書，以產生興趣。

26.（2）兒童的權利不包括：① 受教育權 ② 受懲戒權 ③ 遊戲權 ④ 生存權。

27.（3）在兒童繪畫發展的階段中，哪一階段的圖畫已漸能看出幼兒所畫為何？ ① 塗鴉期 ② 寫實期 ③ 圖式期 ④ 象徵期。

28.（2）以下哪些機構可提供有關特殊兒童教育與問題諮詢服務？ A. 醫院中的兒童心智科 B. 生命線 C. 學校中的特殊教育中心 D. 世界展望會 E. 小學中的資源教室。①ABCE ②ACE ③ABCDE ④BCDE。

29.（2）下列何者不是影響幼兒動作發展的因素？ ① 智力問題 ② 性別因素 ③ 健康狀況 ④ 家庭因素。

30.（3）幼兒誤食酸性化學溶劑，在送醫前，下列措施何者最合宜？ ① 予飲用鹼性飲料 ② 予飲用運動飲料 ③ 予大量飲用牛奶 ④ 催吐。

31.（1）何者不是製作幼兒點心要注意的事項？ ① 精緻可口，完全遷就幼兒口味 ② 控制熱量並均衡營養素 ③ 衛生新鮮易消化 ④ 色香味、食物外型及餐具搭配。

32.（1）應何時開始為孩子做口腔清潔的工作？ ① 從初生開始 ② 滿月後 ③ 開始長牙時 ④ 斷奶後。

嬰幼兒膳食與營養

The Meal Plan and Nutrition for Infant and Young Child

33.（1）藉由教育、遊戲、良好的健康照顧及社會、文化、宗教的參與機會，使兒童能健全均衡發展，是保障兒童的：① 發展權利 ② 優先受救助權 ③ 生存權利 ④ 受保護權利。

34.（3）為幼兒選教材的原則，下列何者正確？① 選贈品多的教材 ② 選昂貴的教材 ③ 選能使幼兒主動參與的教材 ④ 選免費、便宜的教材。

35.（1）便秘的幼兒在飲食方面，應採取下列哪類食物最合宜？① 含高纖維 ② 含高蛋白 ③ 含高脂肪 ④ 含高糖。

36.（3）幼兒在進行手工藝活動時，最需要：① 保母的指導 ② 幼兒的抽象思考 ③ 具體性的實物操作 ④ 示範作品。

37.（4）要改善孩子愛吵鬧的行為，最好的方法是：① 處罰他 ② 責備他 ③ 不理他 ④ 教導他正確的行為。

38.（1）下列哪些行為有害嬰幼兒的發展？① 家裡有客人來住便中止收托小孩 ② 不要讓小孩整天待在家裡 ③ 不接受家長的禮物 ④ 不勉強小孩午睡。

39.（2）兒童及少年福利法規定，兒童課後照顧服務的主管單位是：① 警政主管機關 ② 教育主管機關 ③ 勞工主管機關 ④ 衛生主管機關。

40.（2）在嬰幼兒期要多提供孩子豐富的觸覺刺激，其中最有效的遊戲是：① 玩拼圖 ② 玩沙 ③ 玩積木 ④ 玩玻璃球。

41.（2）現行兒童及少年福利法規定，應給予早期療育之特殊照顧者為：① 資賦優異兒童 ② 發展遲緩兒童 ③ 體弱多病者 ④ 身心障礙兒童。

42.（3）語言發展順序，下列何者正確？A. 發聲遊戲 B. 牙牙學語 C. 言語式說話。①CBA ②ACB ③ABC ④BCA。

43.（2）下列何者是促進動作敏捷的運動？A. 爬行 B. 踩踏活動 C. 跳躍活動 D. 寫字。①BCD ②ABC ③ABD ④ACD。

44.（4）有關學步車的描述，何者錯誤？① 太早使用會影響幼兒足部、膝蓋發展 ② 最好在七個月大以後再使用 ③ 應先將學步車的滑輪固定，待會站後再開放滑輪 ④ 學步車較穩固，適合長時間讓幼兒乘坐。

45.（3）艾瑞克森（Erickson）的人格發展理論中，主張零歲至一歲階段的發展任務與危機是：① 進取與罪惡感 ② 自主與羞辱感 ③ 信任與不信任 ④ 自我認同與認同混淆。

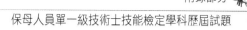
46.（1）下列何者屬於非口語的表達方式？ A. 微笑 B. 表情 C. 手勢 D. 跑步。
　　　 ①ABC ②ACD ③ABD ④BCD。

47.（4）在臺灣，小兒麻痺症疫苗常規預防接種時程為？ ① 出生滿三、六、
　　　 九、十八個月與國小一年級 ② 出生滿四、八、十二、十六個月與國
　　　 小一年級 ③ 出生滿一、三、五、十五個月與國小一年級 ④ 出生滿
　　　 二、四、六、十八個月與國小一年級。

48.（3）下列哪一項不是教養孩子的原則？ ① 耐心聽孩子的敘述 ② 責備時，
　　　 給予申訴的機會 ③ 在孩子面前爭執 ④ 必須限制孩子時，應說明理
　　　 由，並和孩子共同討論「為什麼？」。

49.（4）下列何者不是讓幼兒集中注意力的方法？ ① 配合偶戲的方式引起幼
　　　 兒學習動機 ② 教材設計生動、有趣 ③ 利用錄影帶 ④ 吃飯時間到
　　　 了，馬上叫小孩停止遊戲、收拾玩具。

50.（4）傾聽需要 A. 耳朵 B. 眼睛 C. 鼻子 D. 思考。①ABC ②BCD ③ACD
　　　 ④ABD。

51.（4）下列何者不是施行「心肺復甦術」的主要步驟？ ① 暢通呼吸道 ② 給
　　　 予人工呼吸 ③ 給予心臟按摩 ④ 暢通消化道。

52.（2）選購一歲以下嬰幼兒玩具時，應考慮哪些因素？ A. 幼兒容易抓握
　　　 B. 所挑選的玩具或配件的直徑應大於 3.17 公分 C. 有輪玩具的車體
　　　 及車輪間的縫隙應小於 0.5 公分或大於 1.2 公分 D. 玩具的繩子長度
　　　 應超過 30 公分。①ABD ②ABC ③ABCD ④ACD。

53.（2）登革熱俗稱「天狗熱」或「斷骨熱」，是一種藉由病媒蚊叮咬而感染
　　　 的急性傳染病，主要呈現發燒、出疹、肌肉骨骼疼痛等症狀，依抗原
　　　 性可分為幾型？ ①3 型 ②4 型 ③2 型 ④5 型。

54.（2）幼兒生活與學習環境的設計，首重：① 適應性 ② 安全性 ③ 藝術性
　　　 ④ 特殊性。

55.（4）地震發生時應立即做的事為：① 儘速抱頭搗耳朵躲在窗下 ② 使用電
　　　 梯趕快向外移動 ③ 關閉門窗 ④ 關閉爐火及電源。

56.（3）三歲幼兒平均身高約為：①85 公分 ②105 公分 ③95 公分 ④75 公
　　　 分。

嬰幼兒膳食與營養

The Meal Plan and Nutrition for Infant and Young Child

57.（4）提供嬰幼兒點心的原則，下列何者錯誤？① 在兩餐之間供應 ② 份量以不影響下一餐為主 ③ 多提供牛奶、乾酪及酸奶酪等食物 ④ 多提供巧克力及含糖多的果汁。

58.（1）依兒童及少年福利法規定，利用或對兒童犯罪者，將加重其刑至：① 二分之一 ② 三分之二 ③ 四分之一 ④ 三分之一。

59.（2）鼓勵孩子的技巧包括：A. 對孩子顯示信心 B. 多讚美孩子的優點 C. 留意並挑出其缺點 D. 用積極的溝通方式和孩子說話。①ACD ②ABD ③ABC ④BCD。

60.（3）所謂職前訓練是指在：① 自己生養幾個孩子後再去帶別人的孩子 ② 就業場所門前舉辦的訓練 ③ 在就業前接受的就業準備訓練 ④ 在就業前去向有經驗的老手討教幾招應付雇主的方法。

61.（4）幼兒期是培養基本習慣的最佳時期，這是依據幼兒的何種特性？① 自我中心 ② 未分化性 ③ 想像力 ④ 最富模仿性、可塑性。

62.（4）下列何者為感覺統合失調的現象？A. 左右方向混淆不清 B. 特別好動 C. 易激動 D. 愛睡覺。①ACD ②BCD ③ABD ④ABC。

63.（2）嬰兒應給予適度的日光浴，以幫助製造下列哪種維生素？①C ②D ③A ④E。

64.（1）下列敘述何者錯誤？① 常規的項目愈多愈好 ② 訂定常規後，避免朝令夕改 ③ 和孩子一起訂定常規 ④ 常規的內容必須明確、清楚。

65.（2）卡介苗預防接種是在預防：① 天花 ② 結核病 ③ 百日咳 ④ 麻疹。

66.（3）兒童及少年福利法規定，保育人員知悉兒童有受虐待、疏忽或其它傷害之情事，而未向主管機關通報者，將受何種處分？① 取消保育人員資格 ② 停職 ③ 罰鍰 ④ 監禁 24 小時。

67.（1）下列哪一項不是日本腦炎的預防方法？① 黃昏時在豬舍附近散步 ② 接種日本腦炎疫苗 ③ 戶外活動穿著長袖長褲 ④ 避免蚊蟲叮咬。

68.（1）登革熱主要病媒蚊埃及斑蚊在臺灣的分布？① 嘉義布袋（北迴歸線）以南 ② 臺中大甲以南 ③ 金、馬地區 ④ 全臺灣皆有。

69.（2）兒童出生後多少日以內，接生人應將出生之相關資料通報戶政及衛生主管機關備查：① 十日內 ② 七日內 ③ 五日內 ④ 十二日內。

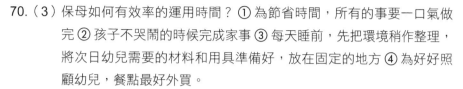
70.（3）保母如何有效率的運用時間？① 為節省時間，所有的事要一口氣做完 ② 孩子不哭鬧的時候完成家事 ③ 每天睡前，先把環境稍作整理，將次日幼兒需要的材料和用具準備好，放在固定的地方 ④ 為好好照顧幼兒，餐點最好外買。

71.（3）下列有關換尿布的注意事項何者正確？① 髒尿布應消毒後再丟進有蓋子的垃圾桶內 ② 固定四小時換尿布一次 ③ 家中應在固定的地方換尿布 ④ 換完尿布應用消毒水洗手再做其他事。

72.（3）「媽媽喜歡看你跳舞！來跳個舞看看！」這句話與下列何者較無關係？① 增加親子關係 ② 製造練習機會 ③ 建立良好習慣 ④ 培養創造力。

73.（1）下列何者不會影響智力的發展？① 性別 ② 種族 ③ 遺傳 ④ 環境。

74.（3）下列何者為錯誤的觀念？① 燒菜時應先將水煮沸後再放入蔬菜 ② 不要把蔬菜放在水中久泡 ③ 蔬菜要先切後洗 ④ 烹調蔬菜時應隨切隨炒，以減少水溶性維生素的流失。

75.（3）嬰兒在什麼時候最適合開始添加富含澱粉的副食品？① 七至八個月 ② 視實際情況而定 ③ 五至六個月 ④ 三至四個月。

76.（4）下列敘述何者錯誤？① 情緒是一種溝通方式，猶如無聲的語言 ② 情緒會影響社會行為的發展 ③ 情緒會影響智能的發展 ④ 情緒完全不會影響身體的發展。

77.（2）三、四歲的幼兒在弟妹出生時，會失去一些已養成的習慣或能力，這種現象稱為：① 昇華作用 ② 退化作用 ③ 同化作用 ④ 轉移作用。

78.（2）食物養分保持的方法，下列何者錯誤？① 淘米次數不要太多 ② 炒菜時多加水 ③ 避免重複烹煮 ④ 避免添加小蘇打或鹼。

79.（3）下列何種紙不適宜給初學剪紙的幼兒使用？① 包裝紙 ② 日曆紙 ③ 西卡紙 ④ 色紙。

80.（4）兒童及少年福利法所稱「少年」是指：① 二十歲以上之人 ② 十八歲以上未滿二十歲之人 ③ 未滿十二歲之人 ④ 十二歲以上未滿十八歲之人。

100 年度 3 月 15400 保母人員單一級技術士技能檢定學科測試試題

本試卷有選擇題 80 題,每題 1.25 分,皆為單選選擇題,測試時間為 100 分鐘,請在答案卡上作答,答錯不倒扣;未作答者,不予計分。

准考證號碼:_____   姓名:_____

【選擇題】

1. (1) 保母如何有效率的運用時間? ① 每天睡前,先把環境稍作整理,將次日幼兒需要的材料和用具準備好,放在固定的地方 ② 為好好照顧幼兒,餐點最好外買 ③ 為節省時間,所有的事要一口氣做完 ④ 孩子不哭鬧的時候完成家事。

2. (4) 受托育兒簽約後,應注意以下哪件事情? ① 調查委託人之信用 ② 查明委託人是否有委託的權利 ③ 瞭解托育費用行情 ④ 隨時瞭解委託人的狀況。

3. (2) 依據史登(Stern. W)語言發展階段的研究來說,嬰幼兒期的名詞發展最多的年齡層為: ① 一歲至一歲半 ② 一歲半至二歲 ③ 二歲至二歲半 ④ 二歲半至三歲。

4. (3) 敬業的保母不會有下列哪項行為? ① 帶孩子去公共場所 ② 帶孩子去公園玩 ③ 趁孩子單獨在家午睡時外出辦事 ④ 在休假日邀其他保母一同出遊。

5. (2) 有關腸道傳染病之認知,下列何者正確? ① 小兒腹瀉不用擔心,這個過程可以自然的提高免疫力 ② 出現腸道傳染病疑似症狀,應儘速就醫治療 ③ 腸道傳染病都是由不好的細菌所引起,按時服用抗生素可以避免疾病傳播 ④ 腹瀉、咳嗽及流鼻水都是腸道傳染病常見的症狀。

6. (4) 兒童及少年福利法規定兒童及孕婦應優先獲得照顧,此外亦有優先考量兒童最佳利益的立法精神,藉此彰顯兒童有: ① 人身自由權 ② 健康權 ③ 受撫育權 ④ 優先受救助權。

7.（4）下列哪一項不是日本腦炎的預防方法？① 避免蚊蟲叮咬 ② 接種日本腦炎疫苗 ③ 戶外活動穿著長袖長褲 ④ 黃昏時在豬舍附近散步。

8.（3）專業保母在教養嬰幼兒應具備的態度方面，下列何者為非？① 對孩子的話題要感到有興趣 ② 要有耐心聽完孩子想要表達的意思 ③ 孩子還小且不懂事，不必理會他們的想法 ④ 應該隨時反映孩子的心理感受。

9.（1）依我國現行之常規預防接種時程，下列何種疫苗非小一學童應接種項目？①B 型肝炎疫苗 ② 日本腦炎疫苗 ③ 麻疹、腮腺炎、德國麻疹混合疫苗 ④ 小兒麻痺口服疫苗。

10.（1）在嬰幼兒期要多提供孩子豐富的觸覺刺激，其中最有效的遊戲是：① 玩沙 ② 玩拼圖 ③ 玩積木 ④ 玩玻璃球。

11.（3）下列何者屬於非口語的表達方式？A. 微笑；B. 表情；C. 手勢；D. 跑步。①ACD ②ABD ③ABC ④BCD。

12.（2）發展幼兒的體力，熟練其運動器官，以增進手腳的技巧，是屬於：① 感覺遊戲 ② 體能遊戲 ③ 社會性遊戲 ④ 戲劇性遊戲。

13.（1）下列何種原因造成的嬰兒呼吸心跳停止，應立即施行心肺復甦術？A. 異物梗塞；B. 呼吸急症；C. 一氧化碳中毒；D. 心臟病。①ABC ②BCD ③ACD ④ABD。

14.（2）嬰兒滿幾個月大時，能自行坐在地板上不需雙手支撐而維持數秒鐘？① 四個月 ② 六個月 ③ 八個月 ④ 十個月。

15.（1）下列有關倫理規範的敘述，何者正確？A. 什麼是便利的；B. 什麼是對的；C. 什麼是好的；D. 什麼是絕不可能採取的行動。①BCD ②ABD ③ACD ④ABCD。

16.（2）像菠菜等顏色深綠的蔬菜，富含以下何種營養素？A. 維生素 A；B. 維生素 B_{12}；C. 維生素 C；D. 維生素 D。①AB ②AC ③ABC ④BCD。

17.（3）幼兒期人格發展的核心是：① 自我中心 ② 利他行為 ③ 自我概念 ④ 自動自發的特性。

18.（4）電視造成幼兒肥胖的原因，下列何者錯誤？① 看電視時不動，減少了活動量 ② 看電視時吃東西，增加熱量攝取 ③ 吃電視廣告的食物，多半是高脂肪、高熱量食物 ④ 電視有輻射線。

19. （3）可能造成嬰幼兒意外傷害的居家環境，下列何者正確？ A. 樓梯口未設柵欄；B. 玩鈕扣、豆子和珠子；C. 洗澡時玩電線和插座；D. 玩安全玩具。①ABD ②BCD ③ABC ④ACD。

20. （3）政府目前提供 B 型肝炎免疫球蛋白免費接種之對象為：① 所有新生兒 ② 所有 B 型肝炎帶原媽媽所生之新生兒 ③ 高傳染性 B 型肝炎帶原媽媽所生之新生兒 ④ 六十五歲以上老人。

21. （2）地震發生時應立即做的事為：① 使用電梯趕快向外移動 ② 關閉爐火及電源 ③ 關閉門窗 ④ 儘速抱頭摀耳朵躲在窗下。

22. （1）未來托育服務的發展趨勢，何者為非？ ① 增加大型托育機構的設立 ② 增進家長參與托育服務方案 ③ 政府協助家長尋找符合其需要的托育服務 ④ 加強各類托育服務人員的訓練。

23. （4）下列哪一項不是嬰幼兒選擇奶瓶的考量？ ① 瓶口要大 ② 瓶內要平滑無死角 ③ 奶瓶的數量一定要比每天餵奶的次數多 ④ 適合嬰兒抓握。

24. （4）有關學步車的描述，下列何者有誤？ ① 最好在七個月大以後再使用 ② 應先將學步車的滑輪固定，待會站後再開放滑輪 ③ 太早使用會影響幼兒足部、膝蓋發展 ④ 學步車較穩固，適合長時間讓幼兒乘坐。

25. （4）環境的空間組織與規劃，會影響幼兒下列哪些行為？ A. 幼兒活動的進行；B. 幼兒與保母或同儕之間的關係；C. 幼兒認知與適應力的關係；D. 幼兒與物品間的互動關係。①ABC ②BCD ③ACD ④ABD。

26. （4）下列哪一項與平衡家庭經濟收支無直接關係？ ① 家庭收入 ② 家庭支出 ③ 家庭資產 ④ 家人互動。

27. （3）下列哪一種不是登革熱的典型症狀？ ① 發燒（ ≧ 38℃）② 頭痛、後眼窩痛、肌肉痛、關節痛 ③ 出疹 ④ 嘔吐。

28. （2）玲玲在媽媽生日時，送了一個洋娃娃給媽媽當做生日禮物，這表示玲玲在認知上的何種特質？ ① 萬物有靈 ② 自我中心 ③ 量的概念 ④ 物體恆存。

29. （2）正常滿周歲的小孩，其體重約為出生體重的幾倍？ ①2 倍 ②3 倍 ③4 倍 ④5 倍。

30. （2）所謂斷奶是指：① 不再給嬰兒吃奶 ② 循序漸減少餵奶量並增加副食

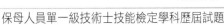
品餵食量 ③ 不再抱著嬰兒餵奶 ④ 讓嬰兒戒掉吃奶嘴的習慣。

31.（2）社區保母系統的建構與實施，是依據政府婦女權益施政的哪一要項？① 婦女決策參與 ② 婦女就業與經濟 ③ 婦女福利與自立 ④ 婦女進修與成長。

32.（3）下列何者不是影響語言發展的因素？① 社會環境 ② 家庭狀況 ③ 身高 ④ 性別。

33.（3）下列哪一項不屬於嬰幼兒每日作息表時間平衡的考量？① 獨處時間／和同伴共處時間／和保母一對一的相處時間 ② 靜態活動時間／動態活動時間 ③ 語文學習時間／數學學習時間 ④ 幼兒自發性活動時間／成人提供的活動時間。

34.（1）當幼兒家庭成員間對幼兒教養有衝突時，保母應如何處理？A. 具體且坦誠地提出對幼兒的觀察；B. 提供幼兒影片或照片讓家庭成員間彼此溝通；C. 直接告訴家長應該怎麼做；D. 當和事佬，不要讓狀況更加惡化。①AB ②BC ③AD ④BD。

35.（3）下列哪項行為，代表不好的托兒品質？① 孩子很喜歡來你家 ② 孩子和你很親密，沒有距離 ③ 孩子和父母有說有笑的，一看到保母，馬上停止 ④ 假日裡，孩子會用打電話方式和你聊天。

36.（2）下列何者不會影響幼兒的飲食習慣？① 在用餐時成人以身作則 ② 食物的價格 ③ 是否有選擇食物的機會 ④ 食物的味道與外觀。

37.（3）肉泥類副食品最好在嬰兒多大時開始添加？① 三個月 ② 五個月 ③ 七個月 ④ 十二個月。

38.（4）發生兒童受虐待案件時：① 媒體可以報導兒童姓名，爭取社會同情 ② 行政機關可以揭露兒童身分 ③ 司法機關才能揭露兒童身分 ④ 任何人均不得以公示方式揭露兒童之姓名及身分。

39.（3）下列鼓勵孩子的技巧，何者正確？A. 對孩子顯示信心；B. 多讚美孩子的優點；C. 留意並挑出其缺點；D. 用積極的溝通方式和孩子說話。①ABC ②BCD ③ABD ④ACD。

40.（1）對於八個月大的孩子，下列何種遊戲最有助其認知的發展？① 躲躲貓 ② 拍手遊戲 ③ 發音遊戲 ④玩會響的遊戲。

41.（3）某種職業的從業人員，根據其職業道德法則和所服務的對象、內容，訂出一套共同遵守的行為規範，就是：① 生活公約 ② 職業宣言 ③ 職業倫理 ④ 學術基礎。

42.（2）下列何者是錯誤的時間管理？ ① 所有的物品分類放在固定的位置，才不會花時間在找東西 ② 孩子洗澡時邊炒菜 ③ 邊聽新聞邊掃地 ④ 利用零碎的時間做瑣碎的家事。

43.（1）良好、正確的看電視環境是：① 電視畫面的高度比兩眼平視時略低 15°　② 觀賞角度以畫面左右 40° 之內最適合 ③ 畫面明暗度應調至對比 ④ 愈近看愈好。

44.（4）當幼兒用繪畫與他人溝通時，大人不應該有的反應是：① 對幼兒的繪畫語言要仔細聆聽 ② 適度的給予回應 ③ 不時的給予讚美 ④ 給予具體示範。

45.（1）為嬰兒增減衣服的考量原則，下列何者為非？ ① 孩子的年齡 ② 孩子流汗的程度 ③ 室內是否裝有冷暖氣空調設備 ④ 季節的變化。

46.（4）在校園或托育場所內發生傳染病時，應注意下列何種事情，以預防疫情散播？ A. 有疑似症狀者，應立即就醫；B. 室內應避免過於擁擠，並保持室內通風及清潔；C. 玩具、遊樂設備等共用設施，應停用或隨時消毒。① AC ② AB ③ BC ④ ABC。

47.（1）黃豆蛋白常用來做止瀉奶粉的材料，原因是：① 不含乳糖 ② 植物性 ③ 增加免疫性 ④ 調整腸道蠕動。

48.（4）下列何者屬於細動作的發展？ A. 穿孔；B. 拉上拉鍊；C. 翻身；D. 握筆。① BCD ② ACD ③ ABC ④ ABD。

49.（3）預防嬰幼兒感染腸病毒的方法，下列何種方式最適宜？ ① 按時接種預防注射 ② 服用預防性抗生素 ③ 注意衛生，經常洗手 ④ 服用大量維生素。

50.（4）兒童的權利不包括：① 遊戲權 ② 生存權 ③ 受教育權 ④ 受懲戒權。

51.（4）嬰幼兒生活訓練不是要培養下列何種能力？ ① 獨立自主 ② 自信心 ③ 生活自理能力 ④ 閱讀。

52.（1）良好社會環境的安排不包括：① 提供單一、固定的學習規範 ② 多用

選擇、轉移的引導方式 ③ 尊重幼兒、關心幼兒 ④ 引導幼兒適當發洩情緒。

53.（1）下列哪一法案的目的在保護兒童權益，促進兒童身心健全發展？ ① 兒童及少年福利法 ② 民法 ③ 兒童及少年性交易防制條例 ④ 少年事件處理法。

54.（1）如欲瞭解政府保母訓練相關訊息，應向下列哪個單位洽詢？ ① 各縣市政府社會局 ② 各縣市政府教育局 ③ 各區國民就業輔導機構 ④ 職訓中心。

55.（3）欲使幼兒獲得平衡感的學習經驗，可利用下列何者設備？ ① 滑梯 ② 沙坑 ③ 翹翹板 ④ 單桿。

56.（4）以一般民眾自行購買之市售含氯家用漂白水，配置 10 公升 200ppm（0.02%）溶液，需要多少量之漂白水？ ①10cc. ②20cc. ③30cc. ④40cc.。

57.（1）在圖畫能力發展階段中，沒有意義的畫線時期是指：① 塗鴉期 ② 象徵期 ③ 圖示期 ④ 寫實期。

58.（2）動作發展的方向是：① 由邊緣至中心 ② 由頭至腳 ③ 由細而粗 ④ 部分到整體。

59.（2）家長為幼兒選擇玩具時，首先應考慮的問題是：① 經濟性 ② 安全性 ③ 幼兒性別 ④ 功能性。

60.（4）幼兒活動室的圖飾布置，正確原則為：① 以幼兒作品為圖片的唯一來源 ② 儘量用鮮艷對比的顏色 ③ 吊飾應掛在天花板或高處 ④ 以幼兒興趣與活動相關為布置主題。

61.（2）下列何者不是選購嬰兒衣服應當考慮的項目？ ① 保溫性 ② 美觀性 ③ 透氣性 ④ 吸汗性。

62.（4）「媽媽喜歡看你跳舞！來跳個舞看看！」這句話與下列何者較無關係？ ① 製造練習機會 ② 培養創造力 ③ 增加親子關係 ④ 建立良好習慣。

63.（1）兒童及少年福利法規定，兒童福利專業人員之資格，應由哪個單位訂定？ ① 內政部 ② 教育部 ③ 縣市政府 ④ 兒童及少年福利機構。

64.（4）下列敘述何者為非？① 為嬰幼兒選擇合身且不易燃的衣物 ② 餵嬰幼兒食物之前，應先確定溫度是否適當 ③ 家有學步兒時，應避免使用桌巾或垂下來的桌墊 ④ 為了讓孩子學習適應家庭生活，應避免在地磚上鋪設軟墊。

65.（3）缺乏下列何種維生素會產生壞血病及齒齦發炎？① 維生素 A② 維生素 B③ 維生素 C④ 維生素 D。

66.（3）預防嬰兒猝死症，下列描述何者正確？ A. 讓幼兒仰睡；B. 讓幼兒側睡；C. 讓幼兒趴睡；D. 避免幼兒接觸吸煙環境。① AB ② BC ③ ABD ④ CD。

67.（3）影響孩子情緒發展的因素為何？ A. 與早期照顧者所建立的依附關係；B. 後天的生活環境；C. 父母或照顧者的教養態度；D. 出生排行。① ABC ② ABD ③ ABCD ④ BCD。

68.（2）嬰兒由仰臥姿勢被拉至坐姿時，常有頭部後仰而無法和軀幹成一直線之現象，此種情形一般約幾個月大時消失？① 二個月 ② 三個月 ③ 四個月 ④ 五個月。

69.（1）登革熱病媒蚊孳生源清除，主要實施策略為何？ A. 建立病媒蚊孳生地通報機制及普查列管；B. 環境整頓、容器減量與孳生源清除；C. 督導考核。① ABC ② AB ③ AC ④ BC。

70.（4）下列哪一項不符合托育環境規劃原則？① 易於觀察或記錄幼兒活動 ② 有足夠讓嬰幼兒活動、探索的空間 ③ 合乎安全原則 ④ 擺設許多精美傢俱。

71.（1）當保母懷疑幼兒有服藥過敏的反應產生時，下列措施何者最合宜？① 停止服用藥物立即送醫 ② 停止服用藥物，繼續觀察 ③ 沒關係，服藥皆會有過敏反應產生 ④ 繼續服藥，只要多喝牛奶稀釋藥物即可。

72.（1）家長與保母簽訂托兒契約時，對於家長與保母之間的權責應是：① 彼此皆須考量 ② 完全考量家長的權益 ③ 考量保母的最大利益 ④ 考量社區保母系統的最大利益。

73.（3）幼兒的社會性遊戲行為的發展順序為何？① 獨自遊戲→平行遊戲→

團體遊戲→旁觀 ② 獨自遊戲→旁觀→團體遊戲→平行遊戲 ③ 獨自遊戲→旁觀→平行遊戲→團體遊戲 ④ 獨自遊戲→團體遊戲→旁觀→平行遊戲。

74.（4）正確指導幼兒常規的態度是：① 絕對禁止 ② 一有犯錯，予以嚴厲處罰 ③ 放任自由 ④ 明確告訴幼兒什麼可以做，什麼不宜做。

75.（2）下列哪些生理因素是造成嬰幼兒呼吸較成人快的原因？A. 肺泡數量少；B. 胸腔小；C. 氣管及支氣管比例較成人小；D. 呼吸控制中樞尚未成熟。①ABC ②ABD ③BCD ④ACD。

76.（3）利用或對兒童犯罪者，依兒童及少年福利法規定將加重其刑至：① 三分之一 ② 三分之二 ③ 二分之一 ④ 四分之一。

77.（1）用微波爐熱牛奶，如何測試溫度？① 需先搖晃，然後手握奶瓶測溫 ② 設定三分鐘 ③ 用口吸測試 ④ 加熱後立即手握奶瓶測溫。

78.（3）對保母的家庭環境而言，下列何者為宜？① 熱鬧喧嘩 ② 空氣污染 ③ 衛生安全 ④ 安靜偏僻。

79.（3）下列有關嬰兒副食品添加的敘述，何者為非？① 添加副食品的目的是為補充牛奶中所不足的營養成分 ② 餵食嬰兒副食品的態度會影響嬰兒對副食品的接受度 ③ 雞蛋內有品質優良的蛋白質，因此應在嬰兒六個月大即應開始添加全蛋 ④ 讓嬰兒習慣食物及學習吞嚥是斷奶前的準備。

80.（2）針對日本婦女晚婚拒絕生育的趨勢，日本政府所採行的對策是：① 減少托育措施 ② 增加托育措施 ③ 提高托育人員要求 ④ 沒有影響。

100 年度 7 月 15400 保母人員單一級技術士技能檢定學科測試試題

本試卷有選擇題 80 題,每題 1.25 分,皆為單選選擇題,測試時間為 100 分鐘,請在答案卡上作答,答錯不倒扣;未作答者,不予計分。

准考證號碼:_____   姓名:_____

【選擇題】

1.(4)下列何者不屬於積極建設性的互動方式? ① 溫暖 ② 肯定 ③ 瞭解 ④ 責備。

2.(4)有關腸道傳染病之認知,下列何者正確? ① 出國前先接種腸道傳染病疫苗,才可以安心的飲食 ② 細菌是由蛋白質組成,且蛋白質加熱到 60℃ 就會開始凝固,以此溫度烹調食物,就可以完全消滅病菌 ③ 腸道傳染病的感染者都會出現腹瀉及嘔吐的症狀 ④ 避免生食冷飲。

3.(1)A. 對人和世界的事物充滿好奇心;B. 能適當扮演各種角色;C. 只喜歡和小孩在一起活動;D. 寵愛小孩、捨不得管教。以上何者為優良保母的特質? ①AB②BC③BCD④ABCD。

4.(2)登革熱的感染方式為何? ① 空氣傳染 ② 藉由病媒蚊叮咬人時將病毒傳入人體內 ③ 接觸傳染④飲食傳染。

5.(2)保母對幼兒習慣的養成所應持的態度,下列何者正確? A. 從基本習慣開始;B. 嚴格執行;C. 對每一位幼兒要求都一樣;D. 不斷重複練習。①ACD ②AD ③ABC ④ABCD。

6.(4)動物性食品中含有何種維生素,可避免幼兒產生惡性貧血? ①B_1 ②B_2 ③B_6 ④B_{12}。

7.(3)輔導幼兒發展創造力,下列何者較適宜? ① 設計的教具都有一定的玩法 ② 先做好成品,以供幼兒模仿 ③ 提供充足的材料 ④ 不斷地在旁提醒幼兒該做什麼。

8.(3)將幼兒家中的哪些物品帶入托育機構或保母家中,能反應幼兒的家

庭文化生活？ A. 照片；B. 紙尿布；C. 食物；D. 音樂。①AC ②AD
③ACD ④ABCD。

9.（3）依據歷年監視資料，導致死亡的最主要腸病毒型別為：① 伊科病毒
（Echovirus）第 11 型 ② 克沙奇病毒（Coxsackievirus）A16 型 ③
腸病毒（Enterovirus）71 型 ④ 克沙奇病毒（Coxsackievirus）B3 型。

10.（3）兒童及少年福利法規定，兒童福利專業人員訓練之執行事項，應由以
下哪個單位負責掌理？① 內政部 ② 教育部 ③ 各地縣市政府 ④ 兒童
及少年福利機構。

11.（3）跟幼兒說故事應符合下列何項原則？① 不要重複同一故事以免幼兒
厭煩 ② 最好不要一次說完，以保持高度神秘性 ③ 讓幼兒參與到故事
的命名及情節當中 ④ 直接照著故事書上寫的唸。

12.（1）嬰幼兒睡眠或休息時，適宜播放什麼音樂？① 曲調柔和 ② 節奏強烈
③ 曲調活潑 ④ 節奏輕快。

13.（4）下列對兒童的說法何者正確？① 兒童隸屬於父母，所以父母有權代
替其做決定 ② 年齡愈大的兒童，其權利愈需要被重視 ③ 由於兒童身
心發展未成熟，所以並不算是一個獨立個體 ④ 兒童有其獨立的基本
人權與社會人格。

14.（1）下列有關兒童及少年福利法對兒童課後照顧服務的規定，何者正確？
A. 歸屬教育主管機關權責；B. 歸屬內政部主管權責；C. 得由縣市
政府指定所屬國民小學辦理；D. 人員資格標準由教育部會同內政部
定之；E. 人員資格標準由內政部會同教育部定之。①ACD ②ACE
③BCD ④BCE。

15.（1）下列哪一項保母特質會對小孩的心理健康有不良影響？ A. 討厭
男性；B. 自怨自艾；C. 相信為富不仁；D. 有宗教信仰。①ABC
②BCD ③ABD ④ABCD。

16.（2）下列哪一項不是家庭保母應具備的基本條件？① 經保母訓練並能接
受訪視及再訓練者 ② 年輕貌美 ③ 富有愛心，喜愛兒童 ④ 身體健
康，無不良嗜好。

17.（3）敬業的保母不會有下列哪項行為？① 帶孩子去公共場所 ② 帶孩子去

公園玩 ③ 趁孩子單獨在家午睡時外出辦事 ④ 在休假日邀其他保母一同出遊。

18.（4）烹調雞蛋前需先將雞蛋洗淨，否則易有何種細菌污染？ ① 肉毒桿菌 ② 腸炎弧菌 ③ 乳酸桿菌 ④ 沙門氏菌。

19.（4）下列哪一句話不會破壞親子關係？ ① 這麼簡單都不會 ② 你怎麼不學學小民？ ③ 你沒聽到嗎？ ④ 你會自己收拾東西，真棒。

20.（4）下列何者不是影響幼兒動作發展的因素？ ① 健康狀況 ② 智力問題 ③ 家庭因素 ④ 性別因素。

21.（3）三歲幼兒平均身高約為：①75 公分 ②85 公分 ③95 公分 ④105 公分。

22.（1）操作嬰兒人工呼吸，每次吹氣的時間為？ ① 一秒鐘 ② 兩秒鐘 ③ 三秒鐘 ④ 五秒鐘。

23.（4）嬰兒渴望吸奶的原因，下列何者為非？ ① 飢餓 ② 愛吸吮 ③ 習慣 ④ 運動。

24.（4）幼兒在遊戲過後不肯收拾玩具時，下列何者處理方式不適合？ ① 事先訂立好規則 ② 溫和而堅定地要求幼兒一定要收拾，否則不能再繼續玩下面的活動 ③ 減少部分個人特權 ④ 大人幫他收拾。

25.（4）幼兒畫畫時，不適宜的指導技巧為：① 充實幼兒的感官經驗 ② 遊戲化、趣味化或配合身體動作 ③ 注意良好工作習慣和態度的培養 ④ 規定畫出有物象的圖畫來。

26.（2）幫助三歲以下幼兒交朋友的方法，下列何者錯誤？ ① 從一對一開始 ② 安排三人聚會 ③ 別期望建立密切關係 ④ 準備好解決衝突。

27.（2）下列哪一項有關幼兒的活動室門窗設備較為適宜？ ① 門應向內開，每間活動室至少有兩個門 ② 門應向外開，每間活動室至少有兩個門 ③ 門應向內開，每間活動室至少有一個門 ④ 門應向外開，每間活動室至少有一個門。

28.（3）評估「孩子是否因外界刺激的干擾而改變或中斷他正在進行的活動」的氣質評估向度，稱為：① 趨避 ② 堅持度 ③ 注意力分散度 ④ 適應度。

29.（1）為幼兒選購合腳的鞋子，下列敘述何者正確？① 左右腳均試穿 ② 請孩子坐著試穿 ③ 試穿一隻腳即可，以免孩子不耐煩 ④ 買大一號，才穿得久。

30.（3）下列何者不是幼兒如廁訓練應注意的事項？① 提供幼兒專用的便盆 ② 應耐心地教導幼兒自己解尿 ③ 愈早訓練愈能增加幼兒的信心 ④ 適時地引導幼兒自行解大小便。

31.（2）戒掉奶嘴的方式，下列何者最適合？① 懲罰 ② 漸進誘導 ③ 奶嘴塗抹辣椒 ④ 把奶嘴藏起來。

32.（4）下列哪一項與平衡家庭經濟收支無直接關係？① 家庭收入 ② 家庭支出 ③ 家庭資產 ④ 家人互動。

33.（4）根據兒童及少年福利法，哪些人員知悉有兒童虐待事件時，應向主管機關通報？A. 醫事人員；B. 保育人員；C. 司法人員；D. 教育人員。①AB ②BC ③CD ④ABCD。

34.（4）對嬰兒營養攝取的建議，下列敘述何者不正確？① 嬰兒每公斤體重需 100 大卡的熱量 ② 母乳中含有多元不飽和脂肪酸（DHA、EPA），牛乳則缺乏 ③ 餵食母乳者通常有較高的鈣吸收率 ④ 配方奶因添加鐵質所以吸收率較母乳好。

35.（3）下列哪一項敘述錯誤？① 人權是天生的 ② 人權是普遍的 ③ 人權是依年齡不同而定 ④ 人權是不可被剝奪的。

36.（1）下列哪一法案的目的在保護兒童權益，促進兒童身心健全發展？① 兒童及少年福利法 ② 民法 ③ 兒童及少年性交易防制條例 ④ 少年事件處理法。

37.（3）嬰幼兒點完耳藥後的措施，下列何者正確？① 以棉球塞住耳道 ② 以 OK 絆貼於患耳 ③ 協助側躺約五分鐘 ④ 立即可正常活動。

38.（1）下列哪一種材質予人柔軟、溫馨、易摺疊的感覺？① 布 ② 木 ③ 紙 ④ 塑膠。

39.（2）吸引家長委託孩子的條件不包括哪一點？① 只照顧少數的孩子 ② 家中有 27 吋螢幕電視機 ③ 豐富育兒資源 ④ 有經驗與專業訓練。

40.（1）給幼兒選取點心時，應注意熱量分配，以免影響下一餐的正常食慾，

通常點心供應維持在：①100 卡 ②200 卡 ③300 卡 ④400 卡左右。

41.（2）下列何者是為孩子做個別的訓練時需秉持的原則？ ① 由最基本的項目做起 ② 必須先評估孩子目前的能力 ③ 由同年齡的項目做起 ④ 由高一層年齡的項目做起。

42.（4）糙米中，維生素：①D ②K ③C ④B₂ 的含量十分豐富。

43.（3）幼兒期人格發展的核心是：① 自我中心 ② 利他行為 ③ 自我概念 ④ 自動自發的特性。

44.（4）下列何者不是孩子發疹子時應做的照顧措施？ ① 保持皮膚清潔 ② 修剪孩子的指甲 ③ 依醫師指示使用止癢藥膏 ④ 緊閉窗戶，不要吹到風。

45.（1）當孩子突然變得特別不願與人做身體接觸，發生退縮行為又無故驚恐時，可能需注意下列哪種狀況？ ① 遭受性虐待 ② 智力突然發展 ③ 不喜歡他的食物 ④ 不喜歡他的衣物。

46.（2）動作發展的方向是：① 由邊緣至中心 ② 由頭至腳 ③ 由細而粗 ④ 部分到整體。

47.（2）自用汽車非常普遍，嬰幼兒搭乘時：① 大人抱著最安全 ② 要使用汽車專用的幼兒安全座位才好 ③ 坐嬰兒車上或嬰兒椅即可 ④ 要綁安全帶才安全。

48.（3）下列疫苗何者尚未納入國家常規預防接種項目？ ①B 型肝炎疫苗 ② 麻疹、腮腺炎、德國麻疹混合疫苗 ③ 輪狀病毒疫苗 ④ 小兒麻痺疫苗。

49.（2）所謂職前訓練是指：① 在就業場所門前舉辦的訓練 ② 在就業前接受的就業準備訓練 ③ 自己生養幾個孩子後，再去帶別人的孩子 ④ 在就業前，去向有經驗的老手討教幾招應付雇主的方法。

50.（2）建立幼兒數的概念時，不適宜用下列何種技巧？ ① 讓幼兒能夠一個數目一個數目的對應 ② 讓幼兒重複背誦 1 至 100 ③ 利用身邊的東西數，如筆、雪花片 ④ 用手指幫忙一起數。

51.（2）關於嬰幼兒動作發展的敘述，下列哪一項做法不適當？ ① 應依循每一項動作發展的關鍵期 ② 只要達到成熟階段，自然就完成該動作，

還不會的時候也替代幼兒完成該動作（例如穿衣服）③ 提供豐富的活動空間和玩具來促進動作發展 ④ 激發幼兒的活動力和動機。

52.（2）下列何者不是施行「心肺復甦術」的主要步驟？① 暢通呼吸道 ② 暢通消化道 ③ 給予人工呼吸 ④ 給予心臟按摩。

53.（3）下列何種居家環境可能造成嬰幼兒意外傷害？A. 樓梯口未設柵欄；B. 玩鈕扣、豆子和珠子；C. 洗澡時玩電線和插座；D. 玩安全玩具。①ABD ②BCD ③ABC ④ACD。

54.（4）下列何者無法確認嬰幼兒呼吸是否停止？①「聽」有無呼吸的氣息 ②「看」胸腹部有無起伏 ③ 用臉頰接近嬰幼兒鼻孔或口部，感測其呼出之氣流及溫度 ④ 用嘴巴親嬰幼兒嘴巴，感覺溫度。

55.（3）下列何種玩具最能啟發幼兒之創造力與想像力？① 動物模型 ② 洋娃娃 ③ 積木 ④ 玩具汽車。

56.（4）影響嬰幼兒發展的主要因素有哪些？A. 遺傳；B. 環境；C. 成熟；D. 學習。①AB ②CD ③ACD ④ABCD。

57.（4）最適合選擇給幼兒唱歌表演用的曲子是：① 流行重金屬音樂 ② 饒舌歌 ③ 情歌 ④ 詞曲優美的童謠或兒歌。

58.（3）玩具買回家後的處理，下列何者為非？① 拼圖類要檢查邊緣，若粗糙應用沙紙磨平 ② 塑膠類玩具須看是否有毛邊，毛邊可用刀片刮乾淨 ③ 紙類的玩具較安全，不須處理 ④ 絨毛玩具的鈕扣、眼睛應縫好再交給孩子玩。

59.（3）藉由教育、遊戲、良好的健康照顧及社會、文化、宗教的參與機會，使兒童能健全均衡發展，是保障兒童的：① 生存權利 ② 受保護權利 ③ 發展權利 ④ 優先受救助權。

60.（1）下列何者是政府推行社區保母支持系統的目標？A. 培訓保母育兒專業知能；B. 協助家長解決托兒問題；C. 協助保母與家長維持良好的托育關係；D. 與保母一起賺錢。①ABC ②ABD ③ACD ④ABCD。

61.（4）幼兒活動室的圖飾布置，正確原則為：① 以幼兒作品為圖片的唯一來源 ② 儘量用鮮艷對比的顏色 ③ 吊飾應掛在天花板或高處 ④ 以幼兒興趣與活動相關為布置主題。

62.（2）新生兒的身高平均在：①40 公分 ②50 公分 ③60 公分 ④70 公分左右。

63.（2）下列何者對幼兒來說，是一種單向的被動學習？① 畫圖 ② 看電視 ③ 玩水 ④ 説故事。

64.（1）當幼兒家庭成員間對幼兒教養有衝突時，保母應如何處理？A. 具體且坦誠地提出對幼兒的觀察；B. 提供幼兒影片或照片讓家庭成員間彼此溝通；C. 直接告訴家長應該怎麼做；D. 當和事佬，不要讓狀況更加惡化。①AB ②BC ③AD ④BD。

65.（2）一般民眾自行購買之市售含氯家用漂白水，其有效氯的濃度大約是多少？①2 到 3% ②5 到 6% ③10 到 12% ④20 到 30%。

66.（2）未來托育服務將走向「社區化」，是期待托育服務走向：A. 近便化；B. 精緻化；C. 大型化；D. 家庭化；E. 彈性化。①ACDE ②ABDE ③ABCD ④ABCDE。

67.（3）在臺灣白喉、破傷風、百日咳及口服小兒麻痺接種的前三劑基本劑之注射時間規定為：① 出生三至五天、一個月、六個月 ② 出生三至五天、一個月、二個月 ③ 二個月、四個月、六個月 ④ 四個月、六個月、八個月。

68.（3）協助二歲幼兒以耳溫槍測量耳溫時，正確的拉耳朵的方法為？① 往上往後拉 ② 往上往前拉 ③ 往下往後拉 ④ 往下往前拉。

69.（2）下列何者不會影響幼兒的飲食習慣？① 在用餐時成人以身作則 ② 食物的價格 ③ 是否有選擇食物的機會 ④ 食物的味道與外觀。

70.（2）可促進幼兒腸胃蠕動，幫助消化，增進食慾的維生素是：①A ②B_1 ③B_2 ④C。

71.（4）幼兒飲食中鹽分過高，會造成下列何種問題？A. 腎臟負擔；B. 高血壓；C. 心臟病；D. 齲齒。①ABD ②ACD ③ABCD ④ABC。

72.（1）良好、正確的看電視環境是：① 電視畫面的高度比兩眼平視時略低 15° ② 觀賞角度以畫面左右 40° 之內最適合 ③ 畫面明暗度應調至對比 ④ 愈近看愈好。

73.（1）依照嬰幼兒動作發展的順序來説，下列哪一種動作最早發展完成？

① 上樓梯 ② 下樓梯 ③ 快步走路 ④ 雙腳跳躍。

74.（3）專業保母在教養嬰幼兒應具備的態度方面，下列何者為非？① 對孩子的話題要感到有興趣 ② 要有耐心聽完孩子想要表達的意思 ③ 孩子還小且不懂事，不必理會他們的想法 ④ 應該隨時反映孩子的心理感受。

75.（2）下列何者不是選擇安全嬰兒床的考量？① 床板不可有碎木及裂縫，油漆不可含鉛 ② 漂亮可愛 ③ 床邊降下時要高於墊席約 10 公分 ④ 床邊之內門應是手動可上鎖，意外時可取下者。

76.（3）如果孩子的行為特質是堅持度高，不容易妥協時，保母應該採用哪一種教養方式？① 權威式 ② 放任式 ③ 民主式 ④ 妥協式。

77.（3）下列何者不是有效回饋的原則？① 明確而直接 ② 不預設立場 ③ 強力要求對方接受意見 ④ 力求簡潔，避免不必要的細節或訊息。

78.（1）供應幼兒點心的適合時間為：① 上午十點、下午三點 ② 上午十點、晚上九點 ③ 下午三點、晚上九點 ④ 隨幼兒的喜好。

79.（4）施行嬰兒心肺復甦術，二分鐘內要操作幾個循環？① 二個 ② 三個 ③ 四個 ④ 五個。

80.（3）一般而言，一歲的幼兒體重是初生的：① 一樣 ②2 倍 ③3 倍 ④4 倍。

100 年度 11 月 15400 保母人員單一級技術士技能檢定學科測試試題

本試卷有選擇題 80 題，每題 1.25 分，皆為單選選擇題，測試時間為 100 分鐘，請在答案卡上作答，答錯不倒扣；未作答者，不予計分。

准考證號碼：＿＿＿＿＿＿＿＿＿　　姓名：＿＿＿＿＿＿＿＿＿

【選擇題】

1.（2）有計畫的活動課程設計原則，下列何者錯誤？ ① 以幼兒的興趣來設計 ② 以提供多次挫折的學習經驗來設計 ③ 根據幼兒切身的周圍環境來設計 ④ 能允許運用全部身體的功能來設計。

2.（3）下列所描述成功保母的特質，何者為非？ ① 喜歡為孩子設計新事物 ② 定期閱讀幼教刊物 ③ 相信自己的育兒經驗，排斥新知識 ④ 定期與其他保母分享育兒經驗。

3.（4）兒童福利的中央主管機關是：① 教育部 ② 勞委會 ③ 衛生署 ④ 內政部。

4.（4）溝通時，應有的態度不包括：① 傾聽 ② 回饋 ③ 接納 ④ 指責。

5.（3）影響孩子情緒發展的因素為何？ A. 與早期照顧者所建立的依附關係；B. 後天的生活環境；C. 父母或照顧者的教養態度；D. 出生排行。 ①ABC ②ABD ③ABCD ④BCD。

6.（1）下列何者屬於保母不應張揚的托兒家庭秘密？ A. 小孩是領養的；B. 媽媽是後母；C. 爸爸有婚外情；D. 家庭收入；E. 孩子有發展遲緩現象。①ABCDE ②ACDE ③BCDE ④ABC。

7.（1）下列敘述何者錯誤？ ① 嬰兒的基本動作技能是需要教導才會的 ② 嬰兒學會一種新技能時會不斷練習以求做得更好 ③ 嬰兒若學會一種技能，都是為下一個動作技能做準備 ④ 嬰兒動作的進展，使孩子更有機會去操弄、探討環境。

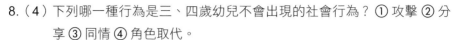
8.（4）下列哪一種行為是三、四歲幼兒不會出現的社會行為？① 攻擊 ② 分享 ③ 同情 ④ 角色取代。

9.（2）托育服務的主要角色與功能是：① 替代父母的照顧角色 ② 是一種社會服務措施，以補充家庭照顧功能的不足 ③ 取代家庭照顧兒童的功能 ④ 托育服務的主要任務是教育兒童學習才藝。

10.（2）幼兒學習的原則是：① 由圖片→實物→符號 ② 由實物→圖片→符號 ③ 由符號→圖片→實物 ④ 由圖片→符號→實物。

11.（4）下列何者不屬於積極建設性的互動方式？① 溫暖 ② 肯定 ③ 瞭解 ④ 責備。

12.（1）下列何者是政府推行社區保母支持系統的目標？ A. 培訓保母育兒專業知能；B. 協助家長解決托兒問題；C. 協助保母與家長維持良好的托育關係；D. 與保母一起賺錢。①ABC ②ABD ③ACD ④ABCD。

13.（3）下列何者屬於非口語的表達方式？ A. 微笑；B. 表情；C. 手勢；D. 跑步。①ACD ②ABD ③ABC ④BCD。

14.（3）政府訂定完善的托育政策及法令，並獎勵設置多元化的兒童托育設施，此作法可保障兒童的：① 人身自由權 ② 健康權 ③ 受撫育權 ④ 優先受救助權。

15.（2）在社區保母系統中，專業保母所享有的權利為何？ A. 每年均補助500 元體檢費（健檢補助）；B. 有托育幼兒之保母補助參加公共意外責任險（保險補助）；C. 免費接受保母在職訓練（每年 20 小時）；D. 享有媒合轉介的服務。①ABC ②BCD ③ABD ④ABCD。

16.（3）幼兒服藥時，為避免藥物太苦而幼兒拒服，可添加下列何種飲料，以增加幼兒服藥的接受度？① 牛奶 ② 可樂 ③ 糖漿 ④ 果汁。

17.（2）嬰兒在什麼時候最適合開始添加富含澱粉的副食品？① 三至四個月 ② 五至六個月 ③ 七至八個月 ④ 視實際情況而定。

18.（3）利用或對兒童犯罪者，依兒童及少年福利法規定將加重其刑至：① 三分之一 ② 三分之二 ③ 二分之一 ④ 四分之一。

19.（3）氣質的評估包括：A. 活動量；B. 規律性；C. 適應度；D. 規範性。①ABD ②BCD ③ABC ④ACD。

20.（1）良好社會環境的安排不包括：① 提供單一、固定的學習規範 ② 多用選擇、轉移的引導方式 ③ 尊重幼兒、關心幼兒④引導幼兒適當發洩情緒。

21.（1）登革熱病媒蚊孳生源清除，主要實施策略為何？ A. 建立病媒蚊孳生地通報機制及普查列管；B. 環境整頓、容器減量與孳生源清除；C. 督導考核。①ABC ②AB ③AC ④BC。

22.（4）發現孩子有偷竊的行為時，正確的處理方式為：① 責打孩子，使之記取教訓 ② 以送往警局為要脅來制止孩子的偷竊行為 ③ 不需特別關注，長大自然會分辨好壞 ④ 瞭解孩子的想法，並循循善誘。

23.（4）目前實施的兒童及少年福利法，是民國哪一年制定公布的？ ①62 年 ②70 年 ③82 年 ④92 年。

24.（4）幼兒在遊戲過後不肯收拾玩具時，下列何種處理方式不適合？ ① 事先訂立好規則 ② 溫和而堅定地要求幼兒一定要收拾，否則不能再繼續玩下面的活動 ③ 減少部分個人特權 ④ 大人幫他收拾。

25.（2）語言發展順序，下列何者正確？ A. 發聲遊戲；B. 牙牙學語；C. 言語式說話。①BC ②ABC ③CBA ④ACB。

26.（2）下列哪些生理因素，是造成嬰幼兒呼吸較成人快的原因？ A. 肺泡數量少；B. 胸腔小；C. 氣管及支氣管比例較成人小；D. 呼吸控制中樞尚未成熟。①ABC ②ABD ③BCD ④ACD。

27.（3）下列何種居家環境可能造成嬰幼兒意外傷害？ A. 樓梯口未設柵欄；B. 玩鈕扣、豆子和珠子；C. 洗澡時玩電線和插座；D. 玩安全玩具。①ABD ②BCD ③ABC ④ACD。

28.（2）嬰兒滿幾個月大時，能自行坐在地板上不需雙手支撐而維持數秒鐘？ ① 四個月 ② 六個月 ③ 八個月 ④ 十個月。

29.（3）幼兒活動室之地板，下列何者錯誤？ ① 抗火性 ② 不宜打臘 ③ 地面應堅硬 ④ 使用安靜材料。

30.（4）副食品添加的原則，下列何者有誤？ ① 每次只吃一種新的副食品，等吃慣後，再加另一種新的副食品 ② 添加新的副食品由少量開始漸增其份量 ③ 添加新的副食品後，須注意嬰兒大便及皮膚的情形 ④ 添

加副食品後，孩子如有異常狀況，應停一天後隨即接著添加，以免中斷副食品的攝食。

31.（4）下列哪一項不是含豐富鐵質的嬰兒食物？① 蛋黃 ② 肉泥 ③ 綠色蔬菜 ④ 牛奶。

32.（2）保母在幼兒同儕團體的遊戲活動中，應使用的語句，下列何者正確？A.「如果不遵守規則的話，就不好玩了！」；B.「不讓別人一起來玩這個遊戲，會不會玩不起來呢？」；C.「請小聲一點」、D.「不要吵了！」。①AB ②ABC ③ACD ④BD。

33.（3）下列何者為現行兒童及少年福利法明定應對兒童採取緊急保護、安置或為其他必要之處分？① 預防注射 ② 提供諮詢服務 ③ 兒童被迫從事不正當行為 ④ 優生保健。

34.（2）發現孩子有發展遲緩現象時，保母應該：① 為孩子好，儘量掩飾 ② 提醒父母，促其帶孩子去檢查 ③ 告訴孩子平日的玩伴，以免小孩被欺負 ④ 與親朋好友討論案情。

35.（3）二到三歲的幼兒使用鞦韆時，下列何者正確？A. 座位材料最好用木製；B. 座位材料最好是特製帆布；C. 幼兒一律為坐式；D. 幼兒可以站式、坐式自由變化。①AC ②AD ③BC ④BD。

36.（2）兒童繪畫發展具有哪些功能？A. 滿足兒童的想像空間；B. 抒發情緒；C. 幫助心理疾病的診斷與治療；D. 培養思考力。①AB ②ABCD ③BCD ④ACD。

37.（4）下列何種烹調方式不適合嬰幼兒的消化機能？① 蒸 ② 煮 ③ 燉 ④ 炸。

38.（4）保母人員專業資格的認定方式為：① 擁有養兒育女的經驗 ② 接受過政府舉辦的保母訓練 ③ 參加過民間舉辦的研習活動 ④ 經技術士技能檢定及格。

39.（3）容易造成嬰兒意外哽塞的食物為：① 布丁 ② 麵條 ③ 湯圓 ④ 豆腐。

40.（1）沖泡嬰兒的牛奶，其溫度幾度最適宜？①37℃ ②50℃ ③60℃ ④ 愈熱愈好。

41.（3）下列何者不能預防嬰幼兒意外傷害？① 保母具有安全常識 ② 規劃安

全的環境 ③ 教導嬰幼兒認識危險事物 ④ 大人隨時在旁陪伴。

42.（3）幼兒的社會性遊戲行為的發展順序為何？① 獨自遊戲—平行遊戲—團體遊戲—旁觀 ② 獨自遊戲—旁觀—團體遊戲—平行遊戲 ③ 獨自遊戲—旁觀—平行遊戲—團體遊戲 ④ 獨自遊戲—團體遊戲—旁觀—平行遊戲。

43.（1）有關嬰幼兒點眼藥的措施，下列何者正確？① 眼藥膏及藥水應點於下眼瞼 ② 眼藥應滴於眼球正中央 ③ 眼藥膏應抹擦於眼球正中央 ④ 先點眼藥膏再點眼藥水。

44.（1）哪一類型的孩子堅持度高、有個性？① 磨娘精型 ② 安樂型 ③ 慢吞吞型 ④ 中間偏易型。

45.（3）下列何者是含鐵豐盛的嬰兒副食品？① 蘋果汁 ② 牛奶 ③ 肝泥 ④ 豆腐泥。

46.（1）七至九個月大的嬰兒，不適合下列何種食物？① 全蛋 ② 豆腐 ③ 肝泥 ④ 麵線。

47.（2）有關腸道傳染病之預防方法，何者不正確？① 照顧小孩前應確實洗手 ② 只要出國前施打疫苗就可以避免，不需特別注意飲食衛生 ③ 食用充分煮熟之食品 ④ 不吃路邊攤冰品。

48.（2）什麼樣的室內佈置效果有助工作簡化？① 植物綠化 ② 傢俱設備依工作順序排列 ③ 華麗繁多 ④ 簡單而不足。

49.（3）為嬰兒洗澡的操作原則，其重要性依序為何？A. 保暖；B. 清潔；C. 安全；D. 親子互動；E. 刺激生長發育。①ABED ②CDEA ③CABD ④EDBC。

50.（3）夏天帶孩子出去散步，最好的時間為何？A. 晚上；B. 早上 10 點以前；C. 中午；D. 傍晚。①ABC ②ACD ③ABD ④ABCD。

51.（1）為了讓孩子對所住的社區有感情，保母宜採取下列何種策略？A. 多帶孩子到社區中認識古蹟、歷史；B. 以身作則，保護社區中的設施；C. 帶孩子參與社區中的活動，讓孩子跟社區多接觸；D. 帶孩子參與社區的宗教活動。①ABC ②BCD ③AB ④CD。

52.（2）手提加壓式乾粉滅火器的使用順序是：A. 拆斷封條；B. 壓下二氧化

碳鋼瓶壓板；C. 從噴嘴座上拔出噴嘴管；D. 在有效射程，緊壓噴嘴，將乾粉射入火焰基部。①ABCD ②ACBD ③ACDB ④ABDC。

53.（3）下列何者不是幼兒如廁訓練應注意的事項？① 提供幼兒專用的便盆 ② 應耐心地教導幼兒自己解尿 ③ 愈早訓練愈能增加幼兒的信心 ④ 適時地引導幼兒自行解大小便。

54.（1）下列哪一項保母特質會對小孩的心理健康有不良影響？A. 討厭男性；B. 自怨自艾；C. 相信為富不仁；D. 有宗教信仰。①ABC ②BCD ③ABD ④ABCD。

55.（2）夏天到了，張媽媽每天都為八個月大的孩子洗澡，請問下列哪一項不是為嬰兒洗澡的必要用品？① 嬰兒用沐浴精 ② 痱子粉 ③ 大浴巾 ④ 合適的衣物。

56.（1）為扁桃腺發炎的幼兒選取食物，下列何者最合宜？① 冰涼、柔軟的食物 ② 熱的流質食物 ③ 熱的半流質食物 ④ 冰的固體食物。

57.（1）孩子學英文，下列敘述何者為非？① 愈早開始愈好，孩子剛學會講話就可以送去學習 ② 應將英文的學習落實在生活中，讓孩子覺得需要、有趣 ③ 孩子生活中運用得上 ④ 用「全語文」的方式施行。

58.（3）下列敘述何者錯誤？A. 發現孩子會翻身後，就要調整床墊到低的位置，以免不慎翻覆；B. 即使是離開一下子，也要將小床柵欄拉上；C. 跟嬰兒一起睡，可以就近照顧；D. 為學步兒買雙層床，讓孩子睡在雙層床上。①AB ②ABC ③CD ④BCD。

59.（1）下列何者是保母尊重幼兒與家庭隱私，並謹慎使用與幼兒相關紀錄與資料的具體作法？A. 在部落格呈現的紀錄以代號取替幼兒的名字；B. 發表文章時以匿名處理幼兒的名字；C. 取得家長同意書後才讓幼兒參與相關研究；D. 無論如何都不能於網路使用幼兒相片。①ABC ②BCD ③ABD ④ABCD。

60.（4）挑選質優的鮮果榨汁，下列何者為非？① 果汁色澤鮮艷透明 ② 甜酸適口，無其他不良氣味 ③ 有原果汁香氣 ④ 含有豐富的維生素 B。

61.（1）下列哪一種材質予人柔軟、溫馨、易摺疊的感覺？① 布 ② 木 ③ 紙 ④ 塑膠。

62.（3）玩具買回家後的處理，下列何者為非？① 拼圖類要檢查邊緣，若粗糙應用沙紙磨平 ② 塑膠類玩具須看是否有毛邊，毛邊可用刀片刮乾淨 ③ 紙類的玩具較安全，不需處理 ④ 絨毛玩具的鈕扣、眼睛應縫好再交給孩子玩。

63.（3）下列哪種問話較能激發孩子多說話的意願？① 你有幾隻手 ② 你叫什麼名字 ③ 你喜歡爸媽陪你做什麼事 ④ 你喜不喜歡看電視。

64.（3）嬰幼兒衣服著火，最合宜的措施是：① 讓幼兒在地上翻滾 ② 叫幼兒快跑，讓風吹襲火焰 ③ 用厚重衣料，緊緊裹住幼兒以滅火 ④ 用衣服拍打幼兒身上火焰。

65.（3）依據歷年監視資料，導致死亡的最主要腸病毒型別為：① 伊科病毒（Echovirus）第 11 型 ② 克沙奇病毒（Coxsackievirus）A16 型 ③ 腸病毒（Enterovirus）71 型 ④ 克沙奇病毒（Coxsackievirus）B3 型。

66.（1）用微波爐熱牛奶，如何測試溫度？① 需先搖晃，然後手握奶瓶測溫 ② 設定三分鐘 ③ 用口吸測試 ④ 加熱後立即手握奶瓶測溫。

67.（2）引導嬰幼兒玩遊戲時，保母不該：① 允許自由操作、試探 ② 干涉其玩法 ③ 留意觀察，適時補充或減少器材 ④ 注意幼兒的安全。

68.（1）依照嬰幼兒動作發展的順序來說，下列哪一種動作最早發展完成？① 上樓梯 ② 下樓梯 ③ 快步走路 ④ 雙腳跳躍。

69.（4）根據兒童及少年福利法，哪些人員知悉有兒童虐待事件時，應向主管機關通報？A. 醫事人員；B. 保育人員；C. 司法人員；D. 教育人員。①AB ②BC ③CD ④ABCD。

70.（1）依皮亞傑（Piaget）的認知發展觀點，認知是獲得知識的過程，其組成的基本單位為：① 基模 ② 適應 ③ 同化 ④ 平衡。

71.（4）四至七個月大的嬰兒，不適合下列何種食物？① 米糊 ② 蔬菜泥 ③ 果汁 ④ 蛋黃。

72.（4）在家庭中影響人格發展的因素，包括下列哪些？A. 家庭規範與氣氛；B. 親子關係；C. 父母管教方式；D. 家庭子女數。①ABC ②ABD ③BCD ④ABCD。

73.（2）下列有關保母狀況的描述，何者不利於托育服務品質？① 接受過兒童照顧訓練 ② 間續性從事保母工作 ③ 經常與家長做溝通 ④ 同時照顧兩個三歲以下小孩。

74.（1）當保母懷疑幼兒有服藥過敏的反應產生時，下列措施何者最合宜？① 停止服用藥物立即送醫 ② 停止服用藥物，繼續觀察 ③ 沒關係，服藥皆會有過敏反應產生 ④ 繼續服藥，只要多喝牛奶稀釋藥物即可。

75.（3）嬰幼兒飲食調配的原則，下列何者正確？A. 注意清潔衛生；B. 色香味俱全；C. 培養正確的餐桌禮儀；D. 符合嬰幼兒消化機能。①CD ②AC ③AD ④BD。

76.（2）戒掉奶嘴的方式，下列何者最適合？① 懲罰 ② 漸進誘導 ③ 奶嘴塗抹辣椒 ④ 把奶嘴藏起來。

77.（4）下列哪一項與平衡家庭經濟收支無直接關係？① 家庭收入 ② 家庭支出 ③ 家庭資產 ④ 家人互動。

78.（2）下列何者對幼兒來説，是一種單向的被動學習？① 畫圖 ② 看電視 ③ 玩水 ④ 説故事。

79.（4）下列哪一項不是日本腦炎的預防方法？① 避免蚊蟲叮咬 ② 接種日本腦炎疫苗 ③ 戶外活動穿著長袖長褲 ④ 黃昏時在豬舍附近散步。

80.（1）給幼兒選取點心時，應注意熱量分配，以免影響下一餐的正常食慾，通常點心供應維持在：①100 卡 ②200 卡 ③300 卡 ④400 卡　左右。

幼教叢書

嬰幼兒膳食與營養

作　　　者／李義川
出　版　者／揚智文化事業股份有限公司
發　行　人／葉忠賢
總　編　輯／閻富萍
執行主編／范湘渝
地　　　址／新北市深坑區北深路三段260號8樓
電　　　話／(02)8662-6826　8662-6810
傳　　　真／(02)2664-7633
網　　　址／http://www.ycrc.com.tw
　E-mail　／service@ycrc.com.tw
印　　　刷／鼎易印刷事業股份有限公司
　ISBN　／978-986-298-029-3
初版一刷／2012年3月
定　　　價／新臺幣550元

國家圖書館出版品預行編目資料

嬰幼兒膳食與營養 / 李義川著 .-- 初版 .-- 新北市：揚
智文化 , 2012. 03
  面；　公分 . --（幼教叢書）
ISBN 978-986-298-029-3（平裝）

1. 小兒營養　2. 食譜

428. 3   101000611